教育部高等学校电子信息类专业教学指导委员会规划教材
高等学校电子信息类专业系列教材

Information Theory and Coding

# 信息论与编码

冯桂 周林 编著
Feng Gui Zhou Lin



清华大学出版社
北京

## 内容简介

本书系统地介绍了两部分内容：香农信息论的三个基本概念（信源熵、信道容量和信息率失真），以及对应这三个概念的香农三大编码定理；信源编码和信道编码的基本原理与经典方法，同时对接近香农极限的 Turbo 码和 LDPC 码也作了介绍。为了便于教学和加深读者对概念的理解及自检，本书每章后面都附有思考题与习题。

本书尽量用通俗、生动的语言描述信息理论与信源、信道编码的基本概念，并通过例题和图表来说明基本概念及原理，因而比较适合工科相关专业的教学和读者自学（已掌握工科高等数学和工程数学的读者都能读懂本书）。

本书可作为高等院校通信工程、电子信息工程、信息工程及相关专业的本科生、研究生的教材或教学参考书，也可供从事相关专业的科研和工程技术人员参考。



**图书在版编目（CIP）数据**

信息论与编码/冯桂，周林编著. --北京：清华大学出版社，2016（2024.2重印）
高等学校电子信息类专业系列教材
ISBN 978-7-302-42427-7

Ⅰ. ①信… Ⅱ. ①冯… ②周… Ⅲ. ①信息论一高等学校一教材 ②信源编码一高等学校一教材 Ⅳ. ①TN911.2

中国版本图书馆 CIP 数据核字（2015）第 306756 号

**责任编辑**：盛东亮　赵晓宁
**封面设计**：李召霞
**责任校对**：李建庄
**责任印制**：刘海龙

**出版发行**：清华大学出版社
**网　　址**：https://www.tup.com.cn，https://www.wqxuetang.com
**地　　址**：北京清华大学学研大厦 A 座　　**邮　　编**：100084
**社 总 机**：010-83470000　　**邮　　购**：010-62786544
**投稿与读者服务**：010-62776969，c-service@tup.tsinghua.edu.cn
**质量反馈**：010-62772015，zhiliang@tup.tsinghua.edu.cn
**课件下载**：https://www.tup.com.cn，010-83470236
**印 装 者**：三河市龙大印装有限公司
**经　　销**：全国新华书店
**开　　本**：185mm×260mm　　**印　　张**：16.5　　**字　　数**：410 千字
**版　　次**：2016 年 8 月第 1 版　　**印　　次**：2024 年 2月第10次印刷
**定　　价**：49.00 元

产品编号：061110-02

# 高等学校电子信息类专业系列教材

## 顾问委员会


| | | | |
|---|---|---|---|
| 谈振辉 | 北京交通大学（教指委高级顾问） | 郁道银 | 天津大学（教指委高级顾问） |
| 廖延彪 | 清华大学　　（特约高级顾问） | 胡广书 | 清华大学（特约高级顾问） |
| 华成英 | 清华大学　　（国家级教学名师） | 于洪珍 | 中国矿业大学（国家级教学名师） |
| 彭启琮 | 电子科技大学（国家级教学名师） | 孙肖子 | 西安电子科技大学（国家级教学名师） |
| 邹逢兴 | 国防科学技术大学（国家级教学名师） | 严国萍 | 华中科技大学（国家级教学名师） |


## 编审委员会


| | | | | |
|---|---|---|---|---|
| 主　任 | 吕志伟 | 哈尔滨工业大学 | | |
| 副主任 | 刘　旭 | 浙江大学 | 王志军 | 北京大学 |
| | 隆克平 | 北京科技大学 | 葛宝臻 | 天津大学 |
| | 秦石乔 | 国防科学技术大学 | 何伟明 | 哈尔滨工业大学 |
| | 刘向东 | 浙江大学 | | |
| 委　员 | 王志华 | 清华大学 | 宋　梅 | 北京邮电大学 |
| | 韩　焱 | 中北大学 | 张雪英 | 太原理工大学 |
| | 殷福亮 | 大连理工大学 | 赵晓晖 | 吉林大学 |
| | 张朝柱 | 哈尔滨工程大学 | 刘兴钊 | 上海交通大学 |
| | 洪　伟 | 东南大学 | 陈鹤鸣 | 南京邮电大学 |
| | 杨明武 | 合肥工业大学 | 袁东风 | 山东大学 |
| | 王忠勇 | 郑州大学 | 程文青 | 华中科技大学 |
| | 曾　云 | 湖南大学 | 李思敏 | 桂林电子科技大学 |
| | 陈前斌 | 重庆邮电大学 | 张怀武 | 电子科技大学 |
| | 谢　泉 | 贵州大学 | 卞树檀 | 第二炮兵工程大学 |
| | 吴　瑛 | 解放军信息工程大学 | 刘纯亮 | 西安交通大学 |
| | 金伟其 | 北京理工大学 | 毕卫红 | 燕山大学 |
| | 胡秀珍 | 内蒙古工业大学 | 付跃刚 | 长春理工大学 |
| | 贾宏志 | 上海理工大学 | 顾济华 | 苏州大学 |
| | 李振华 | 南京理工大学 | 韩正甫 | 中国科学技术大学 |
| | 李　晖 | 福建师范大学 | 何兴道 | 南昌航空大学 |
| | 何平安 | 武汉大学 | 张新亮 | 华中科技大学 |
| | 郭永彩 | 重庆大学 | 曹益平 | 四川大学 |
| | 刘缠牢 | 西安工业大学 | 李儒新 | 中科院上海光学精密机械研究所 |
| | 赵尚弘 | 空军工程大学 | 董友梅 | 京东方科技集团 |
| | 蒋晓瑜 | 装甲兵工程学院 | 蔡　毅 | 中国兵器科学研究院 |
| | 仲顺安 | 北京理工大学 | 冯其波 | 北京交通大学 |
| | 黄翊东 | 清华大学 | 张有光 | 北京航空航天大学 |
| | 李勇朝 | 西安电子科技大学 | 江　毅 | 北京理工大学 |
| | 章毓晋 | 清华大学 | 张伟刚 | 南开大学 |
| | 刘铁根 | 天津大学 | 宋　峰 | 南开大学 |
| | 王艳芬 | 中国矿业大学 | 靳　伟 | 香港理工大学 |
| | 苑立波 | 哈尔滨工程大学 | | |
| 丛书责任编辑 | 盛东亮 | 清华大学出版社 | | |

# 序

# FOREWORD

我国电子信息产业销售收入总规模在 2013 年已经突破 12 万亿元，行业收入占工业总体比重已经超过 9%。电子信息产业在工业经济中的支撑作用凸显，更加促进了信息化和工业化的高层次深度融合。随着移动互联网、云计算、物联网、大数据和石墨烯等新兴产业的爆发式增长，电子信息产业的发展呈现了新的特点，电子信息产业的人才培养面临着新的挑战。

(1) 随着控制、通信、人机交互和网络互联等新兴电子信息技术的不断发展，传统工业设备融合了大量最新的电子信息技术，它们一起构成了庞大而复杂的系统，派生出大量新兴的电子信息技术应用需求。这些"系统级"的应用需求，迫切要求具有系统级设计能力的电子信息技术人才。

(2) 电子信息系统设备的功能越来越复杂，系统的集成度越来越高。因此，要求未来的设计者应该具备更扎实的理论基础知识和更宽广的专业视野。未来电子信息系统的设计越来越要求软件和硬件的协同规划、协同设计和协同调试。

(3) 新兴电子信息技术的发展依赖于半导体产业的不断推动，半导体厂商为设计者提供了越来越丰富的生态资源，系统集成厂商的全方位配合又加速了这种生态资源的进一步完善。半导体厂商和系统集成厂商所建立的这种生态系统，为未来的设计者提供了更加便捷却又必须依赖的设计资源。

教育部 2012 年颁布了新版《高等学校本科专业目录》，将电子信息类专业进行了整合，为各高校建立系统化的人才培养体系，培养具有扎实理论基础和宽广专业技能的、兼顾"基础"和"系统"的高层次电子信息人才给出了指引。

传统的电子信息学科专业课程体系呈现"自底向上"的特点，这种课程体系偏重对底层元器件的分析与设计，较少涉及系统级的集成与设计。近年来，国内很多高校对电子信息类专业课程体系进行了大力度的改革，这些改革顺应时代潮流，从系统集成的角度，更加科学合理地构建了课程体系。

为了进一步提高普通高校电子信息类专业教育与教学质量，贯彻落实《国家中长期教育改革和发展规划纲要(2010—2020 年)》和《教育部关于全面提高高等教育质量若干意见》(教高【2012】4 号)的精神，教育部高等学校电子信息类专业教学指导委员会开展了"高等学校电子信息类专业课程体系"的立项研究工作，并于 2014 年 5 月启动了《高等学校电子信息类专业系列教材》(教育部高等学校电子信息类专业教学指导委员会规划教材)的建设工作。其目的是为推进高等教育内涵式发展，提高教学水平，满足高等学校对电子信息类专业人才培养、教学改革与课程改革的需要。

本系列教材定位于高等学校电子信息类专业的专业课程，适用于电子信息类的电子信息工程、电子科学与技术、通信工程、微电子科学与工程、光电信息科学与工程、信息工程及其相近专业。经过编审委员会与众多高校多次沟通，初步拟定分批次(2014—2017 年)建设约 100 门课程教材。本系列教材将力求在保证基础的前提下，突出技术的先进性和科学的前沿性，体现创新教学和工程实践教学；将重视系统集成思想在教学中的体现，鼓励推陈出新，采用“自顶向下”的方法编写教材；将注重反映优秀的教学改革成果，推广优秀的教学经验与理念。

为了保证本系列教材的科学性、系统性及编写质量，本系列教材设立顾问委员会及编审委员会。顾问委员会由教指委高级顾问、特约高级顾问和国家级教学名师担任，编审委员会由教育部高等学校电子信息类专业教学指导委员会委员和一线教学名师组成。同时，清华大学出版社为本系列教材配置优秀的编辑团队，力求高水准出版。本系列教材的建设，不仅有众多高校教师参与，也有大量知名的电子信息类企业支持。在此，谨向参与本系列教材策划、组织、编写与出版的广大教师、企业代表及出版人员致以诚挚的感谢，并殷切希望本系列教材在我国高等学校电子信息类专业人才培养与课程体系建设中发挥切实的作用。

吕志伟 教授

# 前言

PREFACE

1948 年，香农(C. E. Shannon)发表的开创性的文章《通信的数学理论》为信息论和编码技术奠定了坚实的理论基础。信息论是信息科学中最成熟、最完整、最系统的一部分，它以活跃、新颖的思路和高效解决问题的方法显示出独特的魅力，在此基础上发展起来的数据通信和计算机技术，反过来又为信息编码技术的发展和应用创造了有利的环境。随着社会信息化的不断深入，信息论和编码技术已经渗透许多应用领域，展示出勃勃生机和巨大的发展前景。

信息论不仅在方法论的层面上解决通信的有效性和可靠性问题，而且在认识论的层面上帮助人们认识事物的本质。学完信息论之后，再重新审视周围的事物时，会产生许多新的看法和认识。用信息论的方法可以宏观地认识某些政治问题，也可以定量地解决某些经济问题，还可以分析、解释学习中存在的问题。总之，信息论是高层次信息技术人才所需掌握的、必不可少的基础知识，因而目前各高等院校的电子信息类专业的本科生、研究生都把信息论和编码技术作为一门重要的专业基础理论课。

由于信息论牵涉众多学科，需要广泛的数学基础，许多读者虽然认识到信息论和编码技术的重要性，但在繁杂的公式面前往往望而却步。针对这种情况，作者根据多年的教学经验，在编写过程中强调基本原理的理解，选材时充分考虑其实用性，把信息论涉及的数学知识限制在工科高等数学和工程数学的范畴内，尽量以通俗形象的语言描述定义、性质和结论的物理概念，叙述中重概念描述、少理论推导，在每章结尾还附有相应的思考题与习题以加深认识。因此，本书适于作为通信、信息工程类专业本科生、研究生的教材，也可作为其他专业学生及有关科技人员的参考书。

本书主要内容包括经典信息论的基本内容和主要结论、信息压缩编码的基本原理、提高通信可靠性的纠错编码理论和方法。全书共分 8 章，遵照由浅入深、循序渐进的教学规律，系统地组织教学内容。第 1 章绪论，介绍信息论与编码的基本概念、数字通信系统模型，以及信息论、信道编码和信源编码理论的主要发展历程和意义；第 2 章信源及其熵，介绍信源的数学模型和分类、离散信源的信息熵及其性质、连续信源的信息熵、信源的冗余度等；第 3 章信道及其容量，介绍信道的数学模型与分类、信道疑义度与平均互信息、离散信道的信道容量、连续信道的信道容量、信源与信道的匹配以及信道编码定理等；第 4 章信道编码，介绍信道编码的基本概念和经典信道编码理论，主要包括线性分组码、循环码和卷积码的概念及编码、译码算法等；第 5 章信源编码，介绍信源编码器及相关概念、无失真信源编码定理、变长编码和实用信源编码方法等；第 6 章信息速率失真函数，介绍失真测度、信息率失真函数、等概率与对称失真信源的信息率失真计算和保真度准则下的信源编码定理等；第 7 章现代信道编码技术，介绍近年来信道编码领域最重要的两种新技术——Turbo 码和 LDPC

码，分别介绍二者的概念、基本原理和编、译码算法等；第 8 章 MATLAB 在信息论与编码分析中的应用，介绍 MATLAB 的使用基础、应用 MATLAB 分析离散信源和离散信道、信源和信道编码技术的 MATLAB 分析和仿真。本书第 1、2、3、5 章由冯桂编写，第 4、6、7 章由周林编写，第 8 章由冯桂、周林共同编写，全书由冯桂统稿。

本书获华侨大学教材建设基金资助。在编写过程获得了华侨大学通信工程系老师和研究生的支持与协助，在此表示感谢。

限于编者的水平，又加上时间比较仓促，书中难免有欠妥之处，殷切希望读者指正，将不胜感激。本书责编的 E-mail：shengdl@tup. tsinghua. edu. cn。

编　者

2016 年 4 月

# 目录

CONTENTS


**第 1 章　绪论** …… 1

1.1　基本概念 …… 1

1.1.1　信息的一般概念 …… 1

1.1.2　香农信息定义 …… 4

1.1.3　信息论与编码技术发展简史 …… 6

1.2　数字通信系统模型 …… 8

1.3　信息论与编码理论研究的主要内容和意义 …… 9

1.3.1　信息论研究的主要内容 …… 9

1.3.2　香农信息论对信道编码的指导意义 …… 9

1.3.3　香农信息论对信源编码的指导意义 …… 9

思考题与习题 …… 10

**第 2 章　信源及其熵** …… 11

2.1　信源的数学模型和分类 …… 11

2.1.1　信源的数学模型 …… 11

2.1.2　信源的分类 …… 12

2.2　离散信源的信息熵及其性质 …… 16

2.2.1　自信息 …… 16

2.2.2　信源的信息熵 …… 17

2.2.3　熵的基本性质 …… 19

2.3　离散无记忆信源的扩展信源 …… 22

2.4　离散平稳信源 …… 24

2.4.1　平稳信源的概念 …… 24

2.4.2　二维平稳信源 …… 25

2.4.3　一般离散平稳信源 …… 28

2.5　连续信源的信息熵 …… 29

2.5.1　单符号连续信源的熵 …… 29

2.5.2　波形信源的熵 …… 32

2.5.3　最大熵定理 …… 32

2.6　信源的冗余度 …… 33

2.6.1　信源效率 …… 34

2.6.2　信源冗余度 …… 34

思考题与习题 …… 35

第 3 章 信道及其容量 …… 38
3.1 信道的数学模型与分类 …… 38
3.1.1 信道的分类 …… 39
3.1.2 信道的数学模型 …… 40
3.1.3 单符号离散信道 …… 41
3.2 信道疑义度与平均互信息 …… 43
3.2.1 信道疑义度 …… 43
3.2.2 平均互信息 …… 44
3.2.3 平均互信息的性质 …… 47
3.3 离散无记忆的扩展信道 …… 49
3.4 离散信道的信道容量 …… 51
3.4.1 信道容量的定义 …… 51
3.4.2 简单离散信道的信道容量 …… 52
3.4.3 对称离散信道的信道容量 …… 54
3.4.4 离散无记忆 $N$ 次扩展信道的信道容量 …… 56
3.5 连续信道的信道容量 …… 57
3.5.1 连续单符号加性高斯噪声信道的信道容量 …… 57
3.5.2 多维无记忆加性连续信道的信道容量 …… 58
3.5.3 限频限时限功率的加性高斯白噪声信道的信道容量 …… 62
3.6 信源与信道的匹配 …… 64
3.7 信道编码定理(香农第二定理) …… 65
思考题与习题 …… 66
第 4 章 信道编码 …… 69
4.1 信道编码的概念 …… 69
4.1.1 信道编码的分类 …… 69
4.1.2 与纠错编码有关的基本概念 …… 71
4.1.3 检错与纠错原理 …… 76
4.1.4 检错与纠错方式和能力 …… 77
4.2 线性分组码 …… 79
4.2.1 线性分组码的基本概念 …… 79
4.2.2 生成矩阵和一致校验矩阵 …… 81
4.2.3 线性分组码的译码 …… 87
4.2.4 线性分组码的纠错能力 …… 90
4.2.5 汉明码 …… 92
4.3 循环码 …… 94
4.3.1 循环码的多项式描述 …… 95
4.3.2 循环码的生成矩阵 …… 96
4.3.3 系统循环码 …… 99
4.3.4 多项式运算电路 …… 99
4.3.5 循环码的编码电路 …… 101
4.3.6 循环码的译码电路 …… 103
4.4 常用的循环码 …… 106
4.4.1 循环冗余校验码 …… 106

4.4.2 BCH 码* …… 108
4.4.3 RS 码* …… 111
4.5 卷积码 …… 113
4.5.1 卷积码的编码 …… 113
4.5.2 卷积码的译码 …… 121
思考题与习题 …… 126
**第 5 章 信源编码** …… 129
5.1 信源编码器和无失真信源编码定理 …… 129
5.1.1 码的分类 …… 131
5.1.2 码树 …… 133
5.1.3 Kraft 不等式 …… 135
5.1.4 无失真信源编码定理(香农第一定理) …… 136
5.2 变长编码 …… 137
5.2.1 香农码 …… 138
5.2.2 费诺码 …… 139
5.2.3 霍夫曼码 …… 141
5.3 实用信源编码方法 …… 146
5.3.1 游程编码 …… 146
5.3.2 算术编码 …… 149
5.3.3 预测编码 …… 155
5.3.4 变换编码 …… 157
思考题与习题 …… 164
**第 6 章 信息率失真函数** …… 169
6.1 失真测度 …… 170
6.1.1 系统模型 …… 170
6.1.2 失真度和平均失真度 …… 170
6.2 信息率失真函数及其性质 …… 172
6.2.1 信息率失真函数的定义 …… 172
6.2.2 信息率失真函数的性质 …… 172
6.3 等概率、对称失真信源的信息速率失真函数 …… 175
6.4 保真度准则下的信源编码定理 …… 177
6.5 限失真信源编码(香农第三定理) …… 178
思考题与习题 …… 178
**第 7 章 现代信道编码技术** …… 180
7.1 Turbo 码 …… 180
7.1.1 Turbo 码的提出 …… 180
7.1.2 Turbo 码编码器 …… 181
7.1.3 Turbo 码译码器 …… 181
7.2 LDPC 码 …… 183
7.2.1 LDPC 码的提出 …… 183
7.2.2 LDPC 码基本概念 …… 183
7.2.3 规则 LDPC 码 …… 185

7.2.4 非规则 LDPC 码 …… 186
7.2.5 准循环 LDPC 码 …… 187
7.2.6 重复累积 LDPC 码 …… 189
7.2.7 LDPC 码译码算法 …… 192
思考题与习题 …… 195
**第 8 章 MATLAB 在信息论与编码分析中的应用** …… 196
8.1 MATLAB 基础 …… 196
8.1.1 MATLAB 语言特点 …… 197
8.1.2 MATLAB 运行环境简介 …… 198
8.1.3 MATLAB 基础 …… 210
8.2 MATLAB 在信息理论分析中的应用 …… 225
8.2.1 离散信源的 MATLAB 分析 …… 225
8.2.2 离散信道的 MATLAB 分析 …… 225
8.2.3 应用 MATLAB 进行信息理论分析的实例 …… 226
8.3 MATLAB 在编码技术分析中的应用 …… 227
8.3.1 信源编码技术的 MATLAB 分析 …… 227
8.3.2 信道编码技术的 MATLAB 仿真 …… 228
8.3.3 应用 MATLAB 进行编码技术分析的实例 …… 245
思考题与习题 …… 249
**参考文献** …… 250

# 第1章 绪　论

CHAPTER 1

现代科学技术的飞速发展使人们对周围世界的认识和理解不断加深，特别是20世纪60年代以来，计算机技术的迅猛发展、计算机及相关设备的迅速更新换代和个人微型计算机的普及，极大地提高了人们处理信息、存储信息、控制和管理信息的能力，人类社会进入了信息时代。作为现代科学技术基础理论之一的信息论在各个领域的应用和推广使人们对许多经典的概念有了全新的解释，使过去曾经不确切地描述有了精确的定量分析方法。

信息论是在长期通信工程的实践中，由通信技术、概率论、随机过程和数理统计等相结合逐步发展起来的一门学科。通常公认信息论的奠基人是美国科学家香农（C. E. Shannon），他于1948年发表的著名论文《通信的数学理论》，为信息论的诞生和发展奠定了理论基础。

信息理论在学术界引起了巨大的反响，在香农信息论的指导下，为提高通信系统信息传输的有效性和可靠性，人们在信源编码和信道编码两个领域进行了卓有成效的研究，取得了丰硕的成果。随着信息理论的迅猛发展和信息概念的不断深化，信息论所涉及的内容早已超越了通信工程的范畴，进入了信息科学这一更广、更新的领域，并渗透许多学科，得到多个领域的科学工作者的重视。

**本章重点内容：**

- 信息的定义及其基本特性，信息论与编码的发展历史；
- 数字通信系统模型；
- 信息论与编码技术所研究的主要内容；
- 香农信息论对信源编码和信道编码研究的指导意义。

## 1.1 基本概念

### 1.1.1 信息的一般概念

当今社会，在各种生产、科学研究和社会活动中，无处不涉及信息的交换和利用。可以说，人们正处在“信息社会”中。通过电话、电报、传真和电子邮件，可以自由地交流信息；通过报纸、书刊、电子出版物和互联网等媒介，可以有选择地获取大量信息；通过电台、电视台等视听媒体，可以“身临其境”地感受最新信息。但以上所述还远不能概括信息的全部含义：四季交替透露的是自然界的信息，而牛顿定律揭示的是物体运动内在规律的信息。信息含义之广几乎可以涵盖整个宇宙，且内容庞杂、层次混叠、不易理清。因此，迅速获取信息，正确处理信息，充分利用信息，既能促进科学技术和国民经济的飞跃发展，又能在各种形式的竞争中占得先机。

如今有关信息的新名词、新术语层出不穷，信息产业在社会经济中所占份额也越来越大，信息基础设施建设速度之快成了当今社会的重要特征之一，物质、能源、信息构成了现代社会生存发展的三大基本支柱。

信息的价值在于它为人们能动地改造外部世界提供了可能，信息所揭示的事物运动规律为人们应用这些规律提供了可能，而信息所描述的事物状态也为人们推动事物向有利的方向发展提供了可能。掌握的资源和能量越多，面对同样的信息时人们能用以改造世界的可能性也越大。今天人们所掌握的物质力量比过去增大了不知多少倍，因此，信息对于当今社会的发展和人们生活的重要性较之几百年前、几十年前甚至十几年前都有很大的提高。这是信息社会的一个重要特征。

信息的重要性不言而喻，那么，如此神通广大、无处不在而又无所不能的信息究竟是什么呢？

信息是信息论中最基本、最重要的概念，既抽象又复杂。关于信息的科学定义，到目前为止，国内外已提出近百种，它们从不同的侧面和不同的层次来揭示信息的本质。从本质的意义上说，信息是人类社会活动所产生的各种状态和消息的总称，信息是人们对客观事物运动规律及其存在状态的认识。

在信息论和通信理论中经常会遇到信息、消息和信号这三个既有联系又有区别的名词。在学习信息论与编码技术之前，先介绍这几个基本概念。

对信息、消息和信号的定义比较如下。

**信息**：信息是任何随机事件发生所包含的内容。人们在对周围世界的观察中获得信息，信息是抽象的意识或知识，它是看不见、摸不着的。而且信息仅仅与随机事件的发生相关，非随机事件的发生不包含任何信息。从这一点上可以得知，信息量的大小与随机事件发生的概率有直接的关系，概率越小的随机事件一旦发生，它所包含的信息量就越大，而出现概率大的随机事件一旦发生，它所包含的信息量就越小。

**消息**：消息是信息的载体。在世界各地的人要想知道其他地方发生事情的内容，只能从各种各样的消息中得到，这些消息可以是广播中的语言、报纸上的文字、电视中的图像或互联网上的文字与图像等。可见，消息是具体的，它载荷信息，但它不是物理性的。信息只与随机事件的发生有关。每时每刻在世界上的每个地方，都会有各种事件发生，这些事件的发生绝大多数是随机的，即这些随机事件的消息中含有信息；如果事件的发生不是随机而是确定的，那么该消息中就不含信息，该消息的传输也就失去了意义。

**信号**：信号是消息的物理体现。为了在信道上传输消息，就必须把消息加载（调制）到具有某种物理特征的信号上去。信号是信息的载体，是具有物理性的，如电信号、声信号、光信号等。以人类的语言为例，当人们说话时，发出声信号，这种声信号经过麦克风的转换变成了电信号。这里的声信号和电信号都是所指的信号。

按照信息论的观点，信息不等于消息。在日常生活中，人们往往对消息和信息不加区别，认为得到了消息，就是获得了信息。例如，当人们收到一封电报，接到一个电话，收听了广播或看了电视等以后，就认为获得了“信息”。的确，人们从接收到的电报、电话、广播和电视的消息中能获得各种信息，信息与消息有着密切的联系。但是，信息与消息并不等同。人们收到消息后，如果消息告诉了原来不知道的新内容，会感到获得了信息，而如果消息是基本已经知道的内容，得到的信息就不多。所以信息应该是可以测度的。

在电报、电话、广播、电视(也包括雷达、导航、遥测)等通信系统中传输的是各种各样的消息。这些被传送的消息有着各种不同的形式，如文字、数据、语言、图像等。所有这些不同形式的消息都是能被人们的感觉器官所感知的，人们通过通信，接收到消息后，得到的是关于描述某事物状态的具体内容。例如，电视中转播球赛，人们从电视图像中看到了球赛的进展情况，而电视的活动图像则是对球赛运动状态的描述。当然，消息也可用来表述人们头脑里的思维活动。例如，朋友给您打电话说："我想去北京"，您从这条消息得知了您的朋友的想法，该语言消息反映了人的主观世界——大脑物质的思维运动所表现出来的思维状态。

因此，用文字、符号、数据、语言、音符、图形、图像等能够被人们的感觉器官所感知的形式，把客观物质运动和主观思维活动的状态表达出来就成为消息。可见，**消息中包含信息，是信息的载体**，得到消息，进而获得信息。

同一则信息可用不同的消息形式来载荷，如前所述的球赛进展情况可用电视图像、广播语言、报纸文字等不同消息来表述。而一则消息也可载荷不同的信息，它可能包含非常丰富的信息，也可能只包含很少的信息。因此，信息与消息是既有区别又有联系的。

在各种实际通信系统中，为了克服时间或空间的限制而进行通信，必须对消息进行加工处理。把消息变换成适合于信道传输的物理量(如声、光、电等)，这种物理量即为信号。**信号携带着消息，是消息的运载工具**。如前例中，携带球赛进展情况的电视图像转换成电信号，电信号经过调制变成高频调制电信号，才能在信道中传输；在通信系统的接收端，通过解调还原出原始电信号，在电视屏幕中呈现给观众，从而使观众获得信息。

同样，同一消息可用不同的信号来表示，同一信号也可表示不同的消息。例如，红、绿灯信号：若在十字路口，红、绿灯信号表示能否通行的信息；而在电子仪器面板上，红、绿灯信号却表示仪器是否正常工作或者表示高低电压等信息。所以，**信息、消息和信号是既有区别又有联系的三个不同的概念**。

从以上的讨论中可以看到，信息、消息和信号之间有着密切的关系。信息是一切通信系统所要传递的内容；而消息作为信息的载体可能是一种"高级"载体；信号作为消息的物理体现，是信息的一种"低级"载体。作为系统设计人员，所接触的只是信号，而这种信号最终要变成消息的形式才能被大众接受。

信息的基本概念在于它的不确定性，任何已确定的事物都不含有信息。信息具有以下特征。

- 信息是可以识别的。信息离不开物理载体，人们可以通过对这些物理载体的识别来获得信息。有些可以用人的感官直接识别信息，例如承载于语言、文字中的信息可以直接用耳、目接收进而识别；而有些则需借助于各种传感器间接识别信息，例如在遥感测量中要利用对电磁波敏感的传感器来间接进行。
- 信息是可以存储的。信息可以用多种方式存储起来，在需要的时候把存储的信息调取出来。相同的信息可以用文字的形式记录在书刊笔记中，也可以用录音、录像的方式存储在磁性介质中，或者利用计算机存储设备存储起来。
- 信息是可以传递的。信息可以通过多种途径进行传递，人与人之间的信息传递，既可以通过语言、文字，也可以通过体态、动作或表情；社会规模的信息传递，常通过报纸、杂志、电话、广播、电视和网络等。从原则上来说，各种物质的运动形式都可以用于信息的传递。

- 信息是可以量度的。信息量有大小的差别，出现概率越大的随机事件一旦发生，它所包含的信息量就越小；反之，出现概率越小的随机事件一旦发生，它所包含的信息量就越大。
- 信息是可以加工的。人们在收到各种原始信息之后，经过各种方式的加工可以产生新的信息，如研究人员通过收集资料或实验获得的原始信息，经过加工处理可能提出新的见解；计算机对输入的信息通过加工处理，可为人们提供更有意义的结果。
- 信息是可以共享的。信息可以像实物一样作为商品出售，但信息的知识特性使其交易又不同于一般的实物交易，信息交易后，信息出售者与信息购买者共同享有信息。
- 信息的载体是可以转换的。同样内容的信息，可以有不同的形态，可以被包含在不同的物体变化之中，可以从一种形态转换到另一种形态。如用感官识别出来的声音、味道、颜色等信息可以转换成语言、文字等形式。在这种转换中，信息的物理载体发生了变化，但信息的内容可以保持完好无损。信息的这个特性，为人们借助于仪器间接地识别信息提供了基础，也为信息的传递、存储和处理带来了方便。

### 1.1.2 香农信息定义

信息仅仅与随机事件的发生相关，用数学的语言来说，不确定性就是随机性，具有不确定性的事件就是随机事件。因此，可运用研究随机事件的数学工具——概率论和随机过程来测度不确定性的大小。若从直观概念来说，不确定性的大小可以直观地看作事先猜测某随机事件是否发生的难易程度。

某一事物状态的不确定性的大小，与该事物可能出现的不同状态数目和各状态出现的概率大小有关。既然不确定性的大小能够测度，那么信息也是可以测度的。

信息如何测度？当人们收到一封电报，或者听了广播、看了电视，到底能得到多少信息量？由于信息量与不确定性消除的程度有关，可用消除不确定性的多少来测度信息量。

**【例 1.1.1】** 假设有 A、B 两个布袋，在袋内各装有大小均匀、手感完全一样的 100 个球。A 袋内有红、白球各 50 个，B 袋内有红、白、蓝、黑 4 种球各 25 个。如果随意从 A 袋或 B 袋中取出一个球，猜测取出的球是什么颜色。该事件当然具有不确定性，按给定条件，显然，“从 A 袋中取出是红球”要比“从 B 袋中取出是红球”要容易得多。因为，在 A 袋中只是在“红”、“白”两种颜色中选择一种，而且“红”与“白”机会均等，即概率为 1/2。而在 B 袋中，红球只占 1/4，取出红球的可能性就小。因此，事件“从 A 袋中取出的是红球”比事件“从 B 袋中取出的是红球”发生的不确定性要小。从这个例子可知，不确定性的大小与可能发生的不同状态数目和各状态发生的概率有关。

**【例 1.1.2】** 足球的魅力在于其比赛结果的不确定性。如果实力接近的两个队进行比赛，在比赛之前，很难预测谁能获得胜利，所以这个事件的不确定性很大，当得知比赛结果时，就会获得较大的信息量。如果实力相差悬殊的两个队进行比赛，一般结果是强队取得胜利，所以当得知比赛结果是强队获胜时，人们并不觉得奇怪，因为结果与猜测是一致的，所以消除的不确定性较小，获得的信息量也较小；当得知比赛结果是弱队取胜时，人们会感到非常惊讶，认为出现了“黑马”，这时将获得很大的信息量。

由上述两个例子可知：某一事物状态的不确定性的大小，与该事物可能出现的不同的状态数目和各状态出现的概率的大小有关。某一事物状态出现的概率越小，其不确定性越大，一旦出现，带来的信息量就越大；反之，某一事物状态出现的概率接近于1，即预料中肯定会出现的事件，那它的不确定性就接近于0，如果出现，带来的信息量就很小。

香农信息反映的就是事物的不确定性。在香农著名的论文《通信的数学理论》中，香农根据概率测度和数理统计学系统地研究了通信中的基本问题，并给出了信息的定量表示，得出了带有普遍意义的重要结论，由此奠定了现代信息论的基础。

把某事物各种可能出现的不同状态，即所有可能选择的消息的集合，称为**样本空间**，用X表示。在样本空间中，每个可能选择的消息是这个样本空间的一个元素。对于离散消息的集合，概率测度就是对每一个可能选择的消息指定一个概率(非负，且总和为1)。一个样本空间和它的概率测度一起构成一个**概率空间**。

一般概率空间用$[X,P]$来表示。在离散情况下，$X$可写成$\{a_1,a_2,\cdots,a_q\}$。在样本空间中选择任一元素$a_i$的概率用$p_X(a_i)$表示，这里下标$X$表示所考虑的概率空间是$X$。如果不会引起混淆，下标可以略去，写成$p(a_i)$。所以在离散情况下，概率空间表示为

$$\begin{bmatrix} X \\ p(x) \end{bmatrix} = \begin{bmatrix} a_1, & a_2, & \cdots, & a_q \\ p(a_1), & p(a_2), & \cdots, & p(a_q) \end{bmatrix}$$

其中，$p(a_i)$为选择符号$a_i$作为消息的概率，称为**先验概率**。在接收端，对是否选择这个消息(或符号)$a_i$的不确定性是与$a_i$的先验概率成反比的，即对$a_i$的不确定性可表示为先验概率$p(a_i)$的某一函数。

在概率空间中，$a_i$本身携带的信息量(香农信息)定义为

$$I(a_i) = \log \frac{1}{p(a_i)}$$

$I(a_i)$称为消息(符号)$a_i$的**自信息**。

由上式可知：$a_i$出现的先验概率$p(a_i)$越大，则其自信息$I(a_i)$越小；反之，$a_i$出现的概率越小，则自信息越大。因此，自信息可描述消息$a_i$出现的先验不确定性，其关系如图1.1.1所示。

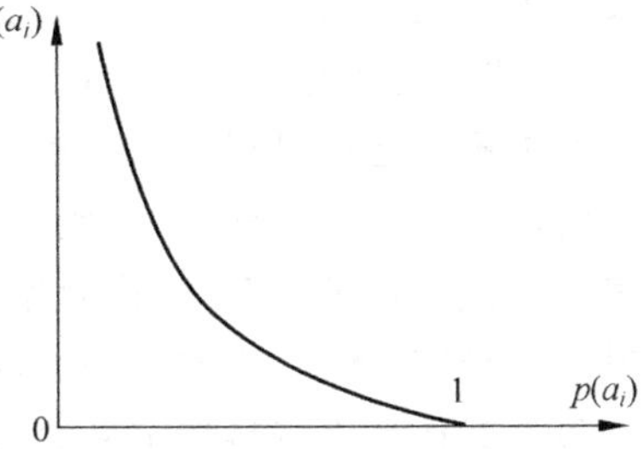

图1.1.1 自信息与其对应的先验概率的关系

由于在信道中存在干扰，假设接收端收到的消息(符号)为$b_j$，$b_j$可能与$a_i$相同，也可能与$a_i$不同，则条件概率$p(a_i/b_j)$反映接收端收到消息$b_j$而发送端发出的是$a_i$的概率，此概率称为**后验概率**。这样，接收端收到$b_j$后，发送端发送的符号是否为$a_i$尚存在的不确定性应是后验概率的函数，即

$$\log \frac{1}{p(a_i/b_j)}$$

于是，收信者在收到消息$b_j$后，已经消除的不确定性为先验的不确定性减去尚存在的不确定性。

这就是收信者获得的信息量，即

$$I(a_i;b_j)=\log\frac{1}{p(a_i)}-\log\frac{1}{p(a_i/b_j)}$$

定义 $I(a_i;b_j)$为发送 $a_i$ 接收 $b_j$ 的**互信息**。

如果信道没有干扰，信道的统计特性使 $a_i$ 以概率 1 传送到接收端。这时，收信者接到消息后尚存在的不确定性就等于 0，即

$$p(a_i/b_j)=1$$

$$\log\frac{1}{p(a_i/b_j)}=0$$

不确定性全部消除。此时互信息 $I(a_i;b_j)=I(a_i)$。

以上就是香农关于信息的定义和测度方法，通常也称为**概率信息**。

香农关于信息的定义是合理的，它以事物的不确定性作为信息定义，非常便于利用数学工具进行定量研究。这也是香农信息论取得成功的重要原因。

### 1.1.3 信息论与编码技术发展简史

信息论从诞生至今经历半个多世纪，目前已成为一门独立的学科。而编码理论与技术研究也有半个世纪的历史，并从刚开始时作为信息论的一个组成部分逐步发展成为比较完善的独立体系。回顾其发展历史，可以清楚地看到该理论是如何在实践中经过抽象、概括、提高而逐步形成和发展的。

信息理论与编码理论是在长期的通信工程实践和理论研究的基础上发展起来的。一百多年来，物理学中的电磁理论以及后来的电子学理论一旦取得某些突破，很快就会促进电信系统的创造发明或改进。当法拉第于 1820—1830 年间发现电磁感应规律后不久，莫尔斯就建立起人类第一套电报系统(1832—1835 年)，1876 年贝尔发明了电话系统，人类由此进入了非常方便的语音通信时代。1864 年麦克斯韦预言了电磁波的存在，1888 年赫兹用实验证明了这一预言，接着英国的马可尼和俄罗斯的波波夫就发明了无线电通信。1907 年福雷斯特发明了能把电信号进行放大的电子管，之后很快就出现了远距离无线电通信系统。20 世纪 20 年代大功率超高频电子管发明以后，人们很快就建立起了电视系统(1925—1927 年)。电子在电磁场运动过程中能量相互交换的规律被人们认识后，就出现了微波电子管，接着，在 20 世纪 30 年代末和 40 年代初，微波通信、雷达等系统就迅速发展起来。20 世纪 60 年代发明的激光技术和 70 年代初光纤传输技术的突破，使人类进入到光纤通信的新时代，由于其具有带宽、微损、成本低等优点，光纤通信已成为信息高速公路的主干道。

最早对信息进行科学定义的，是哈特莱(R. V. L Hartley)，他在 1928 年发表的《信息传输》一文中，首先提出“信息”这一概念。他认为，发信者所发出的信息，就是他在通信符号表中选择符号的具体方式，并主张用所选择的自由度来测度信息。哈特莱的这种理解在一定程度上能够解释通信工程中的一些信息问题，但它存在没有考虑各种可能选择方法的统计特性的局限。正是这些缺陷严重地限制了它的适用范围。

1948 年，控制论的创始人之一，美国科学家维纳(N. Wiener)出版了《控制论——动物和机器中通信与控制问题》一书。维纳在该书中将“信息”上升到“最基本概念”的位置。

关于信息的定义，意大利学者朗格(G. Longe)提出用差异量来测度信息，认为“信息就是差异”。在宇宙中到处存在着差异，差异的存在使人们存在“疑问”和“不确定性”。从这个

角度看，差异的确是信息。但是，并不能说没有差异就没有信息。所以，这种关于信息的定义也是不全面、不确切的。

香农在 1948 年发表了著名的论文《通信的数学理论》。他从研究通信系统传输的实质出发，对信息作了科学的定义，并进行了定性和定量的描述。他用概率测度和数理统计的方法系统地讨论了通信的基本问题，得出了无失真信源编码定理和有噪环境下的信道编码定理，由此奠定了现代信息论的基础。1959 年香农又发表了论文“保真度准则下的离散信源编码定理”，后来发展成为信息率失真理论，这一理论是信源编码的核心，至今仍是信息论的研究课题。1961 年香农的论文《双路通信信道》开拓了多用户信息论的研究，而随着卫星通信和网络技术的发展，多用户信息理论成为当前信息论研究的重要课题之一。

在香农信道编码定理的指导下，信道编码理论和技术逐步发展成熟。20 世纪 50 年代初期，汉明(R. W. Hamming)提出了一种重要的线性分组码——汉明码，此后人们把代数方法引入到纠错码的研究中，形成了代数编码理论。1957 年普兰奇(Prange)提出了循环码，在随后的十多年里，纠错码理论的研究主要围绕着循环码进行，取得了许多重要成果。1959 年霍昆格姆(Hocquenghrm)、1960 年博斯(Bose)和查德胡里(Chaudhari)各自分别提出了 BCH 码，这是一种可纠正多个随机错误的码，是迄今为止所发现的最好的线性分组码之一。1955 年埃利斯(Elias)提出了不同于分组码的卷积码，接着伍成克拉夫(J. M. Wozencraft)提出了卷积码的序列译码。1967 年维特比(Viterbi)提出了卷积码的最大似然译码法，该译码方法效率高、速度快、译码简单，在目前得到了极为广泛的应用。1966 年福尼(Forney)提出级联码概念，用两次或更多次编码的方法组合成很长的分组码，以获得性能优良的码，但离香农极限距离尚远。20 世纪 90 年代，信道编码技术取得了突破性进展，C. Berrou 等人于 1993 年发明了 Turbo 码，其性能距离香农极限只有零点几 dB。随后几年，D. MacKay 和 D. Spielman 等人几乎同时发现：Gallager 早在 1962 年提出的低密度奇偶校验(Low Density Parity Check，LDPC)码在迭代译码算法下能够渐近地逼近信道容量，并且在码长较长时性能优于 Turbo 码。2001 年，Chung 等人优化设计出距离香农极限只有 0.0045dB 的 LDPC 长码，一举实现香农的夙愿。随着科学的进步和工程实践的需要，纠错码理论还将进一步发展，其应用范围也必将进一步扩大。

关于信源编码的研究，维纳于 1942 年就进行了开创性的工作，以均方量化误差最小为准则，建立最优预测原理，为后来的线性预测压缩编码铺平了道路。1952 年霍夫曼(Huffman)提出了一种重要的无失真信源编码方法——Huffman 码。这是一种非等长码，可以很好地达到香农无失真信源编码定理所指出的压缩极限，已被证明是平均码长最短的最佳码。为进一步提高有记忆信源的压缩效率，从 20 世纪 60 年代至 70 年代，人们开始将各种正交变换用于信源压缩编码，先后提出 DFT、DCT、WHT、ST、KLT 等多种变换，其中 KLT 为最佳变换，但其实用性不强，综合性能最好的是离散余弦变换(DCT)，目前 DCT 已被多种图像压缩国际标准用作主要压缩手段，得到了极为广泛的应用。除了上述几类经典的信源压缩编码方法的研究外，从 20 世纪 90 年代初开始，主要针对图像类信源的特点，人们提出了多种新的压缩原理和方法，包括小波变换编码、分形编码、模型编码等。这些方法可有效地消除图像信源的各种冗余，在目前还有很大的发展空间，有关其实际应用问题，还在继续探讨之中。

## 1.2 数字通信系统模型

从 1.1 节关于信息概念的讨论中，已经看到：各种通信系统如电报、电话、电视、广播、遥测、遥控、雷达和导航等，虽然它们的形式和用途各不相同，但本质是相同的，都是信息的传输系统。为了便于研究信息传输和处理的共同规律，将各种通信系统中具有共同特性的部分提取出来，构成一个统一的通信系统模型，如图 1.2.1 所示。

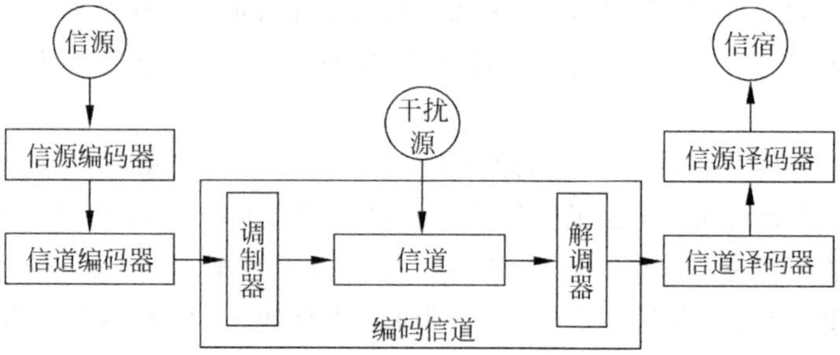


图 1.2.1 通信系统模型

事实上，这个通信系统模型同样适用于其他的信息流通系统。

这个模型主要由以下五个部分组成。

(1) **信息源**(简称信源)。顾名思义，信源是产生消息或消息序列的源头。它可以是人、生物、机器或其他事物，是事物各种运动状态或存在状态的集合。信源的输出是消息，消息是具体的，但它不是信息本身。消息携带着信息，消息是信息的表达者。

另外，信源可能出现的状态(信源输出的消息)是随机的、不确定的，但又有一定的规律性。

(2) **编码器**。编码是把消息变换成信号的措施，而译码则是编码的逆过程。编码器输出的是适合于信道传输的信号，信号携带着消息，它是消息的载荷者。

编码器可分为两种，即信源编码器和信道编码器。信源编码是对信源输出的消息进行适当的变换和处理，以达到提高信息传输效率的目的。信道编码是为了提高信息传输的可靠性而对消息进行的变换和处理。当然，对于各种实际的通信系统，编码器还应包括换能、调制、发射等各种变换处理设备。

(3) **信道**。信道是指通信系统把载荷消息的信号从甲地传输到乙地的媒介，即信号的通道。在狭义的通信系统中，信道可为明线、电缆、波导、光纤、无线电波传播空间等，这些都属于传输电磁波能量的信道。当然，对于广义的通信系统来说，信道还可以是其他的传输媒介。

信道除了传送信号以外，还有存储信号的作用。例如，书写通信方式就可以存储信号。

在信道中引入噪声或干扰，这是一种简化的表达方式。为了分析方便，把在通信系统其他部分产生的干扰或噪声都等效地折合成信道干扰，看作由一个噪声源产生的，它作用于所传输的信号之上。这样，信道输出的是已叠加了干扰的信号。由于干扰或噪声往往具有随机性，所以信道的特性也可以用概率空间来描述。而噪声源的统计特性又是划分信道的依据。

(4) **译码器**。译码是把信道输出的编码信号(可能叠加了噪声)进行反变换,以获得解码的消息。与编码器相对应,译码器也可分成信源译码器和信道译码器。

(5) **信宿**。信宿是消息传送的对象,一般为接收消息的人或机器。

## 1.3 信息论与编码理论研究的主要内容和意义

### 1.3.1 信息论研究的主要内容

目前,对信息论研究的内容一般有三种理解:

- 狭义信息论,也称经典信息论。它主要研究信息的测度、信道容量以及信源和信道编码理论等问题。这部分内容是信息论的基础理论,又称香农信息理论。
- 一般信息论。它主要研究信息传输和处理问题。除了香农理论以外,还包括噪声理论、信号滤波和预测、统计检测与估计理论、调制理论、信息处理理论和保密理论等。
- 广义信息论。它不仅包括上述两方面的内容,而且包括所有与信息相关的自然和社会领域,如模式识别、计算机处理理论、心理学、遗传学、神经生理学、语言学、语义学,甚至包括社会学中有关信息的问题。这是新兴的信息科学理论。

由于信息论研究的内容极为广泛,而各分支又有一定的相对独立性,本书仅讨论信息论的基础理论即香农信息论。

作为一门经典理论,香农信息论在解决了信息的测度问题之后,主要致力于研究如何提高如图 1.2.1 所示的通信系统中信息传输的可靠性和有效性,因而香农编码理论是进行信源编码和信道编码理论研究的重要的指导理论。

### 1.3.2 香农信息论对信道编码的指导意义

信息传输的可靠性是所有通信系统努力追求的首要目标。要实现高可靠性的传输,可采取诸如增大发射功率、增加信道带宽、提高天线增益等传统方法,但要实现这些方法往往难度比较大,有些场合甚至无法实现。香农信息论研究的一个主要问题是信道编码问题,信道编码是在著名的信道编码定理指导下发展起来的。该定理指出:对信息序列进行适当的编码后可以提高信道传输的可靠性,对应的编码方法即为信道编码。

香农信道编码定理(香农第二定理)仅仅是一个存在性定理,只告诉人们确实存在这样一种好码,但没有说明如何构造这样的好码,不过定理为寻找这种码指明了方向。数十年来,经过大量科学家的不懈努力,已发现许多性能优良的码和相应的译码方法,且所需信噪比越来越接近香农极限。正是在香农编码定理的指引下,信道编码理论和技术研究取得了丰硕的成果。

### 1.3.3 香农信息论对信源编码的指导意义

信息传输的有效性是通信系统追求的另一个重要目标。有效性是指在一定的时间内传输尽可能多的信息量,或利用每一个传送符号来携带尽可能多的信息量,这就需要对信源进行高效率的编码,尽量消除信源中的多余度(又称冗余度、剩余度)。针对系统有效性问题,香农信息论研究在保证信息传输可靠性或传输错误概率小于某一给定值的条件下,如何最有效地利用信道的传输能力;研究在给定信源和信源编码有一定失真的条件下,信源编码的最低速率是多少,或者说,在给定信源编码速率的条件下,信源编码的最小失真是多少。这是信息论在信源编码方面所要研究的理论问题,与之对应的实际问题是寻找切实可行的和有效的信源编码与译码方法。香农信息论为寻找这种方法提供了理论依据和有价值的改进方向。

香农信息描述的是事物的不确定性,因此,相应地香农信息论讨论的多余度是统计多余度。这种统计多余度包括信源中前后符号间相关性带来的多余度和信源符号分布不均匀导致的多余度。统计多余度在各种信源中是普遍存在的,如何在无失真或限定失真的条件下对信源进行高效压缩编码是香农信息论研究的重点。香农第一定理和香农第三定理分别从理论上给出了无失真信源编码与限失真信源编码的压缩极限,对于压缩编码的研究具有重要的理论指导意义。香农信息论对信源统计多余度的透彻分析为各种具体压缩编码方法的研究提供了明确的思路,如变换编码、预测编码和统计编码等均是行之有效的信源压缩编码方法,且在目前的视、音频压缩国际标准中得到广泛的采用。

需要说明的是,香农信息论仅讨论了统计多余度的去除,而未涉及其他类型的多余度,实际信源如图像、语音、文本数据等都存在着大量的多余度。信源多余度有多种形式,如统计多余度、结构多余度、视觉多余度、时间多余度、空间多余度等,不同类型的多余度要采用针对性的方法来消除。事实上对不同类型的多余度进行深入研究,同样可以提高压缩编码的效率,这正是目前人们对小波变换、分形编码、模型编码等新压缩方法研究兴趣较高的原因。

可以说,香农信息论是从通信系统的最优化角度来研究信息的传递和处理问题的。其最大特点是将概率统计的观点和方法引入通信理论研究中,揭示了通信系统中传输的对象是信息,并对信息给出了科学和定量的描述,指出通信系统设计的中心问题是在噪声干扰下系统如何有效而可靠地传递信息,实现这一目标的途径是编码,而且从理论上证明了编码方法可以达到的最佳性能极限。因此,学习香农信息论对于正确理解以及进一步发展信息理论和编码技术是非常必要和有益的。

## 思考题与习题

1.1 信息论与编码技术研究的主要内容是什么?

1.2 简述信息论与编码技术的发展简史。

1.3 简述信息、消息、信号的定义以及三者之间的关系。

1.4 简述一个通信系统包括的主要功能模块及其作用。

1.5 有没有接触与考虑信息与信息的测度问题?如何理解这些问题?

1.6 什么是事物的不确定性?不确定性如何与信息的测度发生关系?

1.7 试从实际生活中列举出三种不同类型的通信系统模型,并说明它们的信源、信道结构,写出它们的消息字母表、输入与输出字母表,以及它们的概率分布与条件概率分布。

1.8 在日常生活中出现过哪些编码问题?能否用编码函数加以描述?

# 第2章 信源及其熵

CHAPTER 2

在信息论与编码技术中，信源（发出消息的源头）是最关键的部分，后续系统根据其特性来决定应采取的方案。信源输出的消息通常是以符号形式出现的，如果信源输出的符号是确定的而且预先知道的，那么该消息就不包含任何信息；只有当信源输出的某个（些）符号是随机出现的，无法预先确定的，该符号的出现就可给观察者带来信息。因此，可以用随机变量或随机矢量来表示信源，运用概率论和随机过程的理论来研究信息，这就是香农信息论的基本点。

**本章重点内容：**

- 信源的统计特性、数学模型；
- 各类信源的熵及其性质；
- 信源的冗余度。

## 2.1 信源的数学模型和分类

信源是信息的来源，是产生消息或消息序列的源泉。信息是抽象的，而消息是具体的，消息不是信息本身，但它包含和携带着信息。所以，要通过信息的表达者——消息来研究信源。

### 2.1.1 信源的数学模型

在通信系统中，收信者在未收到消息以前，对信源发出什么消息是不确定的、随机的，所以可用随机变量、随机矢量或随机过程来描述信源输出的消息。当信源给定，其相应的样本空间和概率分布（或概率密度函数）——概率空间就已给定；反之，如果概率空间给定，这就表示相应的信源已给定。所以，概率空间能表征离散信源的统计特性，有时也把概率空间称为信源空间，或者说，可以用概率空间来描述信源。

$$\begin{bmatrix} X \\ p(x) \end{bmatrix} = \begin{bmatrix} a_1 & a_2 & a_3 & \cdots & a_q \\ p(a_1) & p(a_2) & p(a_3) & \cdots & p(a_q) \end{bmatrix} \tag{2.1.1}$$

或

$$\begin{bmatrix} X \\ p(x) \end{bmatrix} = \begin{bmatrix} (a,b) \\ p(x) \end{bmatrix}$$

式中，$X$ 为信源；$p(x)$ 为信源符号出现的概率。

## 2.1.2 信源的分类

实际应用中,分析信源所采用的方法往往依信源的特性而定。按照信源发出的消息在时间和幅度上的分布情况可将信源分成离散信源和连续信源两大类。

**1. 离散信源**

**离散信源**是指信源发出在时间和幅度上都是离散消息的信源。在实际情况中,存在着很多这样的信源,例如投硬币、书信文字、计算机的代码、电报符号、阿拉伯数字码等。这些信源输出的都是单个符号(或代码)的消息,它们符号集的取值是有限的或可数的,可用一维离散型随机变量 $X$ 来描述这些信源的输出。离散信源的数学模型就是离散型的概率空间

$$\begin{bmatrix} X \\ p(x) \end{bmatrix} = \begin{bmatrix} a_1 & a_2 & a_3 & \cdots & a_q \\ p(a_1) & p(a_2) & p(a_3) & \cdots & p(a_q) \end{bmatrix} \tag{2.1.2}$$

$p(a_i)(i=1,2,\cdots,q)$应满足

$$\sum_{i=1}^{q} p(a_i) = 1$$

式中,$p(a_i)(i=1,2,\cdots,q)$是信源输出符号 $a_i(i=1,2,\cdots,q)$的先验概率,式(2.1.2)表示信源可能的消息数是有限的,只有 $q$ 个,而且每次必定选取其中一个消息输出,满足完备集条件。上面所述离散信源是一种最基本的离散信源。

离散信源可进一步分类,如图 2.1.1 所示。

- 离散信源
  - 离散无记忆信源
    - 单个符号的无记忆信源
    - 符号序列的无记忆信源
  - 离散有记忆信源
    - 符号序列的有记忆信源
    - 符号序列的马尔可夫信源

图 2.1.1 离散信源的分类

离散无记忆信源所发出的各个符号之间是相互独立的,发出的符号序列中的各个符号之间没有统计关联性,各个符号的出现概率是它自身的先验概率。

单个符号信源是指信源每次只发出一个符号代表一个消息;而符号序列信源是指信源每次发出一组含两个以上符号的符号序列代表一个消息。

离散有记忆信源发出各个符号的概率是有关联的,这种关联性一般用两种方式表示:一种是用信源发出的一个符号序列的联合概率(整体概率)来反映有记忆信源的特征,这就是图 2.1.1 所示的符号序列的有记忆信源;另一种是符号序列的马尔可夫信源,在这种情况下,限制记忆长度,即某一个符号出现的概率只与前面一个或有限个符号有关,而不依赖更前面的那些符号,这样的信源可以用信源发出符号序列内各个符号之间的条件概率来反映记忆特征。

1) 单个符号的离散无记忆信源

有些信源可能输出的消息数是有限的或可数的,而且每次只输出其中一个消息。例如,扔一颗质地均匀的骰子,研究其下落后,朝上一面的点数,每次试验结果必然是 1 点、2 点、3 点、4 点、5 点、6 点中的某一个面朝上。这种信源输出消息是“朝上的面是 1 点”、“朝上的面是 2 点”、……、“朝上的面是 6 点”等 6 个不同的消息。每次试验只出现一种消息,出现哪一种

消息是随机的，但必定是出现这 6 个消息集中的某一个消息，不可能出现这个集合以外的消息。这 6 个不同的消息构成互不相容的基本事件集合，可用符号($a_i$，$i=1,\cdots,6$)来表示这些消息，那么该信源的样本空间为符号集 $A:\{a_1,a_2,\cdots,a_6\}$。由大量试验结果可得：各个消息是等概率出现的，都等于 1/6。因此，可以用一个离散型随机变量 $X$ 来描述这个信源输出的消息。

这个随机变量 $X$ 的样本空间就是符号集 $A$，而 $X$ 的概率分布就是各消息出现的先验概率，$p(x=a_i)$(记作 $p(a_i)$)为 $p(a_1)=p(a_2)=\cdots=p(a_6)=1/6$。抽象后得到这个信源的数学模型为

$$\begin{bmatrix} X \\ p(x) \end{bmatrix}=\begin{bmatrix} a_1 & a_2 & a_3 & a_4 & a_5 & a_6 \\ \dfrac{1}{6} & \dfrac{1}{6} & \dfrac{1}{6} & \dfrac{1}{6} & \dfrac{1}{6} & \dfrac{1}{6} \end{bmatrix} \quad \text{并满足} \quad \sum_{i=1}^{6} p(a_i)=1 \tag{2.1.3}$$

式(2.1.3)表示信源的概率空间是一个完备集，信源输出的消息只可能是符号集 $A:\{a_1,a_2,\cdots,a_6\}$中任何一个，而且每次必定选取其中一个。

2）符号序列的离散无记忆信源

在多数实际情况中，信源输出的消息往往是由一系列符号序列组成的。例如，中文自然语言以文字作为信源，这时中文信源的样本空间 $A$ 是所有汉字与标点符号的集合，由这些汉字和标点符号组成的序列构成了中文句子和文章。因此，从时间上看，中文信源输出的消息是时间上离散的符号序列，其中每个符号的出现是不确定的、随机的，由此构成了不同的中文消息。

又如，对离散化的平面灰度图像信源来说，从 $XY$ 平面空间上看，每幅画面是一系列空间离散的灰度值符号(像素点)，而空间每一点的符号取值又都是随机的，由此形成了不同的图像消息。

上述这类信源输出的消息是按一定概率选取的符号序列，所以可以把这种信源输出的消息看作时间或空间上离散的一系列随机变量，即随机矢量。这样，信源的输出可用 $N$ 维随机矢量 $\boldsymbol{X}=(X_1,X_2,\cdots,X_N)$来描述，其中 $N$ 可为有限正整数或可数的无限值。该 $N$ 维随机矢量 $\boldsymbol{X}$ 又称为随机序列。

若信源输出的随机序列 $\boldsymbol{X}=(X_1,X_2,\cdots,X_N)$中，随机矢量 $\boldsymbol{X}$ 的各维概率分布都与时间的起点无关，即在任意两个不同时刻随机矢量 $\boldsymbol{X}$ 的各维概率分布都相同，这样的信源称为**离散平稳信源**。前面所举例子中的中文自然语言文字、离散化平面灰度图像都是这种离散平稳信源。

在一些简单的离散平稳信源情况下，信源先后发出的一个个符号彼此是统计独立的。即信源输出的随机矢量 $\boldsymbol{X}=(X_1,X_2,\cdots,X_N)$中，各随机变量 $X_i$($i=1,2,\cdots,N$)之间是统计独立的，则 $N$ 维随机矢量的联合概率分布满足

$$p(\boldsymbol{X})=p(X_1X_2\cdots X_N)=p_1(X_1)p_2(X_2)\cdots p_N(X_N) \tag{2.1.4}$$

因为信源是平稳的，由平稳随机序列的统计特性可知，各变量 $X_i$ 的一维概率分布都相同，即 $X_i$ 的概率分布与下标无关，则得

$$p(\boldsymbol{X})=p(X_1X_2\cdots X_N)=\prod_{i=1}^{N}p(X_i) \tag{2.1.5}$$

若不同时刻的随机变量又取值于同一符号集 $A:\{a_1,a_2,\cdots,a_q\}$，因此有

$$p(\boldsymbol{x}=\boldsymbol{\alpha}_i)=p(a_{i1}a_{i2}\cdots a_{iN})=\prod_{ik=1}^{N}p(a_{ik}) \tag{2.1.6}$$

其中，$\boldsymbol{\alpha}_i$ 是 $N$ 维随机矢量的一个取值，即$\boldsymbol{\alpha}_i=(a_{i1}a_{i2}\cdots a_{iN})$，而 $p(a_{ik})$是符号集 $A$ 的一维概率分布。

信源输出的随机矢量 $\boldsymbol{X}=(X_1,X_2,\cdots,X_N)$ 中每一个随机变量 $X_i(i=1,2,\cdots,N)$ 取自符号集 $A:\{a_1,a_2,\cdots,a_q\}$，构成了一个新的概率空间，即

$$\begin{bmatrix} X^N \\ p(\boldsymbol{x}=\boldsymbol{\alpha}_i) \end{bmatrix}=\begin{bmatrix} \boldsymbol{\alpha}_1 & \boldsymbol{\alpha}_2 & \cdots & \boldsymbol{\alpha}_{q^N} \\ p(\boldsymbol{\alpha}_1) & p(\boldsymbol{\alpha}_2) & \cdots & p(\boldsymbol{\alpha}_{q^N}) \end{bmatrix} \tag{2.1.7}$$

其中，$\boldsymbol{\alpha}_i=(a_{i1}a_{i2}\cdots a_{iN})(i_1,i_2,\cdots,i_N=1,2,\cdots,q)$，并满足

$$p(\boldsymbol{\alpha}_i)=p(a_{i1}a_{i2}\cdots a_{iN})=\prod_{ik=1}^{N}p(a_{ik}),\quad \sum_{i=1}^{q^N}p(\boldsymbol{\alpha}_i)=\sum_{i=1}^{q^N}\prod_{ik=1}^{N}p(a_{ik})=1$$

把信源 $X$ 输出的随机矢量 $\boldsymbol{X}$ 所描述的信源称为离散无记忆信源 $X$ 的 $N$ 次扩展信源。离散无记忆信源的 $N$ 次扩展信源的数学模型是 $X$ 信源空间的 $N$ 重空间，如式(2.1.7)，它是由离散无记忆信源输出长度为 $N$ 的随机序列构成的信源。

3）符号序列的离散有记忆信源

一般情况下，信源在不同时刻发出的符号之间是相互依赖的，即信源输出的平稳随机序列 $\boldsymbol{X}$ 中，各随机变量 $X$ 之间是有依赖的，这种信源称为**有记忆信源**。

例如，在汉字组成的中文序列中，只有根据中文的语法、习惯用语、修辞制约和表达实际意义的制约所构成的中文序列才是有意义的中文句子或文章。所以，在汉字序列中前后文字的出现是有依赖的，不能认为是彼此不相关的。其他如英文、德文等自然语言也都是如此，这种信源都为有记忆信源。

对于有记忆信源需在 $N$ 维随机矢量的联合概率分布中，引入条件概率分布来 $p(x_i/x_{i-1}x_{i-2}\cdots)$ 说明它们之间的关联。

4）符号序列的马尔可夫信源

表述有记忆信源要比表述无记忆信源困难得多。在实际中信源发出的符号往往只与靠近的前若干个符号的依赖关系较强，而与更前面的符号依赖关系较弱。因此，在分析时可以限制随机序列的记忆长度。当记忆长度为 $m+1$ 时，即信源每次发出的符号只与前面 $m$ 个符号有关，与更前面的符号无关，则称这种有记忆信源为 $m$ 阶马尔可夫信源。此时描述信源符号之间依赖关系的条件概率为

$$p(x_i/\cdots x_{i-1}x_{i-2}\cdots x_{i-m}\cdots x_1)=p(x_i/x_{i-1}x_{i-2}\cdots x_{i-m})\quad (i=1,2,\cdots,N) \tag{2.1.8}$$

如果上述条件概率与时间起点 $i$ 无关，那么信源输出的符号序列可看作时齐马尔可夫链，则此信源称为**时齐马尔可夫信源**。

**2. 连续信源**

**连续信源**是指输出在时间和幅度上都是连续分布的连续消息（又称模拟消息）的信源。

在实际中有的信源输出是单个符号（代码）的消息 $X$，这时信源输出消息 $X$ 的符号集的取值是连续的 $(a,b)$，或取值是实数集 $(-\infty,\infty)$。例如，语音信号、图像信号在某一时间的取值是连续的；遥测系统中对电压、温度、压力等测得的数据是连续的等。这些数据的取值是连续的，但又是随机的，这种连续信源称为单符号连续信源，可用一维的连续型随机变量 $X$ 来描述这种消息。连续信源的数学模型是连续型的概率空间，即

$$\begin{bmatrix} X \\ p(x) \end{bmatrix}=\begin{bmatrix} (a,b) \\ p(x) \end{bmatrix}\quad 或\quad \begin{bmatrix} \mathbf{R} \\ p(x) \end{bmatrix} \tag{2.1.9}$$

并满足

$$\int_a^b p(x)\mathrm{d}x=1\quad 或\quad \int_{\mathbf{R}} p(x)\mathrm{d}x=1$$

其中，**R** 表示实数集$(-\infty,\infty)$；$p(x)$是随机变量 $X$ 的概率密度函数。式(2.1.9)也表示连续型概率空间满足完备集。上述信源是连续信源最简单的情况，信源只输出一个消息(符号)，所以可用一维随机变量来描述。

若信源输出的消息需用 $N$ 维随机矢量 $\boldsymbol{X}=(X_1,X_2,\cdots,X_N)$ 来描述，其中每个随机分量 $X_i(i=1,2,\cdots,N)$ 都是取值为连续的连续型随机变量($X_i$ 的可能取值是不可数的无限值)，并且满足随机矢量 $\boldsymbol{X}$ 的各维概率密度函数与时间起点无关，这样的信源称为**连续平稳信源**。例如，语音信号 $X(t)$ 和热噪声信号 $n(t)$，在时间上取样离散化后的信源为 $\boldsymbol{X}=\cdots,X_1,\cdots,X_i,\cdots,X_N,\cdots$ 和 $\boldsymbol{n}=\cdots,n_1,n_2,\cdots,n_i,\cdots$，它们在时间上是离散的，但每个随机变量 $X_i$ 或 $n_i$ 的取值都是连续的，所以它们是连续平稳信源。

通常，实际信源输出的消息常常是时间和取值都是连续的。例如，语音信号 $X(t)$、热噪声信号 $n(t)$、电视图像信号 $\boldsymbol{X}(x_0,y_0,z_0)$ 等本身为时间连续函数，而在某一固定时间 $t_0$，它们的可能取值又是连续的和随机的。对于这种信源输出的消息，可用随机过程来描述，这类信源称为**随机波形信源**。

要分析一般随机波形信源比较复杂和困难，而常见的随机波形信源输出的消息是时间或频率上为有限的随机过程。因此，可根据取样定理对随机过程进行取样，把随机过程用一系列时间(或频率)域上离散的取样值来表示，每个取样值都是连续型随机变量，通常称每个这样的取样值为一个**自由度**。这样，就可把随机过程转换成时间(或频率)上离散的随机序列来处理。如果随机过程是平稳的随机过程，则取样后可转换成平稳的随机序列，这样，随机波形信源可以转换成连续平稳信源来处理。若再对每个取样值(连续变化的)经过量化，就可将连续的取值转换成有限的或可数的离散取值，也就可把连续信源转换成离散信源来处理。

综上所述，对有着不同统计特性的信源可用随机变量、随机矢量和随机过程来描述其输出的消息，这种描述能很好地反映出信源的随机性质。作为归纳，用图 2.1.2 简要地列出信源的分类、各类信源的数学模型和信源之间的转换关系。

随机变量 $X$ $\begin{cases} \text{离散信源：} \begin{bmatrix} X \\ p(x) \end{bmatrix} = \begin{bmatrix} a_1 & a_2 & a_3 & \cdots & a_q \\ p(a_1) & p(a_2) & p(a_3) & \cdots & p(a_q) \end{bmatrix}, \text{满足} \sum_{i=1}^{q} p(a_i)=1 \\ \uparrow \text{量化} \\ \text{连续信源：} \begin{bmatrix} X \\ p(x) \end{bmatrix} = \begin{bmatrix} (a,b) \\ p(x) \end{bmatrix} \text{或} \begin{bmatrix} \mathbf{R} \\ p(x) \end{bmatrix}, \text{满足} \int_a^b p(x)\mathrm{d}x=1 \text{或} \int_{\mathbf{R}} p(x)\mathrm{d}x=1 \end{cases}$

随机序列 $\boldsymbol{X}$ $\begin{cases} \text{离散平稳信源：} p(\boldsymbol{X})=p(X_1X_2\cdots X_N) \begin{cases} \text{离散无记忆信源的}N\text{次扩展信源：} \\ \begin{bmatrix} X^N \\ p(\boldsymbol{x}=\boldsymbol{\alpha}_i) \end{bmatrix} = \begin{bmatrix} \boldsymbol{\alpha}_1 & \boldsymbol{\alpha}_2 & \cdots & \boldsymbol{\alpha}_{qN} \\ p(\boldsymbol{\alpha}_1) & p(\boldsymbol{\alpha}_2) & \cdots & p(\boldsymbol{\alpha}_{qN}) \end{bmatrix} \\ \text{马尔可夫信源：} \\ p(X_i \mid \cdots X_{i+2}X_{i+1}X_{i-1}X_{i-2}\cdots X_{i-m}\cdots X_1) \\ =p(X_i \mid X_{i-1}X_{i-2}\cdots X_{i-m})(i=1,2,\cdots,N) \end{cases} \\ \uparrow \text{量化} \\ \text{连续平稳信源：} p'(X_iX_{i-1}X_{i-2}\cdots) \end{cases}$

↑ 取样定理

随机过程 $\{x(t)\}$：随机波形信源——信源输出的消息是时间(空间)、取值都连续的函数。

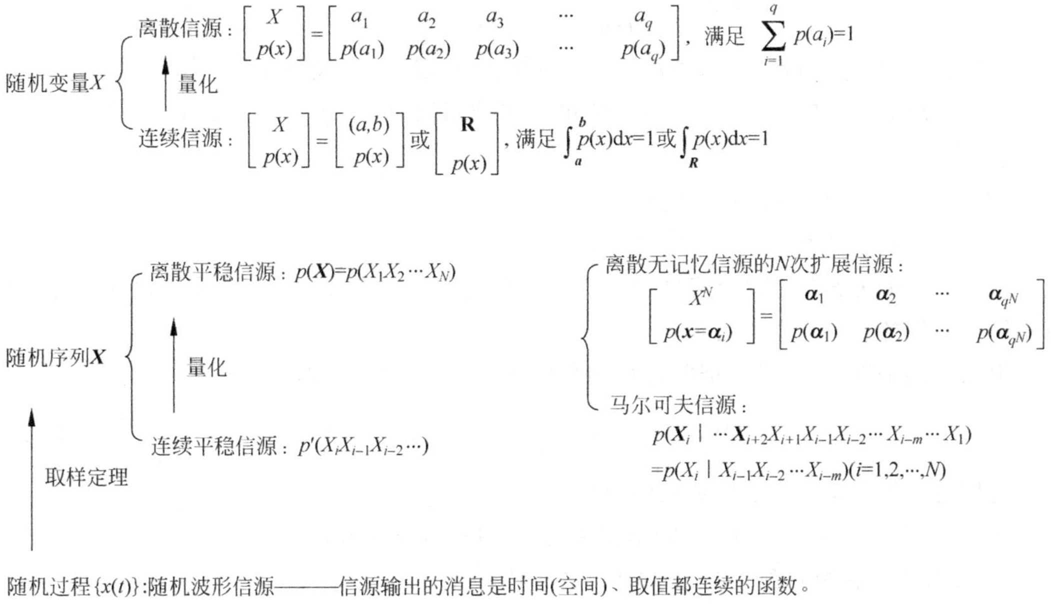

图 2.1.2 信源的分类及其数学模型

## 2.2 离散信源的信息熵及其性质

本节讨论最基本的离散信源，即信源输出为单个符号的消息，且这些消息之间互不相关。

对于输出为单个符号的离散信源都可用一维随机变量 $X$ 来描述信源的输出，信源的数学模型统一抽象为

$$\begin{bmatrix} X \\ p(x) \end{bmatrix} = \begin{bmatrix} a_1 & a_2 & a_3 & \cdots & a_q \\ p(a_1) & p(a_2) & p(a_3) & \cdots & p(a_q) \end{bmatrix}$$

其中

$$\sum_{i=1}^{q} p(a_i) = 1$$

对于这样的信源能输出多少信息？信源中每个消息的出现可以携带多少信息量？本节将讨论这些问题。

### 2.2.1 自信息

在第1章的讨论中，认为信源发出的消息应该是随机的，在没有收到消息之前，收信者不能确定信源发出的是什么消息。只有当收信者收到通过信道传输过来的消息后，才能消除不确定性并获得信息。信源中某一消息发生的不确定性越大，一旦它发生，并为收信者收到后，消除的不确定性就越大，获得的信息量也就越大。

设 $p(a_i)$是事件 $a_i$ 发生的先验概率，而 $I(a_i)$表示事件 $a_i$ 发生所含有的信息量，称 $I(a_i)$为 $a_i$ 的**自信息量**，则事件 $a_i$ 发生所含有的信息量应该是该事件发生的先验概率的函数，即

$$I(a_i) = f[p(a_i)]$$

根据客观事实和习惯概念，函数 $f[p(a_i)]$应满足以下四个条件：

(1) $f[p(a_i)]$应是先验概率 $p(a_i)$的单调递减函数，即当 $p_1(a_1) > p_2(a_2)$时，$f[p_1] < f[p_2]$。

(2) 当 $p(a_i)=1$ 时，$f[p(a_i)]=0$。

(3) 当 $p(a_i)=0$ 时，$f[p(a_i)]=\infty$。

(4) 两个独立事件的联合信息量应等于它们各自的信息量之和，即统计独立信源的信息量等于它们各自的信息量之和。

根据上述条件要求，已经证明这种函数形式应为对数形式，即

$$I(a_k) = \log_r \frac{1}{p(a_k)} = -\log_r p(a_k) \tag{2.2.1}$$

自信息量的单位取决于对数底的取值：

- 若对数的底为 2，则 $I(a_i)$的单位为“比特(bit，binary unit)”；
- 若对数的底为 e，则 $I(a_i)$的单位为“奈特(nat，nature unit)”；
- 若对数的底为 10，则 $I(a_i)$的单位为“哈特(hat，Hartley)”。

它们之间的关系可根据对数换底公式得到

$$\log_a X = \frac{\log_b X}{\log_b a}$$

所以

$$1 \text{ nat} = 1.44(\text{bit})$$

$$1 \text{ hat} = 3.32(\text{bit})$$

在大多数情况下，计算自信息量都采用以 2 为底的对数。为了书写简洁，常把底数 2 略去不写。

为了进一步理解自信息量的概念，来看下面的例子。

**【例 2.2.1】** 设信源只含有两个符号 0 和 1，且它们以消息形式向外发送时均是等概率出现的，求它们各自的自信息量。

**解**：由题目知 $p(0)=p(1)=0.5$，按照式(2.2.1)可得

$$I(0) = I(1) = -\log_2 0.5 = \log_2 2 = 1(\text{bit})$$

本例说明：当二进制码以等概率出现时，每个码元所含的信息量是 1bit。

**【例 2.2.2】** 某地某月的气象资料如表 2.2.1 所示，求相应事件的发生所带来的自信息量。

**表 2.2.1　气象资料**

| $x_i$ | $x_1$(晴) | $x_2$(阴) | $x_3$(雨) | $x_4$(雪) |
|---|---|---|---|---|
| $p(x_i)$ | 1/2 | 1/4 | 1/8 | 1/8 |

**解**：根据表 2.2.1，求出各事件发生所带来的自信息量有

$$I(x_1) = -\log_2 p(x_1) = 1(\text{bit})$$

$$I(x_2) = -\log_2 p(x_2) = 2(\text{bit})$$

$$I(x_3) = -\log_2 p(x_3) = 3(\text{bit})$$

$$I(x_4) = -\log_2 p(x_4) = 3(\text{bit})$$

该例说明，一个随机事件发生的概率越小，它的不确定性就越大，当它发生时对外提供的自信息量也就越大。

在信息传输的一般情况下，收信者所获得的信息量应等于信息传播前后不确定性的减少(消除)量。因此，可直观地把信息量定义为

收到某消息获得的信息量＝不确定性减少的量

＝(收到此消息前关于某事件发生的不确定性)

－(收到此消息后关于某事件发生的不确定性)

在无噪声时，通过信道的传输，可以完全不失真地收到所发的消息，所以收到此消息后关于某事件发生的不确定性完全消除，此项为零。因此得

无噪传输时收到某消息获得的信息量＝收到消息前关于某事件发生的不确定性

＝信源输出的某消息中所含有的自信息量

### 2.2.2　信源的信息熵

自信息 $I(a_i)$只能描述信源中某一事件(符号)$a_i$ 的信息量，对整个信源而言，发出不同

的符号所含有的信息量是不同的。所以，$I(a_i)$是一个随机变量，不能将它作为整个信源的信息测度。

在大多数情况下，人们更关心离散信源符号集的平均信息量问题，即信源中平均每个符号所能提供的信息量，这就需要对信源所有符号的自信息进行统计平均。

定义信源中自信息的数学期望(每个符号的平均自信息量)为信源的**信息熵**，即

$$H_r(X) = E\left(\log_r \frac{1}{p(a_i)}\right) = -\sum_{i=1}^{q} p(a_i)\log_r p(a_i) \tag{2.2.2}$$

信源 $X$ 的信息熵 $H_r(X)$表示的是信源 $X$ 中每个符号的平均信息量，或者说 $H_r(X)$表示了信源 $X$ 中各个符号出现的平均不确定性，当对数的底取为 $r$ 时，信息熵的单位为"$r$ 进制单位/符号"；当对数的底取为 2 时，信息熵的单位为"比特(bit)/符号"，此时的信息熵可简记为 $H(X)$，即

当 $r=2$ 时，$H_r(X) = E\left(\log \frac{1}{p(a_i)}\right) = -\sum_{i=1}^{q} p(a_i)\log p(a_i) = H(x)$

而 $H_r(X)=H(X)/\log r$

由于这个表达式和统计物理学中热熵的表达式相似，且在概念上也相似，因此借用"熵"这个名词，把 $H(X)$称为信息"熵"。

熵具有以下含义：

- 熵是从整个信源集合的统计特性来考虑的，它从平均意义上来表征信源的总体特征；
- 在信源输出后，信息熵 $H(X)$表示每个消息提供的平均信息量；
- 在信源输出前，信息熵 $H(X)$表示信源的平均不确定性；
- 信息熵 $H(X)$表征了变量 $X$ 的随机性。

**【例 2.2.3】** 有两个信源 $X$ 和 $Y$，其概率空间分别为

$$\begin{pmatrix} X \\ p(x) \end{pmatrix} = \begin{bmatrix} a_1 & a_2 \\ 0.99 & 0.01 \end{bmatrix},\quad \begin{pmatrix} Y \\ p(y) \end{pmatrix} = \begin{bmatrix} a_1 & a_2 \\ 0.5 & 0.5 \end{bmatrix}$$

分别计算其熵。

**解**：根据信源信息熵的定义式(2.2.2)，得

$$H(X) = -0.99\log 0.99 - 0.01\log 0.01 = 0.08(\text{bit/符号})$$

$$H(Y) = -0.5\log 0.5 - 0.5\log 0.5 = 1(\text{bit/符号})$$

由本例可见：信源符号的概率分布越均匀，则平均不确定性越大，即信源 $Y$ 比信源 $X$ 更不确定。

**【例 2.2.4】** 假设电视屏上约有 $500\times600=3\times10^5$个栅格点，按每点可取 10 个不同的灰度等级来考虑，则共能组成 $n=10^{3\times10^5}$ 个不同的电视画面。按不同的电视画面等概率出现计算，平均每个画面可提供的信息量为

$$H(X) = -\sum_{i=1}^{n} p(x_i)\log p(x_i) = \log_2 10^{3\times10^5} \approx 3.32\times3\times10^5 \approx 10^6(\text{bit/画面})$$

**【例 2.2.5】** 有一篇千字文章，假定每个字可从一万个汉字中任选，则共有不同的千字文篇数为

$$N = 10\,000^{1000} = 10^{4000}\text{(篇)}$$

仍按等概率计算。这样，平均每篇千字文可提供的信息量为

$$H(X) = -\sum_{i=1}^{N} p(x_i)\log_2 p(x_i) = \log_2 10^{4000} \approx 3.32\times 4\times 10^3 \approx 1.33\times 10^4\text{(bit/千字文)}$$

以上两例说明，"一个电视画面"平均提供的信息量要远远大于"一篇千字文"提供的信息量。

**【例 2.2.6】** 设信源 $X$ 只有两个符号 $a_1$ 和 $a_2$，各符号的出现概率分别为

$$p(a_1) = q,\quad p(a_2) = 1-q$$

求信源的信息熵。

**解**：根据信源信息熵的定义式，得

$$H(X) = -\sum_{i=1}^{2} p(a_i)\log_2 p(a_i) = -q\log_2 q - (1-q)\log_2(1-q)\text{(bit/符号)}$$

根据上式，可以画出信源信息熵随参数 $q$ 的变化曲线，如图 2.2.1 所示。

- 当 $q=1/2$ 时，有 $p(a_1)=p(a_2)=1/2$，此时 $H(X)=1$(bit/符号)。
- 当 $q=0$ 或 $q=1$ 时，有 $p(a_1)=0, p(a_2)=1$ 或 $p(a_1)=1, p(a_2)=0$，此时 $H(X)=0$(bit/符号)。

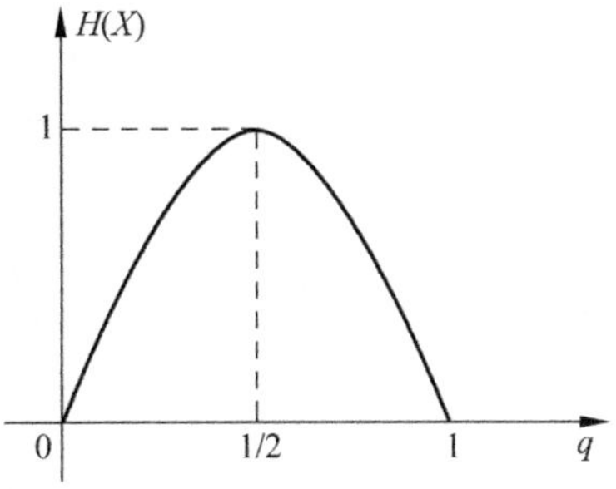


图 2.2.1　信源信息熵随参数 $q$ 的变化曲线

显然，当 $q=1/2$ 时，信源符号为等概率分布，此时信源信息熵达到最大值，此时信源对外提供的平均信息量最大。而当 $q=0$ 或 $q=1$ 时，由于信源中的一个符号总是出现，而另一个符号总是不出现，即信源中的消息的出现是完全确定的，这已经不是随机变量了，所以，这样的信源已不可能提供任何信息量。

## 2.2.3　熵的基本性质

已知信源

$$\begin{bmatrix} X \\ p(x) \end{bmatrix} = \begin{bmatrix} a_1 & a_2 & a_3 & \cdots & a_q \\ p(a_1) & p(a_2) & p(a_3) & \cdots & p(a_q) \end{bmatrix}$$

满足

$$\sum_{i=1}^{q} p(a_i) = 1$$

其信息熵如式(2.2.2)所示，即

$$H_r(X) = E\left(\log_r \frac{1}{p(a_i)}\right) = -\sum_{i=1}^{q} p(a_i)\log_r p(a_i)$$

若信源的概率分布用概率矢量 $\boldsymbol{P}=(p(a_1),\cdots,p(a_q))=(p_1,\cdots,p_q)$ 来表示，则信息熵是概率矢量 $\boldsymbol{P}=(p(a_1),\cdots,p(a_q))=(p_1,\cdots,p_q)$ 的函数。为方便起见，在后面的讨论中若无特别说明，把对数的底一律省去不写。

一般 $H(X)$ 可写成

$$H(X)=-\sum_{i=1}^{q}p(a_i)\log p(a_i)=-\sum_{i=1}^{q}p_i\log p_i=H(p_1,\cdots,p_q)=H(\boldsymbol{P})$$

即用 $H(\boldsymbol{P})$或$=H(p_1,\cdots,p_q)$表示概率矢量为 $\boldsymbol{P}=(p_1,\cdots p_q)$的 $q$ 个符号信源的信息熵。

当 $q=2$ 时,因为 $p_1+p_2=1$,可以将信源为两个符号的信息熵写成 $H(p_1)$或 $H(p_2)$。

信源的信息熵 $H(\boldsymbol{P})$具有以下性质。

**1. 对称性**

$H(\boldsymbol{P})$的值与分量 $p_1,\cdots,p_q$ 的顺序无关,即

$$H(p_1,p_2,\cdots,p_q)=H(p_2,p_1,\cdots,p_q) \tag{2.2.3}$$

**说明**:从数学角度来看,式 $H(\boldsymbol{P})=-\sum_{i=1}^{q}p_i\log p_i$ 中的和式满足交换率;从随机变量的角度来看,熵只与随机变量的总体统计特性有关。

例如,有三个信源,即

$$\begin{bmatrix}X\\p(x)\end{bmatrix}=\begin{bmatrix}a_1 & a_2 & a_3\\1/3 & 1/6 & 1/2\end{bmatrix}$$

$$\begin{bmatrix}Y\\p(y)\end{bmatrix}=\begin{bmatrix}a_1 & a_2 & a_3\\1/6 & 1/2 & 1/3\end{bmatrix}$$

$$\begin{bmatrix}Z\\p(z)\end{bmatrix}=\begin{bmatrix}a_1 & a_2 & a_3\\1/3 & 1/2 & 1/6\end{bmatrix}$$

则

$$H(X)=H\left(\frac{1}{3},\frac{1}{6},\frac{1}{2}\right)=1.459(\text{bit/符号})$$

$$H(Y)=H\left(\frac{1}{6},\frac{1}{2},\frac{1}{3}\right)=1.459(\text{bit/符号})$$

$$H(Z)=H\left(\frac{1}{3},\frac{1}{2},\frac{1}{6}\right)=1.459(\text{bit/符号})$$

即这三个信源具有相同的信息熵

$$H(X)=H(Y)=H(Z)$$

**2. 确定性**

确定性体现为

$$H(1,0)=H(1,0,0)=H(1,0,0,\cdots,0)=0 \tag{2.2.4}$$

只要信源符号表中,有一个符号的出现概率为 1,信源熵就等于 0。在概率空间中,如果有两个基本事件,其中一个是必然事件,另一个则是不可能事件,因此没有不确定性,熵必为 0。这种结论可以类推到多个基本事件构成的概率空间。

**说明**:从总体来看,信源虽然有不同的输出符号,但它只有一个符号是必然出现的,而其他符号则是不可能出现的,那么,这个信源就是一个确知信源,其熵等于 0。信源的熵 $H(X)$反映的是信源的总体不确定性,若信源的确定性很大,则其熵值就非常小。

**3. 非负性**

非负性体现为

$$H(\boldsymbol{P}) \geqslant 0 \tag{2.2.5}$$

**说明**：由 $H(X)$的计算式 $H(X)=-\sum_{i=1}^{q} p_i \log p_i$ 可知，随机变量 $X$ 的概率分布满足 $0<p_i<1$，当取对数的底大于 1 时，$\log p_i<0$，$-p_i\log p_i>0$，即得到的熵为正值。只有当信源为确定的，即某一消息 $a_i$ 出现概率为 1 时，等号才成立。熵的非负性体现了信息是非负的。

**4. 扩展性**

扩展性体现为

$$\lim_{\varepsilon\to 0} H(p_1, p_2, \cdots, p_q-\varepsilon, \varepsilon) = H(p_1, p_2, \cdots, p_q) \tag{2.2.6}$$

由于在信源熵的定义中相应的项 $\lim_{\varepsilon\to 0}\varepsilon\log\varepsilon=0$，所以上式成立。

由此性质可以看到，当某一消息的出现概率很小时，虽然它的自信息量很大，但它对信源的平均信息量的贡献却非常小。这正是熵的总体平均性概念的体现。

性质说明：信源的符号数增多时，若这些符号对应的概率很小(接近于 0)，则信源的熵不变。

**5. 可加性**

统计独立信源 $X$ 和 $Y$ 的联合信源的熵等于信源 $X$ 和 $Y$ 各自的熵之和，即

$$H(XY) = H(X) + H(Y) \tag{2.2.7}$$

**证明**：

设 $\begin{bmatrix} X \\ p(x) \end{bmatrix} = \begin{bmatrix} a_1 & a_2 & a_3 & \cdots & a_n \\ p(a_1) & p(a_2) & p(a_3) & \cdots & p(a_n) \end{bmatrix}$，　满足 $\sum_{i=1}^{n} p(a_i) = 1$

$\begin{bmatrix} Y \\ p(y) \end{bmatrix} = \begin{bmatrix} b_1 & b_2 & b_3 & \cdots & b_m \\ p(b_1) & p(b_2) & p(b_3) & \cdots & p(b_m) \end{bmatrix}$，　满足 $\sum_{i=1}^{m} p(b_i) = 1$

由于信源 $X$ 和 $Y$ 统计独立，所以联合信源的概率分布

$$p(a_ib_j) = p(a_i)p(b_j)$$

因此，按信源信息熵的定义得

$$\begin{aligned}
H(XY) &= -\sum_{ij} p(a_ib_j)\log p(a_ib_j) \\
&= -\sum_{ij} p(a_i)p(b_j)\log[p(a_i)p(b_j)] \\
&= -\sum_{ij} p(a_i)p(b_j)[\log p(a_i) + \log p(b_j)] \\
&= -\sum_{ij} p(a_i)p(b_j)\log p(a_i) - \sum_{ij} p(a_i)p(b_j)\log p(b_j) \\
&= -\sum_{j} p(b_j)\left[\sum_{i} p(a_i)\log p(a_i)\right] - \sum_{i} p(a_i)\left[\sum_{j} p(b_j)\log p(b_j)\right] \\
&= -\sum_{i} p(a_i)\log p(a_i) - \sum_{j} p(b_j)\log p(b_j) \\
&= H(X) + H(Y)
\end{aligned}$$

信息熵的可加性是熵的一个重要特性，正因为具有可加性，才使熵的形式是唯一的。

**6. 极值性**

离散无记忆信源输出 $q$ 个不同的信息符号，当且仅当各个符号出现概率相等时，信息熵

最大，即

$$H(p_1,p_2,\cdots,p_q)\leqslant H\left(\frac{1}{q},\frac{1}{q},\cdots,\frac{1}{q}\right)=\log q \tag{2.2.8}$$

性质说明：等概率分布信源的平均不确定性为最大，只要信源中某一信源符号出现的概率较大，就会引起整个信源的平均不确定性下降。这是一个很重要的结论，称为最大熵定理。

**证明：**

因为对数是∩型凸函数，满足詹森不等式 $E[\log Y]\leqslant \log E[Y]$，则有

$$H(p_1,p_2,\cdots,p_q)=-\sum_{i=1}^{q}p_i\log p_i\leqslant \log\sum_{i=1}^{q}p_i\frac{1}{p_i}=\log q$$

二进制信源是离散信源的一个重要特例。二进制信源符号只有两个，设为 0 和 1，符号输出的概率分别为 $\omega$ 和 $1-\omega$，即信源的概率空间为

$$\begin{bmatrix}X\\p(x)\end{bmatrix}=\begin{bmatrix}0 & 1\\ \omega & 1-\omega\end{bmatrix}$$

信息熵为

$$H(X)=-\omega\log\omega-(1-\omega)\log(1-\omega)$$

即信息熵 $H(X)$ 是 $\omega$ 的函数，$\omega$ 取值于[0,1]区间。可画出熵函数 $H(X)$ 的曲线来，如图 2.2.2 所示。

可以看出这是一个上凸函数，当 $\omega=0.5$ 时，$H(X)$ 取极大值 1(单位为 bit/符号)，而当 $\omega=0$ 或 $\omega=1$ 时，$H(X)$ 均为 0，这就分别验证了信源熵的极值性和确定性。

图 2.2.2 同时说明：对于等概分布的二元序列，每一个二元符号将提供 1bit 的信息量。如果输出符号不是等概分布的，则每一个二元符号所提供的平均信息量将小于 1bit。

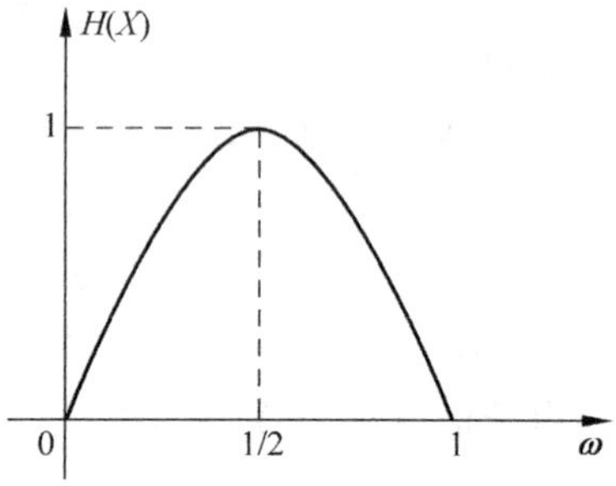

图 2.2.2 二进制信源的信息熵

## 2.3 离散无记忆信源的扩展信源

2.2 节讨论了最简单的单符号信源。在很多情况下，实际信源的输出是由一系列简单信源符号组成的序列。例如，用四位二进制自然码编码时，其输出看似为普通的符号 0 和 1，但其实质为每四位一组划分的特定编码。对于这种类型编码，可将其看作由 0、1 二元信源经过四次扩展而得到的新信源。此信源共有 $2^4=16$ 个可能的符号序列：{0000,0001,0010,0011,0100,0101,0110,0111,1000,1001,1010,1011,1100,1101,1110,1111}，可以等效地看作一个具有 16 个符号的信源，其中每个符号都是 0 和 1 的四重序列(长度为四的矢量)。把这种信源称为二元无记忆信源的四次扩展信源。

离散无记忆信源的 $N$ 次扩展信源就是把简单的单符号信源经 $N$ 次扩展后得到的新信源。

设一个单符号离散信源 $X$ 的数学模型为

$$\begin{bmatrix} X \\ p(x) \end{bmatrix} = \begin{bmatrix} a_1 & a_2 & a_3 & \cdots & a_q \\ p(a_1) & p(a_2) & p(a_3) & \cdots & p(a_q) \end{bmatrix}$$

满足 $\sum_{i=1}^{q} p(a_i) = 1$。

则其 $N$ 次扩展信源用 $X^N$ 表示，其数学模型为

$$\begin{bmatrix} X^N \\ p(\boldsymbol{\alpha}_i) \end{bmatrix} = \begin{bmatrix} \boldsymbol{\alpha}_1 & \boldsymbol{\alpha}_2 & \cdots & \boldsymbol{\alpha}_{q^N} \\ p(\boldsymbol{\alpha}_1) & p(\boldsymbol{\alpha}_2) & \cdots & p(\boldsymbol{\alpha}_{q^N}) \end{bmatrix}, \quad \boldsymbol{\alpha}_i = (a_{i1}, a_{i2}, \cdots, a_{iN})$$

满足 $\sum_{i=1}^{q^N} p(\boldsymbol{\alpha}_i) = 1$ 。

在 $N$ 次扩展信源 $X^N$ 中，符号序列构成的矢量其各分量之间是彼此统计独立的，即

$$p(\boldsymbol{\alpha}_i) = p(a_{i_1} a_{i_2} \cdots a_{i_N}) = \prod_{j=1}^{N} p(a_{i_j})$$

离散无记忆信源 $X$ 的 $N$ 次扩展信源的信息熵，可以按信息熵的定义式进行计算，即

$$\begin{aligned}
H(\boldsymbol{X}) &= H(X^N) \\
&= -\sum_{i=1}^{q^N} p(\boldsymbol{\alpha}_i)\log p(\boldsymbol{\alpha}_i) = -\sum_{i=1}^{q^N} p(a_{i1})p(a_{i2})\cdots p(a_{iN})\log[p(a_{i1})p(a_{i2})\cdots p(a_{iN})] \\
&= -\sum_{i_1=1}^{q}\sum_{i_2=1}^{q}\cdots\sum_{i_N=1}^{q} p(a_{i_1})p(a_{i_2})\cdots p(a_{i_N})[\log p(a_{i_1}) + \log p(a_{i_2}) + \cdots + \log p(a_{i_N})] \\
&= -\sum_{i_1=1}^{q} p(a_{i_1})\log p(a_{i_1}) \cdot \left[\sum_{i_2=1}^{q} p(a_{i_2})\cdots\sum_{i_N=1}^{q} p(a_{i_N})\right] - \cdots \\
&\quad -\sum_{i_N=1}^{q} p(a_{i_N})\log p(a_{i_N})\sum_{i_1=1}^{q} p(a_{i_1})\left[\sum_{i_2=1}^{q} p(a_{i_2})\cdots\sum_{i_{(N-1)}=1}^{q} p(a_{i_{N-1}})\right] \\
&= -\sum_{i_1=1}^{q} p(a_{i_1})\log p(a_{i_1}) - \cdots - \sum_{i_N=1}^{q} p(a_{i_N})\log p(a_{i_N}) \\
&= H(X) + H(X) + \cdots + H(X) = NH(X)
\end{aligned} \tag{2.3.1}$$

即离散无记忆信源 $X$ 的 $N$ 次扩展信源的熵等于离散信源 $X$ 的熵的 $N$ 倍，其单位为：比特/符号序列。

**【例 2.3.1】** 求如下离散无记忆信源的二次扩展信源及其熵。

$$\begin{bmatrix} X \\ p(x) \end{bmatrix} = \begin{bmatrix} a_1 & a_2 & a_3 \\ \frac{1}{2} & \frac{1}{4} & \frac{1}{4} \end{bmatrix}, \quad \sum_{i=1}^{3} p_i = 1$$

**解**：给定信源 $X$ 的二次扩展信源 $X^2$ 的概率空间如表 2.3.1 所示。

**表 2.3.1 信源 $X^2$ 的概率空间**

| $X^2$ 的信源符号 | $\boldsymbol{\alpha}_1$ | $\boldsymbol{\alpha}_2$ | $\boldsymbol{\alpha}_3$ | $\boldsymbol{\alpha}_4$ | $\boldsymbol{\alpha}_5$ | $\boldsymbol{\alpha}_6$ | $\boldsymbol{\alpha}_7$ | $\boldsymbol{\alpha}_8$ | $\boldsymbol{\alpha}_9$ |
|---|---|---|---|---|---|---|---|---|---|
| 对应的符号序列 | $a_1a_1$ | $a_1a_2$ | $a_1a_3$ | $a_2a_1$ | $a_2a_2$ | $a_2a_3$ | $a_3a_1$ | $a_3a_2$ | $a_3a_3$ |
| 概率 $p(\boldsymbol{\alpha}_i)$ | 1/4 | 1/8 | 1/8 | 1/8 | 1/16 | 1/16 | 1/8 | 1/16 | 1/16 |

离散无记忆信源 $X$ 的熵为

$$H(X)=-\frac{1}{2}\log\frac{1}{2}-\frac{1}{4}\log\frac{1}{4}-\frac{1}{4}\log\frac{1}{4}=1.5(\text{bit/符号})$$

其二次扩展信源的熵为

$$H(X^2)=-\sum_{i=1}^{9}p(\boldsymbol{\alpha}_i)\log p(\boldsymbol{\alpha}_i)=3(\text{bit/符号})=2H(X)$$

$X^N$中每个符号$\boldsymbol{\alpha}_i$是由$X$中$N$个$a_{i_j}$所组成的$N$长度序列，其中各个$a_{i_j}$之间是统计独立的，所以对应各$a_{i_j}$所代表的信源熵都为$H(X)$，由离散无记忆信源熵的可加性，同样能得出$H(X^N)=NH(X)$的结论。

## 2.4 离散平稳信源

前面讨论的是离散无记忆信源及其扩展信源。在实际情况中，大多数信源都不是这种简单理想的无记忆信源，而是在输出序列的各符号之间存在着或强或弱的相关性。因此，由于存在相关性，除了研究信源的一维分布外，还需要研究信源的多维联合分布和条件分布。

一般来说，离散信源输出序列的统计特性可能会随时间而变化，在不同的时刻，其输出序列的概率分布可能不同。例如在不同的时刻，先验概率$p(x_i)$与$p(x_j)$不一定相等，条件概率$p(x_i/x_{i-1}x_{i-2}\cdots)$与$p(x_j/x_{j-1}x_{j-2}\cdots)$也不一定相等，这是一般的有记忆信源的情况。为便于分析，本书只讨论其中一类特殊的信源，即平稳信源。

### 2.4.1 平稳信源的概念

若信源$X$满足

$$p(x_i)=p(x_j),\quad i\neq j$$

即信源的一维概率分布与观察的时间无关，则称信源$X$为一维平稳信源。

若信源$X$同时还满足二维联合概率分布与时间起点无关，即

$$p(x_ix_{i+1})=p(x_jx_{j+1}),\quad i\neq j$$

则称信源$X$为二维平稳信源。

以此类推，如果信源的各维联合概率分布都与时间起点无关，那么信源就是完全平稳的。这种各维联合概率分布均与时间起点无关的完全平稳信源称为**离散平稳信源**。

所以，对离散平稳信源有

$$\begin{aligned}&p(x_i)=p(x_j)\\&p(x_ix_{i+1})=p(x_jx_{j+1})\\&\vdots\\&p(x_ix_{i+1}\cdots x_{i+N})=p(x_jx_{j+1}\cdots x_{j+N})\end{aligned}$$

由联合概率与条件概率之间的关系

$$\begin{aligned}&p(x_ix_{i+1})=p(x_i)p(x_{i+1}/x_i)\\&p(x_ix_{i+1}x_{i+2})=p(x_i)p(x_{i+1}/x_i)p(x_{i+2}/x_ix_{i+1})\\&\vdots\\&p(x_ix_{i+1}\cdots x_{i+N})=p(x_i)p(x_{i+1}/x_i)\cdots p(x_{i+N}/x_i\cdots x_{i+N-1})\end{aligned}$$

和平稳性可得

$$p(x_{i+1}/x_i)=p(x_{j+1}/x_j)$$
$$p(x_{i+2}/x_ix_{i+1})=p(x_{j+2}/x_jx_{j+1})$$
$$\vdots$$
$$p(x_{i+N}/x_ix_{i+1}\cdots x_{i+N-1})=p(x_{j+N}/x_jx_{j+1}\cdots x_{j+N-1})$$

由以上分析，得如下结论：

对于平稳信源来说，其条件概率均与时间起点无关，只与关联长度 $N$ 有关，即平稳信源发出的平稳随机序列前后的依赖关系与时间起点无关。

对平稳信源，如果某时刻发出什么符号只与前面发出的 $N$ 个符号有关，那么任何时刻它们的依赖关系都是一样的，即

$$p(x_{i+N}/x_ix_{i+1}\cdots x_{i+N-1})=p(x_{j+N}/x_jx_{j+1}\cdots x_{j+N-1})=p(x_N/x_0x_1\cdots x_{N-1}) \quad (2.4.1)$$

## 2.4.2 二维平稳信源

最简单的平稳信源就是二维平稳信源，它满足一维和二维概率分布与时间起点无关。

由于二维的系统能表达通信系统发送和接收的关系，也能表达存储系统的存取关系，而且二维系统的结果还可以向多维系统推广，因此，研究二维平稳信源具有重要的现实意义。

设有一个离散二维平稳信源 $X$，其概率空间为

$$\begin{bmatrix} X \\ p(x) \end{bmatrix}=\begin{bmatrix} a_1 & a_2 & a_3 & \cdots & a_q \\ p(a_1) & p(a_2) & p(a_3) & \cdots & p(a_q) \end{bmatrix} \quad \sum_{i=1}^{q} p(a_i)=1$$

同时已知连续两个信源符号出现的联合概率分布为

$$p(a_ia_j) \quad (i,j=1,2,\cdots,q)$$

且

$$\sum_{i=1}^{q}\sum_{j=1}^{q} p(a_ia_j)=1$$

$$p(a_j \mid a_i)=\frac{p(a_ia_j)}{p(a_i)} \quad (i,j=1,2,\cdots,q)$$

$$\sum_{j=1}^{q} p(a_j \mid a_i)=1$$

下面讨论如何对离散二维平稳信源进行信息测度。

对离散二维平稳信源而言，由于信源输出只有两个符号之间有关联，且其关联与时间无关，所以可把这个信源输出的随机序列分成每两个符号一组，每组构成新信源的一个符号，并假设组与组之间统计无关(当然这只是一种近似，在实际上组尾的符号与下一组组头的符号是有关联的)。

这时，等效成一个新的信源 $X_1X_2$，它们的联合概率空间为

$$\begin{bmatrix} X_1X_2 \\ p(x_1x_2) \end{bmatrix}=\begin{bmatrix} a_1a_1 & a_1a_2 & a_1a_3 & \cdots & a_qa_q \\ p(a_1a_1) & p(a_1a_2) & p(a_1a_3) & \cdots & p(a_qa_q) \end{bmatrix}, \quad \sum_{i=1}^{q}\sum_{j=1}^{q} p(a_ia_j)=1$$

根据信息熵的定义，新信源 $X_1X_2$ 的熵为

$$H(X_1X_2)=-\sum_{i=1}^{q}\sum_{j=1}^{q} p(a_ia_j)\log p(a_ia_j) \quad (2.4.2)$$

$H(X_1X_2)$称为符号序列 $X_1X_2$ 的**联合熵**。它表示原来信源 $X$ 输出任意一对可能的消

息的平均不确定性，因此可用 $H(X_1X_2)$ 作为信源 $X$ 的信息熵的近似值，记作

$$H_2(X)=\frac{1}{2}H(X_1X_2) \tag{2.4.3}$$

这里下标 2 表示是通过二维平稳信源的符号序列的联合熵求取信源信息熵，所以，又称 $H_2(X)$ 为二维平稳信源的**平均符号熵**。

接着讨论离散二维平稳信源的联合熵 $H(X_1X_2)$、简单符号熵 $H(X)$ 和平均符号熵 $H_2(X)$ 之间的关系。

由于信源 $X$ 发出的符号序列中前后两个符号之间有依赖性，可以先求出在已知前面一个符号 $X_1=a_i$ 时，信源输出下一个符号为 $a_j$ 的平均不确定性为 $-\log p(a_j/a_i)$。因而信源输出符号 $a_i$ 后再输出一个符号的平均不确定性应为

$$H(X_2/X_1=a_i)=-\sum_{j=1}^{q}p(a_j/a_i)\log p(a_j/a_i) \tag{2.4.4}$$

而前面一个符号 $a_i$ 又可取 $\{a_1,a_2,\cdots,a_q\}$ 中的任一个，因此对 $H(X_2/X_1=a_i)$ 求统计平均，即可得到前一个符号已知时，再输出下一个符号的总的平均不确定性，即

$$H(X_2/X_1)=\sum_{i=1}^{q}p(a_i)H(X_2/X_1=a_i) \tag{2.4.5}$$

将式(2.4.4)代入式(2.4.5)，得到

$$H(X_2/X_1)=-\sum_{i=1}^{q}\sum_{j=1}^{q}p(a_i)p(a_j/a_i)\log p(a_j/a_i)=-\sum_{i=1}^{q}\sum_{j=1}^{q}p(a_ia_j)\log p(a_j/a_i)$$

则 $H(X_2/X_1)$ 称为信源 $X$ 的**条件熵**。

根据概率关系，可以得到联合熵 $H(X_1X_2)$ 与条件熵 $H(X_2/X_1)$ 的关系，即

$$\begin{aligned}
H(X_1X_2)&=-\sum_{i=1}^{q}\sum_{j=1}^{q}p(a_ia_j)\log p(a_ia_j)\\
&=-\sum_{i=1}^{q}\sum_{j=1}^{q}p(a_ia_j)\log[p(a_i)p(a_j/a_i)]\\
&=-\sum_{i=1}^{q}p(a_i)\log p(a_i)\sum_{j=1}^{q}p(a_j\mid a_i)+H(X_2/X_1)\\
&=H(X_1)+H(X_2/X_1)
\end{aligned}$$

即

$$H(X_1X_2)=H(X_1)+H(X_2/X_1) \tag{2.4.6}$$

式(2.4.6)说明信源的联合熵等于前一符号出现的独立熵加上在前一符号已知条件下，后一符号出现的条件熵。当前后符号无依赖关系时，式(2.4.6)转化成式(2.4.7)，即为熵的可加性。

$$H(X_1X_2)=H(X_1)+H(X_2) \tag{2.4.7}$$

条件熵和平均符号熵之间满足

$$H(X_2/X_1)\leqslant H(X_2) \tag{2.4.8}$$

此关系可代入信息熵定义式并利用詹森不等式得到证明。

由于 $X_1$ 和 $X_2$ 均属于同一个信源，而且是平稳的，因而有

$$H(X_1)=H(X_2)=H(X) \tag{2.4.9}$$

综合式(2.4.4)～式(2.4.9)，可得

$$H(X_1X_2)=H(X_1)+H(X_2/X_1)\leqslant H(X_1)+H(X_2)=2H(X) \tag{2.4.10}$$

另外，由式(2.4.3)可知

$$H(X_1X_2)=2H_2(X) \tag{2.4.11}$$

将式(2.4.11)与式(2.4.10)比较，可得

$$H(X)\geqslant H_2(X)$$

这说明无记忆信源的平均不确定性大于有记忆信源的平均不确定性。

因此，设二维平稳信源 $X$ 的条件熵为 $H(X_2/X_1)$，平均符号熵为 $H_2(X)$，简单信源 $X$ 符号熵为 $H(X)$，则三者之间满足

$$H(X_2/X_1)\leqslant H_2(X)\leqslant H(X) \tag{2.4.12}$$

式(2.4.10)和式(2.4.12)说明了有记忆平稳信源的联合熵、条件熵、平均符号熵与无记忆信源熵之间的定量关系，是有关平稳信源的**非常重要的结论**。

**【例 2.4.1】** 有两个同时输出的信源 $X$ 和 $Y$，其中 $X$ 的信源符号为$\{A,B,C\}$，$Y$ 的信源符号为$\{D,E,F,G\}$。已知信源 $X$ 的先验概率 $p(X)$和两个信源的条件 $p(Y/X)$，如表 2.4.1 所示。求 $H(X)$、联合信源的联合熵和条件熵。

**表 2.4.1 已知条件**

| $X$ | | $A$ | $B$ | $C$ |
|---|---|---|---|---|
| $p(X)$ | | 1/2 | 1/3 | 1/6 |
| $p(Y/X)$ | $D$ | 1/4 | 3/10 | 1/6 |
| | $E$ | 1/4 | 1/5 | 1/2 |
| | $F$ | 1/4 | 1/5 | 1/6 |
| | $G$ | 1/4 | 3/10 | 1/6 |

**解**：信源 $X$ 的熵为

$$H(X)=-\sum_X p(X)\log p(X)=-\left(\frac{1}{2}\log\frac{1}{2}+\frac{1}{3}\log\frac{1}{3}+\frac{1}{6}\log\frac{1}{6}\right)=1.461(\text{bit/符号})$$

联合信源 $XY$ 输出每一对消息的联合概率为

$$p(XY)=p(Y/X)p(X)$$

联合概率的计算结果如表 2.4.2 所示。

**表 2.4.2 联合概率的运算结果**

| $p(XY)$ | | $X$ | | |
|---|---|---|---|---|
| | | $A$ | $B$ | $C$ |
| $Y$ | $D$ | 1/8 | 1/10 | 1/36 |
| | $E$ | 1/8 | 1/15 | 1/12 |
| | $F$ | 1/8 | 1/15 | 1/36 |
| | $G$ | 1/8 | 1/10 | 1/36 |

联合信源的联合熵为

$$\begin{aligned}H(XY)&=-\sum_X\sum_Y p(XY)\log p(XY)\\&=-\left(4\times\frac{1}{8}\log\frac{1}{8}+2\times\frac{1}{10}\log\frac{1}{10}+2\times\frac{1}{15}\log\frac{1}{15}+\frac{1}{12}\log\frac{1}{12}+3\times\frac{1}{36}\log\frac{1}{36}\right)\end{aligned}$$

$$= 3.417(\text{bit/符号})$$

信源 $Y$ 的条件熵为

$$H(Y/X) = -\sum_X \sum_Y p(XY)\log p(Y/X)$$

$$= -\left(4\times\frac{1}{8}\log\frac{1}{4} + 2\times\frac{1}{10}\log\frac{3}{10} + 2\times\frac{1}{15}\log\frac{1}{5} + \frac{1}{12}\log\frac{1}{2} + 3\times\frac{1}{36}\log\frac{1}{6}\right)$$

$$= 1.956(\text{bit/符号})$$

本例说明：$H(XY)=H(X)+H(Y/X)=1.461+1.956=3.417$(bit/符号)。

其结果满足式(2.4.6)。

## 2.4.3 一般离散平稳信源

对于一般平稳有记忆信源，设其概率空间为

$$\begin{bmatrix} X \\ p(x) \end{bmatrix} = \begin{bmatrix} a_1 & a_2 & a_3 & \cdots & a_q \\ p(a_1) & p(a_2) & p(a_3) & \cdots & p(a_q) \end{bmatrix}, \quad \sum_{i=1}^{q} p(a_i) = 1$$

发出的符号序列为$(x_1,x_2,\cdots,x_N)$，假设信源符号之间的依赖长度为 $N$，且各维概率分布为

$$\begin{cases} p(x_1x_2) = p(x_1 = a_{i_1}\, x_2 = a_{i_2}) \\ p(x_1x_2x_3) = p(x_1 = a_{i_1}\, x_2 = a_{i_2}\, x_3 = a_{i_3}) \\ \vdots \\ p(x_1x_2\cdots x_N) = p(x_1 = a_{i_1}\, x_2 = a_{i_2} \cdots x_N = a_{i_N}) \end{cases} \xrightarrow{\text{记}} \begin{cases} p(a_{i_1}a_{i_2}) \\ p(a_{i_1}a_{i_2}a_{i_3}) \\ \vdots \\ p(a_{i_1}a_{i_2}\cdots a_{i_N}) \end{cases}$$

$(i_1,i_2,\cdots,i_q = 1,2,\cdots,q)$ $\qquad$ $(i_1,i_2,\cdots,i_q = 1,2,\cdots,q)$

满足完备性要求，即

$$\begin{cases} \sum_{i_1=1}^{q}\sum_{i_2=1}^{q} p(a_{i_1}a_{i_2}) = 1 \\ \sum_{i_1=1}^{q}\sum_{i_2=1}^{q}\sum_{i_3=1}^{q} p(a_{i_1}a_{i_2}a_{i_3}) = 1 \\ \vdots \\ \sum_{i_1=1}^{q}\cdots\sum_{i_N=1}^{q} p(a_{i_1}a_{i_2}\cdots a_{i_N}) = 1 \quad (i_1,i_2\cdots,i_q = 1,2,\cdots,q) \end{cases}$$

已知联合概率分布可求得离散平稳信源的一系列**联合熵**为

$$H(X_1X_2\cdots X_N) = -\sum_{i_1=1}^{q}\cdots\sum_{i_N=1}^{q} p(a_{i_1}a_{i_2}\cdots a_{i_N})\log p(a_{i_1}a_{i_2}\cdots a_{i_N}) \quad (N\geqslant 2) \tag{2.4.13}$$

同样可定义 $N$ 长的信源符号序列中平均每个信源符号所携带的信息量(即平均符号熵)为

$$H_N(X) = \frac{1}{N}H(X_1X_2\cdots X_N) \tag{2.4.14}$$

另外，若已知前面 $N-1$ 个符号，后面出现一个符号的平均不确定性，可从**条件熵**得出

$$H(X_N/X_1X_2\cdots X_{N-1}) = -\sum_{i_1=1}^{q}\cdots\sum_{i_N=1}^{q} p(a_{i_1}a_{i_2}\cdots a_{i_N})\log p(a_{i_N}/a_{i_1}a_{i_2}\cdots a_{i_{N-1}}) \quad (N\geqslant 2)$$

可以证明，对于一般平稳有记忆信源，其各种熵具有以下性质：

- 条件熵 $H(X_N/X_1X_2\cdots X_{N-1})$ 随 $N$ 的增长而减小；
- 若 $N$ 一定，则 $H_N(X)\geqslant H(X_N/X_1X_2\cdots X_{N-1})$；
- 平均符号熵 $H_N(X)$ 也随 $N$ 的增加而减小；
- 当 $N$ 趋于无穷大时，$H_\infty$ 存在，且

$$H_\infty = \lim_{N\to\infty} H_N(X) = \lim_{N\to\infty} H(X_N/X_1X_2\cdots X_{N-1}) \tag{2.4.15}$$

$H_\infty$ 称为平稳信源的**极限熵**，它表示输出序列存在无限长相关性时信源的平均符号熵。

式(2.4.15)表明，当平稳信源的依赖关系趋于无穷时，平均符号熵和条件熵都一致递减地趋于平稳信源的极限熵。

对离散平稳信源，实际上要求出极限熵是相当困难的，一般可用适当相关长度的条件熵或平均符号熵来近似。

大多数平稳信源都可以用马尔可夫信源来近似。限于篇幅，本书不介绍马尔可夫信源，有兴趣的读者可参阅其他有关的教材或著作。

下面对本节关于熵的讨论作一个小结。

- 熵之间的相互关系如下：

$$H(XY) = H(X) + H(Y/X)$$
$$H(XY) = H(Y) + H(X/Y)$$
$$H(X) \geqslant H(X/Y)$$
$$H(Y) \geqslant H(Y/X)$$
$$H(XY) \leqslant H(X) + H(Y)$$

- 各种熵在通信系统中的意义如下：

$H(X)$——表示信源中每个符号的平均信息量(信源熵)。

$H(Y)$——表示信宿中每个符号的平均信息量(信宿熵)。

$H(X/Y)$——表示在输出端接收到 $Y$ 的全部符号后，发送端 $X$ 尚存的平均不确定性。这个对 $X$ 尚存的不确定性是由传输过程中的干扰引起的，因此称为信道疑义度(损失熵、含糊度)。

$H(Y/X)$——表示在已知 $X$ 的全部符号后，对于输出 $Y$ 尚存的平均不确定性。这个关于 $Y$ 的不确定性是由传输信道的不确定性引起的，称为信道散布度(噪声熵)。

$H(XY)$——表示整个信息传输系统的平均不确定性(联合熵)。

## 2.5　连续信源的信息熵

前面讨论的是离散信源的情形，其统计特性可以用信源的概率分布来描述。但在实际中更常见的是连续的信源，这类信源在变量和函数的取值上都是连续的，其统计特性需要用信源的概率密度函数来描述。连续变量可用离散变量来逼近，因而连续信源的分析可借用离散信源的一些结果。

### 2.5.1　单符号连续信源的熵

基本连续信源的输出是取值连续的单个随机变量，即单符号的连续信源。

基本连续信源的数学模型为

$$\begin{bmatrix} X \\ p(x) \end{bmatrix} = \begin{bmatrix} (a,b) \\ p(x) \end{bmatrix}$$

或

$$\begin{bmatrix} X \\ p(x) \end{bmatrix} = \begin{bmatrix} \mathbf{R} \\ p(x) \end{bmatrix}$$

并满足

$$\int_a^b p(x)\mathrm{d}x = 1$$

或

$$\int_{\mathbf{R}} p(x)\mathrm{d}x = 1$$

定义连续信源的熵为

$$h(X) = -\int_{\mathbf{R}} p(x)\log p(x)\mathrm{d}x \tag{2.5.1}$$

当对数取以 2 为底时，其单位为：bit/自由度。

同样，可以定义两个连续信源 $X$、$Y$ 的联合熵和条件熵为

$$h(XY) = -\iint_{\mathbf{R}} p(xy)\log p(xy)\mathrm{d}x\mathrm{d}y \tag{2.5.2}$$

$$h(Y/X) = -\iint_{\mathbf{R}} p(x)p(y \mid x)\log p(y \mid x)\mathrm{d}x\mathrm{d}y$$

$$h(X/Y) = -\iint_{\mathbf{R}} p(xy)\log p(x \mid y)\mathrm{d}x\mathrm{d}y$$

连续信源的熵与离散信源的熵具有相同的形式，但其意义是不同的。对连续信源而言，可以假设是一个不可数的无限多个幅度值的信源，需要无限多二进制位数（比特）来表示，因而连续信源的不确定性应为无穷大。采用式(2.5.1)来定义的连续信源的熵，是因为在实际问题中，常遇到的是熵的差值（如平均互信息量），这样可使实际熵中的无穷大量得以抵消。因此，连续信源的熵具有相对性，有时又称为相对熵，或差熵。

连续信源的熵 $h(X)$ 的含义如下：

- 与离散信源的熵在形式上保持统一。
- 实际问题中常常讨论的是熵之间差值的问题（如平均互信息）。在讨论熵之差值时，可将实际熵中的无限大常数项互相抵消。
- 在任何包含有熵差的问题中，上式定义的连续信源的熵具有信息的特性。

连续信源的差熵具有以下性质：

(1) 可加性，即

$$h(XY) = h(X) + h(Y/X) = h(Y) + h(X/Y)$$

$$h(X/Y) \leqslant h(X), \quad h(Y/X) \leqslant h(Y)$$

$$h(XY) \leqslant h(X) + h(Y)$$

当且仅当 $X$ 与 $Y$ 统计独立时，等式成立。

(2) 凸状性和极值性。差熵 $h(X)$ 是输入概率密度函数 $p(x)$ 的$\cap$型凸函数。因此，对

于某一给定的概率密度函数，可以得到差熵的最大值。

(3) 不同于离散信源的信息熵，信源的差熵可为负值。

**【例 2.5.1】** 求一维均匀分布连续信源的差熵。

**解**：对均匀分布连续信源 $X$，其概率密度函数为

$$p(x)=\begin{cases}\dfrac{1}{b-a}, & a\leqslant x\leqslant b\\ 0, & x<a,x>b\end{cases}$$

则由式(2.5.1)可得

$$h(X)=-\int_a^b \frac{1}{b-a}\log\frac{1}{b-a}\mathrm{d}x=\log(b-a)(\text{bit/自由度})$$

若$(b-a)<1$，则差熵$h(X)<0$，即它可为负值。

对 $N$ 维区域体积内均匀分布的连续平稳信源，其输出为 $N$ 维矢量 $\boldsymbol{x}=(x_1x_2\cdots x_N)$，其分量分别在$[a_1,b_1]$，$[a_2,b_2]$，…，$[a_N,b_N]$区域内均匀分布，即其 $N$ 维联合概率密度为

$$p(\boldsymbol{x})=\begin{cases}\dfrac{1}{\prod\limits_{i=1}^{N}(b_i-a_i)}, & \boldsymbol{x}\in\prod\limits_{i=1}^{N}(b_i-a_i)\\ 0, & \boldsymbol{x}\notin\prod\limits_{i=1}^{N}(b_i-a_i)\end{cases}$$

它满足：$p(\boldsymbol{x})=p(x_1x_2\cdots x_N)=\prod\limits_{i=1}^{N}p(x_i)$，则此 $N$ 维连续平稳信源的差熵为

$$\begin{aligned}h(\boldsymbol{X})&=-\int_{a_N}^{b_N}\cdots\int_{a_1}^{b_1}p(\boldsymbol{x})\log p(\boldsymbol{x})\mathrm{d}\boldsymbol{x}\\&=-\int_{a_N}^{b_N}\cdots\int_{a_1}^{b_1}\frac{1}{\prod\limits_{i=1}^{N}(b_i-a_i)}\log\frac{1}{\prod\limits_{i=1}^{N}(b_i-a_i)}\mathrm{d}x_1\mathrm{d}x_2\cdots\mathrm{d}x_N\\&=\log\prod_{i=1}^{N}(b_i-a_i)\\&=\sum_{i=1}^{N}h(X_i)(\text{bit/}N\text{ 个自由度})\end{aligned}$$

即 $N$ 维区域体积内均匀分布连续平稳信源的差熵就是 $N$ 维区域体积的对数。它也等于各变量 $X_i$ 在各自取值区间$[a_i,b_i]$内均匀分布时的差熵 $h(X_i)$之和。因此，无记忆连续平稳信源和无记忆离散平稳信源一样，其差熵也满足

$$h(\boldsymbol{X})=h(X_1X_2\cdots X_N)=\sum_{i=1}^{N}h(X_i)$$

**【例 2.5.2】** 求基本高斯信源的差熵。

**解**：基本高斯信源是指信源输出的一维随机变量 $X$ 的概率密度分布是正态分布，即

$$p(x)=\frac{1}{\sqrt{2\pi\sigma^2}}\exp\left(-\frac{(x-m)^2}{2\sigma^2}\right)$$

该连续信源的差熵为

$$\begin{aligned}h(X) &= -\int_{-\infty}^{\infty} p(x)\log p(x)\mathrm{d}x \\ &= -\int_{-\infty}^{\infty} p(x)\log\left[\frac{1}{\sqrt{2\pi\sigma^2}}\exp\left(-\frac{(x-m)^2}{2\sigma^2}\right)\right]\mathrm{d}x \\ &= -\int_{-\infty}^{\infty} p(x)(-\log\sqrt{2\pi\sigma^2})\mathrm{d}x + \int_{-\infty}^{\infty} p(x)\left[\frac{(x-m)^2}{2\sigma^2}\right]\mathrm{d}x\log\mathrm{e} \\ &= \log\sqrt{2\pi\sigma^2} + \frac{1}{2}\log\mathrm{e} \\ &= \frac{1}{2}\log 2\pi\mathrm{e}\sigma^2\end{aligned}$$

特别地，当均值 $m=0$ 时，$X$ 的方差 $\sigma^2$ 就等于信源输出的平均功率 $P$，则

$$h(X) = \frac{1}{2}\log 2\pi\mathrm{e}\sigma^2 = \frac{1}{2}\log 2\pi\mathrm{e}P$$

### 2.5.2 波形信源的熵

在实际中遇到的信源常为输入与输出都是在变量(时间或频率)及函数的取值(幅度)上连续的波形，它们可用平稳随机过程$\{x(t)\}$和$\{y(t)\}$来描述。由于平稳随机过程可以通过抽样变成在变量(时间或频率)上离散，在函数的取值上连续的平稳随机序列，因而，平稳随机过程的熵与平稳随机序列的熵是一致的。

令平稳随机矢量为 $\boldsymbol{X}=(X_1X_2\cdots X_n)$和 $\boldsymbol{Y}=(Y_1Y_2\cdots Y_n)$，其联合概率密度为 $p(\boldsymbol{xy})$，则它们的差熵和条件差熵分别为

$$h(\boldsymbol{X}) = h(X_1X_2\cdots X_n) = -\int_{\mathbf{R}} p(\boldsymbol{x})\log p(\boldsymbol{x})\mathrm{d}\boldsymbol{x}$$

$$h(\boldsymbol{Y}) = h(Y_1Y_2\cdots Y_n) = -\int_{\mathbf{R}} p(\boldsymbol{y})\log p(\boldsymbol{y})\mathrm{d}\boldsymbol{y}$$

$$h(\boldsymbol{Y}/\boldsymbol{X}) = h(Y_1Y_2\cdots Y_n/X_1X_2\cdots X_n) = -\int_{\mathbf{R}}\int_{\mathbf{R}} p(\boldsymbol{xy})\log p(\boldsymbol{y}/\boldsymbol{x})\mathrm{d}\boldsymbol{x}\mathrm{d}\boldsymbol{y}$$

$$h(\boldsymbol{X}/\boldsymbol{Y}) = h(X_1X_2\cdots X_n/Y_1Y_2\cdots Y_n) = -\int_{\mathbf{R}}\int_{\mathbf{R}} p(\boldsymbol{xy})\log p(\boldsymbol{x}/\boldsymbol{y})\mathrm{d}\boldsymbol{x}\mathrm{d}\boldsymbol{y}$$

对平稳随机过程$\{x(t)\}$和$\{y(t)\}$，其差熵可由平稳随机矢量 $\boldsymbol{X}$ 和 $\boldsymbol{Y}$ 的差熵和条件差熵表达式中令序列长度趋向无穷($n\to\infty$)来得到，即

$$h(x(t)) = \lim_{n\to\infty} h(\boldsymbol{X})$$

$$h(y(t)) = \lim_{n\to\infty} h(\boldsymbol{Y})$$

$$h(y(t)/x(t)) = \lim_{n\to\infty} h(\boldsymbol{Y}/\boldsymbol{X})$$

$$h(x(t)/y(t)) = \lim_{n\to\infty} h(\boldsymbol{X}/\boldsymbol{Y})$$

对于频率限制在 $F$ 以内、时间限制在 $T$ 范围内的平稳随机过程，可以近似地用有限维($N=2FT$)的平稳随机矢量表示。这样，一个频带和时间都为有限的连续时间过程就可转化为有限维时间离散的平稳随机序列了，可以用离散平稳随机序列的方法进行处理。

### 2.5.3 最大熵定理

最大熵问题就是概率分布在一定的约束条件下，什么样的概率分布对应的熵可达到最

大,而这个最大值又是多少。

在离散信源情况下,已得出最大熵定理,即对离散无记忆信源,当且仅当信源各个输出符号出现概率相等时,信息熵最大。

在连续信源中,已知 $h(X)$是 $p(x)$的上凸函数,那么当概率密度函数满足什么条件时 $h(X)$取极值?

一般情况下,关于连续信源差熵的最大值,是在一些约束条件下,求 $h(X)$的极值。

在具体应用中,最感兴趣的是两种情况:一是信源的输出幅度受限,即功率峰值受限的情况;二是信源的输出平均功率受限的情况。下面讨论这两种情况下的最大熵。

**1. 峰值功率受限条件下信源的最大熵**

峰值功率受限即信源输出信号的瞬时幅度受限,它等价于信源输出信号的幅度被限定在$[a,b]$区域内。在这种情况下,当信源输出信号的概率密度分布是均匀分布时,信源具有最大熵,其值为

$$H(X) = \log(b-a)$$

对于 $N$ 维随机矢量,当其取值受限时,只有各随机分量统计独立并且均匀分布时,具有最大熵,而其他概率密度分布时的熵一定小于均匀分布时的熵。

该结论与离散信源在以等概率出现时达到最大熵类似。

**2. 输出平均功率受限条件下信源的最大熵**

若一个连续信源输出信号的平均功率被限定为 $P$,则信源输出信号的概率密度分布为高斯分布时,信源有最大的熵,其值为

$$h(X) = \frac{1}{2}\log(2\pi eP)$$

对于 $N$ 维连续平稳信源来说,若其输出信号的 $N$ 维随机序列的协方差矩阵被限定,则 $N$ 维随机矢量为正态分布时信源的熵最大,也即 $N$ 维高斯信源的熵最大。

该结论说明,当连续信源输出信号的平均功率受限时,只有当信号的统计特性呈高斯噪声统计特性时,才会有最大的熵值。

从直观分析,也可得出相应的结论。因为高斯白噪声是一个最不确定的随机过程,而最大的信息量只能从最不确定的事件中获得,即高斯分布时熵为最大。

上述两种关系都属于**最大熵定理**,该定理说明连续信源在不同限制条件下最大熵是不同的,如果无限制条件,则最大熵不存在。

根据最大熵定理可知,如果噪声是正态分布,则噪声熵最大,因此高斯白噪声获得最大噪声熵。也就是说,高斯白噪声是最不利的干扰情况,在一定平均功率条件下会造成最大的有害信息。在通信系统中,往往各种设计都将高斯白噪声作为标准,这不完全是为了简化分析,而是根据最坏的条件进行设计来获得系统可靠性。

## 2.6 信源的冗余度

前面讨论了几种不同信源的信息熵。信源的熵表示了信源每输出一个符号所携带的信息量,熵值越大,表示信源符号携带信息的效率越高。对于一个具体的信源,它所具有的总信息量是一定的。例如,一本书或一个数据文件,所包含的信息量就是确定的。因此,若信

源的熵越大,即每个信源符号所承载的信息量越大,则输出全部信源信息所需传送的符号就越少,通信效率就越高,这正是研究信源熵的目的。所以,对于信源来说,希望它的熵越大越好,熵越大,对外提供的平均信息量也就越大。

在讨论的各类信源中最简单的是离散无记忆信源,而 $m$ 阶马尔可夫信源、离散平稳信源、一般有记忆信源等的复杂性依次增加。由于信源符号之间的记忆特性而影响信源的熵值,从而自然会联想到信源的效率或信源的冗余度问题。

### 2.6.1 信源效率

根据前面的分析可知,有记忆信源中输出符号间的相关长度越长,则信源熵越小。而对于无记忆信源,设其熵为 $H$,则当它的 $q$ 个符号等概分布时,信源熵取最大值 $\log q$。如令 $H_0=\log q$,则由前面讨论,有如下的关系式

$$H_0 \geqslant H_1 \geqslant H_2 \geqslant H_3 \geqslant \cdots \geqslant H_\infty$$

由此,定义**信源效率**为

$$\eta=\frac{H_\infty}{H_0} \tag{2.6.1}$$

它表示了一个信源实际的信息熵与具有同样符号集的最大熵的比值。

这一比值反映了实际信源符号之间的相关程度,相关程度越大,则 $\eta$ 的值会越小,即信源效率越低。要想提高信源效率,则要设法降低信源符号之间的相关性。从式(2.6.1)可以看出,信源效率是信源针对最大熵来说有用信息在其中所占的比例。

### 2.6.2 信源冗余度

冗余度也称多余度或剩余度。顾名思义,它表示给定信源在实际发出消息时所包含的多余信息。如果一个消息所包含的符号比表达这个消息所需要的符号多,那么这样的消息就存在冗余度。

冗余度来自两个方面。一方面是信源符号间的相关性:由于信源输出符号间的依赖关系使得信源熵减小,这就是信源的相关性。相关程度越大,信源的实际熵就越小,就越趋于极限熵 $H_\infty$;反之相关程度减小,信源实际熵就增大。另一方面是信源符号分布的不均匀性:只有信源等概率分布时,信源的熵才为最大,而在实际应用中大多数信源不是均匀分布的,使得实际熵减小。

信源的冗余度与信源效率从两个不同的角度来描述一个信源的性能。信源符号间的相关性越强,说明信源中冗余信息越多,信源冗余度越大,信源效率就越低。因此,**信源冗余度**可以定义为

$$\gamma=1-\eta=1-\frac{H_\infty}{H_0} \tag{2.6.2}$$

也即信源冗余度是信源针对最大熵而言信源中无用信息所占的比例。

关于冗余度有如下几点说明:

- 冗余度 $\gamma$ 越大,则实际熵 $H_\infty$ 越小,说明此时信源符号之间的依赖关系越强,也即符号之间的记忆长度越长。
- 冗余度 $\gamma$ 越小,表明信源符号之间依赖关系越弱,即符号之间的记忆长度越短。

- 当冗余度等于 0 时，信源的信息熵就等于最大值 $H_0$，这表明信源符号之间不但统计独立无记忆，而且各符号还是等概率分布的。

在通信系统中，除了在传输或恢复信息时所必需的最少消息外，其他的符号或系统都是多余的。

**【例 2.6.1】** 在通信过程中，要求传送"是""否"这两个消息，可以用图 2.6.1(a)所示的编码＋＋－－－、＋－＋－＋来表示。这个信源的冗余度就很高，因为同样的消息实际上只需用＋和－来表示即可，但是这个信源的可靠性却由于冗余度增加而得到提高，如图 2.6.1(b)所示。

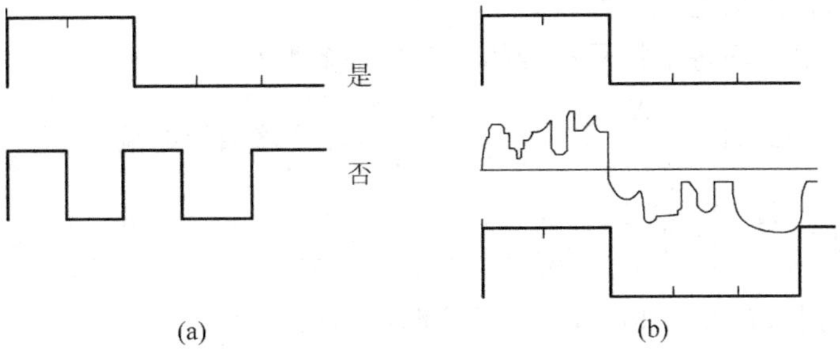


图 2.6.1 消息"是""否"的一种编码

从本例可得出结论：

- 从提高信息传输效率的角度出发，总是希望减少冗余度(进行压缩)，这是信源编码的作用。
- 从提高信息抗干扰能力来看，总是希望增加或保留冗余度，这是信道编码要达到的目的。

**【例 2.6.2】** 设有两个信源 $X$ 和 $X'$，$X$ 含有 $M$ 个彼此相关的符号，而 $X'$ 含有 $N$ 个彼此独立的符号。

设两个信源的熵值相等，即 $H(X)=H(X')$，因为信源 $X'$ 中的符号是彼此独立的，所以其信源熵应该较大，当它又是等概分布时信源熵达到最大值：$H(X')=H(X')_{\max}$。

而由于信源 $X$ 是有记忆信源，在 $H(X)=H(X')$ 的约束条件下，显然有 $M>N$，即信源 $X$ 中的符号个数比信源 $X'$ 中的符号个数要多。

本例也可以这样来理解：在信源熵值相同的条件下，最佳信源中的符号个数可以比实际有记忆信源中的符号个数少。

由例 2.6.2 得到一个启示，即可以通过去除实际信源中符号间的相关性，来达到减少信源中符号个数的目的，从而使实际信源最佳化，前提条件是没有改变信源对外提供的平均信息量。那么，对最佳信源来说，用来对信源符号进行编码所需的总比特数就可以降低。这一思想正是数据压缩的基本思想，它在语音压缩编码、图像压缩编码等诸多的数据压缩研究领域中得到了广泛的应用。

## 思考题与习题

2.1 同时掷两个均匀的骰子，当得知"两骰子面朝上点数之和为 2"、"两骰子面朝上点数之和为 8"或"两骰子面朝上点数是 3 和 4"时，试问这三种情况分别获得多少信息量？

2.2 同时掷两个均匀的骰子，也就是各面呈现的概率都是 1/6。求：

(1) 事件“3 和 5 同时出现”的自信息量。

(2) 事件“两个 1 同时出现”的自信息量。

(3) 两个点数之和(即 2,3,…,12 构成的子集)的熵。

(4) 事件“两个骰子点数中至少有一个是 1”的自信息量。

2.3 设离散无记忆信源$\begin{bmatrix} X \\ p(x) \end{bmatrix}=\begin{bmatrix} a_1=0 & a_2=1 & a_3=2 & a_4=3 \\ 3/8 & 1/4 & 1/4 & 1/8 \end{bmatrix}$。其发出的消息为(202 120 130 213 001 203 210 110 321 010 021 032 011 223 210)。求：

(1) 此消息的自信息是多少？

(2) 在此消息中平均每个符号携带的信息量是多少？

2.4 有一个二元信源$\begin{bmatrix} X \\ p(x) \end{bmatrix}=\begin{bmatrix} 0 & 1 \\ 0.9 & 0.1 \end{bmatrix}$，计算该信源的熵。

2.5 设信源$\begin{bmatrix} X \\ p(x) \end{bmatrix}=\begin{bmatrix} a_1 & a_2 & a_3 & a_4 & a_5 & a_6 \\ 0.2 & 0.19 & 0.18 & 0.17 & 0.16 & 0.17 \end{bmatrix}$。求该信源的熵，并解释为什么在本题中 $H(X)>\log 6$，不满足信源熵的极值性。

2.6 每帧电视图像可以认为是由 $3\times10^5$ 个像素组成的，每个像素均是独立变化，若每个像素可取 128 个不同的亮度电平，并设亮度电平等概率出现。

问：每帧图像含有多少信息量？若有一广播员在约 10 000 个汉字的字汇中选 1000 个字来口述此电视图像，广播员描述此图像所广播的信息量是多少(假设汉字字汇是等概率分布，并彼此无依赖)？若要恰当地描述此图像，广播员在口述中至少需用多少汉字？

2.7 为了传输一个由字母 A、B、C、D 组成的符号集，把每个字母编码成由两个二元码组成的脉冲序列，以 00 代表 A，01 代表 B，10 代表 C，11 代表 D。每个二元码脉冲宽度为 5ms。

(1) 当不同字母等概率出现时，计算传输的平均信息速率。

(2) 若每个字母出现的概率分别为{1/5,1/4,1/4,3/10}，试计算传输的平均信息速率。

2.8 试问四进制、八进制脉冲所含的信息量是二进制脉冲的多少倍？

2.9 国际莫尔斯电码用点和划的序列发送英文字母，“划”用持续三个单位的电流脉冲表示，“点”用持续一个单位的电流脉冲表示。其中“划”出现的概率是“点”出现概率的 1/3。计算：

(1) 点和划的信息量。

(2) 电码信源的平均信息量。

2.10 某一无记忆信源的符号集为{0,1}，已知 $p(0)=1/4$，$p(1)=3/4$。

(1) 求信源的熵。

(2) 由 100 个符号构成的序列，求某一特定的序列(例如有 $m$ 个 0 和 $100-m$ 个 1)的自信息量的表达式。

(3) 计算题(2)中的序列的熵。

2.11 一个随机变量 $x$ 的概率密度函数 $p(x)=kx$，$0\leqslant x\leqslant 2\text{V}$。试求该信源的相对熵。

2.12 给定语音信号样值 $x$ 的概率密度为 $p(x)=\frac{1}{2}\lambda e^{-\lambda|x|}$，$-\infty<x<\infty$，求 $H_c(X)$，

并证明它小于同样方差的正态变量的连续熵。

2.13 (1) 若随机变量 $x$ 表示信号 $x(t)$ 的幅度，$-3\text{V}\leqslant x(t)\leqslant 3\text{V}$，均匀分布。求该信源熵 $H_c(X)$。

(2) 若 $x$ 在 $-5\sim5\text{V}$ 之间均匀分布，求该信源熵 $H_c(X)$。

(3) 试解释题(1)和题(2)中的计算结果。

2.14 若随机信号的样值 $x$ 在 $1\sim7\text{V}$ 之间均匀分布。

(1) 求信源熵 $H_c(X)$，并将此结果与题 2.13 中的(1)相比较，说明可得到什么结论。

(2) 计算期望值 $E(X)$ 和方差 $Var(X)$。

2.15 若两个一维随机变量 $x$ 的概率密度函数 $p(x)$ 分别如题图 2.1(a)、图 2.1(b)所示。问哪一个熵值较大？

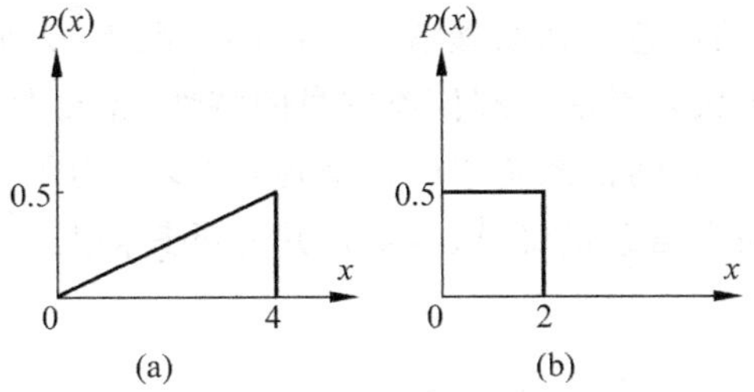


题图 2.1 概率密度函数

2.16 黑白气象传真图的消息只有黑色和白色两种，即信源 $X=\{黑,白\}$，设黑色的出概率为 $P(黑)=0.3$，白色的出现概率为 $P(白)=0.7$。

(1) 假设图上黑白消息出现前后没有关联，求熵 $H(X)$。

(2) 假设消息前后有关联，其依赖关系为 $P(白/白)=0.9$，$P(黑/白)=0.1$，$P(白/黑)=0.2$，$P(黑/黑)=0.8$，求此平稳离散信源的熵 $H_2(X)$。

(3) 分别求上述两种信源的剩余度，比较 $H(X)$ 和 $H_2(X)$ 的大小，并说明其物理意义。

# 第3章 信道及其容量

CHAPTER 3

信道是传送信息的载体,即信号所通过的通道。信道是通信系统构成的重要部分,其任务是以信号形式传输和存储信息。在物理信道一定的情况下,人们总是希望传输的信息越多越好。为达到这一点,不仅要考虑物理信道本身的特性,还要考虑载荷信息的信号形式和信源输出信号的统计特性。在通信系统中研究信道,主要是为了描述、度量、分析不同类型信道,计算其能够传输的最大信息量(信道容量),并分析其特点。

**本章重点内容:**

- 信道的分类;
- 离散信道的统计特性和数学模型;
- 平均互信息及其性质;
- 信道容量的概念及几种典型信道的信道容量计算方法;
- 信源与信道的匹配;
- 有噪信道编码定理——香农第二定理。

## 3.1 信道的数学模型与分类

一般来说,信道是指传输信息的物理媒介,可分为有线信道与无线信道两类。有线信道包括明线、对称电缆、同轴电缆和光缆等。而无线信道有地波传播、短波电离层反射、超短波或微波视距中继、人造卫星中继和各种散射信道等。信道有时甚至包括磁盘、书籍等。通常称传输信息的物理媒介为狭义信道,通信效果的好坏,在很大程度上将依赖于狭义信道的特性。从研究消息传输的观点来看,信道的范围还可以扩大。除包括狭义信道(传输媒质)外,还可以包括有关的变换装置(如发送设备、接收设备、馈线与天线、调制器、解调器等),称这种扩大范围的信道为广义信道。广义信道按照包含的功能,可以划分为调制信道、编码信道与等效信道等。

在通信系统中,如果仅着眼于讨论编码和译码,采用编码信道的概念是十分有益的。因此,本课程不研究狭义信道的特性,而是关注编码信道的特性。编码信道是指图3.1.1中编码器输出端到译码器输入端的部分,其中的编码器包括信源编码器和信道编码器,而译码器则包括信道译码器和信源译码器,对信道进行研究,即要研究编码信道的特性以及由信道编译码器和信源编译码器组成的等效信道的特性。定义编码信道是从编译码的角度看来,编码器的输出是某一数字序列,而译码器的输入同样也是某一数字序列,它们可能是不同的数字序列。因此,从编码器输出端到译码器输入端,可以用一个对数字序列进行变换的方框来加以概括。

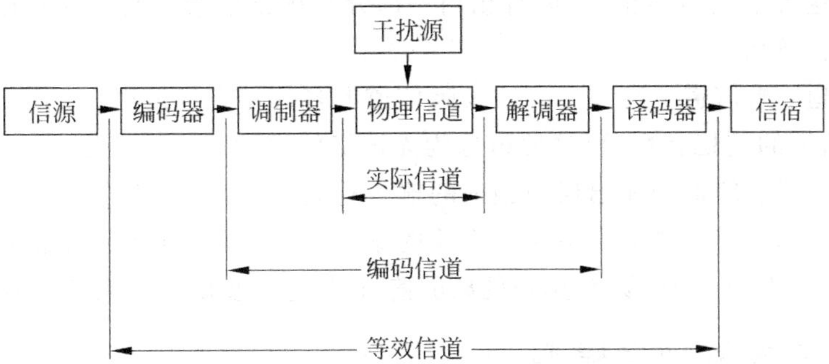


图 3.1.1 数字通信系统的一般模型

在一个典型的通信系统中,由信源发出携带着一定信息量的消息,转换成适合在信道中传输的信号,通过信道传送到接收端。在信道中传送信号时,必然会引入各种干扰或随机噪声,使信号产生失真,从而导致接收错误。由于存在干扰和噪声,信道的输入输出信号之间是一种统计的依赖关系,而不是确定的函数关系。因此,如果知道信道输入、输出信号的特性,以及它们之间的统计依赖关系,就可以确定出信道的全部特性。

## 3.1.1 信道的分类

实际的通信系统有很多种,如卫星通信系统、公用电话网、微波通信系统、光纤通信系统等。信道的形态也相应地是多种多样的,不过从信息传输的角度来考虑,一般根据输入和输出信号的形式、信道的统计特性和信道用户数等方面来对信道进行分类。

(1) 根据输入、输出信号的时间特性和取值特性,可以将信道划分为离散信道、连续信道、半离散信道、波形信道。

- 离散信道：指输入、输出随机变量取值均为离散的信道。
- 连续信道：指输入、输出随机变量取值均为连续的信道。
- 半离散信道：指输入与输出中一个为离散型随机变量而另一个为连续型随机变量的信道。
- 波形信道：指信道的输入和输出是时间上连续的随机信号$\{x(t)\}$与$\{y(t)\}$,即信道输入和输出随机变量取值均为连续,且随时间连续变化,因此,可用随机过程来描述。

(2) 根据信道的统计特性可将信道分为恒参信道和随参信道。

- 恒参信道：指信道的统计特性不随时间而变化。例如,卫星信道可认为是一种恒参信道。
- 随参信道：指信道的统计特性随时间而变化。例如,短波信道即是一种典型的随参信道。

(3) 根据信道的用户数量的不同,可将信道分为两端信道和多端信道。

- 两端(单用户)信道：只有一个输入端和一个输出端的单向通信信道。
- 多端(多用户)信道：在输入端或输出端中至少有一端有两个以上的用户,并且还可以双向通信的信道。目前实际的通信信道绝大多数都是多端信道。

(4) 根据信道上是否存在干扰,可将信道分为无扰信道和有扰信道。

- 无扰信道: 指信道上没有干扰,如计算机与其外设之间的数据传输信道可看做无扰信道。这种信道虽然很少,但有相当一部分干扰较小的信道可以简化成这种无扰信道来进行分析。
- 有扰信道: 指信道上存在干扰。实际信道大多数是有扰信道。

(5) 根据信道的记忆特性,可将信道分为无记忆信道和有记忆信道。

- 无记忆信道: 信道的输出仅与当前的输入有关,而与过去的输入和输出无关。
- 有记忆信道: 信道的输出不仅与当前的输入有关,而且与过去的输入和输出有关。

本章主要讨论无记忆、恒参、单用户的离散信道,是进一步研究其他各种类型信道的基础。

### 3.1.2 信道的数学模型

一般信道可以用三组变量来描述。

信道输入概率空间: $[\boldsymbol{X}, p(\boldsymbol{x})]$,它描述了信道输入符号的取值和各输入符号的概率分布。

信道输出概率空间: $[\boldsymbol{Y}, p(\boldsymbol{y})]$,它描述了信道输出符号的取值和各输出符号的概率分布。

信道的传递概率或转移概率: $p(\boldsymbol{y}/\boldsymbol{x})$,它描述了输入信号和输出信号之间统计依赖关系,反映了信道的统计特性。

离散信道的数学模型如图 3.1.2 所示。考虑到一般性,图 3.1.2 中输入与输出信号均用随机矢量表示,输入为 $\boldsymbol{X}=(X_1,\cdots,X_N)$,输出为 $\boldsymbol{Y}=(Y_1,\cdots,Y_N)$,$\boldsymbol{X}$ 或 $\boldsymbol{Y}$ 中每个随机变量 $X_i$ 或 $Y_i$ 的取值分别取自于输入符号集 $A=\{a_1,\cdots,a_r\}$和输出符号集 $B=\{b_1,\cdots,b_s\}$,而输入信号与输出信号之间的统计依赖关系则由条件概率 $p(\boldsymbol{y}/\boldsymbol{x})$反映。信道噪声与干扰的影响也包含在 $p(\boldsymbol{y}/\boldsymbol{x})$之中。因此,离散信道的数学模型可表示为

$$\{\boldsymbol{X}, p(\boldsymbol{y}/\boldsymbol{x}), \boldsymbol{Y}\}$$

根据信道的统计特性(条件概率)的不同,离散信道又可分成下述三种情况。

**1. 无干扰(无噪)信道**

无干扰信道中没有随机性的干扰,输出信号 $\boldsymbol{Y}$ 与输入信号 $\boldsymbol{X}$ 之间存在着确定的对应关系,也即 $y=f(x)$,故条件概率 $p(\boldsymbol{y}/\boldsymbol{x})$满足

$$p(\boldsymbol{y}/\boldsymbol{x})=\begin{cases}1, & y=f(x)\\ 0, & y\neq f(x)\end{cases} \tag{3.1.1}$$

其典型的信道如图 3.1.3 所示。

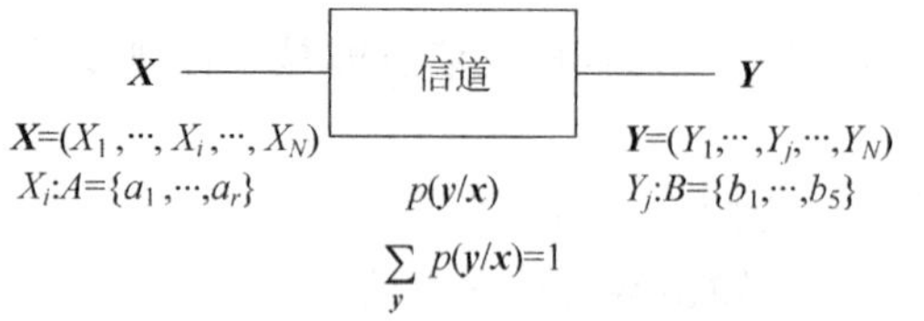


图 3.1.2 离散信道的数学模型

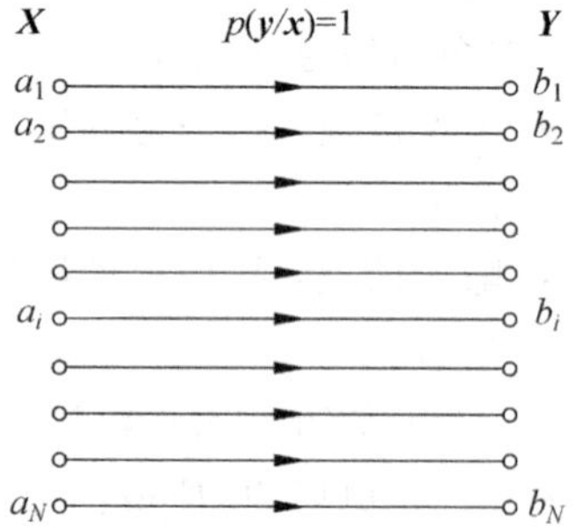


图 3.1.3 无干扰信道

**2. 有干扰无记忆信道**

在有干扰无记忆信道中存在干扰，这种信道是实际应用中常见的信道。信道的输出符号与输入符号之间不存在确定的对应关系，信道输入和输出之间的条件概率是一般的概率分布。但信道任一时刻输出符号只统计依赖于对应时刻的输入符号，即为无记忆的信道。对无记忆信道，其条件概率满足

$$p(\boldsymbol{y}/\boldsymbol{x}) = p(y_1 y_2 \cdots y_N / x_1 x_2 \cdots x_N) = \prod_{i=1}^{N} p(y_i/x_i) \tag{3.1.2}$$

其典型的信道如图 3.1.4 所示。

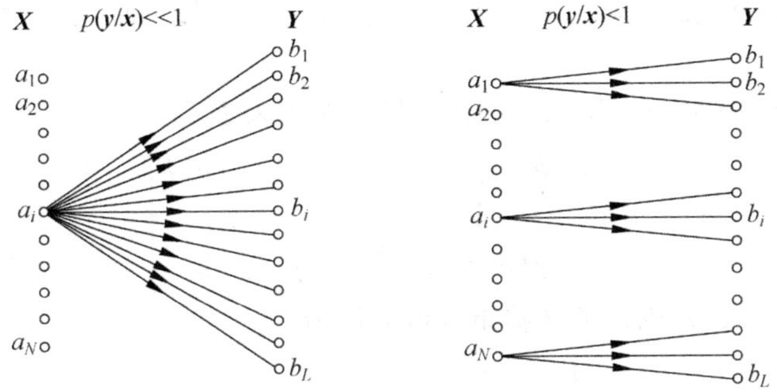


(a) 强干扰信道　　(b) 弱干扰信道

图 3.1.4　有干扰无记忆信道

**3. 有干扰有记忆信道**

这是更一般的情况，实际信道往往是既有干扰又有记忆的。例如，在数字信道中，由于信道滤波作用导致频率特性不理想时，可造成码字之间的干扰。

在这一类信道中某一瞬间的输出符号不但与对应时刻的输入符号有关，而且还与以前其他时刻信道的输入符号和输出符号有关，即信道为有记忆的。此时其条件概率不再满足式(3.1.2)，对它的分析也更复杂。

下面介绍处理有记忆有干扰信道常用的两种方法。

- 最直观的方法是把记忆较强的 $N$ 个符号当作一个 $N$ 维矢量，而把各矢量之间认为是无记忆的，这样就转化成无记忆信道的问题。当然，这样处理会引入误差，但随着 $N$ 增加，引入的误差减小。
- 另一种处理方法是把 $p(\boldsymbol{y}/\boldsymbol{x})$看成马尔可夫链的形式，即有限记忆信道。此时，信道的统计特性可用在已知时刻的输入符号和前一时刻信道所处的状态，与信道的输出符号和当时所处状态的联合条件概率来描述，即用 $p(y_n S_n / x_n S_{n-1})$来描述，这里 $S_n$ 表示信道在 $n$ 时刻所处的状态，$y_n$表示信道在 $n$ 时刻的输出，$x_n$表示信道在 $n$ 时刻的输入。

## 3.1.3　单符号离散信道

首先从最简单的单符号信道入手，对单符号信道而言，其输入与输出都是单个符号，而不是矢量形式，即单符号离散信道：

- 输入符号为 $X$，取值于输入符号集 $A=\{a_1, \cdots, a_r\}$。

- 输出符号为 $Y$,取值于输出符号集 $B=\{b_1,\cdots,b_s\}$。
- 条件概率：$p(y|x)=p(y=b_j|x=a_i)=p(b_j|a_i),i=1,2,\cdots,r,j=1,2,\cdots,s$

满足

$$p(b_j/a_i)\geqslant 0,\quad \sum_{j=1}^{s}p(b_j/a_i)=1,\quad i=1,2,\cdots,r \tag{3.1.3}$$

关系式(3.1.3)表示当信道输入为 $x=a_i$ 时,信道的输出 $y$ 必为 $b_1,b_2,\cdots,b_s$ 中的一个。

这一组条件概率称为单符号离散信道的传递概率或转移概率,可以用来描述干扰对信道影响的大小。

一般单符号离散信道可以用数学模型 $\{X,p(y/x),Y\}$ 加以描述,也可用如图 3.1.5 所示的模型来描述。

单符号信道的转移概率可用如下的信道转移矩阵来表示

$$\boldsymbol{P}=\begin{bmatrix} p(b_1\mid a_1) & \cdots & p(b_s\mid a_1)\\ \vdots & & \vdots \\ p(b_1\mid a_r) & \cdots & p(b_s\mid a_r)\end{bmatrix}$$

若记：$P_{ij}=p(b_j/a_i)$,则信道转移矩阵可表示为

$$\boldsymbol{P}=\begin{bmatrix} P_{11} & \cdots & P_{1s}\\ \vdots & & \vdots \\ P_{r1} & \cdots & P_{rs}\end{bmatrix} \tag{3.1.4}$$

满足 $$P_{ij}\geqslant 0,\quad \sum_{j=1}^{s}P_{ij}=1,\quad i=1,2,\cdots,r$$

该式与式(3.1.3)意义相同,在这里直观表示转移矩阵 $\boldsymbol{P}$ 中每行之和应等于 1。

当 $r=s=2$ 时,单符号信道就是二进制信道,若信道还满足对称性,即构成了最常用的二元对称信道(Binary Symmetrical Channel,BSC),如图 3.1.6 所示。

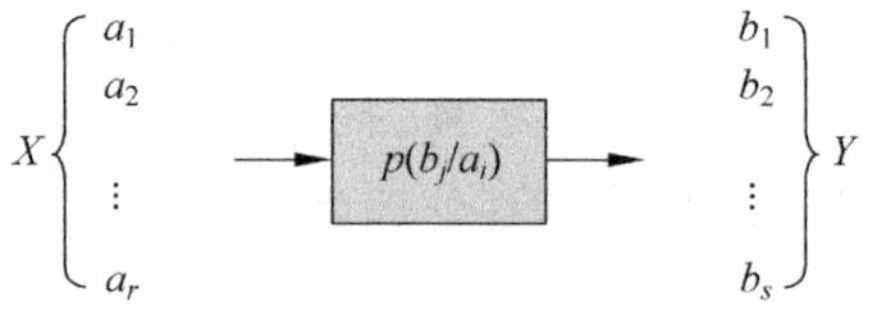


图 3.1.5 单符号离散信道的模型

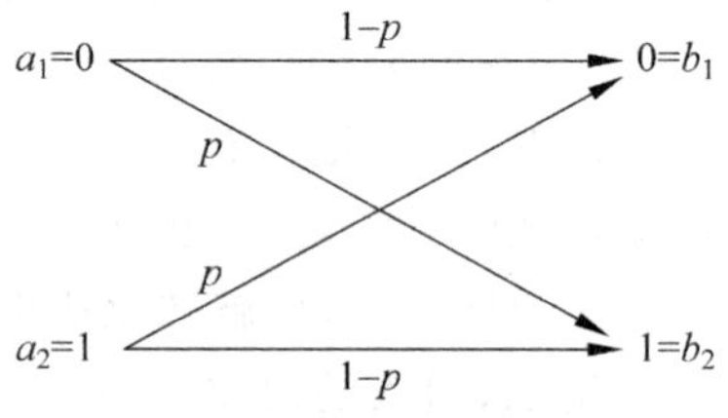


图 3.1.6 二元对称信道

对于二元对称信道,$X:\{0,1\}$；$Y:\{0,1\}$；设 $a_1=b_1=0,a_2=b_2=1$,传递概率为

$$p(b_1/a_1)=p(0/0)=1-p=\bar{p},\quad p(b_1/a_2)=p(0/1)=p$$

$$p(b_2/a_2)=p(1/1)=1-p=\bar{p},\quad p(b_2/a_1)=p(1/0)=p$$

$p$ 是单个符号传输发生错误的概率,表示信道输入符号为 0 而接收到的符号为 1 的概率,或信道输入符号为 1 而接收到的符号为 0 的概率。$(1-p)$表示传输无错误的概率。

由以上分析得二元对称信道的信道转移矩阵为

$$\boldsymbol{P}=\begin{bmatrix} 1-p & p\\ p & 1-p\end{bmatrix}$$

在实际中还存在着这样的信道：设信道的输入为如图 3.1.7(a)所示的正、负方波信号，输出为受干扰后的方波信号 $R(t)$，如图 3.1.7(b)所示。如果信道干扰不是很严重，在接收端不是对接收信号硬性判为 0 或 1，而是根据情况，在接收端额外给出信道失真的信息，增加一个中间状态 2(称为删除符号)。由于发送 1 接收 0 及发送 0 接收 1 的可能性比发送 0 接收 2 和发送 1 接收 2 的可能性小得多。所以，假设 $p(y=1/x=0)=0$，$p(y=0/x=1)=0$ 是合理的。这种情况相当于 $r=2$，$s=3$，该信道称为二元删除信道(Binary Eliminated Channel,BEC)，如图 3.1.8 所示。

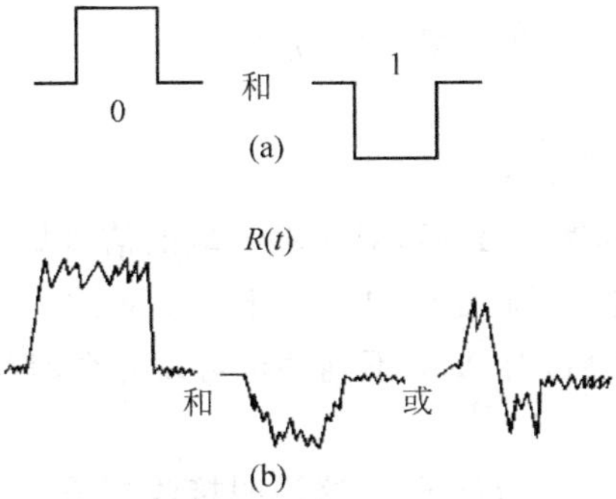


图 3.1.7 信道的输入输出波形

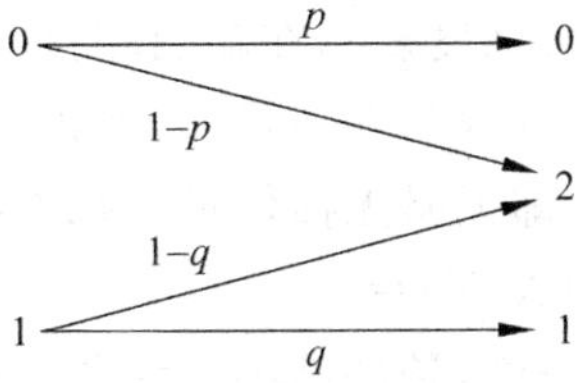


图 3.1.8 二元删除信道

对二元删除信道，$X$:{0,1}，$Y$:{0,1,2}；符号 2 表示接收到了 0、1 以外的特殊符号，则信道转移矩阵为

$$\boldsymbol{P}=\begin{bmatrix} p & 1-p & 0 \\ 0 & 1-q & q \end{bmatrix}$$

$p$ 表示信道输入符号为 0 而接收符号也为 0 的概率，$q$ 表示信道输入符号为 1 而接收符号也为 1 的概率，它们都是无错误传输的概率。

## 3.2 信道疑义度与平均互信息

本节进一步研究基于离散单符号信道数学模型的信息传输问题。

### 3.2.1 信道疑义度

信道输入信源 $X$ 的熵为

$$H(X)=\sum_{i=1}^{r} p(a_i)\log\frac{1}{p(a_i)}=-\sum_{X} p(x)\log p(x)$$

$H(X)$是在接收到信道输出 $Y$ 以前关于输入变量 $X$ 的先验不确定性，称为先验熵。

如果信道中无干扰，则信道的输出符号与输入符号一一对应。那么，接收到传送过来的符号后就消除了对发送符号的先验不确定性。

但如果信道中有干扰存在，接收到符号 $Y$ 后对发送的是什么符号仍存在有不确定性。

因此，接收到 $b_j$ 后，关于 $X$ 的不确定性为

$$H(X/b_j)=\sum_{X} p(x\mid b_j)\log\frac{1}{p(x\mid b_j)} \tag{3.2.1}$$

这是接收到输出符号 $b_j$ 后关于 $X$ 的后验熵，它表示收到 $b_j$ 后关于各输入符号的平均不确定性。后验熵是接收端通过信道接收到输出符号 $b_j$ 后，关于输入符号的信息测度，即在接收到输出符号 $b_j$ 后先验熵变成了后验熵。

后验熵在输出符号集 $Y$ 范围内是一个随机量，对后验熵在符号集 $Y$ 中求数学期望，得到条件熵，称为**信道疑义度**，即

$$\begin{aligned} H(X/Y) &= E[H(X/b_j)] = \sum_{j=1}^{s} p(b_j)H(X/b_j) \\ &= \sum_{j=1}^{s} p(b_j)\sum_{i=1}^{r} p(a_i/b_j)\log\frac{1}{p(a_i/b_j)} \\ &= \sum_{X,Y} p(xy)\log\frac{1}{p(x/y)} \end{aligned} \tag{3.2.2}$$

信道疑义度表示在输出端接收到全部输出符号集 $Y$ 后，对于输入端的信号集 $X$ 还存在的不确定性(因为存在疑义，所以称疑义度)。这个不确定性是由于干扰引起的，如果是一一对应信道(即无噪无损信道)，那么接收到符号 $Y$ 后，对 $X$ 的不确性定可以完全消除，则信道疑义度 $H(X/Y)=0$。

一般来说，条件熵小于无条件熵，即 $H(X/Y) \leqslant H(X)$。这说明接收到符号集 $Y$ 中的所有符号后，关于输入符号 $X$ 的平均不确定性减少了，即通过信息传输总能消除一些关于输入端 $X$ 的不确定性，从而获得一些信息。这也是信息传输所要达到的目的。

### 3.2.2 平均互信息

定义互信息量 $I(x_i;y_j)$ 为收到消息 $y_j$ 后获得关于 $x_i$ 的信息量，即

$$\begin{aligned} I(x_i;y_j) &= I(x_i) - I(x_i/y_j) = \log\frac{1}{p(x_i)} - \log\frac{1}{p(x_i/y_j)} \\ &= \log\frac{p(x_i/y_j)}{p(x_i)} \end{aligned} \tag{3.2.3}$$

即互信息量表示先验的不确定性减去尚存的不确定性，这就是收信者获得的信息量。

对于无干扰信道，则有

$$I(x_i;y_j) = I(x_i)$$

对于全损信道，则有

$$I(x_i;y_j) = 0$$

类似地，定义平均互信息 $I(X;Y)$ 为 $I(x_i;y_j)$ 的统计平均，即

$$I(X;Y) = \sum_j\sum_i p(x_iy_j)I(x_i;y_j) = \sum_j\sum_i p(x_iy_j)\log\frac{p(x_i/y_j)}{p(x_i)} \tag{3.2.4}$$

经推导可得

$$I(X;Y) = H(X) - H(X/Y)$$

它代表接收到符号集 $Y$ 后，平均每个符号获得的关于 $X$ 的信息量，同时也可表示输入与输出两个随机变量之间的统计约束程度。

关于平均互信息 $I(X;Y)$，有以下结论：

- 互信息 $I(x;y)$ 代表收到某一消息 $y$ 后获得关于某一事件 $x$ 的信息量，其值可以为正值，也可以为负值。

- 若互信息 $I(x;y)<0$，说明在未收到信息量 $y$ 以前对消息 $x$ 是否出现的不确定性较小，但由于噪声的存在，接收到消息 $y$ 后，反而对 $x$ 是否出现的不确定程度增加了。
- $I(X;Y)$是 $I(x;y)$的统计平均，所以 $I(X;Y)\geqslant 0$。
- 若 $I(X;Y)=0$，表示在信道输出端接收到输出符号 $Y$ 后不能获得任何关于输入符号 $X$ 的信息量，此时就是全损信道。

平均互信息与各类熵之间存在如下关系：

$$\left.\begin{aligned} I(X;Y) &= H(X)-H(X/Y) \\ I(X;Y) &= H(Y)-H(Y/X) \\ I(X;Y) &= H(X)+H(Y)-H(XY) \end{aligned}\right\} \tag{3.2.5}$$

其中

$$H(X)=\sum_{X}p(x)\log\frac{1}{p(x)}$$

$$H(Y)=\sum_{Y}p(y)\log\frac{1}{p(y)}$$

$$H(X/Y)=\sum_{X,Y}p(xy)\log\frac{1}{p(x/y)}$$

$$H(Y/X)=\sum_{X,Y}p(xy)\log\frac{1}{p(y/x)}$$

$$H(XY)=\sum_{X,Y}p(xy)\log\frac{1}{p(xy)}$$

对平均互信息与各类熵之间关系的说明：

- $I(X;Y)=H(X)-H(X/Y)$表示从 $Y$ 中获得关于 $X$ 的平均互信息，等于接收到输出 $Y$ 的前、后关于 $X$ 的平均不确定性的消除。
- $I(X;Y)=H(Y)-H(Y/X)$表示发出信源 $X$ 的前、后关于 $Y$ 的平均不确定性的消除。
- 熵只是平均不确定性的描述，$I(X;Y)$才是接收端所获得的信息量（不确定性的消除量）。
- 由于平均互信息量 $I(X;Y)$确定了通过信道的信息量的多少，因此又可称为**信息传输率**。
- $H(X/Y)=H(X)-I(X;Y)$为**信道疑义度**（损失熵），表示信源符号通过有噪信道传输后所引起的信息量的损失。
- $H(Y/X)=H(Y)-I(X;Y)$为**噪声熵**（或散布度），反映了信道中噪声源的不确定性。

关于平均互信息与各类熵之间的关系，还可以通过**集合图**（如图 3.2.1 所示）得到形象的解释。

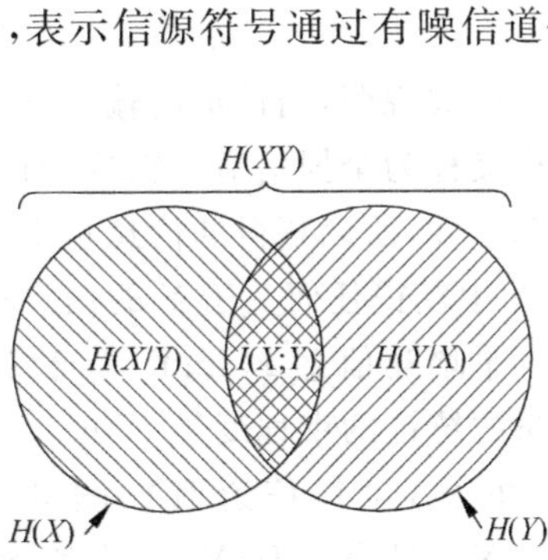


图 3.2.1 平均互信息与各类熵之间的集合图

图 3.2.1 中，左边的圆代表随机变量 $X$ 的熵，右边的圆代表随机变量 $Y$ 的熵，两个圆重叠部分是平均互信息 $I(X;Y)$。左边的圆 $H(X)$减去中间部分 $I(X;Y)$后剩余的左边部分即为信道疑义度 $H(X/Y)$。

对两种特殊信道（离散无干扰信道和输入输出独立

信道)而言,其损失熵和噪声熵及各类熵之间的关系讨论如下。

**1. 离散无干扰信道(无噪无损信道)**

对离散无干扰信道,其信道转移概率为

$$p(y_j/x_i)=\begin{cases}1, & i=j, \quad y=f(x)\\ 0, & i\neq j, \quad y\neq f(x)\end{cases}$$

由概率关系可推出

$$p(x_i/y_j)=\begin{cases}1, & i=j, \quad y=f(x)\\ 0, & i\neq j, \quad y\neq f(x)\end{cases}$$

即如果信道的输入和输出是一一对应的,则信息可以无损失地传输,因此称为无噪无损信道。当信道无噪又无损时,由其概率特点,可得

$$H(Y/X)=H(X/Y)=0$$

即离散无干扰信道的损失熵和噪声熵都为0。

由于噪声熵和损失熵都等于0,因此,输出端接收的信息就等于平均互信息,即

$$I(X;Y)=H(X)=H(Y)$$

因此,无噪无损信道有如图3.2.2所示的集合图,$I(X;Y)$,$H(X)$,$H(Y)$三者完全重叠。

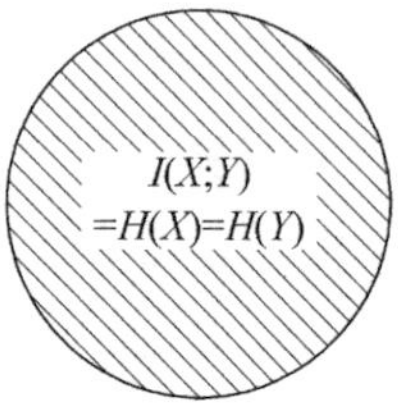


图3.2.2 无噪无损信道的集合图

**2. 输入输出独立信道(全损信道)**

对输入输出独立信道,信道的输入$X$与输出$Y$是完全统计独立的,即

$$p(y/x)=p(y) \quad \begin{cases}x\in X\\ y\in Y\end{cases}$$

及

$$p(x/y)=p(x) \quad \begin{cases}x\in X\\ y\in Y\end{cases}$$

将此关系代入熵的计算公式,可得

$$H(X/Y)=H(X), \quad H(Y/X)=H(Y)$$

从而可知

$$I(X;Y)=H(X)-H(X/Y)=0$$

该式说明,当信道的输入和输出没有依赖关系时,信息将无法传输,因而输入输出独立信道又称为全损信道。在这种信道中,输出端接收到$Y$后不可能消除有关输入端$X$的任何不确定性,所以获得的信息量等于0。同样,也不可能从$X$中获得任何关于$Y$的信息量。

平均互信息$I(X;Y)$等于零,表示信道两端随机变量的统计约束程度等于0。

因此,全损信道有如图3.2.3所示的集合图,$I(X;Y)$,$H(X)$,$H(Y)$三者完全独立。

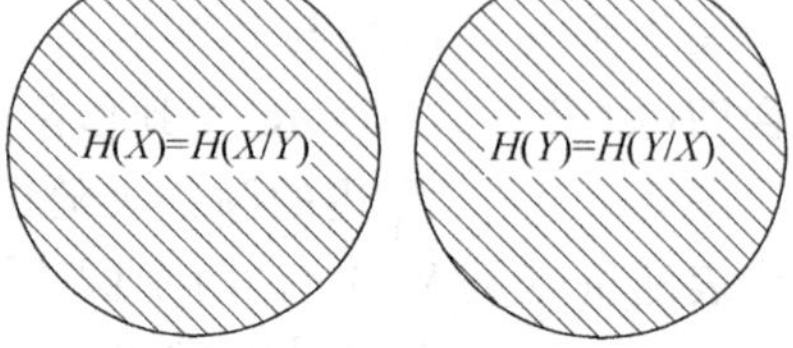


图3.2.3 全损信道的集合图

## 3.2.3 平均互信息的性质

**1. 非负性**

$I(X;Y)\geqslant 0$，该关系式在 $X$ 与 $Y$ 统计独立时等号成立。

**证明**：利用詹森不等式（$E[f(x)]\leqslant f(E[x])$），有

$$\begin{aligned}-I(X;Y)&=\sum_{X,Y}p(xy)\log\frac{p(x)p(y)}{p(xy)}\\&\leqslant\log\sum_{X,Y}p(xy)\frac{p(x)p(y)}{p(xy)}\\&=\log\sum_{X,Y}p(x)p(y)\\&=\log 1=0\end{aligned}$$

所以，$I(X;Y)\geqslant 0$。

该关系在 $p(xy)=p(x)p(y)$ 时，即 $X$ 与 $Y$ 统计独立时才成立。

非负性说明：通过一个信道传输信息，获得的平均信息量必然是正的，也即从平均的角度来说，通过观察一个信道的输出，总能接收到一定的信息，但是如果信道的输入和输出统计独立，则不能在信道的输出端接收到任何有关输入的信息。

**2. 极值性**

$I(X;Y)\leqslant H(X)$，该关系式在信道无损（$H(X/Y)=0$）时等号成立。

**证明**：由信道疑义度的定义知

$$H(X/Y)=\sum_{X,Y}p(xy)\log\frac{1}{p(x/y)}$$

由于 $0\leqslant p(x/y)\leqslant 1$，则

$$\log\frac{1}{p(x/y)}\geqslant 0$$

所以 $H(X/Y)\geqslant 0$，因而有

$$I(X;Y)=H(X)-H(X/Y)\leqslant H(X)$$

若信道无损（$H(X/Y)=0$），则等式成立。

极值性说明：接收者通过信道获得的信息量不可能超过信源本身固有的信息量，只有当信道为无损信道（此时信道疑义度为 0）时，接收者才能获得信源中的全部信息量。

**3. 对称性**

$I(X;Y)=I(Y;X)$，当 $X$、$Y$ 统计独立时，$I(X;Y)=I(Y;X)=0$。

当信道无干扰时，$I(X;Y)=I(Y;X)=H(X)=H(Y)$。

**证明**：由于 $p(xy)=p(yx)$，所以由平均互信息的定义知

$$\begin{aligned}I(X;Y)&=\sum_{X,Y}p(xy)\log\frac{p(x/y)}{p(x)}\\&=\sum_{X,Y}p(xy)\log\frac{p(xy)}{p(x)p(y)}\\&=\sum_{X,Y}p(xy)\log\frac{p(yx)}{p(y)p(x)}\end{aligned}$$

$$= \sum_{X,Y} p(xy)\log\frac{p(y/x)}{p(y)}$$
$$= I(Y;X)$$

对称性说明：从 $Y$ 中获得的关于 $X$ 的信息量与从 $X$ 中获得的关于 $Y$ 的信息量是相等的。

**4. 凸状性**

平均互信息 $I(X;Y)$完全由信源 $X$ 的概率分布 $p(x)$和信道传递概率 $p(y|x)$决定：

- 当信道固定时，$I(X;Y)$是输入信源的概率分布 $p(x)$的$\cap$型凸函数；
- 当信源固定时，平均互信息 $I(X;Y)$是信道传递的概率 $p(y/x)$的$\cup$型凸函数。

由平均互信息 $I(X;Y)$的定义知

$$I(X;Y) = \sum_{X,Y} p(xy)\log\frac{p(y/x)}{p(y)} = \sum_{X,Y} p(x)p(y/x)\log\frac{p(y/x)}{p(y)}$$

其中，$p(y) = \sum_{X} p(x)p(y/x)$。

所以，平均互信息 $I(X;Y)$只是信源 $X$ 的概率分布 $p(x)$和信道的传递概率 $p(y|x)$的函数，即

$$I(X;Y) = f[p(x),p(y \mid x)]$$

对于凸状性，可用例子进行说明。

**【例 3.2.1】** 设 BSC 的输入概率空间为

$\begin{bmatrix} X \\ p(x) \end{bmatrix} = \begin{bmatrix} 0 & 1 \\ \omega & \bar{\omega}=1-\omega \end{bmatrix}$，讨论信道和信源变化对平均互信息的影响。

**解**：对 BSC，其信道转移矩阵为

$$\boldsymbol{P} = \begin{bmatrix} 1-p & p \\ p & 1-p \end{bmatrix} = \begin{bmatrix} \bar{p} & p \\ p & \bar{p} \end{bmatrix}$$

先计算平均互信息，即

$$\begin{aligned} I(X;Y) &= H(Y) - H(Y/X) \\ &= H(Y) - \sum_{X} p(x)\sum_{Y} p(y \mid x)\log\frac{1}{p(y \mid x)} \\ &= H(Y) - \sum_{X} p(x)\left[p\log\frac{1}{p} + \bar{p}\log\frac{1}{\bar{p}}\right] \\ &= H(Y) - \left[p\log\frac{1}{p} + \bar{p}\log\frac{1}{\bar{p}}\right] \\ &= H(Y) - H(p) \end{aligned}$$

对第一项 $H(Y)$，根据离散无记忆信道的性质，可知

$$p(y=0) = \omega\bar{p} + (1-\omega)p = \omega\bar{p} + \bar{\omega}p$$
$$p(y=1) = \omega p + (1-\omega)\bar{p} = \omega p + \bar{\omega}\bar{p}$$

所以

$$\begin{aligned} I(X;Y) &= (\omega\bar{p} + \bar{\omega}p)\log\frac{1}{(\omega\bar{p} + \bar{\omega}p)} + (\bar{\omega}\bar{p} + \omega p)\log\frac{1}{(\omega p + \bar{\omega}\bar{p})} - \left[p\log\frac{1}{p} + \bar{p}\log\frac{1}{\bar{p}}\right] \\ &= H(\omega\bar{p} + \bar{\omega}p) - H(p) \end{aligned}$$

由 $I(X;Y)$ 表达式可得，若信道固定（即 $p$ 一定），则有：

- 当 $\omega=0$ 时，$I(X;Y)=H(p)-H(p)=0$。
- 当 $\omega=1$ 时，$I(X;Y)=H(\bar{p})-H(p)=H(p)-H(p)=0$。
- 当 $\omega=1/2$ 时，$I(X;Y)=1-H(p)$，为最大。

即 $I(X;Y)$ 是 $\omega$ 的 $\cap$ 型函数，如图 3.2.4 所示。

若信源固定（即 $\omega$ 一定），在 $I(X;Y)=H(\omega\bar{p}+\bar{\omega}p)-H(p)$ 中，有：

- 当 $p=0$ 时，$I(X;Y)=H(\omega)-H(0)=H(\omega)$。
- 当 $p=1$ 时，$I(X;Y)=H(\bar{\omega})-H(1)=H(\bar{\omega})=H(\omega)$。

（这两种情况下，$I(X;Y)$ 取得最大值 $H(\omega)$，这实际上就是无损信道的情况。）

- 当 $p=\frac{1}{2}$ 时，$I(X;Y)=H\left(\frac{1}{2}\right)-H\left(\frac{1}{2}\right)=0$。

这时，$I(X;Y)$ 取极小值 0，说明对任何一种信源，总存在最差的信道，使 $I(X;Y)=0$。因此，若信源固定（即 $\omega$ 一定），则 $I(X;Y)$ 是 $p$ 的 $\cup$ 形凸函数，如图 3.2.5 所示。

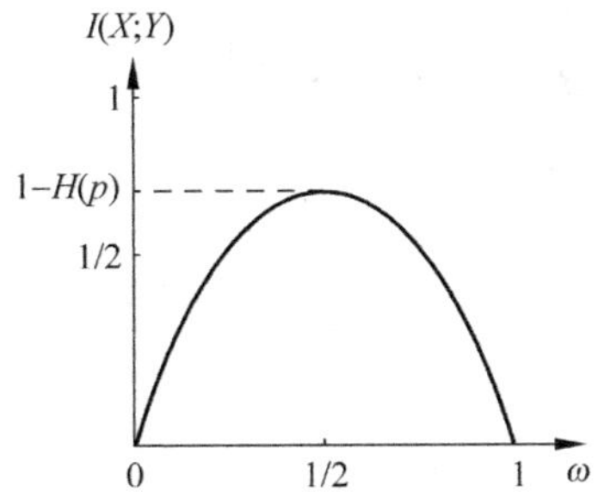


图 3.2.4　固定 BSC 的平均互信息

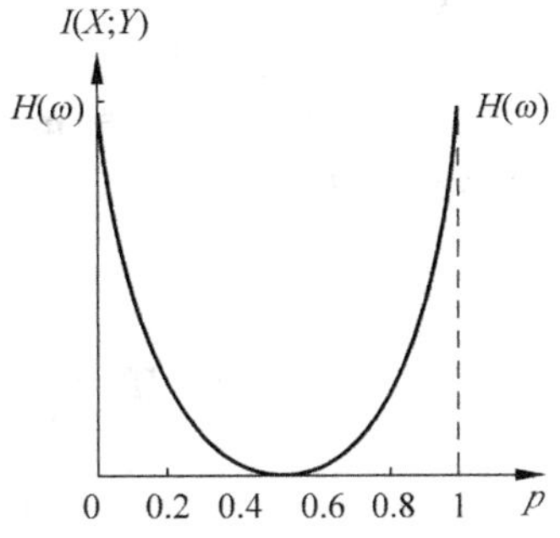


图 3.2.5　信源固定时的平均互信息

由凸状性可得出以下结论：

- 若信道固定（$p(y/x)$ 固定），选择不同的信源（不同的概率分布 $p(x)$）与信道连接，在信道输出端接收到每个符号后获得的信息量是不同的。对于每一个固定信道，一定存在一种信源（一种概率分布 $p(x)$），使输出端获得的平均信息量最大。
- 若信源固定（$p(x)$ 固定），选择不同的信道来传输同一信源消息，在信道输出端获得关于信源的信息量是不同的。对每一种信源都存在一种最差的信道，此时干扰最大，使输出端获得的信息量最小。

## 3.3　离散无记忆的扩展信道

前面讨论的是最简单的单符号离散信道，其输入和输出都只是单个随机变量。但在实际中更常见的离散信道，其输入和输出为一系列在时间（或空间）上离散的随机变量（此时为随机序列），而输入或输出随机序列中每一个随机变量都取值于同一输入符号集或输出符号集，这种离散信道的数学模型可用概率空间 $[\boldsymbol{X},p(\boldsymbol{y}|\boldsymbol{x}),\boldsymbol{Y}]$ 来描述。

对一般离散信道，重点研究离散无记忆信道（Discrete Memory-less Channel，DMC），其传递概率满足

$$p(\boldsymbol{y}/\boldsymbol{x}) = p(y_1y_2\cdots y_N \mid x_1x_2\cdots x_N) = \prod_{i=1}^{N} p(y_i/x_i)$$

DMC 仍可用概率空间$[X,P(y|x),Y]$来描述。

若离散无记忆信道的输入符号集为 $A=\{a_1,\cdots,a_r\}$，输出符号集为 $B=\{b_1,\cdots,b_s\}$，信道矩阵为

$$\boldsymbol{P} = \begin{bmatrix} P_{11} & P_{12} & \cdots & P_{1s} \\ P_{21} & P_{22} & \cdots & P_{2s} \\ \vdots & \vdots & \ddots & \vdots \\ P_{r1} & P_{r2} & \cdots & P_{rs} \end{bmatrix} \quad \text{满足 } P_{ij} \geqslant 0, \sum_{j=1}^{s} P_{ij} = 1$$

则对该无记忆信道进行 $N$ 次扩展所得的 $N$ 次扩展信道，其输入矢量 $\boldsymbol{X}$ 的可能取值共有 $r^N$ 个，输出矢量 $\boldsymbol{Y}$ 的可能取值共有 $s^N$ 个。所以该 $N$ 次扩展信道的数学模型为

$$X^N:\left\{\begin{matrix} (a_1a_1\cdots a_1) = \boldsymbol{\alpha}_1 \\ (a_1a_1\cdots a_2) = \boldsymbol{\alpha}_2 \\ \vdots \\ (a_ra_r\cdots a_r) = \boldsymbol{\alpha}_{r^N} \end{matrix}\right. \quad p(\boldsymbol{\beta}_k/\boldsymbol{\alpha}_k) \quad \left.\begin{matrix} \boldsymbol{\beta}_1 = (b_1b_1\cdots b_1) \\ \boldsymbol{\beta}_2 = (b_1b_1\cdots b_2) \\ \vdots \\ \boldsymbol{\beta}_{s^N} = (b_sb_s\cdots b_s) \end{matrix}\right\} Y^N$$

其信道转移矩阵为

$$\boldsymbol{\Pi} = \begin{bmatrix} \pi_{11} & \pi_{12} & \cdots & \pi_{1s^N} \\ \pi_{21} & \pi_{22} & \cdots & \pi_{2s^N} \\ \vdots & \vdots & \ddots & \vdots \\ \pi_{r^N1} & \pi_{r^N2} & \cdots & \pi_{r^Ns^N} \end{bmatrix} \tag{3.3.1}$$

其中

$$\begin{aligned} \pi_{kh} &= p(\boldsymbol{\beta}_h \mid \boldsymbol{\alpha}_k) = p(b_{h1}b_{h2}\cdots b_{hN} \mid a_{k1}a_{k2}\cdots a_{kN}) \\ &= \prod_{i=1}^{N} p(b_{hi} \mid a_{ki}) \quad ki \in \{1,2,\cdots,r\}, hi \in \{1,2,\cdots,s\} \end{aligned}$$

并满足 $\sum_{h=1}^{s^N} \pi_{kh} = 1$。

**【例 3.3.1】** 求二元无记忆对称信道(BSC)的二次扩展信道，并写出其信道转移矩阵。

**解**：对 BSC 而言，其输入、输出变量 $X$、$Y$ 都在$\{0,1\}$中取值，所以，BSC 的二次扩展信道的输入符号集 $A$ 共有 $2^2=4$ 个符号：$A=\{00,01,10,11\}$，同样输出符号集 $B=\{00,01,10,11\}$。

由于是无记忆信道，可求得二次扩展信道的传递概率为

$$p(\boldsymbol{\beta}_1 \mid \boldsymbol{\alpha}_1) = p(00 \mid 00) = p(0 \mid 0)p(0 \mid 0) = \bar{p}^2$$

$$p(\boldsymbol{\beta}_2 \mid \boldsymbol{\alpha}_1) = p(01 \mid 00) = p(0 \mid 0)p(1 \mid 0) = \bar{p}p$$

$$p(\boldsymbol{\beta}_3 \mid \boldsymbol{\alpha}_1) = p(10 \mid 00) = p(1 \mid 0)p(0 \mid 0) = p\bar{p}$$

$$p(\boldsymbol{\beta}_4 \mid \boldsymbol{\alpha}_1) = p(11 \mid 00) = p(1 \mid 0)p(1 \mid 0) = p^2$$

$$\cdots$$

因此，二元无记忆对称信道的二次扩展信道其信道矩阵为

$$\boldsymbol{\Pi}=\begin{bmatrix}\bar{p}^2 & \bar{p}p & p\bar{p} & p^2\\ \bar{p}p & \bar{p}^2 & p^2 & p\bar{p}\\ p\bar{p} & p^2 & \bar{p}^2 & \bar{p}p\\ p^2 & p\bar{p} & \bar{p}p & \bar{p}^2\end{bmatrix}$$

在一般离散信道中，若信道的输入序列为 $\boldsymbol{X}=(X_1,X_2,\cdots,X_N)$，通过信道传输，在接收端接收到的随机序列为 $\boldsymbol{Y}=(Y_1,Y_2,\cdots,Y_N)$，而信道的转移概率为 $p(\boldsymbol{y}/\boldsymbol{x})$，则传输长度为 $N$ 的随机序列后，所获得的平均互信息为 $I(\boldsymbol{X};\boldsymbol{Y})$。对平均互信息有如下重要的结论：

- 若信道是无记忆的，则

$$I(\boldsymbol{X};\boldsymbol{Y})\leqslant\sum_{i=1}^{N}I(X_i;Y_i) \tag{3.3.2}$$

- 若信源是无记忆的，则

$$I(\boldsymbol{X};\boldsymbol{Y})\geqslant\sum_{i=1}^{N}I(X_i;Y_i) \tag{3.3.3}$$

- 若信源与信道都是无记忆的，则

$$I(\boldsymbol{X};\boldsymbol{Y})=\sum_{i=1}^{N}I(X_i;Y_i) \tag{3.3.4}$$

上述关系说明了离散信道中随机矢量的平均互信息 $I(\boldsymbol{X};\boldsymbol{Y})$ 与构成随机矢量的各随机变量的平均互信息之和 $\sum_{i=1}^{N}I(X_i;Y_i)$ 的关系。

特别是，如果信源与信道都是离散无记忆的，并且

$$I(X_1;Y_1)=I(X_2;Y_2)=\cdots=I(X_N;Y_N)=I(X;Y)$$

则

$$I(\boldsymbol{X};\boldsymbol{Y})=\sum_{i=1}^{N}I(X_1;Y_1)=NI(X;Y) \tag{3.3.5}$$

式(3.3.5)说明，若信源是无记忆的，则无记忆信道的 $N$ 次扩展信道的平均互信息等于单符号信道平均互信息的 $N$ 倍。

## 3.4　离散信道的信道容量

研究信道的目的在于希望对给定的信道能得到尽可能高的信息传输率，即如何才能充分利用信道，因而必须了解给定的信道到底能传输多少信息量，这就是信道容量的问题。这里仍从最基本的简单离散信道开始讨论信道容量，然后再将其推广到符号序列信道。

### 3.4.1　信道容量的定义

首先来看信道中平均每个符号所能传送的信息量——信息传输率 $R$，对其研究是希望在信道中平均每个符号能传送最大的信息量。

由前面的讨论已知，平均互信息 $I(X;Y)$ 就是在信道的输出端接收到符号 $Y$ 后平均每个符号获得的关于输入 $X$ 的信息量。所以，信息传输率 $R$ 为

$$R=I(X;Y)=H(X)-H(X/Y)\text{(bit/符号)} \tag{3.4.1}$$

由于平均互信息 $I(X;Y)$ 是输入随机变量的∩型凸函数，所以对于一个固定的信道，总存在一种信源，使得在信息传输过程中平均每个符号携带的信息量最大，即对于一个固定的信道总有一个最大的信息传输率。把这个最大的信息传输率定义为**信道容量**，用 $C$ 表示，即

$$C = \max_{P(X)}\{I(X;Y)\}(\text{bit/符号}) \tag{3.4.2}$$

信道容量 $C$ 是信道中能传输的最大信息传输率（单位为 bit/符号），而此最大信息传输率是在信源取某一特定分布时才能得到，称该特定的信源概率分布为**最佳信源分布**。对于 BSC 来说，其最佳信源分布为等概率分布，而其信道容量则为

$$C = 1 - H(p)$$

即信道容量 $C$ 只与信道转移概率 $p$ 有关。

上述结论具有普遍意义：对于一个特定的信道，信道容量 $C$ 是确定的，它不随信源分布而变，信道容量 $C$ 取值的大小，直接反映了信道质量的好坏，但对特定的信道其信息传输率 $R$ 只有在信源取最佳分布时，才能达到这个极大值 $C$。

从另一角度来考虑，当信源取最佳概率分布时，信道的信息传输率 $R$ 可达到信道容量 $C$。但即便如此，信息在传输过程中，由信道传输特性的影响，还是会出现差错。如果信道传输错误超过了可靠性容限，就必须采用信道编码的方法，将特定的冗余码元加入信源符号中，以便在接收端发现并纠正错误，从而提高传输的可靠性，这样做势必会降低信道的信息传输率，这是信息传输有效性与可靠性的一对基本矛盾。

由香农信息论可知：这个矛盾理论上是可以解决的。在本章最后的 3.7 节中将讨论有噪信道编码定理，即香农第二定理。该定理指出：总存在最佳的信道编码，保证在信道的信息传输率不超过信道容量 $C$ 时能获得任意高的传输可靠性。

在实际中，若平均传输一个符号需要 $t$ 秒，则信道在单位时间内平均传输的最大信息量 $C_t$ 为

$$C_t = \frac{1}{t}C(\text{bit/s})$$

一般仍把 $C_t$ 称为信道容量，增加一个下标 $t$，以区别于前面定义的信道容量 $C$。

从数学上来说，求信道容量就是求平均互信息 $I(X;Y)$ 的极大值，但对于一般信道，信道容量 $C$ 的计算相当复杂。在此主要讨论一些特殊信道信道容量的求法。

## 3.4.2 简单离散信道的信道容量

当离散信道的输入输出之间为确定关系或简单的统计依赖关系时，称为简单离散信道。简单离散信道包括无噪无损信道、有噪无损信道和无噪有损信道。

**1. 无噪无损信道**

如图 3.4.1 所示信道的输入输出符号之间存在确定的一一对应关系，是无噪无损信道，其信道转移概率为

$$p(b_j \mid a_i) = p(a_i \mid b_j) = \begin{cases} 0, & i \neq j \\ 1, & i = j \end{cases} \quad (i,j = 1,2,3)$$

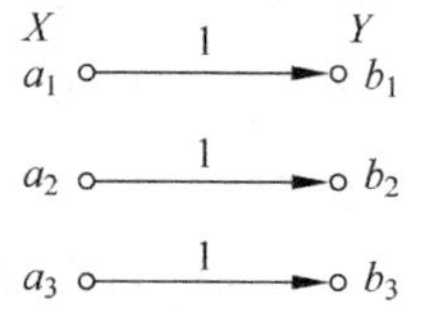

图 3.4.1 无噪无损信道

由此概率关系可知其信道矩阵是单位矩阵，即

$$P=\begin{bmatrix}1&0&0\\0&1&0\\0&0&1\end{bmatrix}$$

对这种信道，其信道疑义度 $H(X/Y)$ 为 0，所以平均互信息为

$$I(X;Y)=H(X)=H(Y)$$

它表示接收端收到符号 $Y$ 后平均获得的信息量等于信源发出每个符号所包含的平均信息量，在信道传输过程中没有产生任何信息损失。而且由于其噪声熵也等于 0，因此所述信道称为无噪无损信道。其信道容量为

$$C=\max_{P(X)}I(X;Y)=\max_{P(X)}H(X)=\log r=\max_{P(Y)}H(Y)=\log s(\text{bit/符号}) \tag{3.4.3}$$

**2. 有噪无损信道**

如图 3.4.2 所示的信道，其信道转移概率为

$$p(a_1\mid b_1)=1,\quad p(a_1\mid b_2)=1$$
$$p(a_2\mid b_3)=1,\quad p(a_2\mid b_4)=1,\quad p(a_2\mid b_5)=1$$
$$p(a_3\mid b_6)=1$$
$$p(a_i\mid b_j)=0,\quad 其他$$

其信道矩阵为

$$P=\begin{bmatrix}\frac{1}{3}&\frac{2}{3}&0&0&0&0\\0&0&\frac{1}{5}&\frac{3}{5}&\frac{1}{5}&0\\0&0&0&0&0&1\end{bmatrix}$$

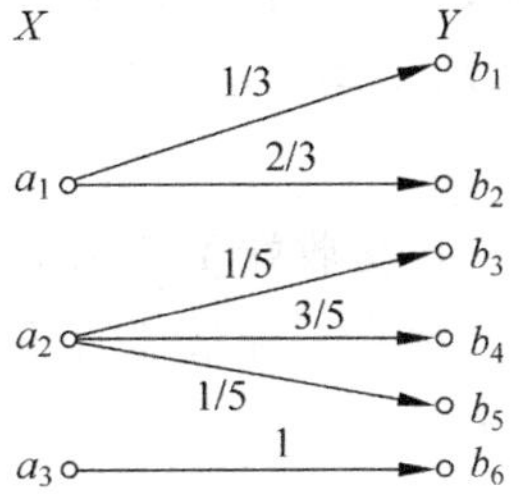

图 3.4.2 有噪无损信道

该信道在接收到符号 $Y$ 后，对信源符号 $X$ 而言是完全确定的，因此，损失熵 $H(X/Y)=0$。所以，平均互信息为

$$I(X;Y)=H(X)$$

但噪声熵 $H(Y/X)\neq 0$，所以平均互信息为 $I(X;Y)<H(Y)$，因此图 3.4.2 所示的有噪无损信道，其信道容量为

$$C=\max_{P(X)}I(X;Y)=\max_{P(X)}H(X)=\log r(\text{bit/符号}) \tag{3.4.4}$$

对无噪无损信道和有噪无损信道的分析可以看出其共同的特点：若信道转移矩阵中每一列有且仅有一个非零元素（该特点表明每个输出符号对应着唯一的一个输入符号），则该信道一定是无损信道。对无损信道，其信息传输率就是信源的熵，因而信道容量为 $\log r$。

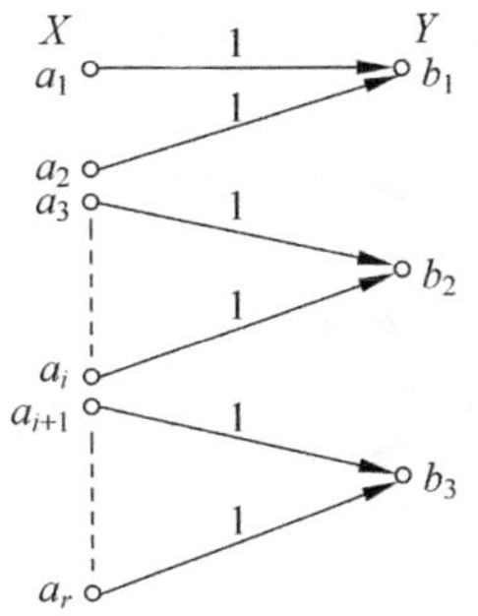

图 3.4.3 无噪有损信道

**3. 无噪有损信道**

如图 3.4.3 所示的信道，其前向概率 $p(y|x)$ 等于 0 或 1，即输出 $y$ 是 $x$ 的确定函数，但不是一一对应的，则后向概率 $p(x|y)$ 不等于 0 或 1。这类信道称为无噪有损信道（确定信道）。

由此概率关系可得其信道矩阵为

$$
\boldsymbol{P}=\begin{bmatrix}1&0&0\\1&0&0\\0&1&0\\&\vdots&\\0&1&0\\0&0&1\\&\vdots&\\0&0&1\end{bmatrix}
$$

对这种信道，每个输入符号都确定地转变成某一个输出符号，因此其噪声熵等于0，而接收到输出符号却不能确切地判断发出的输入符号是什么，因此信道疑义度 $H(X/Y)>0$。所以，平均互信息为

$$I(X;Y)=H(Y)<H(X)$$

设接收端 $Y$ 有 $s$ 个符号，则当 $Y$ 等概率分布时其熵为最大。而且由于噪声熵等于0，因而总存在一种最佳的输入分布使输出 $Y$ 达到等概率分布。故这种无噪有损信道的信道容量为

$$C=\max_{P(X)}I(X;Y)=\max_{P(X)}H(Y)=\log s(\text{bit/符号}) \tag{3.4.5}$$

由上述分析可知：若信道转移矩阵中每一行有且仅有一个非零元素，则该信道一定是无噪信道。

上面分析了无损或无噪的简单离散信道，并讨论了其信道容量的计算方法。一般的离散信道通常是有噪有损的，其信道转移矩阵中至少有一行存在一个以上的非零元素，而且同时至少有一列存在一个以上的非零元素。在这种情况下，信道容量的计算非常复杂。下面讨论另一种比较简单的有噪有损信道——对称离散信道的信道容量。

## 3.4.3 对称离散信道的信道容量

如果信道矩阵共有 $r$ 行、$s$ 列（一般 $s\neq r$），若信道矩阵 $\boldsymbol{P}$ 中每一行都是第一行的重新排列，而且信道矩阵中的每一列也都是第一列的重新排列，则具有这种特点的信道矩阵所对应的离散信道称为**对称离散信道**。

例如图3.4.4所示的离散信道。

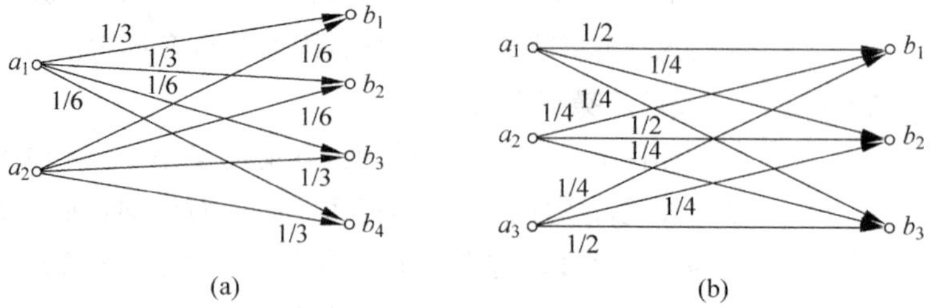


图3.4.4 对称离散信道

其信道矩阵为

$$\boldsymbol{P}_a = \begin{pmatrix} 1/3 & 1/3 & 1/6 & 1/6 \\ 1/6 & 1/6 & 1/3 & 1/3 \end{pmatrix} \quad \boldsymbol{P}_b = \begin{bmatrix} 1/2 & 1/4 & 1/4 \\ 1/4 & 1/2 & 1/4 \\ 1/4 & 1/4 & 1/2 \end{bmatrix}$$

由于 $\boldsymbol{P}_a$ 和 $\boldsymbol{P}_b$ 满足信道矩阵 $\boldsymbol{P}$ 中每一行都是第一行的重新排列，且矩阵中的每一列也都是第一列的重新排列的规律。因此，图 3.4.4 给出的离散信道为对称离散信道。

而信道矩阵

$$\boldsymbol{P}_c = \begin{bmatrix} \frac{1}{3} & \frac{1}{3} & \frac{1}{6} & \frac{1}{6} \\ \frac{1}{6} & \frac{1}{3} & \frac{1}{3} & \frac{1}{6} \end{bmatrix}$$

所代表的信道就不是对称离散信道，因为矩阵中的第 1 列、第 2 列和第 4 列不是由相同的元素构成的。

对于对称离散信道，其信道容量为

$$\begin{aligned} C &= \max_{P(X)} I(X;Y) \\ &= \max_{P(X)} [H(Y) - H(p_1, p_2, \cdots, p_s)] \\ &= \log s - H(p_1, p_2, \cdots, p_s) \end{aligned} \tag{3.4.6}$$

当且仅当信道的输入与输出均为等概率分布时，信道达到容量值。

**证明：**

因为

$$I(X;Y) = H(Y) - H(Y/X)$$

而
$$H(Y/X) = \sum_X p(x) \sum_Y p(y/x) \log \frac{1}{p(y/x)} = \sum_X p(x) H(Y/X = x)$$

$H(Y/X=x)$是一项固定 $X=x$ 时对 $Y$ 求和，即对信道矩阵的行求和。

由于信道是具有对称性的，每一行(第 $i$ 行)都是第一行重排列，由信息熵的对称性可知 $H(Y/X=x)$与行序号 $i$ 无关，为一常数。那么 $H(Y/X=x)=H(p_1, p_2, \cdots, p_s)$。

因此，对称离散信道的信道容量为

$$\begin{aligned} C &= \max_{P(X)} [H(Y) - H(Y/X)] \\ &= \max_{P(Y)} [H(Y)] - H(p_1, p_2, \cdots, p_s) \\ &= \log s - H(p_1, p_2, \cdots, p_s) \end{aligned}$$

**【例 3.4.1】** 某对称离散信道的信道矩阵如下，求其信道容量。

$$\boldsymbol{P} = \begin{bmatrix} 1-p & \frac{p}{n-1} & \cdots & \frac{p}{n-1} \\ \frac{p}{n-1} & 1-p & \cdots & \frac{p}{n-1} \\ \vdots & \vdots & \ddots & \vdots \\ \frac{p}{n-1} & \frac{p}{n-1} & \cdots & 1-p \end{bmatrix}$$

**解：** 该信道的输入符号与输出符号数相等，都为 $n$，且信道矩阵满足对称性要求。所以，

其信道容量为

$$C=\log n-H\left(1-p,\frac{p}{n-1},\cdots,\frac{p}{n-1}\right) \tag{3.4.7}$$

式中，第一项 $\log n$ 即为输入的最大信息量 $H(X)$；第二项 $H\left(1-p,\frac{p}{n-1},\cdots,\frac{p}{n-1}\right)$ 就是在信道中丢失的信息量，它是由信道干扰造成的，因而信道实际传送的信息量为 $C$。

$$\begin{aligned}C&=\log n+(1-p)\log(1-p)+(n-1)\frac{p}{n-1}\log\frac{p}{n-1}\\&=\log n+(1-p)\log(1-p)+p\log\frac{p}{n-1}\\&=\log n-p\log(n-1)-H(p)\end{aligned}$$

若 $n=2$，即为 BSC 时的信道容量为

$$C=1-H(p)\text{(bit/符号)}$$

### 3.4.4 离散无记忆 N 次扩展信道的信道容量

对离散无记忆 $N$ 次扩展信道，由式(3.3.2)可知，一般离散无记忆信道的 $N$ 次扩展信道的平均互信息满足

$$I(\boldsymbol{X};\boldsymbol{Y})\leqslant\sum_{i=1}^{N}I(X_i;Y_i)$$

当信源也是离散无记忆时，等式成立。所以，对于一般的离散无记忆信道的 $N$ 次扩展信道，其信道容量为

$$\begin{aligned}C^N&=\max_{P(\boldsymbol{X})}I(\boldsymbol{X};\boldsymbol{Y})\\&=\max_{P(\boldsymbol{X})}\sum_{i=1}^{N}I(X_i;Y_i)\\&=\sum_{i=1}^{N}\max_{P(X_i)}I(X_i;Y_i)\\&=\sum_{i=1}^{N}C_i\end{aligned} \tag{3.4.8}$$

若已求得单符号离散无记忆信道的信道容量为 $C$，则对离散无记忆 $N$ 次扩展信道由于输入序列 $\overline{X}$ 中的各分量是在同一信道中传输的，因此有

$$C_i=C\quad(i=1,2,\cdots,N)$$

即在任何时刻通过离散无记忆信道的最大信息量都是一样的，那么由式(3.4.8)可得

$$C^N=NC \tag{3.4.9}$$

式(3.4.9)说明：离散无记忆信道的 $N$ 次扩展信道其信道容量为原单符号离散无记忆信道容量的 $N$ 倍，且只有在输入信源为无记忆、每一个输入变量 $X_i$ 的分布都达到最佳分布时，才能达到这个信道容量。而在一般情况下，消息序列在离散无记忆的 $N$ 次扩展信道中传输的信息量为

$$I(\boldsymbol{X};\boldsymbol{Y})\leqslant NC \tag{3.4.10}$$

# 3.5 连续信道的信道容量

如果信道的输入和输出都是随机过程$\{x(t)\}$和$\{y(t)\}$，则该信道称为波形信道。在实际的模拟通信系统中涉及的通信信道都为波形信道。

如2.5节所述，在连续信源的情况下，如果取两个相对熵之差，则连续信源具有与离散信源一致的信息特征，而互信息就是两个熵的差值，类似于离散信道，可定义互信息的最大值为信道容量。因此，连续信道具有与离散信道类似的信息传输率和信道容量的表达式。

## 3.5.1 连续单符号加性高斯噪声信道的信道容量

仍然从最简单的单符号连续信道入手来进行讨论。单符号连续信道如图3.5.1所示，其信道的输入和输出都为取值连续的一维随机变量，加入信道的噪声是均值为0、方差为$\sigma^2$的加性高斯白噪声。由第2章可知，高斯白噪声的连续熵为

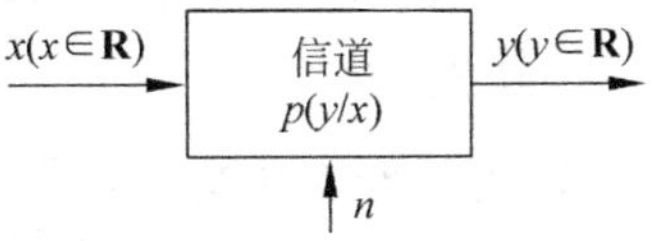


图3.5.1 单符号连续信道

$$h(n)=\frac{1}{2}\log 2\pi e\sigma^2$$

单符号连续信道的平均互信息为

$$\begin{aligned}I(X;Y)&=h(X)-h(X/Y)=h(Y)-h(Y/X)\\&=h(X)+h(Y)-h(XY)\end{aligned}$$

信息传输率为

$$R=I(X;Y)(\text{bit/符号})$$

信道容量为

$$C=\max_{P(X)}I(X;Y)=\max_{P(X)}[h(Y)-h(Y/X)]$$

由于条件熵(噪声熵)是由信道的噪声引起的不确定性，因而条件熵$h(Y/X)$等于噪声信源的熵$h(n)$。所以

$$\begin{aligned}C&=\max_{P(X)}[h(Y)-h(Y/X)]=\max_{P(X)}h(Y)-h(n)\\&=\max_{P(X)}h(Y)-\frac{1}{2}\log 2\pi e\sigma^2\end{aligned}\tag{3.5.1}$$

只有当信道的输出$Y$为正态分布时，式(3.5.1)中$h(Y)$为最大。当信道的输出$Y$为正态分布时，其概率密度函数为$P(y)=N(0,P)$，其中$P$为$Y$的平均功率。由于信道的输入$X$与信道噪声是统计独立的，而信道为加性信道，即$Y=X+n$，所以有$P=S+\sigma^2$，这里$S$为信道输入$X$的平均功率。

由于输出$Y$、信道噪声$n$的概率密度函数为

$$P(y)=N(0,P),\quad P(n)=N(0,\sigma^2),\quad 而\ Y=X+n$$

所以

$$P(x)=N(0,S)$$

即当信道的输入$X$是均值为0、方差为$S$的高斯分布时，信息传输率达到最大值。

$$\begin{aligned}C&=\frac{1}{2}\log 2\pi eP-\frac{1}{2}\log 2\pi e\sigma^2\\&=\frac{1}{2}\log\frac{P}{\sigma^2}\end{aligned}$$

$$= \frac{1}{2}\log\left(1 + \frac{S}{\sigma^2}\right) \tag{3.5.2}$$

式中，$S/\sigma^2$ 是信号功率与噪声功率的比值，称为**信噪比**，记作 $SNR = S/\sigma^2$。

可见单符号高斯加性连续信道的信道容量仅取决于信道的信噪功率比，只有当信道的输入信号是均值为0、平均功率为 $S$ 的高斯分布变量时，信息传输率才能达到这个最大值。

在实际中，天电干扰、工业干扰和其他脉冲干扰都属于加性干扰，它们是非高斯型分布。如果在通信系统中噪声不是高斯型的，但为加性的，则可以根据式(3.5.2)求出信道容量的上下限；如为乘性噪声，则很难进行定量分析。

对于均值为0、平均功率为 $\sigma^2$ 的加性非高斯型噪声信道，其信道容量的上下界限满足

$$\frac{1}{2}\log\left(1 + \frac{S}{\sigma^2}\right) \leqslant C \leqslant \frac{1}{2}\log 2\pi e P - h(n) \tag{3.5.3}$$

式中，$h(n)$ 为噪声熵；$P$ 为输出信号的功率，$P = S + \sigma^2$。这里对式(3.5.3)不作证明，仅说明其物理意义。

式(3.5.3)右边第一项 $\frac{1}{2}\log 2\pi e P$ 是均值为0、方差为 $P$ 的高斯信号的熵，由于信道噪声是非高斯型的，如果输入信号 $X$ 的分布能使 $Y(Y = X + n)$ 呈高斯分布，则 $h(Y)$ 达到最大值，此时信道容量达到上限值 $\frac{1}{2}\log 2\pi e P - h(n)$。

式(3.5.3)左边可写成为 $\frac{1}{2}\log 2\pi e P - \frac{1}{2}\log 2\pi e \sigma^2$，其第二项 $\frac{1}{2}\log 2\pi e \sigma^2$ 是均值为0，方差为 $\sigma^2$ 的高斯噪声的熵，它为平均功率受限于 $\sigma^2$ 时的最大值。这是信道受噪声干扰的最坏情况，所以是信道容量的下限值。

式(3.5.3)说明在相同的平均功率受限条件下，非高斯噪声信道的信道容量要大于高斯噪声信道的信道容量。所以在实际中，常常采用计算高斯噪声信道容量的方法来保守地估计信道容量，这样做同时还可以带来信道容量的计算比较容易的好处。

### 3.5.2 多维无记忆加性连续信道的信道容量

设信道的输入随机序列 $\boldsymbol{x} = (x_1, x_2, \cdots, x_L)$，输出随机序列 $\boldsymbol{y} = (y_1, y_2, \cdots, y_L)$，加性信道有 $\boldsymbol{y} = \boldsymbol{x} + \boldsymbol{n}$，其中 $\boldsymbol{n} = (n_1, n_2, \cdots, n_L)$ 是均值为0的高斯噪声，如图3.5.2所示。

由于信道是无记忆的，所以

$$p(\boldsymbol{y}/\boldsymbol{x}) = \prod_{i=1}^{L} p(y_i/x_i)$$

加性信道中噪声随机序列在任一时刻都是统计独立的，即

$$p(\boldsymbol{n}) = p(\boldsymbol{y} \mid \boldsymbol{x}) = \prod_{i=1}^{L} p(y_i \mid x_i) = \prod_{i=1}^{L} p(n_i)$$

其各分量都是均值为0、方差为 $\sigma_i^2$ 的高斯变量。所以，多维无记忆高斯加性连续信道可以等价为 $L$ 个独立的并联单符号高斯加性连续信道。

由于

$$I(\boldsymbol{X};\boldsymbol{Y}) \leqslant \sum_{i=1}^{L} I(X_i;Y_i) = \frac{1}{2}\sum_{i=1}^{L}\log\left(1 + \frac{P_i}{\sigma_i^2}\right)$$

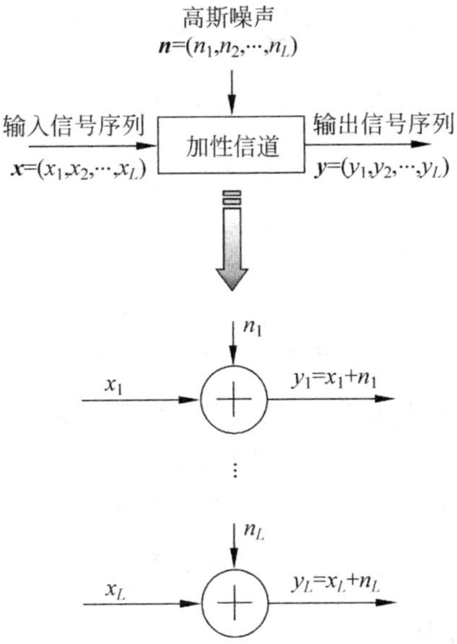


图 3.5.2　多维无记忆加性连续信道

所以

$$C=\max_{p(x)}[I(\boldsymbol{X};\boldsymbol{Y})]=\frac{1}{2}\sum_{i=1}^{L}\log\left(1+\frac{P_i}{\sigma_i^2}\right)(\text{bit}/L\ \text{个自由度}) \tag{3.5.4}$$

式中，$\sigma_i^2$ 是第 $i$ 个单元时刻（$i=1,\cdots,L$）上的高斯噪声的方差，而高斯噪声的均值为 0。因此当且仅当输入随机序列 $\boldsymbol{X}$ 中各分量统计独立，并且也满足均值为 0、方差为 $P_i$ 的高斯变量时，才能达到这个信道容量。

式(3.5.4)即为多维无记忆高斯加性连续信道的信道容量，同时也是 $L$ 个独立、并联单符号高斯加性连续信道的信道容量。

此时，分两种情况来讨论：

(1) 若在各单元时刻（$i=1,\cdots,L$）上的噪声都是均值为 0、方差为 $\sigma^2$ 的高斯噪声，则可得

$$C=\frac{L}{2}\log\left(1+\frac{S}{\sigma^2}\right)(\text{bit}/L\ \text{个自由度}) \tag{3.5.5}$$

当且仅当输入随机序列 $\boldsymbol{X}$ 中各分量统计独立，并且都是均值为 0，方差为 $S$ 的高斯变量时，信息传输率才能达到这个最大值。

(2) 若各单元时刻（$i=1,\cdots,L$）上的噪声是均值为 0、方差为 $\sigma_i^2$ 的高斯噪声，但输入信号的总平均功率受限，其约束条件为

$$E\left[\sum_{i=1}^{L}X_i^2\right]=\sum_{i=1}^{L}E[X_i^2]=\sum_{i=1}^{L}P_i=P \tag{3.5.6}$$

则此时各单元时刻的信号平均功率应合理分配，才能使信道容量为最大。

这时需要在式(3.5.6)的约束下，求式(3.5.4)中 $P_i$ 的分布。这是一个求极大值的问题，可用拉格朗日乘子法来求解。

作辅助函数

$$f(P_1,\cdots,P_L)=\sum_{i=1}^{L}\frac{1}{2}\log\left(1+\frac{P_i}{\sigma_i^2}\right)+\lambda\sum_{i=1}^{L}P_i$$

令

$$\frac{\partial f(P_1,\cdots,P_L)}{\partial P_i}=0\quad(i=1,\cdots,L)$$

可解得

$$\frac{1}{2}\times\frac{1}{P_i+\sigma_i^2}+\lambda=0\quad(i=1,\cdots,L)$$

即

$$P_i+\sigma_i^2=-\frac{1}{2\lambda}\quad(i=1,\cdots,L)\tag{3.5.7}$$

该式表明，各单元时刻上信号平均功率与噪声平均功率之和应为常数，也即各个时刻信道的输出功率相等。设各个时刻信道的输出功率为 $\nu$，则

$$P_i+\sigma_i^2=\nu,\quad i=1,\cdots,L$$

$$\sum_{i=1}^{L}(P_i+\sigma_i^2)=P+\sum_{i=1}^{L}\sigma_i^2=L\nu$$

则单元时刻上信号的平均功率应为

$$P_i=\nu-\sigma_i^2=\frac{P+\sum_{i=1}^{L}\sigma_i^2}{L}-\sigma_i^2,\quad i=1,\cdots,L\tag{3.5.8}$$

此时信道容量为

$$C=\frac{1}{2}\sum_{i=1}^{L}\log\left(1+\frac{P_i}{\sigma_i^2}\right)=\frac{1}{2}\sum_{i=1}^{L}\log\left(\frac{\sigma_i^2+P_i}{\sigma_i^2}\right)=\frac{1}{2}\sum_{i=1}^{L}\log\frac{P+\sum_{i=1}^{L}\sigma_j^2}{L\sigma_i^2}\tag{3.5.9}$$

该结果说明：$L$ 个独立并联组合的高斯加性信道（或 $L$ 维无记忆高斯加性连续信道），当各分信道（或各时刻）的噪声平均功率不相等时，为达到最大的信息传输率，要对输入信号的总能量适当地进行分配，即

$$P_i=\nu-\sigma_i^2,\quad i=1,\cdots,L$$

当常数 $\nu\leqslant\sigma_i^2$ 时，此分信道（或此时刻信号分量）不分配能量，这时由于噪声太大而不传送任何信息；当 $\nu>\sigma_i^2$ 时，此信道可以分配能量，并使其满足 $P_i+\sigma_i^2=\nu$，这样得到的信道容量为最大。

这与实际情况也相符：总是在噪声大的信道少传或不传送信息，而在噪声小的信道多传送些信息，这就是著名的“注水法”原理。如图 3.5.3 所示，将各单元时刻或并联信道看作用来盛水的容器，将信号功率看作水，向容器内倒入水，最后的水平面应为平的，而每个子信道中装的水量即为分配的信号功率。

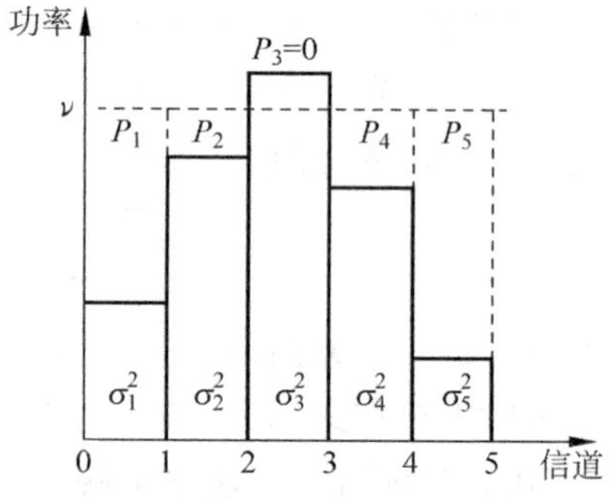

图 3.5.3 “注水法”分配功率

**【例 3.5.1】** 有一并联高斯加性信道，各子信道的噪声均值为 0，方差为 $\sigma_i^2$：

$\sigma_1^2=0.1,\sigma_2^2=0.2,\sigma_3^2=0.3,\sigma_4^2=0.4,\sigma_5^2=0.5,\sigma_6^2=0.6,\sigma_7^2=0.7,\sigma_8^2=0.8,\sigma_9^2=0.9,\sigma_{10}^2=1.0$(W)。输入信号 $X$ 是 10 个相互统计独立、均值为 0、方差为 $P_i$ 的高斯变量，且满足：$\sum_{i=1}^{10}P_i=1$(W)。求各子信道的信号

功率分配方案。

**解**：由常数$\nu$的约束条件，得平均输出功率为

$$\nu=\frac{1}{10}\left[P+\sum_{i=1}^{10}\sigma_i^2\right]=\frac{1}{10}\times(1+0.1+0.2+\cdots+1.0)=0.65$$

该值小于最后4个子信道的噪声功率，所以应关闭最后4个子信道，即分配给最后4个子信道的信号功率为0：$P_7=0,P_8=0,P_9=0,P_{10}=0$。

重新计算平均输出功率(此时$L=6$，即可用信道为6个)为

$$\nu=\frac{1}{6}\left[P+\sum_{i=1}^{6}\sigma_i^2\right]=0.517$$

比较可见，第6个信道也应关闭，即令

$$P_6=0$$

再计算平均输出功率(此时$L=5$)，得

$$\nu=\frac{1}{5}\left[P+\sum_{i=1}^{5}\sigma_i^2\right]=0.5$$

此时，可按式$P_i+\sigma_i^2=\nu$，计算得到剩余的其他子信道分配的功率为

$$P_1=0.4,\quad P_2=0.3,\quad P_3=0.2,\quad P_4=0.1,\quad P_5=0$$

其实，此时只有前4个信道是可用的。

按式(3.5.9)，计算总的信道容量为

$$\begin{aligned}C&=\frac{1}{2}\sum_{i=1}^{L}\log\left(1+\frac{P_i}{\sigma_i^2}\right)=\frac{1}{2}\sum_{i=1}^{4}\log\left(\frac{\nu}{\sigma_i^2}\right)\\&=\frac{1}{2}\log\frac{\nu}{\sigma_1^2}\frac{\nu}{\sigma_2^2}\frac{\nu}{\sigma_3^2}\frac{\nu}{\sigma_4^2}\\&=\frac{1}{2}\log\frac{0.5^4}{0.1\times0.2\times0.3\times0.4}(\text{bit/10 个自由度})\\&=2.35\end{aligned}$$

本例结果表明，噪声分量平均功率小的信道分配得到的相应信号分量的平均功率要大一些，而那些噪声太大的信道就不去用它，可使总的信道容量最大。

如果提高信号的总平均功率，对同样的信道，可使有些信道相应也分配到一些输入信号的能量。

例如，提高信号的总平均功率，使

$$\sum_{i=1}^{10}P_i=5(\text{W})$$

则得平均输出功率为

$$\nu=\frac{1}{10}\left[P+\sum_{i=1}^{10}\sigma_i^2\right]=\frac{1}{10}\times(5+0.1+0.2+\cdots+1.0)=1.05$$

该值大于所有的子信道的噪声功率，所以各子信道分配的功率为

$$P_1=0.95,\quad P_2=0.85,\quad P_3=0.75,\quad P_4=0.65,\quad P_5=0.55$$

$$P_6=0.45,\quad P_7=0.35,\quad P_8=0.25,\quad P_9=0.15,\quad P_{10}=0.05$$

对应的信道容量为

$$C=\frac{1}{2}\sum_{i=1}^{10}\log\left(\frac{\nu}{\sigma_i^2}\right)=6.1(\text{bit}/10\text{ 个自由度})$$

通过例题可知，这种“注水法”分配功率的方式是一种最佳的策略。噪声小的子信道分配到的输入平均功率大，信噪比大，因而抵抗噪声的能力就强，可以传输的比特数就多；反之，噪声大的子信道分配到的输入平均功率小，信噪比小，抵抗噪声的能力就弱，可以传输的比特数就少，即这种“注水法”分配功率的方式，采用择优选取原理：噪声小，分配信号功率大；噪声大，分配信号功率小。

### 3.5.3 限频限时限功率的加性高斯白噪声信道的信道容量

在波形信道中，若有限频($F$)、限时($T$)、限功率($P_s$)的条件约束，则可通过取样将其转化为 $L$ 维的随机序列 $\boldsymbol{x}=(x_1,x_2,\cdots,x_L)$ 和 $\boldsymbol{y}=(y_1,y_2,\cdots,y_L)$，得到波形信道的平均互信息为

$$I[x(t);y(t)]=\lim_{L\to\infty}I(\boldsymbol{X};\boldsymbol{Y})$$

一般情况下，波形信道研究单位时间内的信息传输率 $R_t$，则

$$R_t=\lim_{T\to\infty}\frac{1}{T}I(\boldsymbol{X};\boldsymbol{Y})(\text{bit/s})$$

相应的信道容量为

$$C_t=\max_{p(x)}\left[\lim_{T\to\infty}\frac{1}{T}I(\boldsymbol{X};\boldsymbol{Y})\right](\text{bit/s})$$

高斯白噪声加性波形信道是实际中经常假设的一种信道，此信道的输入和输出信号是随机过程$\{x(t)\}$和$\{y(t)\}$，而加入信道的噪声是加性高斯白噪声$\{n(t)\}$，其均值为 0、功率谱密度为 $N_0/2$，输出信号满足

$$\{y(t)\}=\{x(t)\}+\{n(t)\}$$

因为一般信道的频带宽度总是有限的，设频带宽度为 $W$，在这样的波形信道中，满足限频、限时、限功率的条件约束，所以可通过取样将输入和输出信号转化为 $L$ 维的随机序列 $\boldsymbol{x}=(x_1,x_2,\cdots,x_L)$ 和 $\boldsymbol{y}=(y_1,y_2,\cdots,y_L)$，而在频带内的高斯噪声是彼此独立的，从而有 $\boldsymbol{y}=\boldsymbol{x}+\boldsymbol{n}$。按照采样定理，在$[0,T]$范围内要求 $L=2WT$。这是多维无记忆高斯加性信道，其信道容量按式(3.5.4)有

$$C=\frac{1}{2}\sum_{i=1}^{L}\log\left(1+\frac{P_i}{\sigma_i^2}\right)$$

式中，$\sigma_i^2$ 是每个噪声分量的功率，$\sigma_i^2=P_n=N_0/2$；$P_i$ 为每个信号样本值的平均功率，若信号的平均功率受限于 $P_s$，则每个信号样本值的平均功率为 $P_i=PT/2WT=P_s/2W$。

在这种情况下，信道容量为

$$\begin{aligned}C&=\frac{1}{2}\sum_{i=1}^{L}\log\left(1+\frac{P_i}{\sigma_i^2}\right)\\&=\frac{L}{2}\log\left(1+\frac{P_s/2W}{N_0/2}\right)\\&=\frac{L}{2}\log\left(1+\frac{P_s}{N_0W}\right)\\&=WT\log\left(1+\frac{P_s}{N_0W}\right)\end{aligned}\tag{3.5.10}$$

要使信道中传输的信息量达到这个信道容量，必须使输入信号具有零均值、平均功率为 $P_s$ 的高斯白噪声特性，否则在信道中传输的信息量将达不到信道容量，此时信道就得不到充分的利用。

高斯白噪声加性信道单位时间的信道容量为

$$C_t = \lim_{T\to\infty}\frac{C}{T} = W\log\left(1+\frac{P_s}{N_0 W}\right)(\text{bit/s}) \tag{3.5.11}$$

式中，$P_s$ 是信号的平均功率；$N_0W$ 为高斯白噪声在带宽 $W$ 内的平均功率。由式(3.5.11)可知信道容量与信噪功率比及带宽有关，当信道输入信号是平均功率受限的高斯白噪声信号时，信息传输率可达到此信道容量。

式(3.5.11)就是著名的**香农公式**。

香农公式的物理意义为：当信道容量一定时，增大信道的带宽，可以降低对信噪功率比的要求；反之，当信道频带较窄时，可以通过提高信噪功率比来补偿。香农公式是在噪声信道中进行可靠通信的信息传输率的上限值。

由香农公式可知：

(1) 当输入信号功率 $P_s$ 一定时，带宽 $W$ 增大，$C_t$ 可以增加，但当 $W$ 增大到一定程度后，$C_t$ 趋于一个常数。因为当噪声为加性高斯白噪声时，随着 $W$ 的增加，噪声功率 $N_0W$ 也随之增加。当 $W\to\infty$时，利用关系式 $\ln(1+x)\approx x$（$x$ 很小时），可求出 $C_\infty$，即

$$C_\infty = \lim_{W\to\infty} C_t = \lim_{W\to\infty} W\log\left(1+\frac{P_s}{N_0 W}\right)\approx 1.4427\frac{P_s}{N_0} \tag{3.5.12}$$

即当频带很宽或信噪比很低时，信道容量正比于信噪比。这是加性高斯噪声信道信息传输率的极限值，是一切编码方法所能达到的理论极限值。要获得可靠的通信，实际信噪比的值往往要比这个理论极限值大得多。

(2) 当带宽 $W$ 一定时，信噪比与信道容量 $C_t$ 成对数关系。若信噪比增大，$C_t$ 也增大，但增大到一定程度后就趋于缓慢。这说明增加信号功率有助于信道容量的增大，但该方法是有限的。另外，降低噪声功率也是有用的，当 $N_0\to 0$ 时，$C_t\to\infty$，这说明无噪信道的容量为无限大。

在香农公式中，决定信道容量的是三个物理参量：$W, T, \log\left(1+\frac{P_s}{\sigma^2}\right)$，它们之间的关系如图 3.5.4 所示。

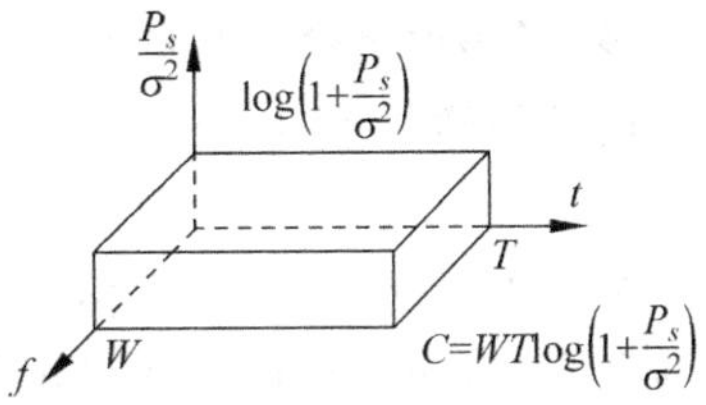


图 3.5.4　$W, T, \log\left(1+\frac{P_s}{\sigma^2}\right)$ 之间的关系

三个参数的乘积是一个“可塑”性的体积，三者之间可以互换。下面举例说明。

(1) 用频带换取信噪比（这是扩频通信的原理）。

模拟通信中，调频优于调幅，且频带越宽，抗干扰能力就越强。

数字通信中，伪随机码直扩与时频编码等，带宽越宽，扩频增益越大，抗干扰能力就越强。

(2) 用信噪比换取频带。

在卫星和数字微波通信中常采用多电平调制、多相调制、高维星座调制等，它们利用高质量信道中富余的信噪比换取频带，以提高传输有效性。

(3) 用时间换取信噪比。

弱信号累积接收基于这一原理。

实际信道通常是非高斯波形信道。香农公式也可适用于一般非高斯波形信道，由香农公式得到的值是非高斯波形信道的信道容量的下限值。

**【例 3.5.2】** 在电话信道中常允许多路复用。一般电话信号的带宽为 3.3kHz。若信噪功率比为 20dB$\left(\text{即}\frac{P_s}{WN_0}=100\right)$，代入香农公式计算可得电话信通的信道容量为

$$C_t = W\log\left(1+\frac{P_s}{WN_0}\right) = 3.3\log(1+100) = 22\text{k(bit/s)}$$

而实际信道达到的最大信道传输率约为 19.2kbit/s。这是因为在实际电话通道中，还需要考虑串音、回声等干扰因素，所以实际的最大信道传输率比理论计算的值要小。

## 3.6 信源与信道的匹配

一般情况下，当信源与信道相连接时，其信息传输率 $R$ 并未达到最大。总希望能使信息传输率 $R$ 越大越好，能达到或尽可能接近于信道容量 $C$。由前面的分析可知，信息传输率 $R$ 接近于信道容量 $C$ 只有在信源取最佳分布时才能实现。由此可见，当信道确定后，信道的信息传输率 $R$ 与信源分布是密切相关的。当 $R$ 达到信道容量 $C$ 时，称**信源与信道达到匹配**，否则认为信道有剩余。

信道剩余度的定义为

$$\frac{C-I(X;Y)}{C} = 1-\frac{I(X;Y)}{C} \tag{3.6.1}$$

信道剩余度描述了信道的实际信息传输率和信道容量之间的相对差值，可以用来衡量信道利用率的高低。当信道为无损信道时，$I(X;Y)=H(X)$，而信道容量 $C=\log r$，因而，无损信道的剩余度为 $1-\dfrac{H(X)}{\log r}$。

对比第 2 章，可知对无损信道而言，其信道剩余度与信源剩余度完全等价，信源剩余度减少多少，信道剩余度也减少相同的数值。当信源熵达到最大值 $\log r$ 时，信道的信息传输率也达到信道容量 $\log r$。这种关系说明提高无损信道信息传输率就等于减少信源的剩余度。

对于无损信道，为减少信道剩余度，可以通过对信源进行编码，提高信源的熵，来减少信源的剩余度，使信息传输率尽可能地接近信道容量。

因此引入问题：在一般通信系统中，应如何将信源发出的消息转换成适合信道传输的符号(信号)，从而达到信源与信道的匹配。这是信源编码要解决的问题，将在第 5 章介绍信源编码的典型方法。

需要注意的是，信道容量 $C$ 本身是与输入信号的概率分布无关的，信道容量只是信道传输概率的函数，只与信道的统计特性有关。

**【例 3.6.1】** 某离散无记忆信源由下述概率空间描述：

$$\begin{bmatrix} X \\ P(X) \end{bmatrix} = \begin{bmatrix} x_1 & x_2 & x_3 & x_4 & x_5 & x_6 \\ 1/2 & 1/4 & 1/8 & 1/16 & 1/32 & 1/32 \end{bmatrix}$$

该信源通过一个无噪无损二元离散信道进行传输。

已知对二元离散信道其信道容量为 $C=1$(bit/信道符号)，而对本例给定的信源，其信息熵为

$$H(X)=1.937(\text{bit/信源符号})$$

为了将信源在此二元信道中传输，必须对信源 $X$ 进行二元编码。对 6 个信源符号进行二元编码可有许多方案。例如：

| | $x_1$ | $x_2$ | $x_3$ | $x_4$ | $x_5$ | $x_6$ |
|---|---|---|---|---|---|---|
| $C_1$ | 000 | 001 | 010 | 011 | 100 | 101 |
| $C_2$ | 0000 | 0001 | 0010 | 0011 | 0100 | 0101 |

对于码 $C_1$，可计算得

$$R_1=\frac{H(X)}{3}=0.646(\text{bit/信道符号})$$

对于码 $C_2$，可计算得

$$R_2=\frac{H(X)}{4}=0.484(\text{bit/信道符号})$$

显然，对这两种码而言，$R_2<R_1<C$，即信道传输存在剩余。必须通过合适的信源编码，使信道的信息传输率 $R$ 接近或等于信道容量。

## 3.7　信道编码定理(香农第二定理)

在实际中，一般信道上总存在噪声和干扰，因此信息传输时必然会引起错误，从而使通信的可靠性得不到保证。信道上存在的噪声与干扰是由信道转移矩阵体现出来的，而信道中传输的可靠性可用传输错误概率(或译码错误概率)$P_e$ 来描述。

设信道输入符号为 $X$，它取值于输入符号集 $A=\{a_1,\cdots,a_r\}$；输出符号为 $Y$，取值于输出符号集 $B=\{b_1,\cdots,b_s\}$；描述信道传输特性的条件概率为 $p(y|x)=p(y=b_j|x=a_i)=p(b_j|a_i)(i=1,2,\cdots,r\ ;\ j=1,2,\cdots,s)$，信道的信道转移矩阵为

$$\boldsymbol{P}=\begin{bmatrix} p(b_1\mid a_1) & \cdots & p(b_s\mid a_1) \\ \vdots & \ddots & \vdots \\ p(b_1\mid a_r) & \cdots & p(b_s\mid a_r) \end{bmatrix}$$

则传输错误概率 $P_e$ 为

$$P_e=\sum_{i=1}^{r}p(a_i)\sum_{j=1,j\neq i}^{s}p(b_j\mid a_i) \tag{3.7.1}$$

要在给定的信道中传输信息，一般希望信息率 $R$ 越大越好，而在同时又希望传送信息的传输错误概率 $P_e$ 越小越好。两者之间显然是矛盾的，需要通过编码来解决或缓解这个矛盾。那么有没有可能在保证一定的有效性的前提下使可靠性达到最佳，或者使有效性与可靠性同时达到最佳呢？有噪信道编码定理即香农第二定理指出要兼顾通信的有效性与可靠性是完全可能的。

这里不作证明地给出有噪信道编码定理的结论。

**定理 3.7.1　有噪信道编码定理**(香农第二定理)：若有一离散无记忆平稳信道，其

容量为 $C$，输入序列长度为 $L$，只要待传送的信息率 $R<C$，总可以找到一种编码，当 $L$ 足够长时，译码错误概率 $P_e<\varepsilon$，$\varepsilon$ 为任意大于 0 的正数；反之，当 $R>C$ 时，任何编码的 $P_e$ 必大于 0，且当 $L\to\infty$ 时，$P_e\to 1$。

即在任何信道中，信道容量是保证信息可靠传输的最大信息传输率。对于连续信道，有类似的结论。

需要注意的是，香农第二定理只是一个存在性定理，它指出信道容量是一个临界值，只要信息传输率不超过这个临界值，信道就可几乎无失真地把信息传送过去，否则就会产生失真。即在保证信息传输率低于(直至无限接近)信道容量的前提下，错误概率趋于 0 的编码是存在的。虽然定理设有具体说明如何构造这种码，但它对信道编码技术与实践仍然具有根本性的指导意义。编码技术研究人员在该理论指导下致力于研究实际信道中各种易于实现的具体编码方法。自 20 世纪 60 年代以来，这方面的研究非常活跃，出现了代数编码、循环码、卷积码、级联码和格型码等，为提高信息传输的可靠性作出了重要的贡献。

在第 4 章将介绍信道编码的基本原理和典型编码方法。

## 思考题与习题

3.1　设有一个信源，它产生 0、1 序列的消息。它在任意时间而且不论以前发生过什么符号，均按 $P(0)=0.4$，$P(1)=0.6$ 的概率发出符号。

(1) 试问这个信源是否平稳？

(2) 试计算 $H(X^2)$、$H(X_3/X_1X_2)$ 和 $H_\infty$。

(3) 试计算 $H(X^4)$，并写出 $X^4$ 信源中可能有的所有符号。

3.2　在一个二进制的信道中，信源消息集 $X=\{0,1\}$ 且 $P(1)=P(0)$，信宿的消息集 $Y=\{0,1\}$，信道传输概率 $p(y=1|x=0)=1/4$，$p(y=0|x=1)=1/8$。求：

(1) 在接收端收到 $y=0$ 后，所提供的关于传输消息 $x$ 的平均条件互信息 $I(X;\ y=0)$。

(2) 该情况下所能提供的平均互信息量 $I(X;\ Y)$。

3.3　一个信源发出二重符号序列消息($X_1$，$X_2$)，其中第一个符号 $X_1$ 可以是 $A$、$B$、$C$ 中的任一个，第二个符号 $X_2$ 可以是 $D$、$E$、$F$、$G$ 中的任一个。已知各个 $p(x_{1i})$ 为：$p(A)=1/2$，$p(B)=1/3$，$p(C)=1/6$；各个 $p(x_{2j}|x_{1i})$ 值如题表 3.1 所示。求这个信源的熵(联合熵 $H(X_1X_2)$)。

**题表 3.1　习题 3.3 表**

| $x_{2j}$ \ $x_{1i}$ | $A$ | $B$ | $C$ |
|---|---|---|---|
| $D$ | 1/4 | 3/10 | 1/6 |
| $E$ | 1/4 | 1/5 | 1/2 |
| $F$ | 1/4 | 1/5 | 1/6 |
| $G$ | 1/4 | 3/10 | 1/6 |

3.4　有两个二元随机变量 $X$ 和 $Y$，它们的联合概率如题表 3.2 所示。

题表 3.2 习题 3.4 表

| Y \ X | 0 | 1 |
|---|---|---|
| 0 | 1/8 | 3/8 |
| 1 | 3/8 | 1/8 |

定义另一随机变量 $Z=XY$(一般乘积)，试计算：

(1) $H(X)$，$H(Y)$，$H(Z)$，$H(XZ)$，$H(YZ)$，$H(XYZ)$。

(2) $H(X/Y)$，$H(Y/X)$，$H(X/Z)$，$H(Z/X)$，$H(Y/Z)$，$H(Z/Y)$。

(3) $I(X;Y)$，$I(X;Z)$，$I(Y;Z)$。

3.5 写出题图 3.1 所示信道的转移概率矩阵，并指出其是否为对称信道。

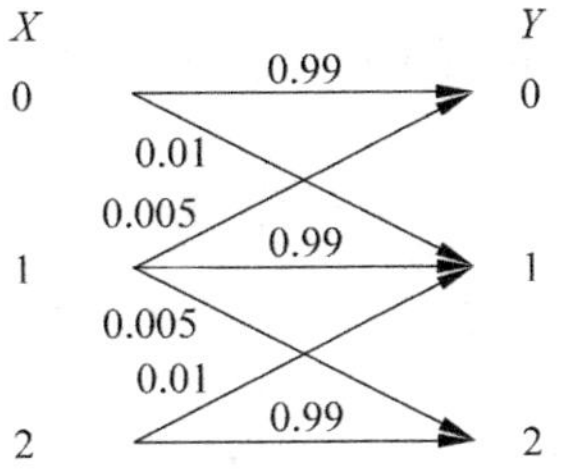


题图 3.1 信道 1

3.6 设二进制对称信道的概率转移矩阵为

$$\boldsymbol{P}=\begin{bmatrix}2/3 & 1/3\\ 1/3 & 2/3\end{bmatrix}$$

(1) 若 $p(x_0)=3/4$，$p(x_1)=1/4$，求 $H(X)$，$H(X/Y)$，$H(Y/X)$和 $I(X;Y)$。

(2) 求该信道的信道容量及其达到信道容量时的输入概率分布。

3.7 某信源发送端有两个符号：$x_i(i=1,2)$，$p(x_1)=a$，每秒发出一个符号。接收端有三种符号：$y_j(j=1,2,3)$，转移概率矩阵为

$$\boldsymbol{P}=\begin{bmatrix}1/2 & 1/2 & 0\\ 1/2 & 1/4 & 1/4\end{bmatrix}$$

(1) 计算接收端的平均不确定性。

(2) 计算由于噪声产生的不确定性 $H(Y/X)$。

(3) 计算信道容量。

3.8 在干扰离散信道上传输符号 1 和 0，在传输过程中每 100 个符号发生一个错传的符号。已知 $p(0)=p(1)=1/2$，信道每秒内允许传输 1000 个符号。求此信道的容量。

3.9 求题图 3.2 中信道的信道容量及对应的最佳输入概率分布。当 $\varepsilon=0$ 和 $\varepsilon=1/2$ 时，再计算其信道容量。

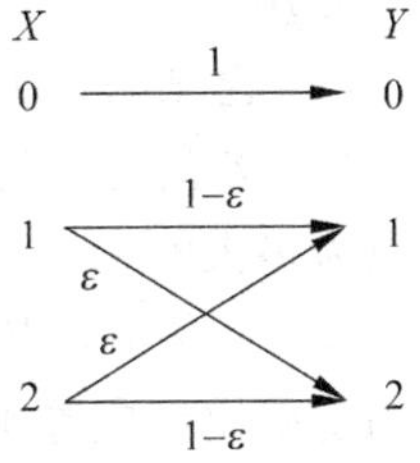


题图 3.2 信道 2

3.10 求下列两个信道的容量，并加以比较。

(1) $\boldsymbol{P}=\begin{bmatrix}1-p-\varepsilon & p-\varepsilon & 2\varepsilon\\ p-\varepsilon & 1-p-\varepsilon & 2\varepsilon\end{bmatrix}$

(2) $\boldsymbol{P}=\begin{bmatrix} 1-p-\varepsilon & p-\varepsilon & 2\varepsilon & 0 \\ p-\varepsilon & 1-p-\varepsilon & 0 & 2\varepsilon \end{bmatrix}$

3.11 设有扰离散信道的传输情况分别如题图 3.3 所示，求该信道的信道容量。

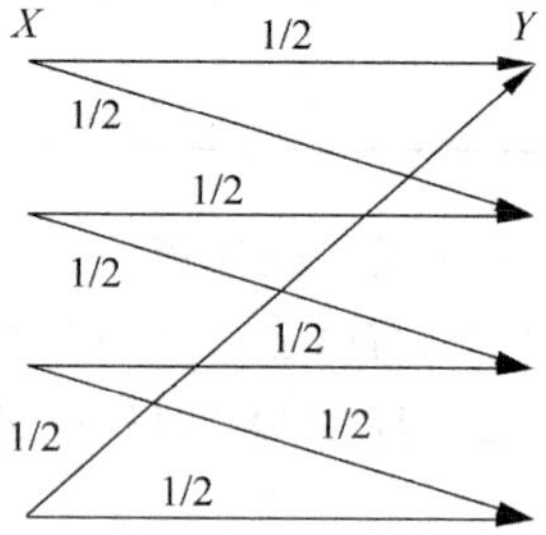


题图 3.3 有扰离散信道的传输情况

3.12 发送端有三种等概率符号($x_1$, $x_2$, $x_3$)，$p(x_i)=1/3$，接收端收到三种符号($y_1$, $y_2$, $y_3$)，信道转移概率矩阵为

$$\boldsymbol{P}=\begin{bmatrix} 0.5 & 0.3 & 0.2 \\ 0.4 & 0.3 & 0.3 \\ 0.1 & 0.9 & 0 \end{bmatrix}$$

(1) 接收端收到一个符号后得到的信息量 $H(Y)$。

(2) 计算噪声熵 $H(Y/X)$。

(3) 计算接收端收到一个符号 $y_2$ 的错误概率。

(4) 计算从接收端看的平均错误概率。

(5) 计算从发送端看的平均错误概率。

(6) 从转移矩阵中能看出该信道的好坏吗？

(7) 计算发送端的 $H(X)$ 和 $H(X/Y)$。

3.13 电视图像由 30 万个像素组成，对于适当的对比度，一个像素可取 10 个可辨别的亮度电平。假设各个像素的 10 个亮度电平都以等概率出现，实时传送电视图像每秒发送 30 帧图像。为了获得满意的图像质量，要求信号与噪声的平均功率比值为 30dB。试计算在这些条件下传送电视的视频信号所需的带宽。

3.14 电视图像编码中，若每帧为 500 行，每行划分为 600 个像素，每个像素采用 8 电平量化，且每秒传送 30 帧图像。试求所需的信息速率(bit/s)。

3.15 若以 $R=10^5$(bit/s)的速率通过带宽为 8kHz、信噪比为 31 的连续信道传送，是否可实现？

3.16 一个平均功率受限的连续信道，其通频带为 1MHz，信道上存在白色高斯噪声。

(1) 已知信道上的信号与噪声的平均功率比值为 10，求该信道的信道容量。

(2) 若信道上的信号与噪声的平均功率比值降至 5，要达到相同的信道容量，信道通频带应为多大？

(3) 当信道通频带减小为 0.5MHz 时，要保持相同的信道容量，信道上的信号与噪声的平均功率比值应等于多少？

# 第4章 信道编码

CHAPTER 4

在通信系统中，要提高信息传输的有效性，将信源的输出经过信源编码用较少的符号来表达信源消息，这些符号冗余度很小，效率很高，但对噪声干扰的抵抗能力很弱。而信息传输要通过各种物理信道，由于干扰、设备故障等影响，被传送的信源符号可能会发生失真，使有用信息遭受损坏，接收信号造成误判。这种在接收端错误地确定所接收的信号称为差错。

为了提高信息传输的准确性，使其有较好的抵抗信道中噪声干扰的能力，在通信系统中需要采用专门的检错、纠错的方法，即差错控制。差错控制的任务是发现所产生的错误，并指出发生错误的信号或者校正错误，差错控制是采用可靠、有效的信道编码方法来实现的。信道编码器要对信源编码输出的符号进行变换，使其尽量少受噪声干扰的影响，减少传输差错，提高通信可靠性。本章要讨论的问题是在符号受到噪声干扰的影响后，如何从接收到的信号中恢复出原送入信道的信号并确定差错概率等。

**本章重点内容：**

- 信道编码的基本概念与分类；
- 线性分组码；
- 循环码；
- 卷积码。

## 4.1 信道编码的概念

进行信道编码是为了提高信号传输的可靠性，改善通信系统的传输质量，研究信道编码的目标是寻找具体构造编码的理论与方法。在理论上，香农第二定理已指出，只要实际信息传输率 $R<C$（信道容量），则无差错的信道编、译码方法是存在的。从原理上看，构造信道码的基本思路是根据一定的规律在待发送的信息码元中人为地加入一定的多余码元（称为监督码），以引入最小的多余度为代价来换取最好的抗干扰性能。

### 4.1.1 信道编码的分类

由于实际信道存在噪声和干扰，使发送的码字与信道传输后所接收到的码字之间存在差错。在一般情况下，信道中的噪声或干扰越大，码字产生差错的概率也就越大。

在无记忆信道中，噪声独立、随机地影响着每个码元的传输，因此，在接收到的码元序列中，错误也是独立、随机地出现的。这类信道称为独立差错信道，白噪声信道属于这类信道。

在有记忆信道中，噪声或干扰的影响是前后相关的，错误一般会成串地出现。这类信道称为突发差错信道，衰落信道、码间干扰信道、脉冲干扰信道属于这类信道。

有些实际信道既有独立随机差错也有突发性成串的差错，这种信道称为混合差错信道，实际的移动信道属于此类信道。

对不同的信道需要设计不同类型的信道编码方案，才能收到较好的效果。所以按照信道特性进行划分，信道编码可分为以纠正独立随机差错为主的信道编码、以纠正突发差错为主的信道编码和纠正混合差错的信道编码。

从功能上看，信道编码可分为检错（可以发现错误）码与纠错（不仅能发现而且能自动纠正错误）码两类，纠错码一定能检错，检错码不一定能纠错。

根据信息码元与监督码元之间的关系，纠错码分为线性码和非线性码。

- 线性码——信息码元与监督码元之间呈线性关系，它们的关系可用一组线性代数方程联系起来。
- 非线性码——信息码元与监督码元之间不存在线性关系。

按照对信息码元处理方法的不同，纠错码分为分组码和卷积码。

- 分组码——把信息序列以每 $k$ 个码元分组，然后把每组 $k$ 个信息元按一定规律产生 $r$ 个多余的监督码元，输出序列每组长为 $n(=k+r)$，则每一码字的 $r$ 个校验码元只与本码字的 $k$ 个信息位有关，与别的码字的信息位无关，通常记分组码为 $(n,k)$ 码。其中分组码又可分为循环码和非循环码。对循环码而言，其码书的特点是，若将其全部码字分成若干组，则每组中任一码字中码元循环移位后仍是这组的码字；对非循环码来说，任一码字中的码元循环移位后不一定再是该码书中的码字。
- 卷积码——把信息序列以每 $k_0$（通常较小）个码元分段，编码器输出该段的监督码元 $r(=n-k_0)$ 不但与本段的 $k_0$ 个信息元有关，而且还与其前面 $L$ 段的信息码元有关，故记卷积码为 $(n,k_0,L)$ 码。

按照每个码元的取值来分，可有二元码和多元码。由于目前的传输或存储系统大都采用二进制的数字系统，所以一般提到的纠错码都是指二元码。

综上所述，纠错码分类如图 4.1.1 所示。

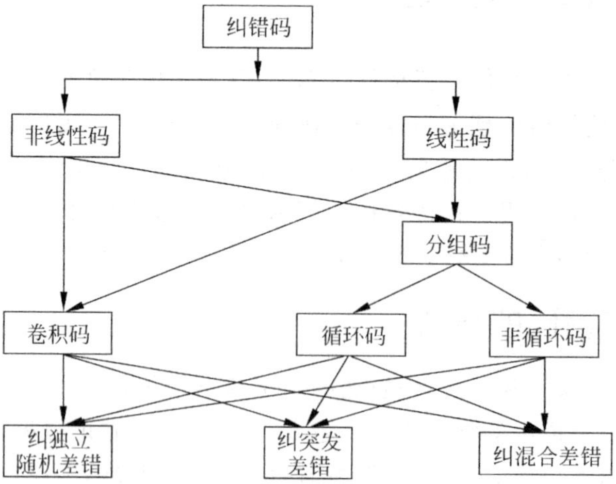


图 4.1.1 纠错码的分类

### 4.1.2 与纠错编码有关的基本概念

在通信系统的接收端,若接收到的消息序列$\boldsymbol{R}$和发送的码符号序列$\boldsymbol{C}$不一样,例如$\boldsymbol{R}=(110000)$,而$\boldsymbol{C}=(100001)$,$\boldsymbol{R}$与$\boldsymbol{C}$中有两位不同,即出现两个错误,这种错误是由信道中的噪声干扰所引起的。

为了说明如何描述这种错误和相应编码方法的性质,先介绍一些基本概念。

**1. 码长、码重和码距**

码字中码元的个数称为码字的长度,简称**码长**,用$n$表示。码字中非0码元的个数称为码字的汉明重量(简称**码重**),记作$W$。对二进制码来说,码重$W$就是码字中所含码元1的数目,如码字110000,其码长$n=6$,码重$W=2$。

令码字$\boldsymbol{C}=(c_n\cdots c_2c_1)$,则有

$$W(\boldsymbol{C})=\sum_{i=1}^{n}c_i,\quad c_i\in[0,1] \tag{4.1.1}$$

两个等长码字之间对应码元不相同的数目称为这两个码组的汉明距离(简称**码距**),记作$D$。例如码字110000与100001,它们的汉明距离$D=2$。

设两个二元码字$\boldsymbol{X}=(x_n\cdots x_2x_1)$,$\boldsymbol{Y}=(y_n\cdots y_2y_1)$,则有

$$D(\boldsymbol{X},\boldsymbol{Y})=\sum_{i=1}^{n}x_i\oplus y_i \tag{4.1.2}$$

由于两个码字模二相加,其不同的对应位为1,而相同的对应位为0,所以两个码字模二相加得到的新码字的重量就是这两个码字之间的汉明距离,即

$$D(\boldsymbol{X},\boldsymbol{Y})=W(\boldsymbol{X}\oplus\boldsymbol{Y}) \tag{4.1.3}$$

在某一码书$C$中,任意两个码字之间汉明距离的最小值称为该码的最小距离$d_{\min}$,即

$$d_{\min}=\min\{D(\boldsymbol{C}_i,\boldsymbol{C}_j)\},\quad \boldsymbol{C}_i\neq\boldsymbol{C}_j,\quad \boldsymbol{C}_i,\boldsymbol{C}_j\in C \tag{4.1.4}$$

例如,码组$C=\{0111100,1011011,1101001\}$的最小码距$d_{\min}=3$。

从避免码字受干扰而出错的角度出发,总是希望码字间有尽可能大的距离,因为最小码距代表着一个码组中最不利的情况;从安全出发,应使用最小码距来分析码的检错、纠错能力。因此,最小码距是衡量该码纠错能力的依据,是一个非常重要的参数。

**2. 错误图样**

在二元无记忆$N$次扩展信道中,差错的形式也可以用二元序列来描述。

设发送码字为$\boldsymbol{C}=(c_n\cdots c_2c_1)$,接收码字为$\boldsymbol{R}=(r_n\cdots r_2r_1)$,两者的差别

$$\boldsymbol{E}=(e_n\cdots e_2e_1)=\boldsymbol{C}\oplus\boldsymbol{R} \tag{4.1.5}$$

称为**错误图样**。

如错误图样中的第$i$位为1($e_i=1$),则表明传输过程中第$i$位发生了错误。

例如,$\boldsymbol{R}=(110000)$,而$\boldsymbol{C}=(100001)$,则$\boldsymbol{E}=\boldsymbol{C}\oplus\boldsymbol{R}=(010001)$,可知接收的消息序列$\boldsymbol{R}$中的第2位和第6位出现了错误。

**3. 重复码和奇偶校验码**

前面已述信道编码的任务是构造出以最小多余度的代价换取最大抗干扰性的“好“码。

下面从直观概念出发,说明多余度与抗干扰性能的关系,这里介绍两种极端情况:一是可靠性高、有效性低的重复码;二是有效性高、可靠性低的奇偶校验码。

1）重复码

构成重复码的方法是当发送某个信源符号 $a_i$ 时，不是只发一个，而是连续重发多个，连续重发的个数越多，重复码的抗干扰能力就越强，当然效率也越低。

（1）不重复时为(1,1)重复码，如图 4.1.2 所示。

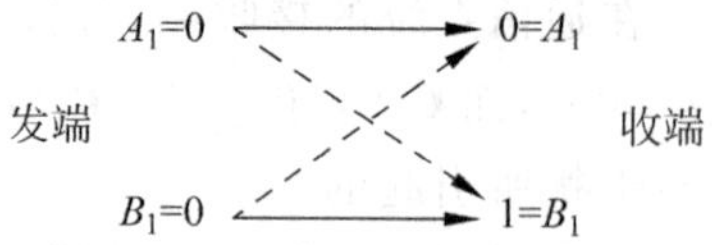


图 4.1.2 发送码元不重复

对这种情况可得结论：不重复，方法简单，但没有任何抗干扰能力，既不能发现，更不能纠正错误。

（2）重复一次时为(2,1)重复码，如图 4.1.3 所示。

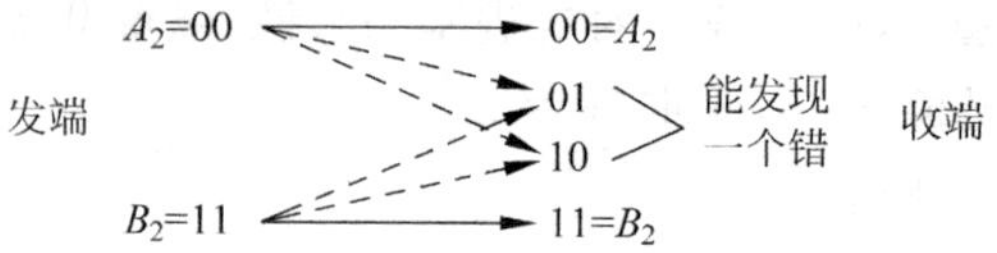

图 4.1.3 发送码元重复一次

对这种情况可得结论：重发一次，效率降低一倍，可以换取在传输过程中允许产生一个错误（接收端能发现它），但不能纠正这个错误。

（3）重复二次时为(3,1)重复码，如图 4.1.4 所示。

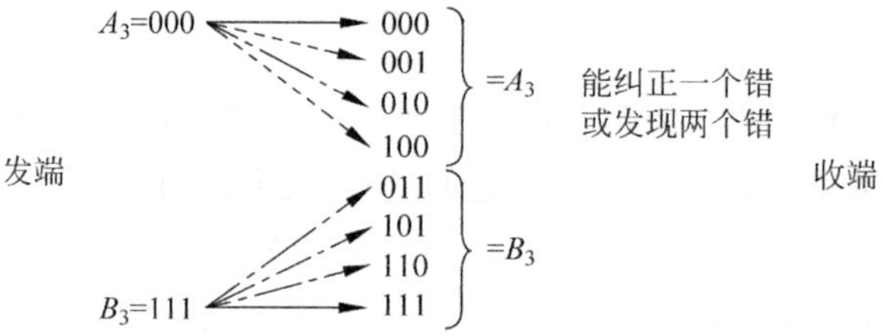


图 4.1.4 发送码元重复二次

(3,1)重复码用 000 来代表信息 0，用 111 来代表信息 1，码书中共有两个码字。显然，所增加的两位码元并不会增加信息，是多余的，因而使信息传输率降低。此外，除了传送信息的 000 和 111 两种组合之外，还有 6 种组合{001,010,011,100,101,110}没有利用。当信道上信噪比足够大时，可以认为码字中产生的错误一般不多于一个码元，那么，如果接收到 001、010、100，就可判定实际传输的是 000；同样，如果接收到 011、101、110，则可判定为 111。因此多余码元可检出一个错，并且还可纠正这个错误，这样就提高了信息传输的可靠性。

对这种情况可得结论：重发两次，效率降低两倍，但换取了可纠正一个差错或发现两个差错的性能改善。

2）奇偶检验码

奇偶校验是一种最基本的校验方法。构成奇偶检验码的方法是在每 $k$ 个二进制信息位后加上一个奇（偶）监督位（或称校验位），使码长 $n=k+1$，同时使码字中 1 的个数恒为奇数（或偶数），如图 4.1.5 所示。在奇偶校验码中，监督位 $r=1$，它是一种码重 $W$ 为奇

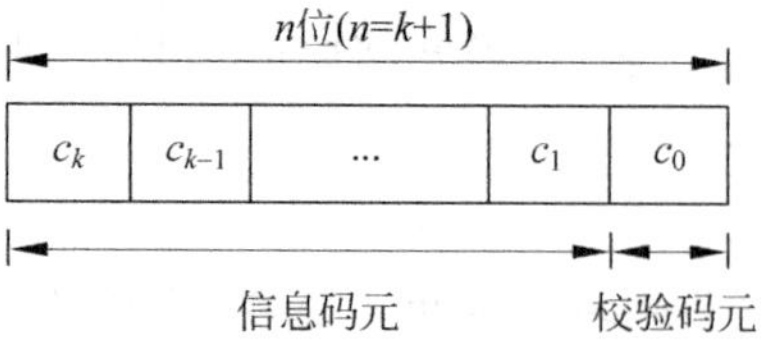


图 4.1.5 奇偶校验码

数(或偶数)的系统分组码。

奇偶校验又可以分为奇校验和偶校验。其规则如下:

- 奇校验。如果信息码元中1值的个数为奇数个,则校验码元值为0;如果信息码元中1值的个数为偶数个,则校验码元值为1,即所有信息码元与校验码元的模二和等于1。
- 偶校验。如果信息码元中1值的个数为偶数个,则校验码元值为0;如果信息码元中1值的个数为奇数个,则校验码元值为1,即所有信息码元与校验码元的模二和等于0。

例如,偶校验的编码规则为

$$c_0 = c_k \oplus c_{k-1} \oplus \cdots \oplus c_1 = \sum_{i=1}^{k} c_i \tag{4.1.6}$$

根据奇偶校验的规则,校验位值的确定方法如表4.1.1所示。

**表4.1.1 奇偶校验规则表**

| 校验方式 | 信息位中1值的个数 | 校验位值 |
|---|---|---|
| 奇校验 | 奇数个 | 0 |
| | 偶数个 | 1 |
| 偶校验 | 偶数个 | 0 |
| | 奇数个 | 1 |

例如,在7位信息码中,字符A的代码为1000001,其中有两位码元值为1。若采用奇校验编码,由于这个字符的七位代码中有偶数个1,所以校验位的值应为1,其8位组合代码为10000011,前7位是信息位,最右边的1位是校验位。同理,若采用偶校验,可得奇偶校验位的值为0,其8位组合代码为10000010。这样在接收端对码字中1的个数进行检验,如有不符,就可断定发生了差错。

在接收端进行校验时,如采用奇校验编码,当接收到的字符经检测其8位代码1的个数为奇数个时,则被认为传输正确;否则就被认为传输中出现差错。然而,如果在传输中有偶数位出现差错,用此方法就检测不出来了。如10000011经传输到接收端变为10011011,经检测,由于其8位代码中1的个数仍为奇数个,虽然传输出现差错但检测可以通过。

所以,奇偶校验方式只能检测出$n$位代码中出现的任意奇数个错误,如果代码中错码数为偶数个,则奇偶校验不能奏效。由于奇偶校验码容易实现,所以当信道干扰不太严重以及码长$n$不很长时很有用,特别是在计算机通信网的数据传送中经常应用这种检错码,奇偶校验编码如果是在一维空间上进行,则是简单的"水平奇偶校验码"或"垂直奇偶校验码";如果是在二维空间上进行,则是"水平垂直奇偶校验码"。

(1) 垂直奇偶校验。在垂直奇偶校验编码中,先将整个要发送的信号序列划分成长度为$k$的若干个组,然后对每组按码元中1的个数为奇数或偶数的规律,在其后附加上一位奇偶校验位,如表4.1.2所示。

**表 4.1.2 垂直奇偶校验**

| 码元位 | 分组 | | | | | | | | | |
|---|---|---|---|---|---|---|---|---|---|---|
| | 1 | 2 | 3 | 4 | 5 | 6 | 7 | 8 | 9 | 10 |
| 1 | 1 | 0 | 0 | 0 | 1 | 1 | 1 | 0 | 0 | 1 |
| 2 | 0 | 1 | 1 | 0 | 1 | 0 | 0 | 0 | 1 | 1 |
| 3 | 0 | 0 | 0 | 1 | 0 | 1 | 1 | 1 | 0 | 0 |
| 4 | 1 | 0 | 0 | 0 | 1 | 0 | 0 | 0 | 0 | 0 |
| 5 | 0 | 0 | 0 | 1 | 1 | 0 | 1 | 1 | 0 | 1 |
| 6 | 0 | 1 | 1 | 1 | 0 | 0 | 1 | 0 | 0 | 0 |
| 7 | 0 | 1 | 1 | 0 | 1 | 0 | 1 | 0 | 0 | 1 |
| 偶校验位 | 0 | 1 | 1 | 1 | 1 | 0 | 1 | 0 | 1 | 0 |

表 4.1.2 中将 70 个码元组成的信号序列划分成长度为 7 的 10 个组，每组按顺序一列一列地排列起来，然后对垂直方向的码元进行奇偶校验(假设采用偶校验)，得到一行校验位，附加在各列之后，然后按列的顺序进行传输。也就是传输时按列先传送第 1 组加一校验位，然后传送第 2 组加一校验位……，最后传送第 10 组加一校验位。因此，在信道中传送的二进制信号序列为 10010000 01000111……11001010。

在垂直奇偶校验编码和校验过程中，用硬件方法或软件方法来实现上述连续的奇偶校验运算都非常容易，而且在发送时可以边发送边产生校验位，并插入发送，在接收时边接收边进行校验后去掉校验位。

垂直奇偶校验方法的编码效率为

$$\eta = \frac{k}{k+1}$$

这种奇偶校验方法能检测出每个分组中的所有奇数位的错，但检测不出偶数位的错。对于突发性错误，由于出错码元为奇数个或偶数个的概率各占一半，因而对差错的漏检率接近于 1/2。

(2) 水平奇偶校验。为了降低对突发错误的漏检率，可以采用“水平奇偶校验”，它是以分组为单位，对一组中相同位的码元进行奇偶校验。在水平奇偶校验中，把信号序列先以适当的长度划分成 $p$ 个组，每组 $k$ 位码元，并把每组按顺序一列一列地排列起来，如表 4.1.3 所示。然后对水平方向的码元进行奇偶校验，得到一列校验位，附加在行之后，最后按列的顺序进行传输。表中的信号序列共分成 10 个组，每组有 7 个码元。传输时按列的顺序先传送第 1 组，再传送第 2 组……，最后传送第 11 列即校验位列(本例采用偶校验)。因此，在信道中传送的二进制信号序列为 10010000100011……1100101。

**表 4.1.3 水平奇偶校验**

| 码元位 | 分组 | | | | | | | | | | 偶校验位 |
|---|---|---|---|---|---|---|---|---|---|---|---|
| | 1 | 2 | 3 | 4 | 5 | 6 | 7 | 8 | 9 | 10 | |
| 1 | 1 | 0 | 0 | 0 | 1 | 1 | 1 | 0 | 0 | 1 | 1 |
| 2 | 0 | 1 | 1 | 0 | 1 | 0 | 0 | 0 | 1 | 1 | 1 |
| 3 | 0 | 0 | 0 | 1 | 0 | 1 | 1 | 1 | 0 | 0 | 0 |

续表

| 码元位 | 分组 | | | | | | | | | | 偶校验位 |
|---|---|---|---|---|---|---|---|---|---|---|---|
| | 1 | 2 | 3 | 4 | 5 | 6 | 7 | 8 | 9 | 10 | |
| 4 | 1 | 0 | 0 | 0 | 1 | 0 | 0 | 0 | 0 | 0 | 0 |
| 5 | 0 | 0 | 0 | 1 | 1 | 0 | 1 | 1 | 0 | 1 | 1 |
| 6 | 0 | 1 | 1 | 1 | 0 | 0 | 1 | 0 | 0 | 0 | 0 |
| 7 | 0 | 1 | 1 | 0 | 1 | 0 | 1 | 0 | 0 | 1 | 1 |

水平奇偶校验的编码效率为

$$\eta = \frac{p}{p+1}$$

水平奇偶校验不但可以检测各组同一位上的奇数位错，而且可以检测出突发长度小于或等于 $k$(每组的码元数)的所有突发性错误(突发性错误是指一连串的码元均出错)，因为传输时按组的顺序发送，发生长度小于或等于 $k$ 的突发性错误必然分布在不同行中，每行最多只有一位出错，所以可以检出差错。因此，表 4.1.3 例子中的水平奇偶校验能发现水平方向奇数个错误和长度为 7 以内的突发性错误。

水平奇偶校验的漏检率比垂直奇偶校验码要低。但是，在实现水平奇偶校验时，不论采用硬件方法还是软件方法，都不能在发送过程中边发送边产生并插入奇偶校验位，而是必须等待要发送的全部数据信号序列到齐后，才能确定校验位，也就是要使用一定的存储空间。因此，其编码和检测的实现都要复杂一些。

(3) 水平垂直奇偶校验。同时进行水平奇偶校验和垂直奇偶校验就构成二维的“水平垂直奇偶校验码”，如表 4.1.4 所示。其具体实现过程是：先将整个欲发送的信号序列划分成长度为 $k$ 的若干个组；然后对每个组按码元中 1 的个数为奇数或偶数的规律，在其后附加上一位奇偶校验位(表中采用偶校验)；再对每组相同的位按 1 的个数为奇数或偶数的规律，增加一个校验位(表中采用偶校验)。表 4.1.4 中所示信号序列共分为 10 个组，每组共有 7 个码元。传输时按列的顺序先传送第 1 组码元后加一校验位，然后传送第 2 组码元加一校验位……，最后传送第 11 列即校验位码元组加一校验位。因此，在信道中传送的二进制信号序列为 1001000001000111……11001010。

**表 4.1.4 水平垂直奇偶校验**

| 码元位 | 分组 | | | | | | | | | | 偶校验位 |
|---|---|---|---|---|---|---|---|---|---|---|---|
| | 1 | 2 | 3 | 4 | 5 | 6 | 7 | 8 | 9 | 10 | |
| 1 | 1 | 0 | 0 | 0 | 1 | 1 | 1 | 0 | 0 | 1 | 1 |
| 2 | 0 | 1 | 1 | 0 | 1 | 0 | 0 | 0 | 1 | 1 | 1 |
| 3 | 0 | 0 | 0 | 1 | 0 | 1 | 1 | 1 | 0 | 0 | 0 |
| 4 | 1 | 0 | 0 | 0 | 1 | 0 | 0 | 0 | 0 | 0 | 0 |
| 5 | 0 | 0 | 0 | 1 | 1 | 0 | 1 | 1 | 0 | 1 | 1 |
| 6 | 0 | 1 | 1 | 1 | 0 | 0 | 1 | 0 | 0 | 0 | 0 |
| 7 | 0 | 1 | 1 | 0 | 1 | 0 | 1 | 0 | 0 | 1 | 1 |
| 偶校验位 | 0 | 1 | 1 | 1 | 1 | 0 | 1 | 0 | 1 | 0 | 0 |

水平垂直奇偶校验的编码效率为

$$\eta=\frac{kp}{(k+1)(p+1)}$$

这种方法能检测出所有 3 位或 3 位以下的错误，因为在这种情况下，至少会在某一行或某一列上出现一位错，这时错误就能被检测到；还能检测出奇数位错、突发长度小于或等于 $k+1$ 的突发性错以及很大一部分偶数位错。试验测量表明，这种方式的编码可使误码率降至原始误码率的百分之一到万分之一。另外，水平垂直奇偶校验不仅可检错，还可用来纠正部分差错。例如，在某一行和某一列均不满足监督关系时，可确定错码的位置就在该行和该列的交叉处，从而纠正这一位上的错误（只需将该位的 0 值改为 1 值，或将 1 值改为 0 值即可）。

上述奇偶校验码中，水平奇偶校验码、垂直奇偶校验码是单纯检错码，而水平垂直奇偶校验码则还具有有限的纠错能力，但多数情况下只用于检错。

### 4.1.3 检错与纠错原理

检错、纠错的目的是要根据信道接收端接收到的信息序列 $\boldsymbol{R}$ 来判断 $\boldsymbol{R}$ 是否就是发送的序列 $\boldsymbol{C}$，如果有错则尽可能纠正其中的错误。

要纠正传输差错，首先必须检测出错误。而要检测出错误，常用的方法是在发送端要传送的信息序列（常为二进制序列）中截取出长度相等的码元进行分组，每组长度为 $k$，组成 $k$ 位码元信息序列 $\boldsymbol{M}$，并根据某种编码算法以一定的规则在每个信息组的后面产生 $r$ 个冗余码元，由冗余码元和信息码元一起形成"$n$ 位编码序列"，即信号码字 $\boldsymbol{C}$，$n$ 位的码字比信息序列的长度长（有 $n=k+r$ 个码元），因而纠错编码是冗余编码，如图 4.1.6 所示。

由于 $r$ 个冗余码元一般是根据信息码元按一定的规律产生的，如按照一组表达式或某种函数关系产生，从而使其与信息码元之间建立了某种对应关系，码字内也就具有了某种特定的相关性，这种对应关系称为校验关系。译码就是利用校验关系进行检错、纠错的，在接收端收到的 $n$ 位码字中，信息码元与冗余码元（校验码元）之间也应符合上述编码规则，并根据这一规则进行检验，从而确定是否有错误。这就是差错控制的基本思想。

这种将信息码元分组，为每组码附加若干校验码的编码称为分组码。在分组码中，校验码元仅校验本码组中的信息码元。

分组码一般用符号 $(n,k)$ 表示，其中 $k$ 是每组二进制信息码元的数目，$n$ 是编码组的长度（简称码长），即编码组的总位数，$n-k=r$ 为每码组中的校验码元（或称监督位）数目。通常，将分组码规定为具有如图 4.1.7 所示的结构。其中前面 $k$ 位（$a_{n-1},\cdots,a_r$）为信息位，后面附加 $r$ 个（$a_{r-1},\cdots,a_0$）为校验位。

图 4.1.6 纠错编码

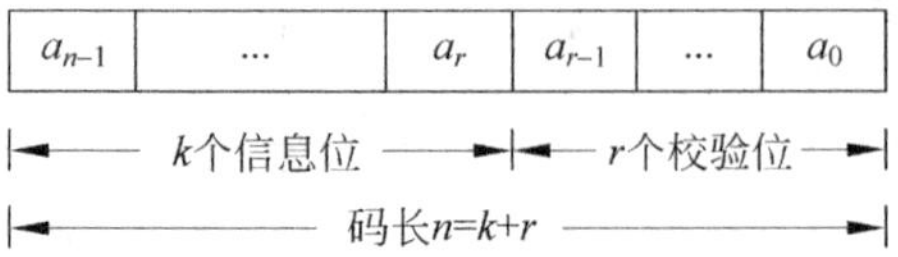


图 4.1.7 分组码的结构

实现检错和纠错常用的基本方法除了前面介绍的 $n$ 重复码方法和奇偶校验方法外，还有等重码（或定比码）方法。

- 奇偶校验方法。增加偶校验位(或奇校验位)使得对消息序列 $\boldsymbol{M}$ 而言校验方程成立,当校验位数增加时,可以检测到差错图样的种类数也增加,但同时码率减小。
- $n$ 重复码方法。重复消息位使其可以检测出任意小于 $n$ 个差错的错误图样。
- 等重码方法。设计码字中的非0符号个数(若是二进制码则为1的个数)恒为常数,使码书 $C$ 由全体重量恒等的 $n$ 长矢量组成。表4.1.5所示为一种用于表示数字0～9的五中取三等重码(所有码字的码重都等于3)的例子。

**表4.1.5 五中取三等重码**

| 1 | 2 | 3 | 4 | 5 | 6 | 7 | 8 | 9 | 0 |
|---|---|---|---|---|---|---|---|---|---|
| 01011 | 11001 | 10110 | 11010 | 00111 | 10101 | 11100 | 01110 | 10011 | 01101 |

五中取三等重码可以检测出全部奇数位差错,对某些码字的传输则可以检测出部分偶数位差错。

对于纠错码,其抗干扰能力完全取决于码书 $C$ 中许用码字之间的距离。码的最小距离 $d_{\min}$ 越大,则码字间的最小差别越大,抗干扰能力就越强,即受较强的干扰仍不会造成许用码字之间的混淆。可见,差错控制编码是用增加码元数,利用"冗余"来提高抗干扰能力的,即以降低信息传输速率为代价来减少错误的,或者说是用削弱有效性来增强可靠性的。

## 4.1.4 检错与纠错方式和能力

### 1. 检错与纠错方式

(1) 自动请求重发方式。用于检错的纠错码在译码器输出端给出当前码字传输是否可能出错的指示,当有错时按某种协议通过一个反向信道请求发送端重新传送已发送的全部或部分码字,这种纠错码的应用方式称为自动请求重发方式(Automatic-Repeat-reQuest, ARQ)。

(2) 前向纠错方式。用于纠错的纠错码在译码器输出端总要输出一个码字或是否出错的标志,这种纠错码的应用方式称为前向纠错方式(Forward-Error Control,FEC)。

(3) 用于检错与纠错的方式还有混合纠错(Hybrid Error Correction,HEC)。

图4.1.8所示为上述几种检错与纠错方式示意图,其中有斜线的方框表示在该端检出错误。

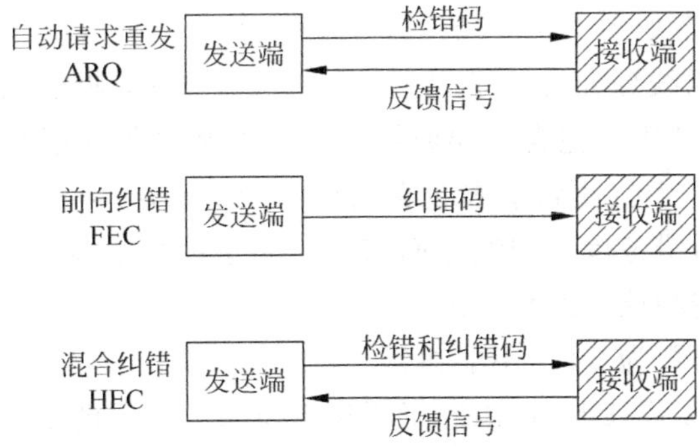


图4.1.8 差错控制的工作方式

在 ARQ 方式中，发送端用编码器对发送数据进行差错编码，通过正向信道送到接收端，而接收端经译码器处理后只是检测有无差错，不作自动纠正。如果检测到差错，则利用反向信道反馈信号，请求发送端重发有错的数据单元，直到接收端检测不到差错为止。显然，采用这种差错控制方法需要具备双向信道，且反馈重发过程造成一定的信道资源开销，会降低传输系统的有效信息速率。但译码设备不会很复杂，对突发错误特别有效。该方式主要应用于复杂信道及要求误码率极低的场合。

在 FEC 方式中，发送端用编码器对发送数据进行差错编码，在接收端用译码器对接收到的数据进行译码后检测有无差错，通过按预定规则的运算，如检测到差错，则确定差错的具体位置和性质，自动加以纠正，所以称为"前向纠错"。这种方法不需要反向信道(传递重发指令)，也不存在由于反复重发而延误时间，实时性好，但是纠错设备要比检错设备复杂。该方式实际应用较广，特别是在单工通信系统中得到应用。

HEC 方式是检错重发和前向纠错两种方式的混合。发送端用编码器对发送数据进行便于检错和纠错的编码，通过正向信道送到接收端，接收端对少量的接收差错进行自动前向纠正，而对超出纠正能力的差错则通过反馈重发方式加以纠正，所以是一种纠错、检错结合的混合方式。这种方式具有检错重发和前向纠错的特点，能充分发挥码的检错和纠错性能，在较差的信道中仍可收到好的效果，缺点是需要反向信道和较复杂的译码设备。该方式实际应用广泛，特别是在卫星通信系统中得到应用。

**2. 检错与纠错能力**

比较纠错码的检错、纠错能力的最直接指标是检、纠差错的数目，常用汉明距离来描述这一特性。一个纠错码的每个码字都可以形成一个汉明球，因此要能够纠正所有不多于 $t$ 位的差错，纠错码的所有汉明球均应不相交，判定纠错码的检、纠错能力可根据任意两个汉明球不相交的要求，由码的最小距离 $d_{\min}$ 来决定。

**定理 4.1.1** 若纠错码的最小距离为 $d_{\min}$，那么如下三个结论的任何一个结论独立成立：

(1) 若要发现 $e$ 个独立差错，则要求最小码距 $d_{\min}\geqslant e+1$。

(2) 若要纠正 $t$ 个独立差错，则要求最小码距 $d_{\min}\geqslant 2t+1$。

(3) 若要求发现 $e$ 个同时又纠正 $t$ 个独立差错，则 $d_{\min}\geqslant e+t+1(e>t)$。

这里说的"同时"是指在译码过程中，若错误个数$\leqslant t$，则能纠正；若错误个数$>t$，但错误个数$\leqslant e(e>t)$，则能检测这些错误，但不能纠正。或者说能检测 $e+t$ 个错误，其中 $t$ 个错误可以纠正。其直观的关系如图 4.1.9 所示。

在图 4.1.9(c)中，粗线球面(圆)是纠正 $t$ 个错误的球面，细线球面(圆)代表检出 $e$ 个错误的球面。当接收码字 $\boldsymbol{R}$ 中不包含错误或错误$\leqslant t$ 时，$\boldsymbol{R}$ 将落在粗线球内或球上，因而可把 $\boldsymbol{R}$ 纠正为原发送的码字；当接收码字 $\boldsymbol{R}$ 包含错误$>t$ 而错误$\leqslant e$ 时，$\boldsymbol{R}$ 不会落在任何码字的纠错球内，但此时代表纠错范围的粗线球面与另一码字的代表检错范围的细线球面没有相交或相切，于是可将纠错和检错区分开来。

例如，当码的最小码距为 2 时，不能纠错。

当码的最小码距为 3 或 4 时，可以纠正所有 1 位错。当码的最小码距为 5 时，可以纠正所有 2 位错。当码的最小码距为 $n$ 时，可以纠正所有$(n-1)/2$ 位错。

定理 4.1.1 说明，码的最小距离 $d_{\min}$ 越大，码的纠(检)错误的能力越强。但是，随着冗

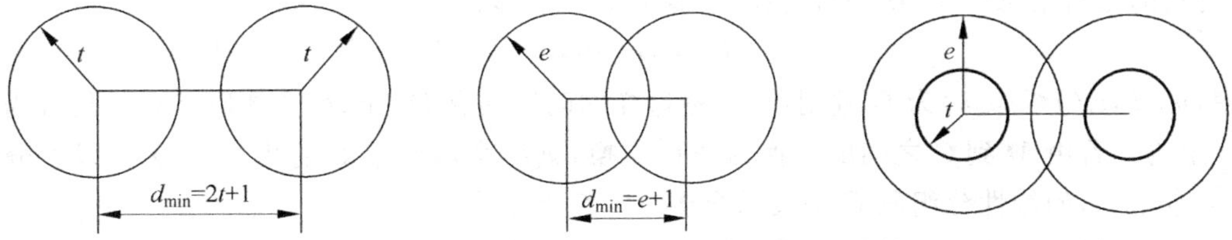


(a) 纠错能力的几何说明　(b) 检错能力的几何说明　(c) 区分纠错和检错的示意图

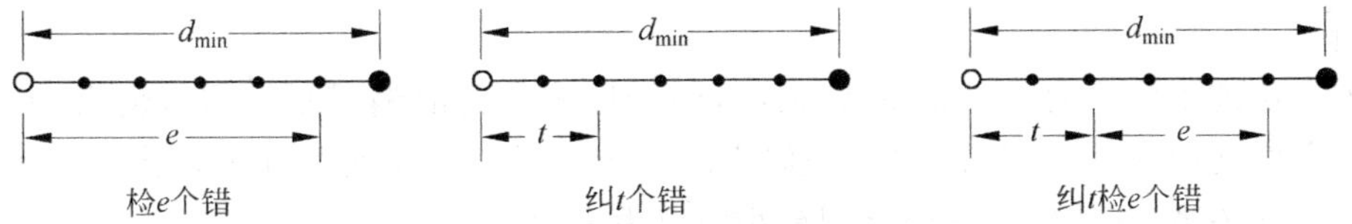


(d) 检错、纠错能力与最小码距的关系

图 4.1.9　最小码距与检错、纠错能力

余码元的增多，信息传输速率会降低得越多。

通常用 $\eta=k/n$ 来表示码字中信息码元所占的比例，称为编码效率，简称码率，它是衡量码性能的又一个重要参数。码率越高，信息传输率就越高，但此时纠错能力要降低，当 $\eta=1$ 时就没有纠错能力了。可见，码率与纠错能力之间是有矛盾的。

对纠错编码的基本要求是：纠错和检错能力尽量强，编码效率尽量高，码长尽量短，编码规律尽量简单。在实际系统中，要根据具体指标要求，保证有一定的纠、检错误的能力和编码效率，易于实现，同时节省费用。目前大多数信道编码性能都很难同时兼顾上述要求，因此目前信道编码的主要目标是以可靠性为主，即在保证抗干扰能力尽量强的基础上，适当兼顾有效性，寻求和构造最小距离 $d_{\min}$ 比较大的码。

# 4.2　线性分组码

线性分组码是纠错码中非常重要的一类码，虽然对于同样码长的非线性码来说线性码可用码字较少，但由于线性码的编码和译码容易实现，而且是讨论其他各类码的基础，至今仍是广泛应用的一类纠错码。

## 4.2.1　线性分组码的基本概念

通常在信源编码器之后加入一级信道编码器，又称纠错编码器，它对信源编码器输出的 $D$ 进制序列进行分组，并对每一组进行变换，变换后的码组具有抗信道干扰的能力。若这种变换是线性变换，则称变换后的码组为线性分组码；若变换为非线性变换，则称变换后的码组为非线性分组码。实际上常用的是线性分组码。下面给出线性分组码的定义。

**定义 4.2.1**　对信源编码器输出的 $D$ 进制序列进行分组，设分组长度为 $k$，相应的码字表示为

$$\boldsymbol{M}=(m_k,\cdots,m_2,m_1)$$

其中，每个码元 $m_i(1\leqslant i\leqslant k)$ 都是 $D$ 进制的，显然这样的码字共有 $D^k$ 个。信道编码（纠错编

码)的目的是将信息码字 $\boldsymbol{M}$ 进行变换,使其成为以下形式

$$\boldsymbol{C}=(c_n\cdots c_2c_1)$$

其中,$n>k$,$c_i(1\leqslant i\leqslant n)$为 $D$ 进制数,显然这样的码字共有 $D^n$ 个,称全体码字 $\boldsymbol{C}$ 的集合为 $D$ 元分组码。若由 $\boldsymbol{M}$ 到 $\boldsymbol{C}$ 之间的变换为线性变换,则称全体码字 $\boldsymbol{C}$ 的集合为 $D$ 元线性分组码,通常用$(n,k)$线性分组码 $C$ 来表示全体码字 $\boldsymbol{C}$ 的集合。

线性分组码中的线性是指编码规律即码元之间的约束关系是线性的,而分组则是对编码方法而言,即编码是将每 $k$ 个信息分为一组进行独立处理,编成长度为 $n$ 位$(n>k)$的二进制码组。

若在信道中传输的是二元序列,则$(n,k)$线性分组码的编码是在信道输入端的 $2^n$ 个 $n$ 长的二元序列中找一组 $2^k$ 个码字,使码字的 $r(r=n-k)$个校验元与其 $k$ 个信息元之间满足一定的线性关系,并使码书中码字间最小距离为最大。

**【例 4.2.1】** 将信源编码器输出的二进制序列进行分组,分组长度为 $k=1$,相应的码字表示为

$$\boldsymbol{M}=(m_1)$$

这里 $m_1$ 是二进制的,即 $D=2$。这样的码字共有两个,即 1 和 0。现将 $\boldsymbol{M}$ 进行变换,变换规则为

$$\begin{cases} c_n=m_1 \\ \vdots \\ c_2=m_1 \\ c_1=m_1 \end{cases}$$

因此,形成的纠错码具有以下形式

$$\boldsymbol{C}=(c_n\cdots c_2c_1)=(m_1\cdots m_1m_1)$$

由于 $m_1$ 只取 0 或 1,所以 $\boldsymbol{C}$ 的全体码字只有两个:长为 $n$ 的全 0 或全 1 序列。即经过上述变换,得到了$(n,1)$重复码。

**【例 4.2.2】** 设信源编码器输出的信息序列为 $\boldsymbol{M}=(m_k\cdots m_2m_1)$,其中,$m_i(1\leqslant i\leqslant k)$是二进制数。信道编码器输出的码字为 $\boldsymbol{C}=(c_n\cdots c_2c_1)$,其中,$c_i(1\leqslant i\leqslant n,n>k)$也是二进制数。若从 $\boldsymbol{M}$ 到 $\boldsymbol{C}$ 的变换规则为

$$\begin{cases} c_n=m_k \\ \vdots \\ c_3=m_2 \\ c_2=m_1 \\ c_1=m_1+m_2+\cdots+m_k \end{cases}$$

这里码元的和是模 2 和。由于从 $\boldsymbol{M}$ 到 $\boldsymbol{C}$ 的变换是一种线性变换,所以全体 $\boldsymbol{C}$ 的集合构成了一种$(n,n-1)$线性分组码。

由本例可以看出,变换后码字集合中每一个码字的所有码元之和为

$$c_1+c_2+c_3+\cdots+c_n=c_1+(m_1+m_2+\cdots+m_k)=c_1+c_1$$

因为假设了码为二进制码,且上述码元的和是模 2 和。因此,变换后将每一个码字的码元全部加起来,它的模 2 和为 0,即每一个码字中 1 的个数为偶数个。所以这种码为偶校验码。

**【例 4.2.3】** (7,3)分组码,按以下的规则(校验方程)可得到 4 个校验元 $c_4\ c_3\ c_2\ c_1$。

$$\begin{cases} c_7 = m_3 \\ c_6 = m_2 \\ c_5 = m_1 \\ c_4 = m_3 + m_1 \\ c_3 = m_3 + m_2 + m_1 \\ c_2 = m_3 + m_2 \\ c_1 = m_2 + m_1 \end{cases}$$

式中:$m_3$、$m_2$、$m_1$ 是三个信息码元,方程中的加运算均为模 2 加。由此可得到(7,3)分组码的 8 个码字。8 个信源序列与 8 个码字的对应关系列于表 4.2.1 中。由校验方程看到,信息码元与校验码元之间满足线性关系,因此该(7,3)码是线性码。

**表 4.2.1 例 4.2.3 编出的(7,3)线性码的码字与信息码元的对应关系**

| 信息码元 | | | 码字 | | | | | | |
|---|---|---|---|---|---|---|---|---|---|
| $m_3$ | $m_2$ | $m_1$ | $C_7$ | $C_6$ | $C_5$ | $C_4$ | $C_3$ | $C_2$ | $C_1$ |
| 0 | 0 | 0 | 0 | 0 | 0 | 0 | 0 | 0 | 0 |
| 0 | 0 | 1 | 0 | 0 | 1 | 1 | 1 | 0 | 1 |
| 0 | 1 | 0 | 0 | 1 | 0 | 0 | 1 | 1 | 1 |
| 0 | 1 | 1 | 0 | 1 | 1 | 1 | 0 | 1 | 0 |
| 1 | 0 | 0 | 1 | 0 | 0 | 1 | 1 | 1 | 0 |
| 1 | 0 | 1 | 1 | 0 | 1 | 0 | 0 | 1 | 1 |
| 1 | 1 | 0 | 1 | 1 | 0 | 1 | 0 | 0 | 1 |
| 1 | 1 | 1 | 1 | 1 | 1 | 0 | 1 | 0 | 0 |

对于线性分组码有一个非常重要的**结论**:一个$(n,k)$线性分组码中非零码字的最小重量等于该码的最小距离 $d_{\min}$。

**证明**:设有任意两个码字 $\boldsymbol{C}_i,\boldsymbol{C}_j \in C$。根据线性分组码的性质,有 $\boldsymbol{C}_i+\boldsymbol{C}_j=\boldsymbol{C}_l \in C$。而 $\boldsymbol{C}_l$ 的码重等于 $\boldsymbol{C}_i,\boldsymbol{C}_j$ 的码距 $D(\boldsymbol{C}_i,\boldsymbol{C}_j)$,即

$$W(\boldsymbol{C}_l) = W(\boldsymbol{C}_i + \boldsymbol{C}_j) = D(\boldsymbol{C}_i,\boldsymbol{C}_j)$$

而 $\boldsymbol{C}_i,\boldsymbol{C}_j$ 是 $C$ 中任意两个非全零码字,所以

$$W_{\min}(\boldsymbol{C}_l) = W_{\min}(\boldsymbol{C}_i + \boldsymbol{C}_j) = d_{\min}$$

由例 4.2.3(7,3)线性码的 8 个码字可见,除全零码字外,其余 7 个码字最小重量 $W_{\min}=4$,所以该(7,3)线性码的最小距离 $d_{\min}=4$。

## 4.2.2 生成矩阵和一致校验矩阵

从矢量空间的角度,形形色色的编码方法实质上是采用了不同的基底选择方法和矢量映射规则而形成的。基底的选择与映射规则均可用矩阵来表示,因此在线性分组码的讨论中就有了生成矩阵和一致校验矩阵的概念。

**1. 生成矩阵**

在讨论生成矩阵之前,看例 4.2.3 的(7,3)线性分组码。该码所满足的校验方程可写成如下矩阵形式

$$\begin{cases} c_7 = m_3 \\ c_6 = m_2 \\ c_5 = m_1 \\ c_4 = m_3 + m_1 \\ c_3 = m_3 + m_2 + m_1 \\ c_2 = m_3 + m_2 \\ c_1 = m_2 + m_1 \end{cases} \Rightarrow (c_7 c_6 c_5 c_4 c_3 c_2 c_1) = (m_3 m_2 m_1) \begin{bmatrix} 1 & 0 & 0 & 1 & 1 & 1 & 0 \\ 0 & 1 & 0 & 0 & 1 & 1 & 1 \\ 0 & 0 & 1 & 1 & 1 & 0 & 1 \end{bmatrix}$$

$$\Rightarrow \boldsymbol{C} = \boldsymbol{MG} \tag{4.2.1}$$

式中，$\boldsymbol{G}$ 称为线性分组码的**生成矩阵**。

分析式(4.2.1)可知：二进制码取值于{0,1}，七位二进制数有 $2^7=128$ 种不同的组合，而 3 个信息码元构成的信息位只有 8 种组合，这 8 种组合与例 4.2.3 中(7,3)分组码的 8 个码字一一对应。可见，本例线性分组码的码书是选取了 128 种组合之中的 8 种，当分别令 $m_3m_2m_1$ 为(000)，(001)，…，(111)时，代入式(4.2.1)即得表 4.2.1 所示的各信息码元组对应的码字。

在例 4.2.3 中(7,3)分组码的编码过程中，核心因素是生成矩阵 $\boldsymbol{G}$，它决定了校验元的生成规则，也决定了最终的码书。生成矩阵 $\boldsymbol{G}$ 由三个行矢量组成，这三个行矢量本身就是码书中的三个码字，可以证明这三个行矢量是线性无关的，即可以选择码书中三个线性无关的码字来构成生成矩阵 $\boldsymbol{G}$ 的行矢量。

从上例得到的启示是：码书其实是一个子空间，只要找到一组合适的基底，它们的线性组合就能产生整个码书 $C$。

由线性代数知识可知，基底不是唯一的。由基底的线性组合产生的矢量中，任意选出 $k$ 个矢量，只要它们满足线性无关的条件，都可以作为由 $k$ 个信息码元生成$(n,k)$线性分组码的生成矩阵。反映到矩阵的运算上，只要保证矩阵的秩仍是 $k$，就可以通过行初等变换（如行交换、行的线性组合等）改变生成矩阵的形式而不改变码书。

因此，任何生成矩阵都可通过行初等变换转化成如下的系统形式：

$$\boldsymbol{G} = [\boldsymbol{I}_k \vdots \boldsymbol{P}] = \left[\begin{array}{cccc|ccc} 1 & 0 & \cdots & 0 & p_{1,k+1} & \cdots & p_{1,n} \\ 0 & 1 & \cdots & 0 & p_{2,k+1} & \cdots & p_{2,n} \\ \vdots & \vdots & \ddots & \vdots & \vdots & \ddots & \vdots \\ 0 & 0 & \cdots & 1 & p_{k,k+1} & \cdots & p_{k,n} \end{array}\right] \tag{4.2.2}$$

**定义 4.2.2** 若信息组以不变的形式，在码字的任意 $k$ 位中出现，则该码称为系统码。否则，称为非系统码。

目前常用的有两种形式的系统码。

一种是把信息组排在码字$(c_n,\cdots,c_2,c_1)$的最左边 $k$ 位：$c_n,\cdots,c_{n-k+1}$，式(4.2.2)就是这种形式。若非特别说明，后面所说的系统码均指这种形式。

另一种是把信息组安置在码字$(c_n,\cdots,c_2,c_1)$的最右边 $k$ 位：$c_k,\cdots,c_1$。

能够产生系统码的生成矩阵为典型矩阵（或称标准阵），典型矩阵的最大优势是便于检查生成矩阵 $\boldsymbol{G}$ 的各行是否是线性无关。如果 $\boldsymbol{G}$ 不具有标准型，虽能产生线性码，但码字不具备系统码的结构，因而存在难以区分码字中信息码元和监督码元的缺点。由于系统码的编码与译码较非系统码简单，而且对分组码来说，系统码与非系统码的抗干扰能力是等价的，故若无特别声明，仅讨论系统码。如果生成矩阵 $\boldsymbol{G}$ 为非标准型的，可经过行初等变换变成标准型。

**2. 一致校验矩阵**

从前面的讨论可知，编码问题就是在给定的 $d_{\min}$ 下如何从已知的 $k$ 个信息码元求得 $r(r=n-k)$ 个校验码元。例 4.2.3 中(7,3)分组线性码的四个检验码元可由式(4.2.1)中的后四个线性方程式决定。为了更好地说明信息码元与校验码元之间的关系，现将式(4.2.1)中后四个线性方程式变换为

$$\begin{cases} c_7 = m_3 \\ c_6 = m_2 \\ c_5 = m_1 \\ c_4 = m_3 + m_1 \\ c_3 = m_3 + m_2 + m_1 \\ c_2 = m_3 + m_2 \\ c_1 = m_2 + m_1 \end{cases} \Rightarrow \begin{cases} c_4 = c_7 + c_5 \\ c_3 = c_7 + c_6 + c_5 \\ c_2 = c_7 + c_6 \\ c_1 = c_6 + c_5 \end{cases} \Rightarrow \begin{cases} c_7 + c_5 + c_4 = 0 \\ c_7 + c_6 + c_5 + c_3 = 0 \\ c_7 + c_6 + c_2 = 0 \\ c_6 + c_5 + c_1 = 0 \end{cases}$$

其矩阵形式表示为

$$\begin{bmatrix} 1 & 0 & 1 & 1 & 0 & 0 & 0 \\ 1 & 1 & 1 & 0 & 1 & 0 & 0 \\ 1 & 1 & 0 & 0 & 0 & 1 & 0 \\ 0 & 1 & 1 & 0 & 0 & 0 & 1 \end{bmatrix} \begin{bmatrix} c_7 \\ c_6 \\ c_5 \\ c_4 \\ c_3 \\ c_2 \\ c_1 \end{bmatrix} = \begin{bmatrix} 0 \\ 0 \\ 0 \\ 0 \end{bmatrix}$$

一般可写成

$$\boldsymbol{HC}^{\mathrm{T}} = \boldsymbol{0}^{\mathrm{T}} \quad \text{或} \quad \boldsymbol{CH}^{\mathrm{T}} = \boldsymbol{0} \tag{4.2.3}$$

式(4.2.3)表明，$\boldsymbol{C}$ 中各码元是满足由矩阵 $\boldsymbol{H}$ 所确定的 $r$ 个线性方程的解，故 $\boldsymbol{C}$ 是码书 $C$ 中的一个码字，由线性方程组解的全体就构成了码书 $C$；反之，若某码元序列满足由 $\boldsymbol{H}$ 所确定的 $r$ 个线性方程，则该码元序列一定是码书 $C$ 中的一个码字。

因此，$\boldsymbol{H}$ 一定，便可由信息码元求出校验码元，编码的问题就迎刃而解了；或者说，要解决编码问题，只要找到 $\boldsymbol{H}$ 即可。由于 $(n,k)$ 码的所有码字均按 $\boldsymbol{H}$ 所确定的规则求出，故称 $\boldsymbol{H}$ 为其**一致校验矩阵**。

一般而言，$(n,k)$ 线性码有 $r(r=n-k)$ 个校验码元，故必须有 $r$ 个独立的线性方程。所以 $(n,k)$ 线性分组码的一致校验矩阵 $\boldsymbol{H}$ 由 $r$ 行和 $n$ 列组成，可表示为

$$\boldsymbol{H} = \begin{bmatrix} h_{1,n} & h_{1,n-1} & \cdots & h_{1,1} \\ h_{2,n} & h_{2,n-1} & \cdots & h_{2,1} \\ \vdots & \vdots & \ddots & \vdots \\ h_{r,n} & h_{r,n-1} & \cdots & h_{r,1} \end{bmatrix}$$

由 $\boldsymbol{H}$ 矩阵可建立码的 $r$ 个线性方程

$$\begin{bmatrix} h_{1,n} & h_{1,n-1} & \cdots & h_{1,1} \\ h_{2,n} & h_{2,n-1} & \cdots & h_{2,1} \\ \vdots & \vdots & \ddots & \vdots \\ h_{r,n} & h_{r,n-1} & \cdots & h_{r,1} \end{bmatrix} \begin{bmatrix} c_n \\ c_{n-1} \\ \vdots \\ c_2 \\ c_1 \end{bmatrix} = \begin{bmatrix} 0 \\ 0 \\ \vdots \\ 0 \\ 0 \end{bmatrix} \tag{4.2.4}$$

综上所述,将 $\boldsymbol{H}$ 矩阵的特点归纳如下:

- $\boldsymbol{H}$ 矩阵的每一行代表一个线性方程的系数,它对应求一个校验码元的线性方程。
- $\boldsymbol{H}$ 矩阵每一列代表此码元与哪几个校验方程有关。
- 由该 $\boldsymbol{H}$ 矩阵得到的$(n,k)$分组码的每一码字 $\boldsymbol{C}$ 都必须满足由 $\boldsymbol{H}$ 矩阵的行所确定的线性方程,即式(4.2.3)或式(4.2.4)。
- $(n,k)$码需有 $r$ 个校验码元,故需有 $r$ 个独立的线性方程。因此,$\boldsymbol{H}$ 矩阵必须有 $r$ 行,且各行之间线性无关,即 $\boldsymbol{H}$ 矩阵的秩为 $r$。
- 由于生成矩阵 $\boldsymbol{G}$ 中的每一行及其线性组合都是$(n,k)$码中的一个码字,故有

$$\boldsymbol{H}\boldsymbol{G}^{\mathrm{T}} = \boldsymbol{0}^{\mathrm{T}}$$

或

$$\boldsymbol{G}\boldsymbol{H}^{\mathrm{T}} = \boldsymbol{0} \tag{4.2.5}$$

这说明 $\boldsymbol{H}$ 矩阵的每一行与由 $\boldsymbol{G}$ 矩阵的行所构成的每一个码字的内积均为 0,因此矩阵 $\boldsymbol{G}$ 和矩阵 $\boldsymbol{H}$ 正交。

由例 4.2.3 不难看出,(7,3)码的 $\boldsymbol{H}$ 矩阵右边为一个四阶单位矩阵。通常,系统型$(n,k)$线性分组码的 $\boldsymbol{H}$ 矩阵右边 $r$ 列组成一个单位矩阵 $\boldsymbol{I}_r$,故有

$$\boldsymbol{H} = [\boldsymbol{Q} \vdots \boldsymbol{I}_r] \tag{4.2.6}$$

式中,$\boldsymbol{Q}$ 是一个 $r\times k$ 阶矩阵,称这种形式的 $\boldsymbol{H}$ 矩阵为典型矩阵(或标准矩阵),同样,采用典型矩阵形式的 $\boldsymbol{H}$ 矩阵更易于检查各行是否线性无关。

由式(4.2.5)易得

$$\boldsymbol{H}\boldsymbol{G}^{\mathrm{T}} = [\boldsymbol{Q} \vdots \boldsymbol{I}_r][\boldsymbol{I}_k \vdots \boldsymbol{P}]^{\mathrm{T}} = [Q \vdots I_r]\begin{bmatrix} \boldsymbol{I}_k \\ \boldsymbol{P}^{\mathrm{T}} \end{bmatrix} = \boldsymbol{Q} + \boldsymbol{P}^{\mathrm{T}} = \boldsymbol{0}^{\mathrm{T}}$$

由此关系可知

$$\boldsymbol{Q} = \boldsymbol{P}^{\mathrm{T}}$$

或

$$\boldsymbol{P} = \boldsymbol{Q}^{\mathrm{T}}$$

这说明,$\boldsymbol{P}$ 的第一行就是 $\boldsymbol{Q}$ 的第一列,$\boldsymbol{P}$ 的第二行就是 $\boldsymbol{Q}$ 的第二列,以此类推。因此,$\boldsymbol{H}$ 矩阵一旦确定,则 $\boldsymbol{G}$ 矩阵也就确定了,反之亦然。

### 3. 线性分组码的编码

$(n,k)$线性分组码的编码就是根据一致校验矩阵 $\boldsymbol{H}$ 或生成矩阵 $\boldsymbol{G}$ 将长度为 $k$ 的信息码元变换成长度为 $n$ 的码字。这里以(7,3)线性分组码为例来说明构造编码电路的方法。

**【例 4.2.4】** 设二元码字为 $\boldsymbol{C}=(c_7c_6c_5c_4c_3c_2c_1)=(m_3m_2m_1c_4c_3c_2c_1)$,码的一致校验矩阵 $\boldsymbol{H}$ 为

$$\boldsymbol{H} = \begin{bmatrix} 1 & 0 & 1 & 1 & 0 & 0 & 0 \\ 1 & 1 & 1 & 0 & 1 & 0 & 0 \\ 1 & 1 & 0 & 0 & 0 & 1 & 0 \\ 0 & 1 & 1 & 0 & 0 & 0 & 1 \end{bmatrix}$$

由 $\boldsymbol{HC}^{\mathrm{T}}=\boldsymbol{0}^{\mathrm{T}}$ 得

$$\begin{cases} c_4 = c_7 + c_5 \\ c_3 = c_7 + c_6 + c_5 \\ c_2 = c_7 + c_6 \\ c_1 = c_6 + c_5 \end{cases}$$

按照该线性方程组，可直接画出(7,3)线性分组码的并行编码电路和串行编码电路，如图 4.2.1 所示。

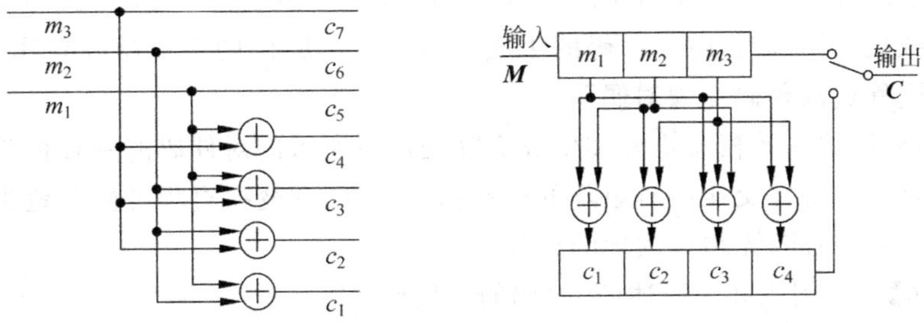


(a) 并行编码电路　　(b) 串行编码电路

图 4.2.1　(7,3)线性分组码编码电路原理图

【例 4.2.5】 考虑一个(7,4)线性码分组，其生成矩阵为

$$\boldsymbol{G}=\begin{bmatrix} 1 & 0 & 0 & 0 & 1 & 0 & 1 \\ 0 & 1 & 0 & 0 & 1 & 1 & 1 \\ 0 & 0 & 1 & 0 & 1 & 1 & 0 \\ 0 & 0 & 0 & 1 & 0 & 1 & 1 \end{bmatrix}$$

(1) 对于信息序列 $\boldsymbol{M}=(1011)$，编出的码字是什么？

(2) 画出该(7,4)线性码分组编码器原理图。

(3) 若接收到一个码元序列 $\boldsymbol{R}=(1001101)$，检验它是否为码字？

**解**：设输入信息组 $\boldsymbol{M}=(m_4 m_3 m_2 m_1)$，编码后的码字 $\boldsymbol{C}=(c_7 c_6 c_5 c_4 c_3 c_2 c_1)$属于码本 $C$。

(1) 由式(4.2.1)可知，$\boldsymbol{C}=\boldsymbol{MG}$，将 $\boldsymbol{M}$ 和 $\boldsymbol{G}$ 代入，可得对应码字为(1011000)。

由于本例是系统码，$\boldsymbol{C}=(m_4 m_3 m_2 m_1 c_3 c_2 c_1)$，前四位不必计算，后面三个校验位可以根据生成矩阵 $\boldsymbol{G}$ 中的分块阵 $\boldsymbol{P}$ 列出线性方程组如下

$$\begin{cases} c_3 = m_4 + m_3 + m_2 \\ c_2 = m_3 + m_2 + m_1 \\ c_1 = m_4 + m_3 + m_1 \end{cases}$$

将 $m_4=1, m_3=0, m_2=1, m_1=1$ 代入方程组，得 $c_3=0, c_2=0, c_1=0$，因此得码字 $\boldsymbol{C}=(1011000)$。

(2) 按照校验位生成的线性方程组，可直接画出该(7,4)分组线性码编码器原理图，如图 4.2.2 所示。

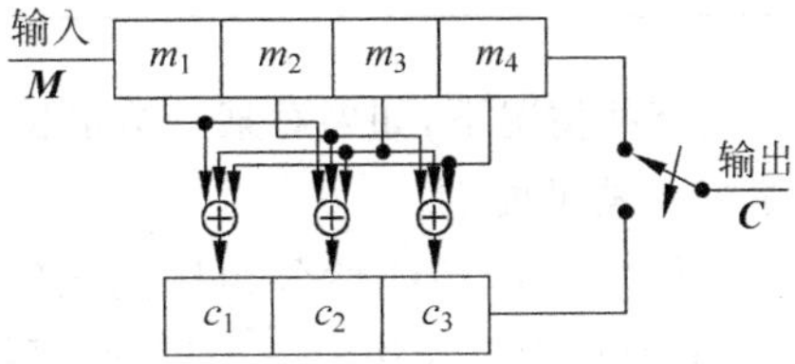


图 4.2.2　二进制(7,4)系统线性码编码器原理图

编码器的工作过程：首先信息位 $m_4$ 输入，然后是 $m_3, m_2, m_1$ 顺序输入。编码后，开关在输出前四

位时向上拨，将 $m_4, m_3, m_2, m_1$ 依次输出；输出后面三位时，开关向下拨，将 $c_3, c_2, c_1$ 顺序移位输出。

(3) 根据式(4.2.1)，如果接收到的码元序列属于码集 $C$，则必然可由接收到的码元序列的前四位生成后三位。由于接收到的码元序列 $\boldsymbol{R}=(1001101)$，将 $m_4=1, m_3=0, m_2=0, m_1=1$ 代入式(4.2.1)，得 $c_3=1, c_2=1, c_1=0$，因此正确的码字应为 $\boldsymbol{C}=(1001110)$，所以接收到的码元序列不是码字。

**4. 对偶码和缩短码**

已经讨论了$(n,k)$)线性分组码的生成矩阵 $\boldsymbol{G}$ 与其对应的一致校验矩阵 $\boldsymbol{H}$，如果把$(n,k)$码的一致校验矩阵看作$(n,r)$码的生成矩阵，将$(n,k)$码的生成矩阵看作$(n,r)$码的一致校验矩阵，则称这两种码互为**对偶码**。

为了使由原码的一致校验矩阵和生成矩阵交换后所得的对偶码的一致校验矩阵和生成矩阵具有标准形式，需在交换后对矩阵的行作初等变换，此变换过程可简单地将单位矩阵由前移到后或由后移到前，无须作烦琐的运算。

**【例 4.2.6】** 求例 4.2.3 所述(7,3)码的对偶码。

显然，(7,3)码的对偶码应是(7,4)码，由对偶码的定义得，(7,4)码的 $\boldsymbol{G}$ 矩阵就是(7,3)码的 $\boldsymbol{H}$ 矩阵，将其化成标准形式后即可按式(4.2.1)得到(7,3)码的对偶码(7,4)码，如表 4.2.2 所示。

$$\boldsymbol{G}_{(7,4)}=\boldsymbol{H}_{(7,3)}=\begin{bmatrix}1&0&1&1&0&0&0\\1&1&1&0&1&0&0\\1&1&0&0&0&1&0\\0&1&1&0&0&0&1\end{bmatrix}\rightarrow\begin{bmatrix}1&0&0&0&1&0&1\\0&1&0&0&1&1&1\\0&0&1&0&1&1&0\\0&0&0&1&0&1&1\end{bmatrix}$$

**表 4.2.2 例 4.2.3 中(7,3)线性码的对偶码**

| 信息码元 | | | | 码字 | | | | | | | 信息码元 | | | | 码字 | | | | | | |
|---|---|---|---|---|---|---|---|---|---|---|---|---|---|---|---|---|---|---|---|---|---|
| $m_4$ | $m_3$ | $m_2$ | $m_1$ | $c_7$ | $c_6$ | $c_5$ | $c_4$ | $c_3$ | $c_2$ | $c_1$ | $m_4$ | $m_3$ | $m_2$ | $m_1$ | $c_7$ | $c_6$ | $c_5$ | $c_4$ | $c_3$ | $c_2$ | $c_1$ |
| 0 | 0 | 0 | 0 | 0 | 0 | 0 | 0 | 0 | 0 | 0 | 1 | 0 | 0 | 0 | 1 | 0 | 0 | 0 | 1 | 0 | 1 |
| 0 | 0 | 0 | 1 | 0 | 0 | 0 | 1 | 0 | 1 | 1 | 1 | 0 | 0 | 1 | 1 | 0 | 0 | 1 | 1 | 1 | 0 |
| 0 | 0 | 1 | 0 | 0 | 0 | 1 | 0 | 1 | 1 | 0 | 1 | 0 | 1 | 0 | 1 | 0 | 1 | 0 | 0 | 1 | 1 |
| 0 | 0 | 1 | 1 | 0 | 0 | 1 | 1 | 1 | 0 | 1 | 1 | 0 | 1 | 1 | 1 | 0 | 1 | 1 | 0 | 0 | 0 |
| 0 | 1 | 0 | 0 | 0 | 1 | 0 | 0 | 1 | 1 | 1 | 1 | 1 | 0 | 0 | 1 | 1 | 0 | 0 | 0 | 1 | 0 |
| 0 | 1 | 0 | 1 | 0 | 1 | 0 | 1 | 1 | 0 | 0 | 1 | 1 | 0 | 1 | 1 | 1 | 0 | 1 | 0 | 0 | 1 |
| 0 | 1 | 1 | 0 | 0 | 1 | 1 | 0 | 0 | 0 | 1 | 1 | 1 | 1 | 0 | 1 | 1 | 1 | 0 | 1 | 0 | 0 |
| 0 | 1 | 1 | 1 | 0 | 1 | 1 | 1 | 0 | 1 | 0 | 1 | 1 | 1 | 1 | 1 | 1 | 1 | 1 | 1 | 1 | 1 |

在有些情况下，如果对某一给定长度的信息码元找不到合适码长的码，则可将某一$(n,k)$码缩短以满足要求。

例如，在(7,3)线性分组码的码字集合中将最左边一位为 0 的消息和对应的码字选出来，并把消息中最左边的 0 去掉，则可构成(6,2)线性分组码，这种码称为**缩短码**，如表 4.2.3 所示。

表 4.2.3 例 4.2.3 中(7,3)线性码的(6,2)缩短码

| 信息码元 | | 码字 | | | | | |
|---|---|---|---|---|---|---|---|
| $m_2$ | $m_1$ | $c_6$ | $c_5$ | $c_4$ | $c_3$ | $c_2$ | $c_1$ |
| 0 | 0 | 0 | 0 | 0 | 0 | 0 | 0 |
| 0 | 1 | 0 | 1 | 1 | 1 | 0 | 1 |
| 1 | 0 | 1 | 0 | 0 | 1 | 1 | 1 |
| 1 | 1 | 1 | 1 | 1 | 0 | 1 | 0 |

缩短码的 **G** 矩阵与 **H** 矩阵也可由原$(n,k)$码的 **G** 和 **H** 推导而来。$(n-i,k-i)$码的生成矩阵是将$(n,k)$码的生成矩阵去掉前 $i$ 行和前 $i$ 列即可，而 **H** 矩阵则只要去掉前 $i$ 列即可。如前述(7,3)码对应的(6,2)缩短码的 **G** 矩阵与 **H** 矩阵为

$$\boldsymbol{G}_{(7,3)}=\begin{bmatrix}1&0&0&1&1&1&0\\0&1&0&0&1&1&1\\0&0&1&1&1&0&1\end{bmatrix}\leftrightarrow \boldsymbol{H}_{(7,3)}=\begin{bmatrix}1&0&1&1&0&0&0\\1&1&1&0&1&0&0\\1&1&0&0&0&1&0\\0&1&1&0&0&0&1\end{bmatrix}$$

$$\downarrow \qquad\qquad\qquad\qquad \downarrow$$

$$\boldsymbol{G}_{(6,2)}=\begin{bmatrix}&&&&&\\1&0&0&1&1&1\\0&1&1&1&0&1\end{bmatrix}\leftrightarrow \boldsymbol{H}_{(6,2)}=\begin{bmatrix}0&1&1&0&0&0\\1&1&0&1&0&0\\1&0&0&0&1&0\\1&1&0&0&0&1\end{bmatrix}$$

可以按照箭头所指方向，由一个已知矩阵求出另一个矩阵。依此，一个$(n,k)$线性分组码可以缩短成$(n-i,k-i)$线性分组码。

对偶码和缩短码对纠错能力不受影响，即它们与原码的纠错性能相同。

### 4.2.3 线性分组码的译码

只要找到 **G** 矩阵或 **H** 矩阵，便解决了编码问题。经编码后发送的码字，由于信道干扰可能出错，接收方怎样发现或纠正错误呢？这就是译码要解决的问题。

设发送的码字为 $\boldsymbol{C}=(c_nc_{n-1}\cdots c_1)$，信道产生的错误图样为 $\boldsymbol{E}=(e_ne_{n-1}\cdots e_1)$，接收序列为 $\boldsymbol{R}=(r_nr_{n-1}\cdots r_1)$，那么，$\boldsymbol{R}=\boldsymbol{C}+\boldsymbol{E}$，即有 $r_i=c_i+e_i$。译码的任务就是要从 **R** 中求出 **E**，从而得到码字的估计值 $\boldsymbol{C}=\boldsymbol{R}-\boldsymbol{E}$。

由于$(n,k)$码的任何一个码字 **C** 均满足式(4.2.5)，可将接收序列 **R** 用式(4.2.5)进行检验。若

$$\boldsymbol{RH}^{\mathrm{T}}=(\boldsymbol{C}+\boldsymbol{E})\boldsymbol{H}^{\mathrm{T}}=\boldsymbol{CH}^{\mathrm{T}}+\boldsymbol{EH}^{\mathrm{T}}=\boldsymbol{EH}^{\mathrm{T}}=\boldsymbol{0}$$

则接收序列 **R** 满足校验关系，可认为它是一个码字；反之，则认为 **R** 有错。

**定义 4.2.3** 设$(n,k)$码的一致校验矩阵为 **H**，**R** 是发送码字为 **C** 时的接收序列，则称

$$\boldsymbol{S}=\boldsymbol{RH}^{\mathrm{T}}=\boldsymbol{EH}^{\mathrm{T}} \tag{4.2.7}$$

为接收序列 **R** 的伴随式或校正子。

显然，若错误图样 $\boldsymbol{E}=\boldsymbol{0}$，则 $\boldsymbol{S}=\boldsymbol{0}$，那么接收序列 **R** 就是发送的码字 **C**；若 $\boldsymbol{E}\neq\boldsymbol{0}$，则 $\boldsymbol{S}\neq\boldsymbol{0}$，那么 **C** 在传输过程中有出错，如能从 **S** 得到 **E**，则可从 $\boldsymbol{C}=\boldsymbol{R}-\boldsymbol{E}$ 恢复发送的码字。

如果将$(n,k)$码的一致校验矩阵 **H** 写成向量的形式，即

$$H=\begin{bmatrix} h_{1,n} & h_{1,n-1} & \cdots & h_{1,1} \\ h_{2,n} & h_{2,n-1} & \cdots & h_{2,1} \\ \vdots & \vdots & \ddots & \vdots \\ h_{r,n} & h_{r,n-1} & \cdots & h_{r,1} \end{bmatrix}=[\boldsymbol{h}_n \quad \boldsymbol{h}_{n-1} \quad \cdots \quad \boldsymbol{h}_1]$$

式中，$\boldsymbol{h}_i$ 对应 $\boldsymbol{H}$ 矩阵的某一列，它是一个 $r$ 维的列向量。那么伴随式

$$\begin{aligned} \boldsymbol{S}^{\mathrm{T}} &= \boldsymbol{H}\boldsymbol{E}^{\mathrm{T}} \\ &= (\boldsymbol{h}_n \quad \boldsymbol{h}_{n-1} \quad \cdots \quad \boldsymbol{h}_1)\begin{bmatrix} e_n \\ e_{n-1} \\ \vdots \\ e_1 \end{bmatrix} \\ &= e_n\boldsymbol{h}_n + e_{n-1}\boldsymbol{h}_{n-1} + \cdots + e_1\boldsymbol{h}_1 \end{aligned} \tag{4.2.8}$$

式(4.2.8)说明：伴随式 $\boldsymbol{S}$ 是一致校验矩阵 $\boldsymbol{H}$ 的线性组合，如果错误图样中有一些分量不为 0，则在 $\boldsymbol{S}$ 中正好就是 $\boldsymbol{E}$ 中不为 0 的那几列 $\boldsymbol{h}_i$ 组合而成。由于 $\boldsymbol{h}_i$ 是 $r$ 维的列向量，所以伴随式 $\boldsymbol{S}$ 也是一个 $r$ 维向量。

由上面的分析，可得如下结论：

- 从式(4.2.7)可知伴随式 $\boldsymbol{S}$ 仅与错误图样 $\boldsymbol{E}$ 有关，它充分反映了信道受干扰的情况，而与发送的是什么码字无关。
- 伴随式为是否有错的判别式，若 $\boldsymbol{S}=\boldsymbol{0}$，则判没有出错；若 $\boldsymbol{S}\neq\boldsymbol{0}$，则判有错。
- 不同的错误图样具有不同的伴随式，它们是一一对应的，对二元码来说，伴随式即为 $\boldsymbol{H}$ 矩阵中与错误图样对应的各列之和。

**注意：**

如果错误图样 $\boldsymbol{E}$ 本身就是一个码字，即 $\boldsymbol{E}\in(n.k)$码，那么计算伴随式 $\boldsymbol{S}$ 得到的结果必为 $\boldsymbol{0}$，此时的错误不能发现，也无法纠正，因而这样的错误图样称为**不可检错误图样**。

**【例 4.2.7】** 计算例 4.2.3 所述(7,3)码接收 $\boldsymbol{R}_1=(1010011)$，$\boldsymbol{R}_2=(1110011)$，$\boldsymbol{R}_3=(0011011)$时的伴随式。

**解**：(7,3)码的一致校验矩阵为

$$\boldsymbol{H}_{(7,3)}=\begin{bmatrix} 1 & 0 & 1 & 1 & 0 & 0 & 0 \\ 1 & 1 & 1 & 0 & 1 & 0 & 0 \\ 1 & 1 & 0 & 0 & 0 & 1 & 0 \\ 0 & 1 & 1 & 0 & 0 & 0 & 1 \end{bmatrix}$$

当接收 $\boldsymbol{R}_1=(1010011)$时，接收端译码器根据接收序列计算的伴随式 $\boldsymbol{S}$ 为

$$\boldsymbol{S}^{\mathrm{T}}=\boldsymbol{H}\boldsymbol{R}^{\mathrm{T}}=\begin{bmatrix} 1 & 0 & 1 & 1 & 0 & 0 & 0 \\ 1 & 1 & 1 & 0 & 1 & 0 & 0 \\ 1 & 1 & 0 & 0 & 0 & 1 & 0 \\ 0 & 1 & 1 & 0 & 0 & 0 & 1 \end{bmatrix}\begin{bmatrix} 1 \\ 0 \\ 1 \\ 0 \\ 0 \\ 1 \\ 1 \end{bmatrix}=\begin{bmatrix} 0 \\ 0 \\ 0 \\ 0 \end{bmatrix}$$

因此，译码器判别接收序列无错，传输中没有发生错误。

当接收 $\boldsymbol{R}_2=(1110011)$时，接收端译码器根据接收序列计算的伴随式 $\boldsymbol{S}$ 为

$$\boldsymbol{S}^{\mathrm{T}}=\boldsymbol{H}\boldsymbol{R}^{\mathrm{T}}=\begin{bmatrix}1&0&1&1&0&0&0\\1&1&1&0&1&0&0\\1&1&0&0&0&1&0\\0&1&1&0&0&0&1\end{bmatrix}\begin{bmatrix}1\\1\\1\\0\\0\\1\\1\end{bmatrix}=\begin{bmatrix}0\\1\\1\\1\end{bmatrix}$$

由于 $\boldsymbol{S}\neq\boldsymbol{0}$，所以译码器判别接收序列有错，传输中有错误发生。(7,3)码是纠正单个错误的码，观察 $\boldsymbol{S}$ 即为 $\boldsymbol{H}$ 的第二行，因此可判定接收序列 $\boldsymbol{R}_2$ 的第二位发生了错误。由于接收序列中错误个数与码的纠错能力相符，所以可正确译码，即发送码字应为(1010011)。

当接收 $\boldsymbol{R}_3=(0011011)$时，接收端译码器根据接收序列计算的伴随式 $\boldsymbol{S}$ 为

$$\boldsymbol{S}^{\mathrm{T}}=\boldsymbol{H}\boldsymbol{R}^{\mathrm{T}}=\begin{bmatrix}1&0&1&1&0&0&0\\1&1&1&0&1&0&0\\1&1&0&0&0&1&0\\0&1&1&0&0&0&1\end{bmatrix}\begin{bmatrix}0\\0\\1\\1\\0\\1\\1\end{bmatrix}=\begin{bmatrix}0\\1\\1\\0\end{bmatrix}$$

$\boldsymbol{S}\neq\boldsymbol{0}$，但与 $\boldsymbol{H}$ 的任何一列都不相同，无法判别错误发生在哪些位上，此时只能发现有错。

伴随式的计算可用电路来实现，如前所述的(7,3)码，设接收序列 $\boldsymbol{R}=(r_7r_6r_5r_4r_3r_2r_1)$，则伴随式为

$$\boldsymbol{S}^{\mathrm{T}}=\boldsymbol{H}\boldsymbol{R}^{\mathrm{T}}=\begin{bmatrix}1&0&1&1&0&0&0\\1&1&1&0&1&0&0\\1&1&0&0&0&1&0\\0&1&1&0&0&0&1\end{bmatrix}\begin{bmatrix}r_7\\r_6\\r_5\\r_4\\r_3\\r_2\\r_1\end{bmatrix}=\begin{bmatrix}r_7+r_5+r_4\\r_7+r_6+r_5+r_3\\r_7+r_6+r_2\\r_6+r_5+r_1\end{bmatrix}=\begin{bmatrix}s_4\\s_3\\s_2\\s_1\end{bmatrix}$$

根据上式，可画出(7,3)码的伴随式计算电路，如图 4.2.3 所示。

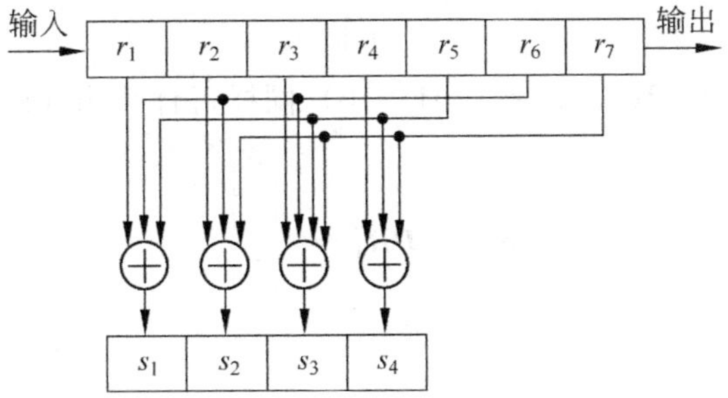


图 4.2.3 (7,3)码的伴随式计算电路

### 4.2.4 线性分组码的纠错能力

由前面的介绍可知，线性分组码的纠错能力 $t$ 和码字的最小距离 $d_{\min}$ 有关，一般 $t$ 是在设计通信系统时提出的，那么寻找满足纠正 $t$ 个错误码元的码字就是编码的任务，为此还需进一步研究 $d_{\min}$ 和码字结构的关系。线性分组码码字的结构是由生成矩阵（或一致校验矩阵）决定的，若已知 $\boldsymbol{H}$ 矩阵，该码的结构也就知道了，实际上所谓校验就是利用 $\boldsymbol{H}$ 矩阵去鉴别接收矢量 $\boldsymbol{R}$ 的结构。那么从研究码的纠错能力角度来看 $d_{\min}$ 与 $\boldsymbol{H}$ 有什么关系呢？

先来看一个利用伴随式对码字进行译码的例子。

**【例 4.2.8】** 已知(7,3)线性分组码的一致校验矩阵为

$$\boldsymbol{H}_{(7,3)}=\begin{bmatrix}1&0&1&1&0&0&0\\1&1&1&0&1&0&0\\1&1&0&0&0&1&0\\0&1&1&0&0&0&1\end{bmatrix}$$

对以下两个码字进行译码：$\boldsymbol{C}_1=(1110100)$，$\boldsymbol{C}_2=(0111010)$。假设有几种传输模式：

(1) 发送码字在传输中没有发生错误，即 $\boldsymbol{E}=(0000000)$，此时伴随式为

$$\boldsymbol{S}_1^{\mathrm{T}}=\boldsymbol{HR}_1^{\mathrm{T}}=\boldsymbol{HC}_1^{\mathrm{T}}=\boldsymbol{0},\quad \boldsymbol{S}_2^{\mathrm{T}}=\boldsymbol{HR}_2^{\mathrm{T}}=\boldsymbol{HC}_2^{\mathrm{T}}=\boldsymbol{0}$$

(2) 传送发生一个错误。若 $\boldsymbol{R}_1=(0110100)$，$\boldsymbol{R}_2=(1111010)$，则可根据接收序列分别计算伴随式为

$$\boldsymbol{S}_1^{\mathrm{T}}=\boldsymbol{HR}_1^{\mathrm{T}}=\begin{bmatrix}1&0&1&1&0&0&0\\1&1&1&0&1&0&0\\1&1&0&0&0&1&0\\0&1&1&0&0&0&1\end{bmatrix}\begin{bmatrix}0\\1\\1\\0\\1\\0\\0\end{bmatrix}=\begin{bmatrix}0\\1\\1\\1\end{bmatrix}+\begin{bmatrix}1\\1\\0\\1\end{bmatrix}+\begin{bmatrix}0\\1\\0\\0\end{bmatrix}=\begin{bmatrix}1\\1\\1\\0\end{bmatrix}$$

$$\boldsymbol{S}_2^{\mathrm{T}}=\boldsymbol{HR}_2^{\mathrm{T}}=\begin{bmatrix}1&0&1&1&0&0&0\\1&1&1&0&1&0&0\\1&1&0&0&0&1&0\\0&1&1&0&0&0&1\end{bmatrix}\begin{bmatrix}1\\1\\1\\1\\0\\1\\0\end{bmatrix}=\begin{bmatrix}1\\1\\1\\0\end{bmatrix}+\begin{bmatrix}0\\1\\1\\1\end{bmatrix}+\begin{bmatrix}1\\1\\0\\1\end{bmatrix}+\begin{bmatrix}1\\0\\0\\0\end{bmatrix}+\begin{bmatrix}0\\0\\1\\0\end{bmatrix}=\begin{bmatrix}1\\1\\1\\0\end{bmatrix}$$

若接收字为 $\boldsymbol{R}_1=(1010100)$，$\boldsymbol{R}_2=(0011010)$，同样可计算出伴随式为

$$\boldsymbol{S}_1^{\mathrm{T}}=\boldsymbol{HR}_1^{\mathrm{T}}=\begin{bmatrix}0\\1\\1\\1\end{bmatrix}$$

$$S_2^T = HR_2^T = \begin{bmatrix}0\\1\\1\\1\end{bmatrix}$$

这说明，$S$ 的确仅与 $E$ 有关，而与发送码字无关。此外，对于该(7,3)线性分组码，若发生一个错误，计算得到的 $S$ 正好与 $H$ 中的某一列向量相同。如果 $S$ 正好与 $H$ 的第 $i$ 列相同，就说明接收序列的第 $i$ 位出错，即 $e_i=1$。本例的第一对接收序列，$S$ 均为 $H$ 矩阵第一列，因此有 $E=(1000000)$；第二对接收序列，$S$ 均为 $H$ 矩阵的第二列，故 $E=(0100000)$。

(3) 传送发生两个错误。

还是发送前述的 $C_1$ 和 $C_2$，而 $R_1=(0010100)$，$R_2=(0100010)$，计算伴随式可得

$$S_1^T = HR_1^T = \begin{bmatrix}1&0&1&1&0&0&0\\1&1&1&0&1&0&0\\1&1&0&0&0&1&0\\0&1&1&0&0&0&1\end{bmatrix}\begin{bmatrix}0\\0\\1\\0\\1\\0\\0\end{bmatrix} = \begin{bmatrix}1\\1\\0\\1\end{bmatrix} + \begin{bmatrix}0\\1\\0\\0\end{bmatrix} = \begin{bmatrix}1\\0\\0\\1\end{bmatrix}$$

$$S_2^T = HR_2^T = \begin{bmatrix}1&0&1&1&0&0&0\\1&1&1&0&1&0&0\\1&1&0&0&0&1&0\\0&1&1&0&0&0&1\end{bmatrix}\begin{bmatrix}0\\1\\0\\0\\0\\1\\0\end{bmatrix} = \begin{bmatrix}0\\1\\1\\1\end{bmatrix} + \begin{bmatrix}0\\0\\1\\0\end{bmatrix} = \begin{bmatrix}0\\1\\0\\1\end{bmatrix}$$

由于 $S\neq 0$，说明传送的码字有错，但 $S$ 与 $H$ 矩阵中任一列均不相同，说明是不可纠正的错误，即无法由 $S$ 得到 $E$。这两个码字各自发生错的两个位置不同，实际上 $E_1=(1100000)$，$E_2=(0011000)$，但分析 $S$ 的结果可知，$S_1^T$ 是 $H$ 矩阵中第 1 列与第 2 列之和，而 $S_2^T$ 是 $H$ 矩阵中第 3 列与第 4 列之和。这不但说明 $S$ 与 $E$ 有关，而且说明前面所述的"$S$ 是 $H$ 中相应于 $E$ 中不等于 0 的那些列向量的线性组合"的结论是正确的。

(4) 若传送发生 3 位错误。

如发送前述 $C_1$，而接收 $R_1=(0000100)$，可判知 $E_1=(1110000)$。通过 $R_1$ 计算伴随式为

$$S_1^T = HR_1^T = \begin{bmatrix}0\\1\\0\\0\end{bmatrix}$$

因 $S\neq 0$，说明有错。但此时 $S_1^T$ 与 $H$ 矩阵中第 5 列相等，是否说明是 $R_1$ 的第 5 位出错呢？显然不是。根据定理 4.1.1 所述关于最小码距与检、纠错能力的关系可知，该(7,3)码的最小距离 $d_{min}=4$，其抗干扰能力为纠 1 检 2，若不用于纠错，则该码可检出 3 位错误。所

以本例能指出(检出)3 位错误,但不能纠正错误。

综上所述,若要求一个$(n,k)$码能纠正所有单个错,则由所有单个错的错误图样确定的 $\boldsymbol{S}$ 均不相同,且不等于 0。那么,一个$(n,k)$码怎样才能纠正错误$\leqslant t$ 呢?这就必须要求错误$\leqslant t$ 的所有可能组合的错误图样,都必须有不同的伴随式与之对应。因此若有

$$(0\cdots0\ e_{i_1}\cdots e_{i_2}\cdots e_{i_t}0\cdots0)\neq(0\cdots0\ e'_{i_1}\cdots e'_{i_2}\cdots e'_{i_t}0\cdots0)$$

则要求

$$e_{i_1}\boldsymbol{h}_{i_1}+e_{i_2}\boldsymbol{h}_{i_2}+\cdots+e_{i_t}\boldsymbol{h}_{i_t}\neq e'_{i_1}\boldsymbol{h}'_{i_1}+e'_{i_2}\boldsymbol{h}'_{i_2}+\cdots+e'_{i_t}\boldsymbol{h}'_{i_t}$$

即

$$e_{i_1}\boldsymbol{h}_{i_1}+e_{i_2}\boldsymbol{h}_{i_2}+\cdots+e_{i_t}\boldsymbol{h}_{i_t}+e'_{i_1}\boldsymbol{h}'_{i_1}+e'_{i_2}\boldsymbol{h}'_{i_2}+\cdots+e'_{i_t}\boldsymbol{h}'_{i_t}\neq\boldsymbol{0}$$

这说明:$(n,k)$码要纠正错误$\leqslant t$,其 $\boldsymbol{H}$ 矩阵中任意 $2t$ 列必须线性无关。这与定理 4.1.1 所述"若要纠正 $t$ 个独立差错,则要求最小码距 $d_{\min}\geqslant 2t+1$"是一致的,即 $\boldsymbol{H}$ 矩阵中要求任意 $d_{\min}-1$ 列线性无关。

**定理 4.2.1** $(n,k)$线性分组码最小码距等于 $d_{\min}$ 的充要条件是 $\boldsymbol{H}$ 矩阵中任何 $d_{\min}-1$ 列线性无关。

定理 4.2.1 是构造任何类型线性分组码的基础,由定理可得出以下三个结论:

① 为了构造最小距离 $d_{\min}\geqslant e+1$(可检测错误$\leqslant e$)或 $d_{\min}\geqslant 2t+1$ (可纠正错误$\leqslant t$)的线性分组码,其充要条件是要求 $\boldsymbol{H}$ 矩阵中任意 $d_{\min}-1$ 列线性无关。

例如,要构造最小距离为 3 的码,则要求 $\boldsymbol{H}$ 矩阵中任意两列线性无关。对于二元码,即要求 $\boldsymbol{H}$ 矩阵满足无相同的列和无全 0 的列,就可纠正所有单个错误。

② 因为交换 $\boldsymbol{H}$ 矩阵的各列不会影响码的最小距离,因此所有列向量相同但排列位置不同的 $\boldsymbol{H}$ 矩阵所对应的分组码,其纠错能力是等价的。

③ 任一线性分组码的最小距离(或最小重量) $d_{\min}$ 均满足 $d_{\min}\leqslant n-k+1$。

满足 $d_{\min}=n-k+1$ 的线性分组码称为**极大最小距离码**。在同样的 $n,k$ 之下,由于 $d_{\min}$ 最大,因此纠错能力更强。所以设计这种码,是编码理论中人们感兴趣的一个课题。

根据定理 4.2.1,可以由 $\boldsymbol{H}$ 矩阵的列的相关性直接知道码的纠错、检错能力。

在已知信息位 $k$ 的条件下,如何去确定监督位 $r=n-k$ 的位数(确定码长),才能满足对纠错能力 $t$ 的要求?对此有下述结论:

若 $C$ 是$(n,k)$二元码,当已知 $k$ 时,要使 $C$ 能纠正 $t$ 个错,则必须有不少于 $r$ 个校验位,并且使 $r$ 满足

$$2^r-1\geqslant\sum_{i=1}^{t}C_n^i \tag{4.2.9}$$

式中,$C_n^i$ 为 $n$ 中取 $i$ 的组合。满足 $2^r-1=\sum_{i=1}^{t}C_n^i$ 时的码称为**完备码**,这种码的校验元得到了最充分的利用。式(4.2.9)又称为汉明不等式。

## 4.2.5 汉明码

汉明码是汉明(Hamming)于 1950 年提出的能纠正一位错的线性分组码。汉明码有许多很好的性质:它是一种完备码,满足 $2^r-1=\sum_{i=1}^{t}C_n^i$,从而使码的校验元得到了充分的利

用；它可以用一种简捷有效的方法进行译码。由于它的编、译码较简单，且较容易实现，因此被广泛采用，尤其在计算机存储与运算系统中被广泛应用。

对于任意正整数 $m \geqslant 3$，存在具有下列参数的二进制汉明码：

- 码长 $n=2^m-1$；
- 信息位数 $k=2^m-m-1$；
- 监督位数 $r=n-k=m$；
- 最小码距 $d_{\min}=3$。

给定 $m$ 后，即可构造出具体的 $(n,k)$ 汉明码，这可以从建立一致校验矩阵 $\boldsymbol{H}$ 入手。$\boldsymbol{H}$ 矩阵的列数就是码长 $n$，行数等于 $r$。例如，若取 $m=3$，根据二进制汉明码的参数可算出 $n=7,k=4$，因而是(7,4)线性码。其 $\boldsymbol{H}$ 矩阵正是用 $2^r-1=7$ 个非零三维列向量构成的。如 $\boldsymbol{H}$ 矩阵可为

$$\boldsymbol{H}_{(7,4)}=\begin{bmatrix}0&0&0&1&1&1&1\\0&1&1&0&0&1&1\\1&0&1&0&1&0&1\end{bmatrix}$$

此时，$\boldsymbol{H}$ 矩阵的列所对应的十进制数正好是 1～7，对于纠正一位差错来说，其伴随式的值就等于对应的 $\boldsymbol{H}$ 矩阵的列矢量，其对应的十进制数即错误位置。所以，这种形式的 $\boldsymbol{H}$ 矩阵构成的码很便于纠错，但这是非系统的(7,4)汉明码的一致校验矩阵。如果要得到系统码，可通过调整各列的次序来实现

$$\boldsymbol{H}_0=\begin{bmatrix}1&1&1&0&1&0&0\\0&1&1&1&0&1&0\\1&1&0&1&0&0&1\end{bmatrix}$$

有了 $\boldsymbol{H}_0$，就可得到系统码的校验位，其相应的生成矩阵为

$$\boldsymbol{G}_0=\begin{bmatrix}1&0&0&0&1&0&1\\0&1&0&0&1&1&1\\0&0&1&0&1&1&0\\0&0&0&1&0&1&1\end{bmatrix}$$

设码字 $\boldsymbol{C}=(c_7c_6c_5c_4c_3c_2c_1)$，根据 $\boldsymbol{H}_0$(或 $\boldsymbol{G}_0$)和关系式 $\boldsymbol{HC}^{\mathrm{T}}=\boldsymbol{0}^{\mathrm{T}}$，有

$$\begin{cases}c_3=c_7+c_6+c_5\\c_2=c_6+c_5+c_4\\c_1=c_7+c_6+c_4\end{cases}$$

依此，(7,4)汉明码的编码电路原理图如图 4.2.4 所示。

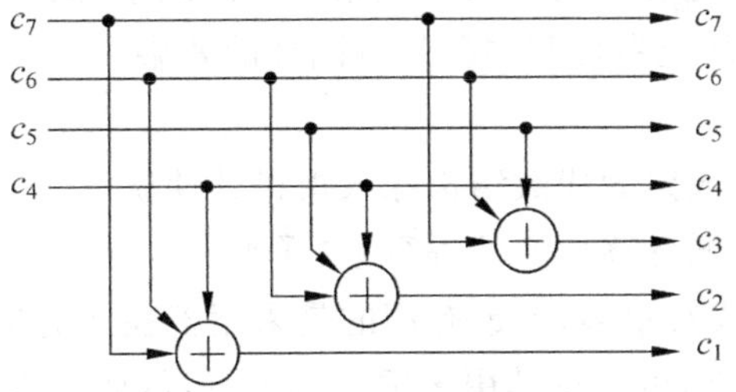


图 4.2.4 (7,4)汉明码的编码电路原理图

汉明码的译码,可以采用计算伴随式,然后确定错误图样并加以纠正的方法。图 4.2.5 所示为(7,4)汉明码的译码电路原理图。

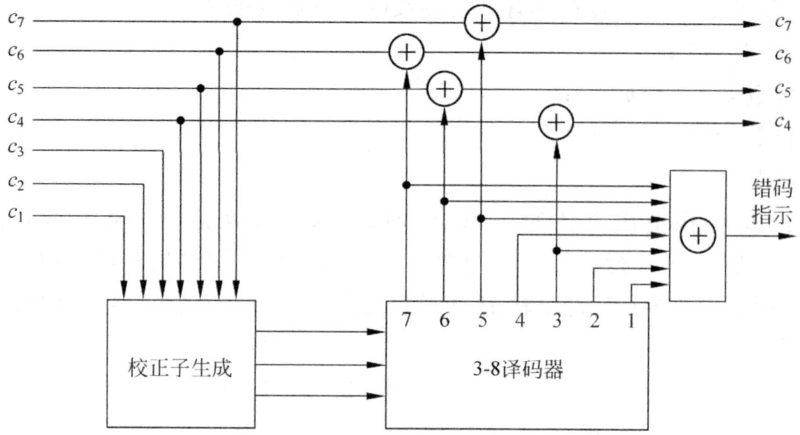


图 4.2.5 (7,4)汉明译码器电路原理图

需要注意的是,(7,4)汉明码的 $\boldsymbol{H}$ 矩阵并非只有以上两种。原则上讲,$(n,k)$汉明码的一致校验矩阵有 $n$ 列 $r$ 行,它的 $n$ 列由除了全 0 以外的 $r$ 位码组构成,每个码组只在某列中出现一次,$\boldsymbol{H}$ 矩阵中各列的次序是可任意改变的。

另外,对照完备码的定义可知,汉明码实际上就是 $t=1$ 的完备码。

## 4.3 循环码

循环码是一种特殊的线性分组码,属于线性分组码的一个重要子类,也是目前研究最为透彻的一类码,大多数有实用价值的纠错码都是循环码。循环码与一般的线性分组码相比具有以下优点:循环码的编码和译码易于用简单的、具有反馈连接的移位寄存器来实现。

**定义 4.3.1** 设有$(n,k)$线性分组码 $C$,如果它的任意一个码字的每一次循环移位后仍然是 $C$ 中的一个码字,则称 $C$ 为循环码。也即,如果 $\boldsymbol{C}=(c_nc_{n-1}\cdots c_2c_1)$是循环码 $C$ 的一个码字,那么 $\boldsymbol{C}=(c_{n-1}\cdots c_2c_1c_n)$也是 $C$ 的码字时,则所有这些具有循环特性的码字的全体便构成了循环码 $C$。

例如,在例 4.2.3 中的(7,3)线性分组码就是循环码,该码如表 4.3.1 所示。由表可以看到,在右边的码字栏内,任意一个码字将其循环移位后,其结果仍然是该栏内的一个码字。例如,将第 2 行的码字循环左移一位后可得到第 4 行的码字,第 4 行的码字循环左移一位后得到第 7 行的码字等。实际上右移和左移具有同样的效果。

循环码的主要特点如下:

(1) 理论成熟,可利用成熟的代数结构深入探讨其性质。

(2) 实现简单,可利用循环移位特性进行编、译码。

(3) 循环码的描述方式有很多,但最有用的是采用多项式的描述方法。

由于循环码的以上特点,可以将其用多项式来表示,从而可以借助代数工具对循环码进行分析。这也是循环码能被广泛应用的原因之一。

表 4.3.1　循环码例子

| 信息码元 | | | 码字 | | | | | | |
|---|---|---|---|---|---|---|---|---|---|
| $m_3$ | $m_2$ | $m_1$ | $c_7$ | $c_6$ | $c_5$ | $c_4$ | $c_3$ | $c_2$ | $c_1$ |
| 0 | 0 | 0 | 0 | 0 | 0 | 0 | 0 | 0 | 0 |
| 0 | 0 | 1 | 0 | 0 | 1 | 1 | 1 | 0 | 1 |
| 0 | 1 | 0 | 0 | 1 | 0 | 0 | 1 | 1 | 1 |
| 0 | 1 | 1 | 0 | 1 | 1 | 1 | 0 | 1 | 0 |
| 1 | 0 | 0 | 1 | 0 | 0 | 1 | 1 | 1 | 0 |
| 1 | 0 | 1 | 1 | 0 | 1 | 0 | 0 | 1 | 1 |
| 1 | 1 | 0 | 1 | 1 | 0 | 1 | 0 | 0 | 1 |
| 1 | 1 | 1 | 1 | 1 | 1 | 0 | 1 | 0 | 0 |

## 4.3.1　循环码的多项式描述

设有循环码字 $\boldsymbol{C}=(c_n\cdots c_2c_1)$，则可以用一个次数不超过 $n-1$ 的多项式唯一确定，其相应的多项式可表示为

$$C(x)=c_nx^{n-1}+\cdots+c_2x+c_1 \tag{4.3.1}$$

即码字 $\boldsymbol{C}$ 与码多项式 $C(x)$ 一一对应。

由循环码的特性可知，若 $\boldsymbol{C}=(c_nc_{n-1}\cdots c_2c_1)$ 是循环码 $C$ 的一个码字，则 $\boldsymbol{C}^{(1)}=(c_{n-1}\cdots c_2c_1c_n)$ 也是该循环码的一个码字，它的码多项式为

$$C^{(1)}(x)=c_{n-1}x^{n-1}+\cdots+c_1x+c_n \tag{4.3.2}$$

比较式(4.3.1)和式(4.3.2)，得

$$\frac{xC(x)}{x^n+1}=c_n+\frac{c_{n-1}x^{n-1}+\cdots+c_1x+c_n}{x^n+1}=c_n+\frac{C^{(1)}(x)}{x^n+1}$$

该式说明，码字循环一次的码多项式 $C^{(1)}(x)$ 是原码多项式 $C(x)$ 乘 $x$ 后再除以 $x^n+1$ 所得的余式，即

$$C^{(1)}(x)\equiv xC(x)\ \mathrm{mod}\ (x^n+1)$$

由此可以推知，$C(x)$ 的 $i$ 次循环移位 $C^{(i)}(x)$ 是原码多项式 $C(x)$ 乘 $x^i$ 后再除以 $x^n+1$ 所得的余式，即

$$C^{(i)}(x)\equiv x^iC(x)\ \mathrm{mod}\ (x^n+1) \tag{4.3.3}$$

式(4.3.3)揭示了 $(n,k)$ 线性码中码多项式与码字循环移位之间的关系，它对循环码的研究起着重要的作用。

例如，前面所述(7,3)循环码可由任一个码字(例如 0011101)经循环移位后得到其他 6 个码字；也可由相应的码多项式 $x^4+x^3+x^2+1$ 乘以 $x^i(i=1,2,\cdots,6)$ 后，再模 $x^7+1$ 得到其他 6 个非零码多项式。这个移位过程和相应的多项式运算如表 4.3.2 所示。

表 4.3.2　(7,3)循环码的循环移位

| 循环次数 | 码字 | 码多项式 |
|---|---|---|
| | 0 0 0 0 0 0 0 | |
| 0 | 0 0 1 1 1 0 1 | $x^4+x^3+x^2+1$ |
| 1 | 0 1 1 1 0 1 0 | $x(x^4+x^3+x^2+1)\ \mathrm{mod}\ (x^7+1)=x^5+x^4+x^3+x$ |

续表

| 循环次数 | 码　字 | 码多项式 |
|---|---|---|
| 2 | 1 1 1 0 1 0 0 | $x^2(x^4+x^3+x^2+1) \bmod (x^7+1)=x^6+x^5+x^4+x^2$ |
| 3 | 1 1 0 1 0 0 1 | $x^3(x^4+x^3+x^2+1) \bmod (x^7+1)=x^6+x^5+x^3+1$ |
| 4 | 1 0 1 0 0 1 1 | $x^4(x^4+x^3+x^2+1) \bmod (x^7+1)=x^6+x^4+x+1$ |
| 5 | 0 1 0 0 1 1 1 | $x^5(x^4+x^3+x^2+1) \bmod (x^7+1)=x^5+x^2+x+1$ |
| 6 | 1 0 0 1 1 1 0 | $x^6(x^4+x^3+x^2+1) \bmod (x^7+1)=x^6+x^3+x^2+x$ |

## 4.3.2 循环码的生成矩阵

根据循环码的循环特性，可由一个码字的循环移位得到其他非 0 码字。在$(n,k)$循环码的码多项式中，每一个能整除 $x^n+1$ 的$(n-k)$次首一多项式(其最高次项系数为 1)都是该码的生成多项式，记为 $g(x)$。将 $g(x)$经过$(k-1)$次循环移位，共得到 $k$ 个码多项式：$g(x)$、$xg(x)$，…，$x^{k-1}g(x)$。这 $k$ 个码多项式显然是相互独立的，可作为码生成矩阵的 $k$ 行，于是得到$(n,k)$循环码的生成矩阵 $\boldsymbol{G}(x)$

$$\boldsymbol{G}(x)=\begin{bmatrix} x^{k-1}g(x) \\ x^{k-2}g(x) \\ \vdots \\ xg(x) \\ g(x) \end{bmatrix} \tag{4.3.4}$$

码的生成矩阵一旦确定，码也就确定了。这说明$(n,k)$循环码可由它的一个$(n-k)$次首一多项式 $g(x)$来确定，所以可以说由 $g(x)$生成了$(n,k)$循环码。因此称 $g(x)$为码的生成多项式，即

$$g(x)=g_{n-k}x^{n-k}+\cdots+g_1x+g_0 \tag{4.3.5}$$

如果某一个码 $C$ 具有生成多项式 $g(x)$，则该码一定是循环码。

码的生成多项式 $g(x)$具有如下性质：

- 在$(n,k)$循环码中，$(n-k)$次码多项式是最低次的码多项式。
- 在$(n,k)$循环码中，每个码多项式 $C(x)$都是 $g(x)$的倍式。
- 任意$(n,k)$循环码的生成多项式 $g(x)$一定整除 $x^n+1$。

**【例 4.3.1】** 求二进制(7,4)循环码的生成矩阵。

**解**：为了求生成矩阵，必须先求该码的生成多项式，由定义知对于(7,4)循环码，只要能找到一个能整除 $x^7+1$ 的三次首一多项式就可以了。为此，将 $x^7+1$ 进行因式分解，有

$$x^7+1=(x+1)(x^3+x+1)(x^3+x^2+1)$$

上式中满足三次首一多项式要求的有两个，可从中任选一个作为生成多项式，如选择

$$g(x)=(x^3+x+1)$$

为写出生成矩阵，可写出生成矩阵各行的系数，即

$$xg(x)=x^4+x^2+x$$

$$x^2g(x)=x^5+x^3+x^2$$

$$x^3g(x)=x^6+x^4+x^3$$

因此,按式(4.3.4),有

$$G(x)=\begin{bmatrix}x^3g(x)\\x^2g(x)\\xg(x)\\g(x)\end{bmatrix}=\begin{bmatrix}x^6+x^4+x^3\\x^5+x^3+x^2\\x^4+x^2+x\\x^3+x+1\end{bmatrix}$$

所以,对应的(7,4)循环码的四行七列生成矩阵为

$$G=\begin{bmatrix}1&0&1&1&0&0&0\\0&1&0&1&1&0&0\\0&0&1&0&1&1&0\\0&0&0&1&0&1&1\end{bmatrix}$$

**【例 4.3.2】** 求二进制(7,3)循环码的生成多项式。

**解**: 分解多项式 $x^7+1$,取其四次首一多项式作为生成多项式,即

$$x^7+1=(x+1)(x^3+x+1)(x^3+x^2+1)$$

可将一次和任一个三次多项式的乘积作为生成多项式,即

$$g(x)=(x+1)(x^3+x+1)=x^4+x^3+x^2+1$$

或

$$g(x)=(x+1)(x^3+x^2+1)=x^4+x^2+x+1$$

由于$(n,k)$线性码的生成矩阵 $\boldsymbol{G}$ 与一致校验矩阵 $\boldsymbol{H}$ 满足关系

$$\boldsymbol{G}\boldsymbol{H}^{\mathrm{T}}=0$$

而循环码也是线性码,如果设 $g(x)$为$(n,k)$循环码的生成多项式,它必为 $x^7+1$ 的因式。则有

$$x^n+1=g(x)h(x) \tag{4.3.6}$$

称 $h(x)$为$(n,k)$循环码的校验多项式,且

$$h(x)=h_kx^k+\cdots+h_1x+h_0 \tag{4.3.7}$$

显然,$(n,k)$循环码也可由其校验多项式完全确定,$(n,k)$循环码的一致校验矩阵 $\boldsymbol{H}$ 为

$$\boldsymbol{H}(x)=\begin{bmatrix}h^*(x)\\xh^*(x)\\\vdots\\x^{n-k-2}h^*(x)\\x^{n-k-1}h^*(x)\end{bmatrix} \tag{4.3.8}$$

$$\boldsymbol{H}=\begin{bmatrix}0&\cdots&0&h_0&h_1&\cdots&h_{k-1}&h_k\\0&\cdots&h_0&h_1&\cdots&h_{k-1}&h_k&0\\\vdots&\vdots&\vdots&\vdots&\vdots&\vdots&\vdots&\vdots\\h_0&h_1&\cdots&h_{k-1}&h_k&0&\cdots&0\end{bmatrix}$$

式中,$h^*(x)$为 $h(x)$的反多项式,即

$$h^*(x)=h_0x^k+h_1x^{k-1}+\cdots+h_{k-1}x+h_k$$

因为 $g(x)$是$(n-k)$次多项式,以 $g(x)$为生成多项式,则生成一个$(n,k)$循环码,以 $h(x)$为生成多项式,则生成一个$(n,n-k)$循环码,这两个循环码互为对偶码。

【例 4.3.3】 以二进制码(7,3)码为例，说明$(n,k)$循环码可由生成多项式或校验多项式完全确定。

由多项式的因式分解知

$$x^7+1=(x^3+x+1)(x^4+x^2+x+1)$$

其四次多项式为生成多项式

$$g(x)=x^4+x^2+x+1$$

其三次多项式为校验多项式

$$h(x)=x^3+x+1$$

由等式$x^7+1=g(x)h(x)$，等式两端的同次系数应相等，得

$$\begin{aligned}
&x^3\text{ 的系数 } g_3h_0+g_2h_1+g_1h_2+g_0h_3=0\\
&x^4\text{ 的系数 } g_4h_0+g_3h_1+g_2h_2+g_1h_3=0\\
&x^5\text{ 的系数 } g_4h_1+g_3h_2+g_2h_3=0\\
&x^6\text{ 的系数 } g_4h_2+g_3h_3=0
\end{aligned}$$

将上述四个方程写成矩阵形式为

$$\begin{bmatrix}0&0&0&h_0&h_1&h_2&h_3\\0&0&h_0&h_1&h_2&h_3&0\\0&h_0&h_1&h_2&h_3&0&0\\h_0&h_1&h_2&h_3&0&0&0\end{bmatrix}\begin{bmatrix}0\\0\\g_4\\g_3\\g_2\\g_1\\g_0\end{bmatrix}=\mathbf{0}^{\mathrm{T}}$$

上式中列矩阵(列向量)的元素就是生成多项式$g(x)$的系数，它本身是一个码字，那么第一个矩阵即为(7,3)循环码的一致校验矩阵，即

$$\boldsymbol{H}_{(7,3)}=\begin{bmatrix}0&0&0&h_0&h_1&h_2&h_3\\0&0&h_0&h_1&h_2&h_3&0\\0&h_0&h_1&h_2&h_3&0&0\\h_0&h_1&h_2&h_3&0&0&0\end{bmatrix}$$

可见，一致校验矩阵的第1行是码的校验多项式$h(x)$的系数的反序排列，而第2～4行分别是第1行的移位，由此得到用校验多项式的系数来构成的一致校验矩阵为

$$\boldsymbol{H}_{(7,3)}=\begin{bmatrix}0&0&0&1&1&0&1\\0&0&1&1&0&1&0\\0&1&1&0&1&0&0\\1&1&0&1&0&0&0\end{bmatrix}$$

由上分析可得以下结论：给定了$(n,k)$循环码的生成多项式$g(x)$，可以求得相应的生成矩阵$\boldsymbol{G}$，由$g(x)$又可以确定校验多项式$h(x)$，并可由$h(x)$确定循环码的一致校验矩阵$\boldsymbol{H}$。生成多项式与生成矩阵的含义是相同的，前者对应于循环码的多项式表示方式，而后者对应于循环码的矩阵表示方式，两者之间可以相互转换。

### 4.3.3 系统循环码

前面介绍的生成矩阵所产生循环码不是系统码。可以通过矩阵的行初等运算，得到系统循环码的生成矩阵，使其具有 $\boldsymbol{G}=[\boldsymbol{I}_k \vdots \boldsymbol{P}]$ 的形式，生成矩阵的行运算实质上就是码字间 $k$ 个基底间进行线性组合运算。系统循环码的生成矩阵对应的一致校验矩阵为

$$\boldsymbol{H}=[\boldsymbol{P}^{\mathrm{T}} \vdots \boldsymbol{I}_{n-k}]$$

**【例 4.3.4】** 以 $g(x)=(x^3+x+1)$ 为生成多项式生成一个(7,4)循环码，要求生成的(7,4)循环码是系统的。

**解**：由例 4.3.1 得对应给定 $g(x)$ 的(7,4)循环码的生成矩阵为

$$\boldsymbol{G}=\begin{bmatrix}1&0&1&1&0&0&0\\0&1&0&1&1&0&0\\0&0&1&0&1&1&0\\0&0&0&1&0&1&1\end{bmatrix}\begin{matrix}(1)\\(2)\\(3)\\(4)\end{matrix}$$

要得到典型矩阵 $\boldsymbol{G}_0$，对矩阵 $\boldsymbol{G}$ 的行进行运算，将第(1)、(3)、(4)行相加后作为第 1 行，第(2)、(4)行相加后作为第 2 行，得

$$\boldsymbol{G}_0=\begin{bmatrix}1&0&0&0&1&0&1\\0&1&0&0&1&1&1\\0&0&1&0&1&1&0\\0&0&0&1&0&1&1\end{bmatrix}\begin{matrix}(1)+(3)+(4)\\(2)+(4)\\ \\ \end{matrix}$$

对应

$$\boldsymbol{H}_0=\begin{bmatrix}1&1&1&0&1&0&0\\0&1&1&1&0&1&0\\1&1&0&1&0&0&1\end{bmatrix}$$

这样，就得到系统循环码的生成矩阵和一致校验矩阵。

### 4.3.4 多项式运算电路

由于多项式 $g(x)=g_nx^n+\cdots+g_1x+g_0$ 表示的是时间序列 $g=(g_n\cdots g_1g_0)$，因而多项式的运算表现为对时间序列的操作。

设有多项式 $g(x)$ 和 $h(x)$，则 $g(x)$ 与 $h(x)$ 的相加电路如图 4.3.1 所示。若 $h(x)$ 的阶数 $m$ 小于 $g(x)$ 的阶数 $n$，则将 $h(x)$ 也扩充为 $n$ 次多项式，其扩充的幂次项系数为 0。

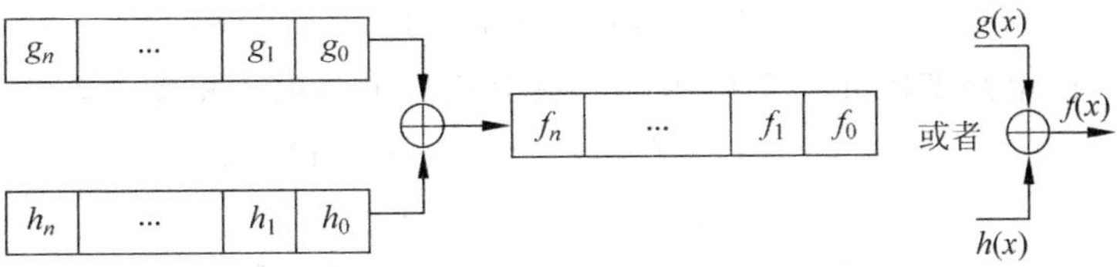


图 4.3.1 多项式相加 $f(x)=g(x)+h(x)$

多项式 $g(x)$ 乘以 $x$ 等价为时间序列 $g$ 延迟一位。因为

$$g(x)h(x)=g(x)(h_1(x)+h_2(x))=g(x)h_1(x)+g(x)h_2(x)$$

所以，多项式 $g(x)$ 与多项式 $h(x)$ 相乘等价为 $g(x)$ 的不同移位后的相加。

多项式的**乘法电路**如图 4.3.2 所示，按照图 4.3.2 的乘法电路构成 $g(x)$ 与 $h(x)$ 乘法的一般电路如图 4.3.3 所示。在乘法电路中总假设多项式的低位在前，电路中的所有寄存器初始状态为 0。

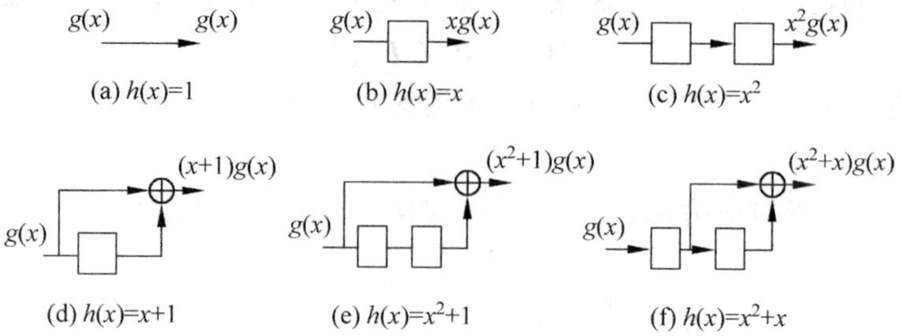


图 4.3.2　多项式乘法电路

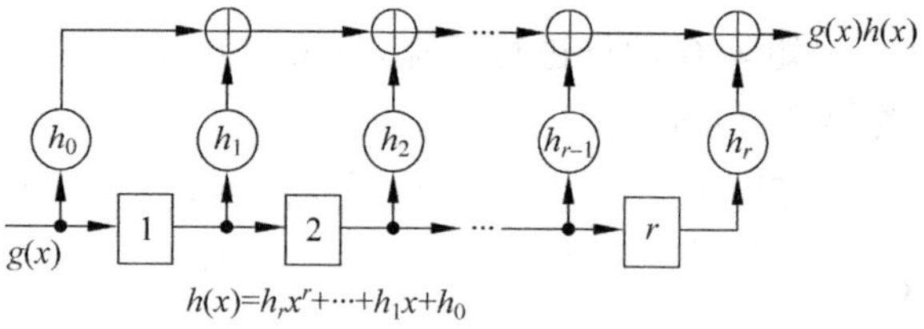


图 4.3.3　多项式乘法的一般电路

设 $g(x)=g_kx^k+\cdots+g_1x+g_0$，$h(x)=h_rx^r+\cdots+h_1x+h_0$，则用多项式 $h(x)$ 去除任意多项式 $g(x)$ 的电路即为 $h(x)$ **除法电路**，如图 4.3.4 所示。移位寄存器的初始状态全为 0，当 $g(x)$ 输入完毕，移位寄存器 $(p_0p_1\cdots p_{r-1})$ 中的内容即为余式。

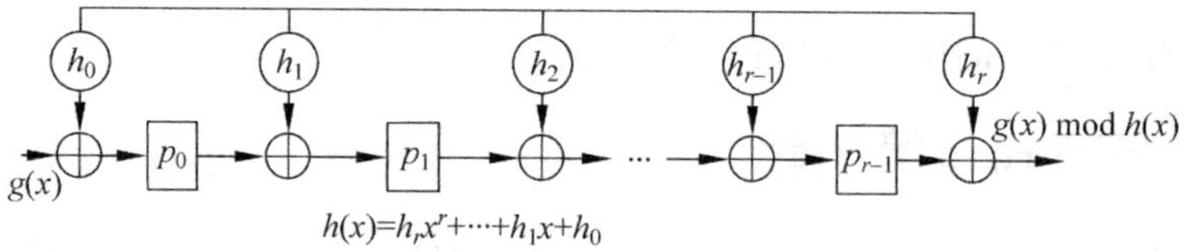


图 4.3.4　除法电路

**【例 4.3.5】** 设被除式 $g(x)$ 与除式 $h(x)$ 都是系数为二进制的多项式，且

$$g(x)=x^4+x^3+1$$

$$h(x)=x^3+x+1$$

则完成除以 $h(x)$ 的电路如图 4.3.5 所示。完成上述二个多项式相除的算式如下：

$$x^4+x^3+1=(x+1)(x^3+x+1)+x^2$$

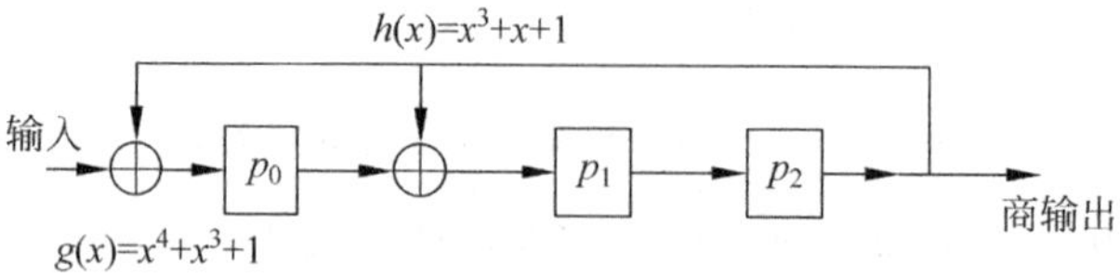


图 4.3.5　例 4.3.5 的除法电路

这里商为 $x+1$，余式为 $x^2$，表 4.3.3 给出了图 4.3.5 电路的运算过程，经过 $r+1=4$ 次移位后得到商 $x$ 项的系数，经过 $k+1=5$ 次移位后，完成了整个除法运算，在移位寄存器中保存的数(001)代表余式($x^0x^1x^2$)的系数。

**表 4.3.3 例 4.3.5 的运算过程表**

| 节 拍 | 输 入 | 移位寄存器的内容 | | | 输 出 |
|---|---|---|---|---|---|
| | | $p_0(x^0)$ | $p_1(x^1)$ | $p_2(x^2)$ | |
| 0 | 0 | 0 | 0 | 0 | 0 |
| 1 | $1(x^4)$ | 1 | 0 | 0 | 0 |
| 2 | $1(x^3)$ | 1 | 1 | 0 | 0 |
| 3 | $0(x^2)$ | 0 | 1 | 1 | 0 |
| 4 | $0(x^1)$ | 1 | 1 | 1 | $1(x^1)$ |
| 5 | $1(x^0)$ | 0 | 0 | 1 | $1(x^0)$ |
| | | 余式 | | | 商式 |

## 4.3.5 循环码的编码电路

利用生成多项式 $g(x)$ 实现编码是循环码编码电路常用的实现方法。若已知信息位为 $k$ 位，要求纠错能力为 $t$，可以按循环码的性质来设计循环码编码电路。

首先可以根据汉明不等式式(4.2.9)，即

$$2^r - 1 \geqslant \sum_{i=1}^{t} C_n^i$$

求出所需要的 $n$ 和 $r(=n-k)$。求出 $n$ 以后，再从 $x^n+1$ 的因式中找出生成多项式 $g(x)$，由 $g(x)$ 生成的码 $C$ 就是满足要求的循环码。

给定 $g(x)$ 后，实现编码电路的方法有两种：一种方法是采用 $g(x)$ 的乘法电路；另一种方法是除以 $g(x)$ 的除法电路。前者主要是利用方程式 $C(x)=m(x)g(x)$ 进行编码，这样编出的码为非系统码；而后者是系统码编码器中常用的电路，所编出的码为系统码。在这里只介绍更常使用的系统码编码电路。

设从信源输入编码器的 $k$ 位信息组多项式为

$$m(x) = m_{k-1}x^{k-1} + \cdots + m_1 x + m_0$$

如果要编出系统码的码字，则

$$\begin{aligned} C(x) &= m(x)x^{n-k} + r(x) \\ r(x) &\equiv m(x)x^{n-k} \bmod g(x) \end{aligned} \tag{4.3.9}$$

从式(4.3.9)知，系统码的编码器就是将信息组 $m(x)$ 乘上 $x^{n-k}$，然后用生成多项式 $g(x)$ 除，求余式 $r(x)$ 的电路，由此得系统循环码的编码步骤如下：

(1) 以 $x^{n-k}$ 乘以 $m(x)$。

(2) 以 $g(x)$ 除以 $x^{n-k}m(x)$，得到余式 $r(x)$。

(3) 组合 $m(x)$ 和 $r(x)$ 得码字 $C(x)=m(x)x^{n-k}+r(x)$。

实现系统循环码编码的电路如图 4.3.6 所示。

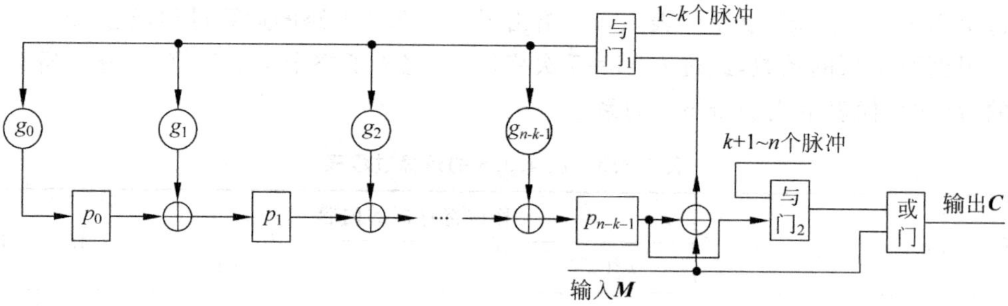


图 4.3.6 $(n-k)$级系统码编码器

下面以二进制(7,4)循环码(汉明码)为例来说明编码器的工作原理。

当输入信息码元为(1001),即 $m(x)=x^3+1$,设循环码的生成多项式 $g(x)=x^3+x+1$,由系统码生成规则得

$$x^{n-k}m(x)=x^{7-4}(x^3+1)=x^6+x^3$$

其运算过程为

$$r(x)=x^{n-k}m(x)\bmod g(x)=x^2+x$$

$$\begin{array}{r|l} & x^3+x \\ \hline x^3+x+1 & x^6+x^3\,[x^{n-k}\cdot m(x)] \\ & x^6+x^4+x^3 \\ \cline{2-2} & x^4 \\ & x^4+x^2+x \\ \cline{2-2} & x^2+x\_\_\_\_\_\_[r(x)] \end{array}$$

则
$$\begin{aligned} C(x)&=x^{n-k}\cdot m(x)+r(x) \\ &=x^{7-4}(x^3+1)+x^2+x \\ &=x^6+x^3+x^2+x \end{aligned}$$

所以 $\boldsymbol{C}=(1001110)$。

由此得二进制(7,4)循环系统码编码器如图 4.3.7 所示。电路的编码过程如下:

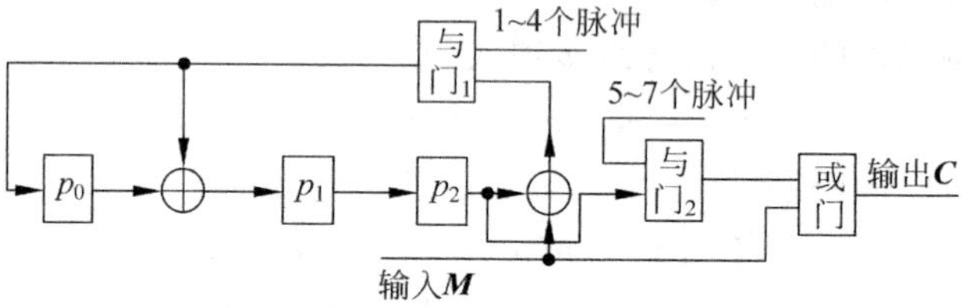


图 4.3.7 (7.4)循环系统码编码器

(1) 三级移位寄存器初始状态全为 0,门 1 打开,门 2 关闭。信息组以高位先入的次序送入电路,一方面经或门输出编码的前 $k$ 个信息码元;另一方面送入 $g(x)$除法电路的右端,这对应于完成用 $g(x)$除 $x^{n-k}m(x)$的除法运算。

(2) 四次移位后,信息组全部通过或门输出,它就是系统码码字的前四个信息码元,同时它也全部进入除 $g(x)$电路,完成除法运算。此时在移存器 $p_2p_1p_0$ 中存的数就是余式 $r(x)$的系数,也就是码字的校验码元($c_3c_2c_1$)。

(3) 门 1 关闭，门 2 打开，再经三次移位后，移位寄存器中的校验码元($c_3c_2c_1$)跟在信息组后面输出，形成一个完整的码字($c_7=m_4, c_6=m_3, c_5=m_2, c_4=m_1, c_3, c_2, c_1$)。

(4) 门 1 打开，门 2 关闭，送入第二组信息组，重复上述过程。

表 4.3.4 列出了上述编码器的工作过程。设输入信息组为(1001)，七个移位脉冲过后，在输出端得到了已编好的码字(1001110)。

**表 4.3.4 (7,4)码编码的工作过程**

| 节　拍 | 输　入 | 移位寄存器的内容 | | | 输　出 |
|---|---|---|---|---|---|
| | | $p_0(x^0)$ | $p_1(x^1)$ | $p_2(x^2)$ | |
| 0 | | 0 | 0 | 0 | |
| 1 | 1($m_4$) | 1 | 1 | 0 | 1 |
| 2 | 0($m_3$) | 0 | 1 | 1 | 0 |
| 3 | 0($m_2$) | 1 | 1 | 1 | 0 |
| 4 | 1($m_1$) | 0 | 1 | 1 | 1 |
| 5 | | 0 | 0 | 1 | 1 |
| 6 | | 0 | 0 | 0 | 1 |
| 7 | | 0 | 0 | 0 | 0 |

## 4.3.6 循环码的译码电路

作为一种特殊的线性分组码，循环码的译码也采用伴随式译码，即先计算接收码字的伴随式，然后根据它来判断是否有错，发现有错进而判断错误图样并纠正错误。由于循环码的循环结构，使得其译码的实现比线性分组码更容易一些。

若给定循环码的一致校验矩阵 $\boldsymbol{H}$，则伴随式 $\boldsymbol{S}=\boldsymbol{R}\boldsymbol{H}^{\mathrm{T}}=(\boldsymbol{C}+\boldsymbol{E})\boldsymbol{H}^{\mathrm{T}}=\boldsymbol{E}\boldsymbol{H}^{\mathrm{T}}$，式中 $\boldsymbol{C}$ 为发送端发送的码字，$\boldsymbol{E}$ 为信道的错误图样。

若给定循环码的生成多项式 $g(x)$，为求伴随式多项式 $s(x)$，有以下定义。

**定义 4.3.2** 循环码的伴随式多项式 $s(x)$是接收码字多项式 $R(x)$或错误图样多项式 $e(x)$除以生成多项式 $g(x)$所得的余式。

循环码的伴随式译码一般包括以下 3 个步骤：

(1) 根据接收码字多项式 $R(x)$计算相应的伴随式多项式 $s(x)\equiv R(x) \bmod g(x)$或 $s(x)\equiv e(x) \bmod g(x)$，它等价于根据接收码字 $\boldsymbol{R}$ 来计算相应的伴随式 $\boldsymbol{S}$

$$\boldsymbol{S}=\boldsymbol{R}\boldsymbol{H}^{\mathrm{T}}=\boldsymbol{E}\boldsymbol{H}^{\mathrm{T}}$$

(2) 根据伴随式 $\boldsymbol{S}$(或伴随式多项式 $s(x)$)求对应的错误图样。

(3) 利用错误图样进行纠错，得到对码字的估计(即译码输出)。

下面用例题来说明循环码伴随式译码的具体过程。

**【例 4.3.6】** 已知二进制(7,4)循环码的生成多项式 $g(x)=x^3+x+1$，一致校验矩阵为

$$\boldsymbol{H}=\begin{bmatrix}1&1&1&0&1&0&0\\0&1&1&1&0&1&0\\1&1&0&1&0&0&1\end{bmatrix}$$

试设计能纠正一个信道错误的伴随式译码电路。

**解**：由定义 4.3.2 知，伴随式多项式 $s(x)$ 的计算实际上是用 $g(x)$ 做除法并求余，所以伴随式译码器中必须要有除法电路。然后，根据所求得的伴随式结果进行正确的解码。

假设信道错误出现在最高位，即 $\boldsymbol{E}=(1000000)$，对应的错误图样多项式为 $e(x)=x^6$，则可以求得相应的伴随式多项式为

$$s(x)=(x^2+1)\equiv[e(x)\ \mathrm{mod}\ g(x)=x^6/(x^3+x+1)]$$

即相应的伴随式多项式为 $s(x)=(x^2+1)$，对应的伴随式为 $\boldsymbol{S}=(101)$。

同样，也可以由一致校验矩阵求得伴随式为

$$\boldsymbol{S}=\boldsymbol{E}\boldsymbol{H}^{\mathrm{T}}=(101)$$

相应的译码电路如图 4.3.8 所示。

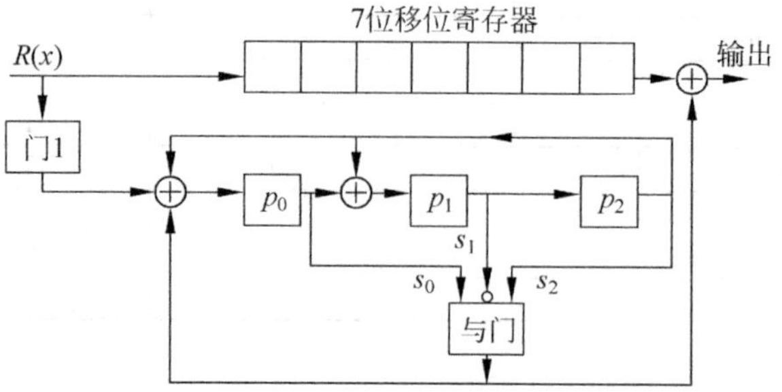


图 4.3.8 (7,4)循环码的伴随式译码器

假设接收码字 $\boldsymbol{R}=(1000000)$，其译码过程如下：

(1) 开始译码时，门 1 打开，7 个时钟过后，$\boldsymbol{R}$ 全部进入 7 个缓冲器中。同时，$R(x)$ 被 $g(x)$ 除的求余运算也已进行完毕，除法电路的 3 个移位寄存器中存放的是伴随式多项式的系数，其结果为 $\boldsymbol{S}=(101)$，其中最低位对应于 $S_0$，最高位对应于 $S_2$。

(2) 接收码字输入完毕后，门 1 关闭。当第 8 个时钟到来时，开始纠错译码，因为此时从 $S_2\sim S_0$ 中出来的数字 101 经过非门后，变成 111，所以与门的输出为 1，与 $\boldsymbol{R}$ 的最高位相加，正好纠正了该位上的错误。因此，第 8 个时钟来时，在输出端输出的是 0($1\oplus1=0$)。此后，与门的输出都为 0，随着时钟的到来，移位寄存器将后面的码字直接输出。

(3) 在纠正最高位上的错误的同时，与门输出的 1 被输入 $p_0$ 左端的加法器中，参加除法器的复位运算，此时除法器中 3 个移位寄存器被复位到 000，准备进行下一个码字的译码。

表 4.3.5 列出了该译码器的工作过程。设接收码字 $\boldsymbol{R}=(1000000)$，在 7 个移位脉冲过后，开始在输出端输出纠错后的码字(0000000)。

**表 4.3.5 图 4.3.8 译码器的工作过程**

| 节拍 | 输入 | 移位寄存器的内容 | | | 与门输出 | 缓存输出 | 译码器输出 |
|---|---|---|---|---|---|---|---|
| | | $p_0$ | $p_1$ | $p_2$ | | | |
| 0 | | 0 | 0 | 0 | 0 | | |
| 1 | 1($r_7$) | 1 | 0 | 0 | 0 | 1 | |
| 2 | 0($r_6$) | 0 | 1 | 0 | 0 | 01 | |
| 3 | 0($r_5$) | 0 | 0 | 1 | 0 | 001 | |
| 4 | 0($r_4$) | 1 | 1 | 0 | 0 | 0001 | |
| 5 | 0($r_3$) | 0 | 1 | 1 | 0 | 00001 | |

续表

| 节拍 | 输入 | 移位寄存器的内容 | | | 与门输出 | 缓存输出 | 译码器输出 |
|---|---|---|---|---|---|---|---|
| | | $p_0$ | $p_1$ | $p_2$ | | | |
| 6 | $0(r_2)$ | 1 | 1 | 1 | 0 | 000001 | |
| 7 | $0(r_1)$ | 1 | 0 | 1 | 1 | 0000001 | |
| 8 | | 0 | 0 | 0 | 0 | ×000000 | 0 |
| 9 | | 0 | 0 | 0 | 0 | ××00000 | 0 |
| 10 | | 0 | 0 | 0 | 0 | ×××0000 | 0 |
| 11 | | 0 | 0 | 0 | 0 | ××××000 | 0 |
| 12 | | 0 | 0 | 0 | 0 | ×××××00 | 0 |
| 13 | | 0 | 0 | 0 | 0 | ××××××0 | 0 |
| 14 | | 0 | 0 | 0 | 0 | ××××××××  | 0 |

注：×表示此时已无输入信息，在一般情况下，×=0。

在本例中，如果不是最高位出错，而是次高位出错，即 $\boldsymbol{E}=(0100000)$，相应的错误图样多项式为 $e(x)=x^5$，则可以求得相应的伴随式多项式为 $s(x)=x^2+x+1$，即 $\boldsymbol{S}=(111)$。在这种情况下，经过 7 个时钟后，码字全部进入七级缓冲寄存器中，同时除法电路的结果是 $S_2\sim S_0=111$，当第 8 个时钟到来时，进入与门的三个二进制数为 111，与门输出为 0，因此，对最高位不进行纠错，但是 $\boldsymbol{S}=(111)$，在伴随式除法电路中经过第 8 个时钟后，立即变成了 $\boldsymbol{S}=(101)$，此时接收码字的次最高位已在七级缓冲寄存器中移到了最高位。因此，当第 9 个时钟到来时，伴随式 $\boldsymbol{S}=(101)$ 被用来对七级缓冲寄存器中此时的最高位，也即接收码字的次最高位进行纠错。

从以上的讨论及对电路的分析发现，只要信道出现一位错误，而不管这一位错误出现在什么位置上，当出错的那一位移到缓冲寄存器的最高位时，除法电路中移位寄存器中的内容正好是伴随式 $\boldsymbol{S}=(101)$。因此，图 4.3.8 中的译码电路可以用来纠正任何位置上的一个错误。

显然，上述译码电路仅适应于系统码。若为非系统码，$k$ 级缓存器必须变成 $n$ 级，且还需要从已纠错过的 $C(x)$ 中取出 $k$ 个信息码元。对非系统码而言，由 $C(x)=m(x)g(x)$ 可知：$m(x)=C(x)/g(x)$，说明译码器输出 $C(x)$ 后，把 $C(x)$ 再通过 $g(x)$ 除法电路，所得的商才是最终所需的估计信息组 $m(x)$。

由上述讨论可得出系统循环码的一般译码器，如图 4.3.9 所示，这种译码器也称梅吉特(Meggit)通用译码器，它的复杂程度由错误图样检测器中的组合逻辑电路决定。

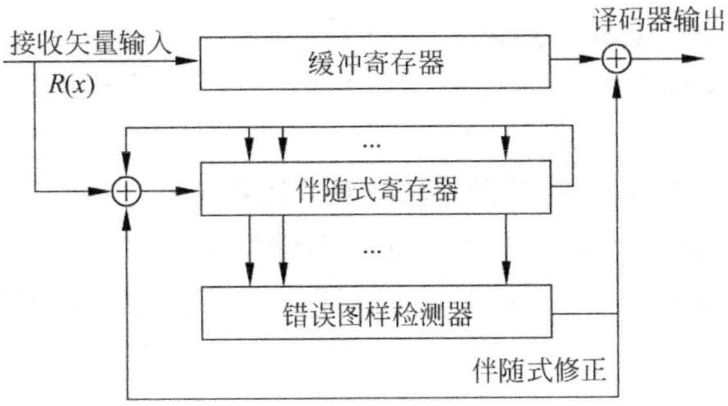


图 4.3.9 循环码的通用译码器

## 4.4 常用的循环码

### 4.4.1 循环冗余校验码

并不是任何 $n$、$k$ 的取值都能产生循环码，因为 $x^n+1$ 的因式数目有限，它们能够组合出来的多项式的阶数也有限。为了满足实际中对 $n$、$k$ 取值的多样性要求，通常在传送码字的后部固定预留若干位用于差错校验，而前面的信息位则是可变长度的。

在数据通信中，信息都是先划分成小块再组装成帧后(或叫分组、包等)在线路上复用传送或存入共同物理介质的，帧尾一般都留有 8、12、16 或 32 位用作差错校验。如果把一帧视为一个码字，则其校验位长度 $n-k$ 不变而信息位 $k$ 和码长 $n$ 是可变的，其结构符合$(n-i, k-i)$缩短循环码的特点。只要以一个选定的$(n,k)$循环码为基础，改变 $i$ 的值，就能得到任何信息长度的帧结构，而纠错能力保持不变。这种应用下的缩短循环码称为循环冗余校验码(Cyclic Redundancy Check，CRC)。

循环冗余校验码是系统的缩短循环码，码的结构如图 4.4.1 所示。

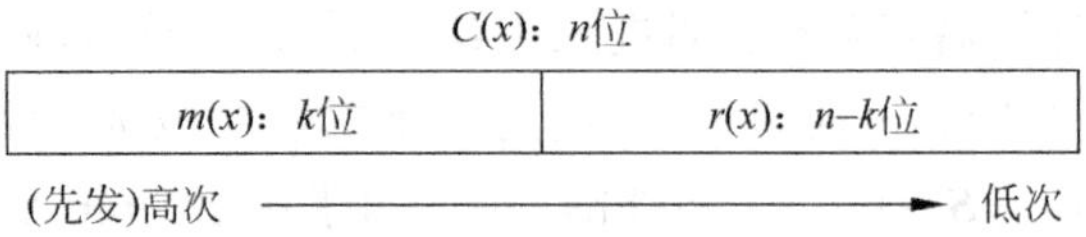


图 4.4.1 循环冗余校验码(CRC)的结构

其中，码字用码多项式 $C(x)$表示，$r(x)$是 $x^{n-k}m(x)$除以 $g(x)$后的余式，$g(x)$为 $n-k$ 次多项式，它们之间满足

$$C(x)=x^{n-k}m(x)+r(x)$$

虽然循环冗余校验码指的是整个码字 $C(x)$，但人们习惯上仅把校验部分称为 CRC 码。

如果传输过程无差错，则接收码字 $R(x)$应等于发送码字 $C(x)$，这时 $R(x)$能被 $g(x)$整除；如果 $R(x)\neq C(x)$，则说明在传输过程中出现了误码。

**【例 4.4.1】** 某 CRC 的生成多项式为 $g(x)=x^4+x+1$。如果想发送一串信息 110001…的前 6 位，并加上 CRC 校验，发送码字 $C(x)$应如何安排？接收码字 $R(x)$又如何校验？

**解**：本题信息码字多项式 $m(x)=x^5+x^4+1$，$k=6$，从生成多项式 $g(x)$的阶数得校验位数等于 4，因此 $n=10$。

将 $x^{n-k}m(x)$除以 $g(x)$得余式 $r(x)$

$$r(x)\equiv x^{n-k}m(x) \bmod g(x)=x^4(x^5+x^4+1) \bmod g(x)=x^3+x^2$$

于是，发送码字多项式 $C(x)=x^{n-k}m(x)+r(x)=x^9+x^8+x^4+x^3+x^2$，对应的发送码字为(1100011100)。

在接收端，CRC 校验实际上就是做除法运算：如果传输过程无差错，则 $R(x)$能被 $g(x)$整除，余式为 0；如果余式不为 0，则说明一定有差错发生。

**【例 4.4.2】** 假设 $m(x)=x^6+x^4+x^3+1$，即信息码字为(1011001)，$g(x)=x^4+x^3+1$。求 CRC 校验码。

**解**：由题得

$$x^4m(x)=x^{10}+x^8+x^7+x^4$$

用 $g(x)$去除 $x^4m(x)$，有

```
              1101010
11001 /10110010000
          11001
          -----
            11110
            11001
            -----
              11110
              11001
              -----
                11100
                11001
                -----
                 1010
```

经相除后得到的余数 1010 就是冗余校验码 $r(x)$。所以，发送码字为(10110011010)。

需要注意的是，这里所涉及的运算与前面一样都是模 2 运算。

如果例子中的发送码字(10110011010)经传输后受到噪声的干扰，在接收端变成为(10110011100)。求余式的除法为

```
              1101010
11001 /10110011100
          11001
          -----
            11110
            11001
            -----
              11111
              11001
              -----
                11010
                11001
                -----
                  110
```

求得余式不为 0，相当于在发送码字上加了差错图样 00000000110。差错图样相应的多项式为 $e(x)=x^2+x$。有差错时，接收端收到的不再是 $C(x)$，而是 $C(x)+e(x)$。由于

$$\frac{C(x)+e(x)}{g(x)}=\frac{C(x)}{g(x)}+\frac{e(x)}{g(x)}$$

若$\frac{e(x)}{g(x)}\neq 0$，则这种差错就能检测出来；若$\frac{e(x)}{g(x)}=0$，则由于接收到的码字多项式仍然可被 $g(x)$整除，错误就检测不出来，也即发生了漏检。

理论上可以证明，循环冗余校验码的检错能力如下：

- 可检测出所有奇数个错；
- 可检测出所有单比特和双比特的错；
- 可检测出所有小于等于校验码长度 $n-k$ 的突发错误；
- 对于 $n-k+1$ 位的突发性错误，查出概率为 $1-2^{-(r-1)}$；
- 对于多于 $n-k+1$ 位的突发性错误，查出概率为 $1-2^{-r}$。

由此可以看出，只要选择足够的冗余校验位，可以使得漏检率减到任意小的程度。

循环冗余编码法在数据传输中得到了十分广泛的应用。CRC 本身具有纠错功能，但网络中一般不用其纠错功能，仅用其强大的检错功能，检出错误后要求重发。

目前广泛使用的 CRC 码已成国际标准，生成多项式主要有下述 4 种：

(1) CRC-12，其生成多项式为

$$g(x)=x^{12}+x^{11}+x^3+x^2+x+1$$

(2) CRC-16,其生成多项式为

$$g(x)=x^{16}+x^{15}+x^{2}+1$$

(3) CRC-CCITT,其生成多项式为

$$g(x)=x^{16}+x^{15}+x^{5}+1$$

(4) CRC-32,其生成多项式为

$$g(x)=x^{32}+x^{26}+x^{23}+x^{22}+x^{16}+x^{12}+x^{11}+x^{10}+x^{8}+x^{7}+x^{5}+x^{4}+x^{2}+x+1$$

循环冗余校验码的编、译码过程通常采用硬件来实现,因为除法运算易于用移位寄存器和模2加法器来实现,可以达到比较高的处理速度。随着集成电路工艺的发展,循环冗余码的产生和校验均有集成电路产品,发送端能够自动生成CRC码,接收端可自动校验,速度大大提高。

## 4.4.2 BCH码*

BCH码是一类用途广泛的循环码,能纠正多个随机错误。该码是1959年由霍昆格姆(Hocquenghem)、1960由博斯(Bose)和查德胡里(Chauduri)三位学者独立提出的能纠正多个错误的循环码,这种码可以是二进制码,也可以是非二进制码。人们将三人名字的首字母(BCH)来命名这种码,称为BCH码。BCH码的最小码距$d_{\min}$与其生成多项式直接具有严密的数学关系,可根据通信系统的纠错能力需求,方便构造出对应BCH码。由于BCH码具有纠错能力强,构造方便,编、译码易于实现等一系列优点,得到了广泛的应用。

**1. BCH码的定义**

**定义 4.4.1** 给定任一有限域$GF(q)$及其扩域$GF(q^m)$,其中$q$为素数或者某一素数的幂,$m$为某一正整数。设$\beta=\alpha^l\in GF(2^m)$,$l$是任意整数,$\alpha$是$GF(2^m)$的本原元,若$\boldsymbol{C}$是取自$GF(2)$上码长为$n$的循环码,其生成多项式$g(x)$含有以下$2t$个根

$$\beta,\beta^2,\cdots,\beta^{2t}$$

则由$g(x)$生成的循环码称为二元BCH码,若$\beta,\beta^2,\cdots,\beta^{2t}$中有一个是本原元,则$g(x)$生成的码称为本原BCH码。本原BCH码的码长为$n=2^m-1$,其生成多项式$g(x)$中含有最高次数为$m$次的本原多项式;而非本原BCH码的码长是$2^m-1$的一个因子,其生成多项式$g(x)$中不含有最高次数为$m$次的本原多项式。

二元本原BCH码的主要参数概括如下:

(1) 码长$n=2^m-1$。

(2) 一致校验位数目为$r=n-k\leqslant mt$。

(3) 最小距离为$d_{\min}\geqslant 2t+1$。

(4) 纠错能力为$t$。

**2. BCH码的编码**

由定义可知,二元本原BCH码的生成多项式$g(x)$的全部根为$\alpha,\alpha^2,\alpha^3,\cdots,\alpha^{2t}$及其共轭根组,令$m_i(x)$是$\alpha^i$的最小多项式,则定义其生成多项式为

$$g(x)=LCM[m_1(x),m_2(x),m_3(x),\cdots,m_{2t}(x)]$$

其中,$LCM$表示取最小公倍式。

在有限域$GF(2^m)$中,由于$\alpha^{2i}$和$\alpha^i$具有相同形式的最小多项式,故有

$$g(x)=LCM[m_1(x),m_3(x),\cdots,m_{2t-1}(x)]$$

由于 BCH 码是循环码，所以它的编码可用前面讨论的循环码生成技术简单地实现。即只要给定生成多项式 $g(x)$，利用下面的步骤就可以得到具有系统码形式的 BCH 码。

(1) 首先利用 $x^{n-k}$ 乘以信息位多项式 $u(x)$。

(2) 然后再用 $g(x)$ 除 $x^{n-k}u(x)$，得到商式 $P(x)$ 和余式 $r(x)$，即

$$\frac{x^{n-k}u(x)}{g(x)} = P(x) + \frac{r(x)}{g(x)}$$

(3) 最后编出系统码字 $c(x)=u(x)\cdot x^{n-k}+r(x)$。

**【例 4.4.3】** 考虑由 $p(x)=x^4+x+1$ 为本原多项式而生成的 $GF(2^4)$ 域，其本原元为 $\alpha$，已知其有限域元素对应的最小多项式分别为

$$\alpha,\alpha^2,\alpha^4,\alpha^8 —— m_1(x) = x^4+x+1$$

$$\alpha^3,\alpha^6,\alpha^9,\alpha^{12} —— m_3(x) = x^4+x^3+x^2+x+1$$

$$\alpha^5,\alpha^{10} —— m_5(x) = x^2+x+1$$

$$\alpha^7,\alpha^{11},\alpha^{13},\alpha^{14} —— m_7(x) = x^4+x^3+1$$

试求可纠正一个错、两个错、三个错的 BCH 码的生成多项式。

**解**：由题知 $m=4$，则 $n=2^4-1=15$。

(1) 对于 $t=1, n=15$，有

$$g(x) = LCM[m_1(x)] = x^4+x+1$$

即 BCH(15,11,1)的生成多项式为 $g(x)=x^4+x+1$。

(2) 对于 $t=2, n=15$，有

$$\begin{aligned} g(x) &= LCM[m_1(x), m_3(x)] \\ &= (x^4+x+1)(x^4+x^3+x^2+x+1) \\ &= x^8+x^7+x^6+x^4+1 \end{aligned}$$

即 BCH(15,7,2)的生成多项式为 $g(x)=x^8+x^7+x^6+x^4+1$。

(3) 对于 $t=3, n=15$，有

$$\begin{aligned} g(x) &= LCM[m_1(x), m_3(x), m_5(x)] \\ &= (x^4+x+1)(x^4+x^3+x^2+x+1)(x^2+x+1) \\ &= x^{10}+x^8+x^5+x^4+x^2+x+1 \end{aligned}$$

即 BCH(15,5,3)的生成多项式为 $g(x)=x^{10}+x^8+x^5+x^4+x^2+x+1$。

由于 BCH 码是一种成熟的信道编码技术，实际应用中，通常利用已知的生成多项式表格，构造出对应的 BCH 码。

表 4.4.1 给出的是一些码长小于 64 的本原 BCH 码的相关参数。

**表 4.4.1　$n\leqslant 63$ 的二元本原 BCH 码**

| $n$ | $k$ | $t$ | $d$ | $g(x)$ |
|---|---|---|---|---|
| 7 | 4 | 1 | 3 | $g_1(x)=(3,1,0)$ |
| | 1 | 3 | 7 | $g_3(x)=g_1(x)(3,2,0)$ |
| 15 | 11 | 1 | 3 | $g_1(x)=(4,1,0)$ |
| | 7 | 2 | 5 | $g_3(x)=g_1(x)(4,3,2,1,0)$ |
| | 5 | 3 | 7 | $g_5(x)=g_3(x)(2,1,0)$ |
| | 1 | 7 | 15 | $g_7(x)=g_5(x)(4,3,0)$ |

续表

| $n$ | $k$ | $t$ | $d$ | $g(x)$ |
|---|---|---|---|---|
| 31 | 26 | 1 | 3 | $g_1(x)=(5,2,0)$ |
| | 21 | 2 | 5 | $g_3(x)=g_1(x)(5,4,3,2,0)$ |
| | 16 | 3 | 7 | $g_5(x)=g_3(x)(5,4,2,1,0)$ |
| | 11 | 5 | 11 | $g_7(x)=g_5(x)(5,3,2,1,0)$ |
| | 6 | 7 | 15 | $g_{11}(x)=g_7(x)(5,4,3,1,0)$ |
| | 1 | 15 | 31 | $g_{15}(x)=g_{11}(x)(5,3,0)$ |
| 63 | 57 | 1 | 3 | $g_1(x)=(6,1,0)$ |
| | 51 | 2 | 5 | $g_3(x)=g_1(x)(6,4,2,1,0)$ |
| | 45 | 3 | 7 | $g_5(x)=g_3(x)(6,5,2,1,0)$ |
| | 39 | 4 | 9 | $g_7(x)=g_5(x)(6,3,0)$ |
| | 36 | 5 | 11 | $g_9(x)=g_7(x)(6,3,0)$ |
| | 30 | 6 | 13 | $g_{11}(x)=g_9(x)(6,5,3,2,0)$ |
| | 24 | 7 | 15 | $g_{13}(x)=g_{11}(x)(6,4,3,1,0)$ |
| | 18 | 10 | 21 | $g_{15}(x)=g_{13}(x)(6,5,4,2,0)$ |
| | 16 | 11 | 23 | $g_{21}(x)=g_{15}(x)(2,1,0)$ |
| | 10 | 13 | 27 | $g_{23}(x)=g_{21}(x)(6,4,1,0)$ |
| | 7 | 15 | 31 | $g_{27}(x)=g_{23}(x)(3,1,0)$ |
| | 1 | 31 | 63 | $g_{31}(x)=g_{27}(x)(6,5,0)$ |

注：① $g(x)$括号内的数字代表多项式的幂次，如 $g(x)=(3,1,0)$，表示 $g(x)=x^3+x+1$。

② $t=1$，即为循环汉明码；$k=1$，即为重复码。

**【例 4.4.4】** 已知 $m=4$，请利用表 4.4.1 求码长 $n=2^4-1=15$ 的二元 BCH 码。

**解**：(1) 若 $t=1$，则查表可得其生成多项式为

$$g(x)=x^4+x+1$$

故可构成一个(15,11)BCH 码，可纠正单个错误。显然，纠正单个错误的本原 BCH 码就是前面所述的循环汉明码。

(2) 若 $t=2$，则查表可得其生成多项式为

$$g(x)=(x^4+x+1)(x^4+x^3+x^2+x+1)=x^8+x^7+x^6+x^4+1$$

可构成一个(15,7)BCH 码，具有纠正两个错误的能力。

(3) 若 $t=3$，则查表可得其生成多项式为

$$\begin{aligned}g(x)&=(x^4+x+1)(x^4+x^3+x^2+x+1)(x^2+x+1)\\&=x^{10}+x^8+x^5+x^4+x^2+x+1\end{aligned}$$

可构成一个(15,5)BCH 码，具有纠正三个错误的能力。

上述 BCH 码的码长均为 $n=2^m-1=15$，显然都是本原 BCH 码。

**3. BCH 码的检验矩阵**

若 $\alpha,\alpha^3,\cdots,\alpha^{2t-1}$是二元本原 BCH 码的生成多项式 $g(x)$的根，则由于码字多项式 $c(x)$必然是生成多项式的倍式，故 $\alpha,\alpha^3,\cdots,\alpha^{2t-1}$也必是码字多项式 $c(x)$的根，即

$$c_{n-1}(\alpha^i)^{n-1}+c_{n-2}(\alpha^i)^{n-2}+\cdots+c_1(\alpha^i)^1+c_0=0 \quad i=1,3,\cdots,2t-1$$

可改写成矩阵形式为

$$\begin{bmatrix} \alpha^{n-1} & \alpha^{n-2} & \cdots & \alpha & 1 \\ (\alpha^3)^{n-1} & (\alpha^3)^{n-2} & \cdots & \alpha^3 & 1 \\ \vdots & \vdots & \ddots & \vdots & \vdots \\ (\alpha^{2t-1})^{n-1} & (\alpha^{2t-1})^{n-2} & \cdots & \alpha^{2t-1} & 1 \end{bmatrix} \cdot \begin{bmatrix} c_{n-1} \\ c_{n-2} \\ \vdots \\ c_0 \end{bmatrix} = 0$$

根据线性分组码一定满足 $\boldsymbol{Hc}^{\mathrm{T}}=0$，显然 BCH 码的校验矩阵可表示为

$$\boldsymbol{H} = \begin{bmatrix} \alpha^{n-1} & \alpha^{n-2} & \cdots & \alpha & 1 \\ (\alpha^3)^{n-1} & (\alpha^3)^{n-2} & \cdots & \alpha^3 & 1 \\ \vdots & \vdots & \ddots & \vdots & \vdots \\ (\alpha^{2t-1})^{n-1} & (\alpha^{2t-1})^{n-2} & \cdots & \alpha^{2t-1} & 1 \end{bmatrix}$$

在 $\boldsymbol{H}$ 矩阵中，$GF(2^m)$上的每一个元素 $\alpha^i(i=1,3,\cdots,2t-1)$，都可用 $m$ 重二进制向量表示，因此 $\boldsymbol{H}$ 矩阵至多只有 $mt$ 行，说明码的校验元至多只有 $mt$ 个。

**4. BCH 码的译码**

BCH 码译码算法主要是 20 世纪 60 年代发展起来的，重要的代表性算法包括彼得森(Peterson)提出的 Peterson 算法、伯利坎普(Berlekamp)提出的 Berlekamp 算法以及后来梅西(Massey)进一步改进的(Berlekamp Massey，BM)算法等。这些算法的出现为后来 BCH 码的广泛应用铺平了道路。本书只简单介绍彼得森译码方法的基本思路，其原理框图描述如图 4.4.2 所示。

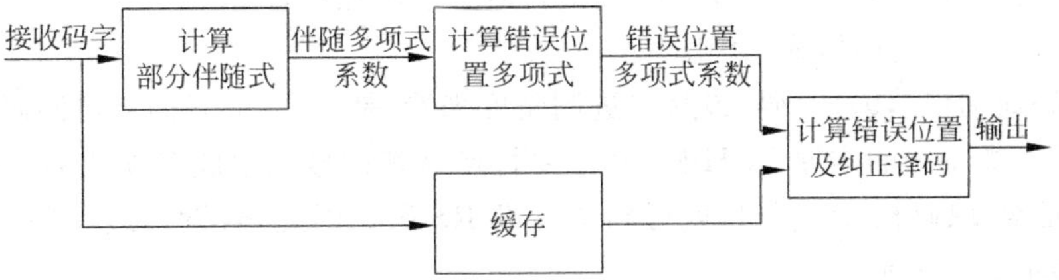


图 4.4.2 BCH 码的译码原理框图

在彼得森译码中，仍然采用计算伴随式，然后用伴随式寻找错误图样的方法，其译码的基本思路如下：

(1) 用生成多项式的各因式作为除式，对接收到的码多项式求余，得到 $t$ 个余式，称为“部分伴随式”或“部分校正子”。

(2) 通过下列步骤确定接收多项式中码错误的位置：

① 根据“部分伴随式”确定错误位置多项式；

② 解出多项式的根，由这些根可直接确定接收多项式中错误的位置。

(3) 纠正接收多项式中的错误，完成译码。

## 4.4.3 RS 码*

里德-索洛蒙码(Reed Solomon，RS)是一类纠错能力很强的、特殊的非二进制 BCH 码，同时，RS 也是一类多元最大距离可分(Maximum Distance Separable，MDS)码，其最小距离达到了 Singleton 限 $d_{\min}=n-k+1$，从这个意义上讲，RS 码是一种最佳码。另外由于多进制的特点，RS 码除了具有良好的抗随机错误能力以外，还具备很强的抗突发错误能力，在磁盘、光盘存储、深空通信、光纤通信、无线通信等领域都得到了广泛的应用。

**1. RS 码的参数**

在$(n,k)$RS 码中，输入信号分成 $k\cdot m$ 比特一组，每组包括 $k$ 个符号，每个符号由 $m$ 比特组成，而不是前面介绍的二元 BCH 码中的一个比特。

一个可纠正 $t$ 个错误的 RS 码有如下参数：

- 码长 $n=2^m-1$ 位符号，或 $m(2^m-1)$ 比特；
- 信息位 $k$ 位符号，或 $mk$ 比特；
- 监督位 $n-k=2t$ 位符号，或 $m(n-k)=2mt$ 比特；
- 最小码距 $d_{\min}=2t+1$ 位符号，或 $md_{\min}=m(2t+1)$ 比特。

RS 码特别适合于纠正突发错误，它可以纠正的错误图样有：

- 总长度为 $b_1=(t-1)m+1$ 比特的单个突发错误；
- 总长度为 $b_2=(t-3)m+3$ 比特的两个突发错误；

⋮

- 总长度为 $b_i=(t-2i+1)m+2i-1$ 比特的 $i$ 个突发错误。

**【例 4.4.5】** 试分析一个能纠正三个符号错误，码长 $n=15$，$m=4$ 的 RS 码的参数。

**解**：已知 $t=3$，$m=4$，求得：

- 码距 $d_{\min}=2t+1=7$ 个符号，或 28 比特；
- 监督位 $n-k=2t=6$ 个符号，或 24 比特；
- 信息位 $k=n-(n-k)=15-6=9$ 个符号，或 36 比特；
- 码长 $n=15$ 个符号，或 60 比特。

所以该码应为(15,9)RS 码，或从二进制角度来看，是一个(60,36)二进制码。

RS 码是一类特殊的本原 BCH 码，其主要特点是其符号和生成多项式的根都是有限域 $GF(q)$上的元素，取码长 $n=q-1$，就得到了标准 RS 码。因此，若设计最小码距为 $d$ 的 RS 码，其生成多项式可表示为

$$g(x)=(x-\alpha)(x-\alpha^2)(x-\alpha^3)\cdots(x-\alpha^{d-1})$$

其中，$\alpha$ 为有限域 $GF(q)$上的本原元；$g(x)$的系数为有限域 $GF(q)$上的域元素。

RS 码的编码过程与 BCH 码类似，也是除以 $g(x)$，同样可以用带反馈的移位寄存器来实现。不同的是，所有运算都是基于有限域 $GF(q)$，所有数据通道都是 $m$ 比特宽，即移位寄存器为 $m$ 级并联工作的，每个反馈连接必须乘以生成多项式中相应的系数。

**2. RS 码的译码**

RS 码是一种多进制的 BCH 码，故 RS 码的译码算法研究建立在 BCH 码基础上。常见的 RS 码译码算法主要包括硬判决译码算法和软判决译码算法两大类。代表性的硬判决译码算法有：BM 类迭代译码算法、欧几里得译码算法、序列译码算法、频域译码算法等；常见的软判决译码算法包括：广义最小距离译码算法、Chase 译码算法、基于格图的译码算法以及基于 Tanner 图的译码算法等。RS 码软判决译码算法的优点是性能大幅提高，缺点是复杂度过高，实现困难。本书将简要介绍基本的 BM 类迭代译码算法，该类译码算法与前文介绍的彼得森译码算法有相似地方，如图 4.4.3 所示。

该译码器的译码过程主要概括为以下几个步骤：

(1) 根据接收码字 $R(x)$，计算伴随式 $S(x)$。

(2) 根据伴随式，求解错误位置多项式 $\sigma(x)$和错误值多项式 $\omega(x)$(即关键方程求解)。

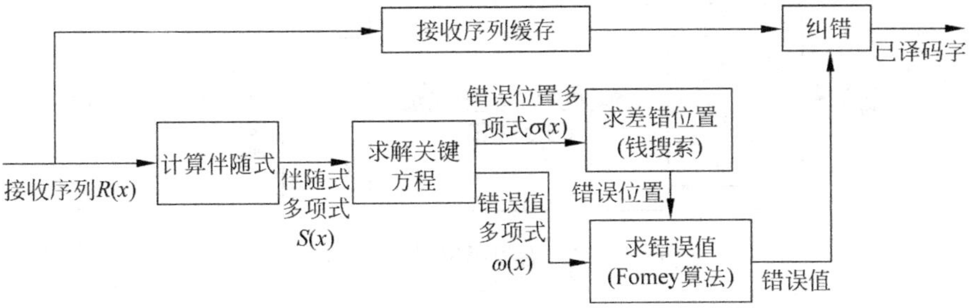


图 4.4.3 RS码的译码原理框图

(3) 根据错误位置多项式,利用钱搜索算法查找错误位置。

(4) 根据错误值多项式,利用 Forney 算法计算错误值。

(5) 根据找到的错误位置和该位置的错误值,完成译码纠错。

## 4.5 卷积码

前面讨论的分组码,无论编码还是译码,前后各组都是无关的,编码时一个码组的校验位只取决于本组的信息位,译码时也可从长为 $n$ 的一个接收矢量来还原出本组的信息位。分组码要增加纠错能力,就要增加校验位,从而使编、译码设备复杂,特别是增加了译码的困难。

如果既要使 $n,k$ 较小,又要求纠错能力较强,可使用卷积码。卷积码由埃利斯(Elias)于 1955 年提出;1957 年伍成克拉夫(J. M. Wozencraft)提出了序列的译码法;1963 年梅西(J. L. Massey)提出效果稍差但易于实现的门限译码法;1967 年维特比(Viterbi)提出最大似然的 Viterbi 译码法。卷积码是非分组码,与分组码的主要差别是,它是一种有记忆的编码,即在任意时段,编码器的 $n$ 个输出不仅与此时段的 $k$ 个输入有关,而且还与存储其中的前若干个时段的输入有关,因此可以把分组码视为记忆长度等于 0 的卷积码。

在卷积码的编码约束长度内,前后各组是密切相关的,由于一个组的监督码元不仅取决于本组的信息码元,而且也取决于前 $L$ 组的信息码元,因此可表示成$(n,k,L)$码。其中 $L$ 为编码记忆长度,$N=L+1$ 称为编码约束长度组。译码时,根据约束长度内所有各组接收码元,即利用接收的 $N$ 组码元一起提取本组的信息码元。

正是由于卷积码充分利用了各组之间的相关性,$n$ 和 $k$ 可以用比较小的数,因此在与分组码同样的传信率和设备复杂性相同的条件下,卷积码的性能一般比分组码好。但对卷积码的分析,至今还缺乏分组码那样有效的数学工具,目前常用的一些卷积码的参数是借助于计算机搜索得到,其性能还与译码方法有关。典型的卷积码一般选取较小的 $n$ 和 $k$,而 $L$ 值取较大($L<10$),以获得既简单性能又好的信道编码。

### 4.5.1 卷积码的编码

卷积码的编码器是由一个有 $k$ 个输入端、$n$ 个输出端,且具有 $L$ 节移位寄存器所构成的有限状态的有记忆系统,通常称为时序网络。$(n,k,L)$卷积码编码器的原理图如图 4.5.1 所示,具体连接关系如图 4.5.2 所示,一般结构框图如图 4.5.3 所示。

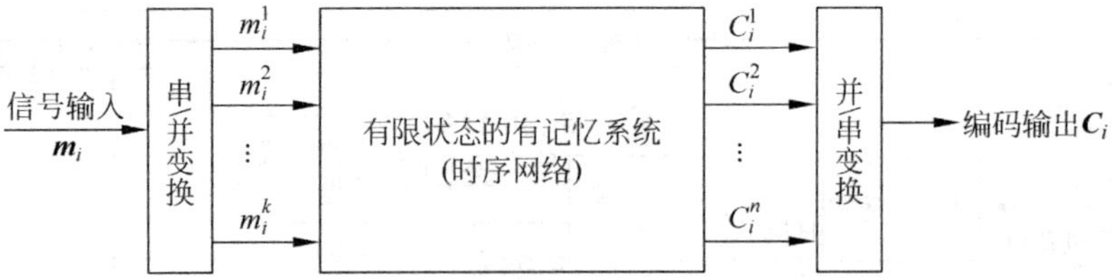


图 4.5.1　卷积码编码器原理图

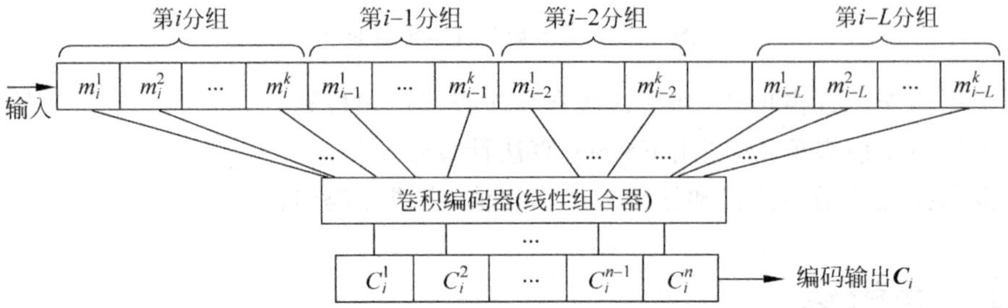


图 4.5.2　卷积码连接关系图

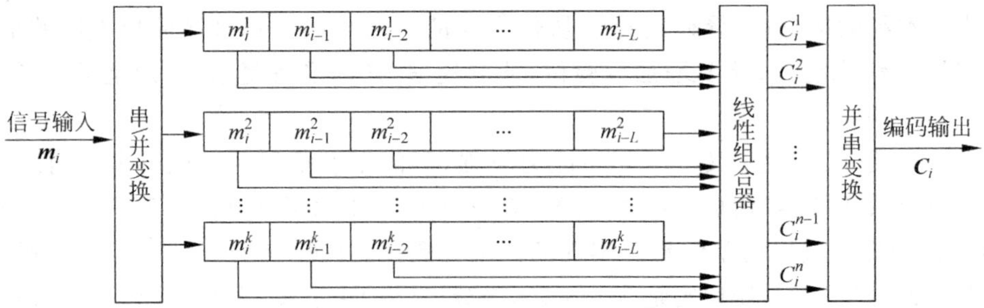


图 4.5.3　卷积码编码器的一般结构框图

由图 4.5.3 可知，卷积码将输入信息序列进行串/并变换后存入由 $k$ 个 $L+1$ 节移位寄存器构成的 $k\times(L+1)$记忆阵列中，其中最左一列存放当前输入的信息组。然后按一定规则对记忆阵列中的数据进行线性组合，编出当前的码元 $C_i^j(j=1,2,\cdots,n)$，经并/串变换后将当前码字输出。

图 4.5.3 所示记忆阵列中的每一个存储单元都有一条连线将数据送到线性组合器，但实际上并不需要每个单元都有连接。因为对二元信号进行线性组合时，系数只可能为 0 或者 1，当选择 0 时表示该项在线性组合中不起作用，对应的存储单元不需要连接到线性组合器。从图中还可看到每一个码元都是由 $k\times(L+1)$个数据线性组合的结果，需要有 $k\times(L+1)$个系数来描述组合规则，所以每一个码字需用 $n\times k\times(L+1)$个系数才能描述。显然，只有将这些系数归纳为矩阵，才能理顺它们的关系并便于使用。

卷积码具有以下特点：

- 每位码元均与若干位信息码元有关。
- 相邻码元同时与一部分共同信息位有关。
- 各码元之间互相连环在一起，而不像分组码那样各组之间可以截然分开，因此卷积码也称为连环码。

描述卷积码的方法很多,大致可分为两大类:

- 解析法。主要有离散卷积法、生成矩阵法和码多项式法,它们多用于对编码的描述。
- 图形法。主要有状态图法、树图法和格图法,它们多用于对译码的描述。

下面,用具体实例说明各种描述方法。

**【例 4.5.1】** 设二元(2,1,3)卷积码的编码器结构如图 4.5.4 所示,如果输入信息流为 $\boldsymbol{m}=(10111)$,求编码器的输出码字序列。

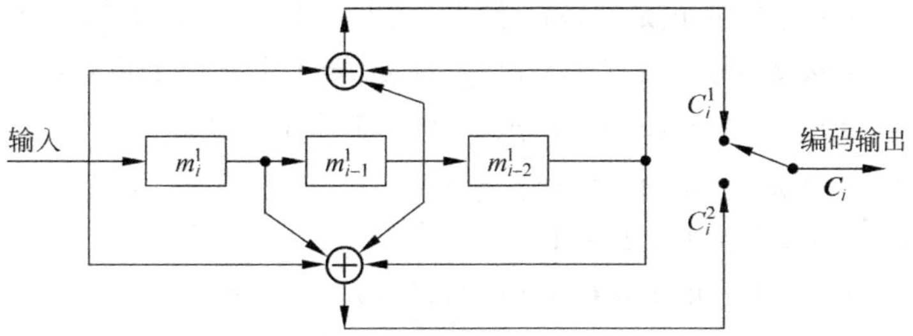


图 4.5.4 二元(2,1,3)卷积码编码器

**解**:由图 4.5.4 可知,它是由 $k=1$(一个输入端)、$n=2$(两个输出端)、$L=3$(三节移位寄存器)所组成的有限状态的有记忆系统。

**1. 离散卷积法**

若输入信息序列为

$$\boldsymbol{m}=(m_1,m_2,\cdots)$$

则对应输出为两个码字序列

$$\begin{cases}\boldsymbol{C}^1=(c_1^1,c_2^1,\cdots)\\ \boldsymbol{C}^2=(c_1^2,c_2^2,\cdots)\end{cases}$$

其相应编码由输入信息序列 $\boldsymbol{m}$ 和编码器的两个冲激响应的卷积得到(这也是卷积码名称的由来),编码方程可写为

$$\begin{cases}\boldsymbol{C}^1=\boldsymbol{m}*G^1\\ \boldsymbol{C}^2=\boldsymbol{m}*G^2\end{cases}\tag{4.5.1}$$

式中,* 表示卷积运算,$G^1$,$G^2$ 表示编码器的两个脉冲冲激响应,它是当输入信息为 $\boldsymbol{m}=(1000\cdots)$时,所观察到的两个输出序列值。

在一般情况下,有

$$G^1=(g_0^1g_1^1\cdots g_L^1)$$
$$G^2=(g_0^2g_1^2\cdots g_L^2)$$

由于(2,1,3)卷积码编码器有 $L=3$ 级寄存器,故冲激响应至多可持续到 $L+1=4$ 位,由图 4.5.4 可写出冲激响应为

$$G^1=(1011)$$
$$G^2=(1111)$$

经编码器后,两个输出序列合并为一个输出码字序列,即

$$\boldsymbol{C}=(c_1^1,c_1^2,c_2^1,c_2^2,\cdots)$$

当输入信息序列为 $\boldsymbol{m}=(10111)$，利用离散卷积运算来进行具体的计算。第一路编码器 $c_i^1$ 的各位码元值可由式(4.5.1)计算，为

$$\boldsymbol{C}^1=(10111)*(1011)=(10000001)$$

其具体的运算过程为

$$\begin{aligned}
c_1^1 &= m_1 g_0^1 = 1\times 1 = 1\\
c_2^1 &= m_2 g_0^1 \oplus m_1 g_1^1 = 0\oplus 0 = 0\\
c_3^1 &= m_3 g_0^1 \oplus m_2 g_1^1 \oplus m_1 g_2^1 = 1\oplus 0\oplus 1 = 0\\
c_4^1 &= m_4 g_0^1 \oplus m_3 g_1^1 \oplus m_2 g_2^1 \oplus m_1 g_3^1 = 1\oplus 0\oplus 0\oplus 1 = 0\\
c_5^1 &= m_5 g_0^1 \oplus m_4 g_1^1 \oplus m_3 g_2^1 \oplus m_2 g_3^1 = 1\oplus 0\oplus 1\oplus 0 = 0\\
c_6^1 &= m_5 g_1^1 \oplus m_4 g_2^1 \oplus m_3 g_3^1 = 0\oplus 1\oplus 1 = 0\\
c_7^1 &= m_5 g_2^1 \oplus m_4 g_3^1 = 1\oplus 1 = 0\\
c_8^1 &= m_5 g_3^1 = 1\times 1 = 1
\end{aligned}$$

所以 $\boldsymbol{C}^1=(10000001)$。同理可算出 $\boldsymbol{C}^2=(11011101)$。

由于
$$\begin{cases}\boldsymbol{C}^1=(10111)*(1011)=(10000001)\\ \boldsymbol{C}^2=(10111)*(1111)=(11011101)\end{cases}$$

所以，最后(2,1,3)卷积码编码器输出的码字序列为

$$\boldsymbol{C}=(11\ 01\ 00\ 01\ 01\ 01\ 00\ 11)$$

**2. 生成矩阵法**

上述冲激响应 $G^1, G^2$ 又称为生成序列，若将该生成序列 $G^1$ 和 $G^2$ 进行交织，并构成如下生成矩阵($L=3$ 时)

$$\boldsymbol{G}=\begin{bmatrix} g_0^1g_0^2 & g_1^1g_1^2 & g_2^1g_2^2 & g_3^1g_3^2 & & \\ & g_0^1g_0^2 & g_1^1g_1^2 & g_2^1g_2^2 & g_3^1g_3^2 & \\ & & g_0^1g_0^2 & g_1^1g_1^2 & g_2^1g_2^2 & g_3^1g_3^2 \\ & & & \cdots & \cdots & \cdots \end{bmatrix} \tag{4.5.2}$$

其中，矩阵的空白处均为 0。上述编码方程可改写成如下矩阵形式

$$\boldsymbol{C}=\boldsymbol{m}\boldsymbol{G} \tag{4.5.3}$$

矩阵 $\boldsymbol{G}$ 称为卷积码的生成矩阵。显然当输入信息序列为一无限序列(如 $\boldsymbol{m}=(10111\cdots)$)时，生成矩阵则为一个半无限的矩阵。

若 $\boldsymbol{m}=(10111)$，$G^1=(1011)$，$G^2=(1111)$，代入式(4.5.2)和式(4.5.3)得

$$\boldsymbol{C}=\boldsymbol{m}\boldsymbol{G}=(10111)\begin{bmatrix} 11 & 01 & 11 & 11 & & & & \\ & 11 & 01 & 11 & 11 & & & \\ & & 11 & 01 & 11 & 11 & & \\ & & & 11 & 01 & 11 & 11 & \\ & & & & 11 & 01 & 11 & 11 \end{bmatrix}$$
$$=(11\quad 01\quad 00\quad 01\quad 01\quad 01\quad 00\quad 11)$$

**3. 码多项式法**

若将生成序列和输入信息序列都表达成多项式形式，则有

$$G^1=(1011)=1+x^2+x^3$$

$$G^2 = (1111) = 1 + x + x^2 + x^3$$

$$\boldsymbol{m} = (10111) = 1 + x^2 + x^3 + x^4$$

则卷积码可以用下列码多项式形式表示为

$$\begin{aligned}\boldsymbol{C}^1 &= \boldsymbol{m}\boldsymbol{G}^1 = (1 + x^2 + x^3 + x^4)(1 + x^2 + x^3) \\ &= 1 + x^2 + x^3 + x^4 + x^2 + x^4 + x^5 + x^6 + x^3 + x^5 + x^6 + x^7 \\ &= 1 + x^7 = (10000001)\end{aligned}$$

$$\begin{aligned}\boldsymbol{C}^2 &= \boldsymbol{m}\boldsymbol{G}^2 = (1 + x^2 + x^3 + x^4)(1 + x + x^2 + x^3) \\ &= 1 + x^2 + x^3 + x^4 + x + x^3 + x^4 + x^5 + x^2 + x^4 + x^5 + x^6 + x^3 + x^5 + x^6 + x^7 \\ &= 1 + x + x^3 + x^4 + x^5 + x^7 \\ &= (11011101)\end{aligned}$$

因而，其输出的码字序列为

$$\boldsymbol{C} = (11\ 01\ 00\ 01\ 01\ 01\ 00\ 11)$$

以上介绍的三种类型解析表达式：离散卷积、生成矩阵和码多项式，均可用来描述卷积码的编码。

**【例 4.5.2】** 设二元(3,2,1)卷积码的编码器结构如图 4.5.5 所示。如果输入信息流为(110110)，求其输出码字序列。

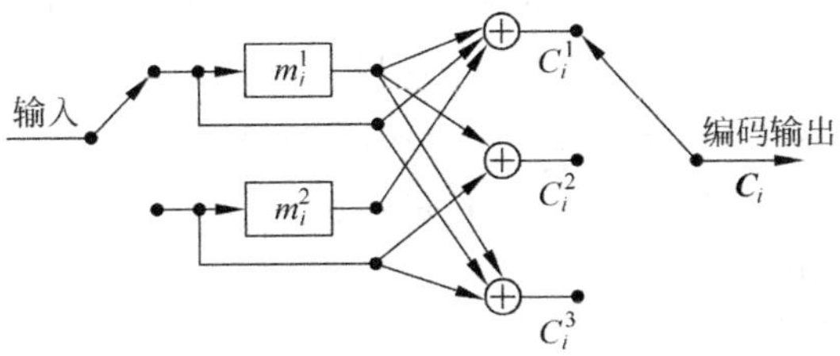


图 4.5.5 二元(3,2,1)卷积码编码器

**解**：本例是由 $k=2$(二个信息输入端)，$n=3$(三个码元输出端)和 $L=1$(一节移位寄存器)所组成的有限状态的有记忆系统。

如果输入信息流为(110110)，则它可分为二路信息输入 $\boldsymbol{m}^1=(101)$，$\boldsymbol{m}^2=(110)$，则由图 4.5.5 可求出其生成序列为

$$g_0^1 = (11),\quad g_0^2 = (01),\quad g_0^3 = (11),\quad g_1^1 = (01),\quad g_1^2 = (10),\quad g_1^3 = (10)$$

故有

$$\boldsymbol{C} = \boldsymbol{m}\boldsymbol{G} = (110110)\begin{bmatrix} 101 & 111 & & \\ 011 & 100 & & \\ & 101 & 111 & \\ & 011 & 100 & \\ & & 101 & 111 \\ & & 011 & 100 \end{bmatrix} = (110\quad 000\quad 001\quad 111)$$

**【例 4.5.3】** 设二元(2,1,2)卷积码的编码器结构如图 4.5.6 所示。如果输入信息流为(1011100)，求其输出码字序列。

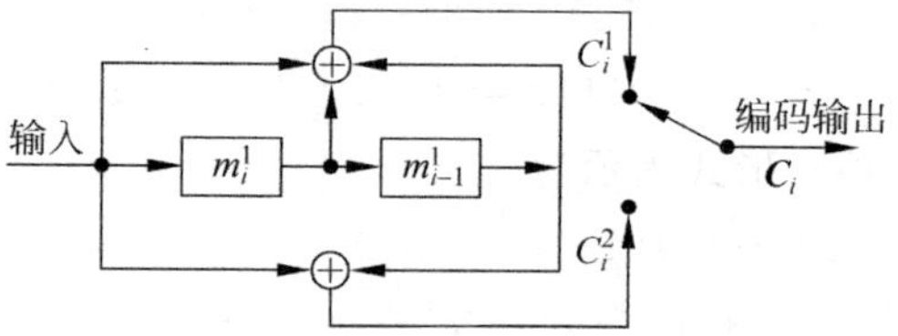


图 4.5.6 二元(2,1,2)卷积码编码器

**解**：本例是由 $k=1$(一个信息输入端)，$n=2$(二个码元输出端)和 $L=2$(即节移位寄存器)所组成的有限状态的有记忆系统。

由图 4.5.6 可求出其码生成多项式为

$$G^1=(111)=1+x+x^2$$
$$G^2=(101)=1+x^2$$

如果输入信息流为(1011100)，则其对应的多项式表示形式为

$$\boldsymbol{m}=1+x^2+x^3+x^4$$

因此输出的码序列为

$$\begin{aligned}\boldsymbol{C}^1&=\boldsymbol{m}G^1=(1+x^2+x^3+x^4)(1+x+x^2)\\&=1+x^2+x^3+x^4+x+x^3+x^4+x^5+x^2+x^4+x^5+x^6\\&=1+x+x^4+x^6=(1100101)\\\boldsymbol{C}^2&=\boldsymbol{m}G^2=(1+x^2+x^3+x^4)(1+x^2)\\&=1+x^2+x^3+x^4+x^2+x^4+x^5+x^6\\&=(1001011)\end{aligned}$$

即

$$\boldsymbol{C}=(11\ 10\ 00\ 01\ 10\ 01\ 11)$$

除了上述三种解析表达式描述方式以外，还可以用比较形象的状态图、树图和格图来描述卷积码。下面以例 4.5.3 的二元(2,1,2)卷积码为例讨论卷积码的图形表示法。

**4. 状态图法**

首先从状态图入手。由图 4.5.6 可知，移位寄存器总的可能状态数为 $2^{kn}=2^2=4$ 种，用 $a=00,b=10,c=01,d=11$ 来表示。

而每一时刻的可能输入有两个($2^k=2^1=2$)，它们可用 0 和 1 表示，每次可能的输出和状态也只有两个($2^k=2^1=2$)。下面来看二元(2,1,2)卷积码的状态图。

设输入信息序列为 $\boldsymbol{m}=(m_1,m_2,\cdots)=(1011100\cdots)$，其状态图可以按以下步骤画出：

(1) 移位寄存器清 0，其状态为 00。

(2) 输入 $m_1=1$，移位寄存器状态将转为 10，输出 $c_1^1=1\oplus0\oplus0=1$，$c_1^2=1\oplus0=1$，故 $\boldsymbol{C}_1=(11)$。

(3) 输入 $m_2=0$，移位寄存器状态将转为 01，输出 $c_2^1=1$，$c_2^2=0$，故 $\boldsymbol{C}_2=(10)$。

(4) 输入 $m_3=1$，移位寄存器状态将转为 10，输出 $c_3^1=0$，$c_3^2=0$，故 $\boldsymbol{C}_3=(00)$。

(5) 输入 $m_4=1$，移位寄存器状态将转为 11，输出 $c_4^1=0$，$c_4^2=1$，故 $\boldsymbol{C}_4=(01)$。

(6) 输入 $m_5=1$，移位寄存器状态将转为 11，输出 $c_5^1=1$，$c_5^2=0$，故 $\boldsymbol{C}_5=(10)$。

(7) 输入 $m_6=0$,移位寄存器状态将转为 01,输出 $c_6^1=0, c_6^2=1$,故 $\boldsymbol{C}_6=(01)$。

(8) 输入 $m_7=0$,移位寄存器状态将转为 00,输出 $c_7^1=1, c_7^2=1$,故 $\boldsymbol{C}_7=(11)$。

(9) 输入 $m_8=0$,移位寄存器状态将转为 00,输出 $c_8^1=0, c_8^2=0$,故 $\boldsymbol{C}_8=(00)$。

按照以上步骤,可画出图 4.5.7 所示的状态图。

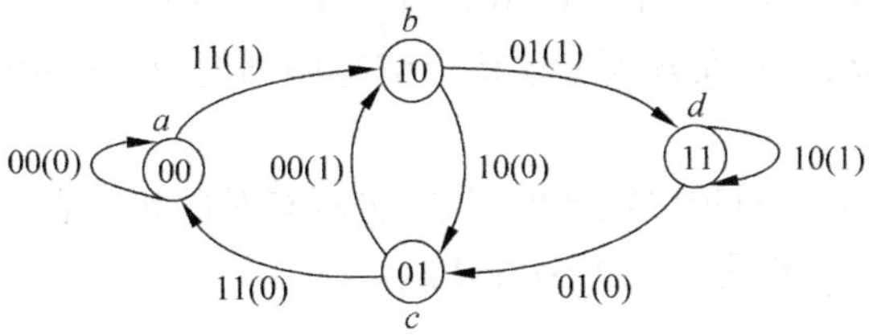


图 4.5.7 (2,1,2)卷积码的状态图

其中,四个圆圈中的数字表示状态,状态之间的连线与箭头表示转移方向(称为分支),分支上的数字表示从一个状态到另一个状态转移时的输出码字,而括号中数字表示相应的输入信息取值。例如,若当前一个状态为 11,则当输入信息位为 $m_1=0$ 时,输出码字为 $\boldsymbol{C}_1=01$,下一时刻的状态为 01;若输入信息位为 $m_1=1$,则输出码字为 $\boldsymbol{C}_1=10$,下一时刻的状态仍为 11。

**5. 树图法**

如果要展示出编码器的输入、输出所有可能的情况,则可采用树图来描述。它是将上述编码器的状态图按时间展开得到的,即按输入信息序列的输入顺序按时间 $l'=0,1,2,3,\cdots$ 展开,展示时考虑所有可能的输入、输出情况,如图 4.5.8 所示。

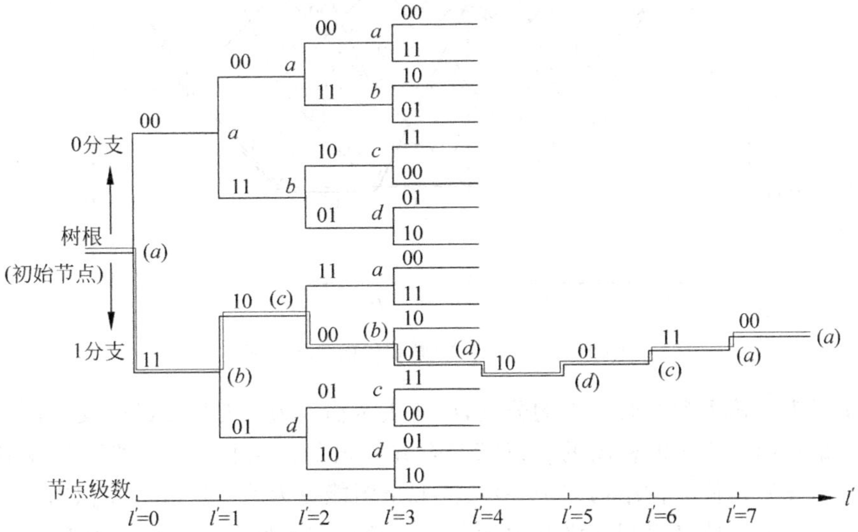


图 4.5.8 (2,1,2)卷积码的树图

由图 4.5.8 可见,若设初始状态 00 作为树根,对每个时刻可能的输入进行分支,若分支的节点级数用 $l'$ 表示,则每个节点分为两个分支:若 $m_1=0$ 则向上,即 0 分支向上,若 $m_1=1$ 则向下,即 1 分支向下,它们都达到下一个一级节点($l'=1$)。当 $l'=1$ 时,对每个一级节点

根据 $m_2$ 的取值也将产生上、下两个分支，并推进到相应的二级节点（$l'=2$），以此类推，不断延伸树状结构，就可以得到一个无限延伸的树状结构图。图中各分支上的数字表示相应输出的码字，而字母 $a,b,c,d$ 表示编码器所处的状态。

对于特定输入信息序列 $\boldsymbol{m}=(m_1,m_2,\cdots)=(10111000)$，相应的输出为

$$\boldsymbol{C}=(11\ 10\ 00\ 01\ 10\ 01\ 11\ 00\ \cdots)$$

而经过的状态为 $(a)bcbddcaa$，在输入上述特定信息序列时，树图中的路径如图 4.5.8 中双线所示。

树图的最大特点是按时间顺序展开的，且能将所有时序状态表示为不相重合的路径，但是它也存在结构太复杂、结构重复性太多等缺点。

**6. 格图法**

另外，还可以用格图（又称篱笆图）来描述卷积码，格图描述法在卷积码的概率译码中，特别是在维特比译码中特别有用。格图的最大特点是既保持了树图的时序展开性，又克服了树图太复杂的缺点，它将树图中产生的重复状态合并起来，形成格状结构。

将树图转化为格图是很方便的，下面仍以(2,1,2)卷积码为例，说明这种描述方式。

当节点级数为 $l'=L+1=2+1=3$ 时，状态 $a,b,c,d$ 呈现重复。利用这种重复，可以将图 4.5.8 中 $l'=3$ 以后的码树上处于同一状态的同一个节点加以合并，就得到高度为 $2^{kL}=2^2=4$ 的格状图，如图 4.5.9 所示。

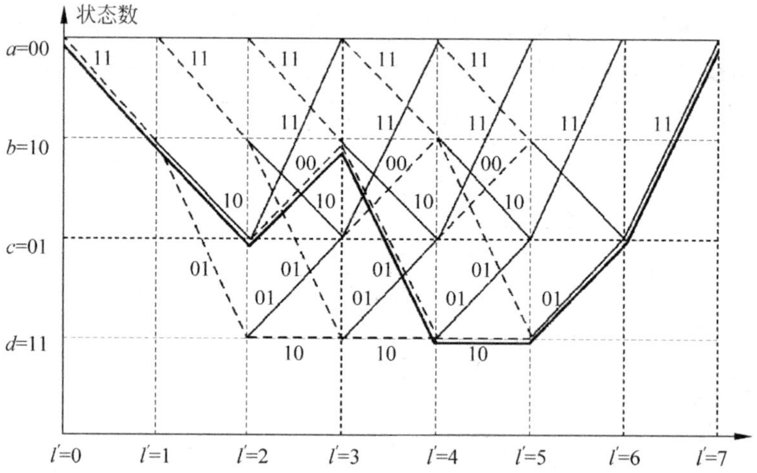


图 4.5.9 (2,1,2)卷积码的格图表示

图中实线表示输入为 0 时所走的分支，虚线表示输入为 1 时所走的分支。由图可见，这个图实质上是将图 4.5.8 的树图的重复部分合并而成的。它自 $l'=2$ 即第二级节点开始，从同一状态出发所延伸的树结构完全一样，因此格图能更为简洁地表示卷积码。

任给定一个输入信息序列在格图中就存在一条特定的路径，如 $\boldsymbol{m}=(1011100)$，其输出编码为

$$\boldsymbol{C}=(11\ 10\ 00\ 01\ 10\ 01\ 11)$$

即为图 4.5.9 中粗黑线所表示的路径。

由于格图既能体现时序关系，又能较简洁地表示状态结构，所以它是卷积码的一种简洁的表达形式。

不同的信息序列在树图上所对应的路径完全不重合，但是在格图上则有可能有部分重合，这样对于两个不同的输入信息序列可由格图上不相重合的路径段来区分，只需计算格图中不重合部分即可，所以在译码时利用格图更加方便。格图是研究维特比译码算法的重要工具。

### 4.5.2 卷积码的译码

译码器的作用是，采用可以使误码数为最小的某种准则或方法来估计被编码的输入信息在信息序列和码序列之间存在的对应关系。卷积码的译码基本上可划分为两大类型：代数译码和概率译码。在分组码的译码中介绍代数译码方法，在本节卷积码的译码中则重点介绍概率译码。事实上，概率译码也是卷积译码中最常采用的方法。

1967 年，维特比(Viterbi)引入了一种卷积码的译码算法，这就是著名的维特比算法。1969 年，小村(Omura)证明维特比算法等价于通过一个加权图求最短路径问题的动态规划解；1973 年，福尼(G. D. Forney)指出维特比算法实际上就是卷积码的最大似然译码法，即译码所选择的输出总能给出对数似然函数值为最大的码字，在二进制对称信道时，维特比算法也就是最小距离译码。

**1. 维特比译码的度量**

信道编码是为了提高可靠性的编码，由信道编码的过程可知，向编码器输入信息序列 $\boldsymbol{m}$，就会产生输出码字序列 $\boldsymbol{C}$，该序列经过调制送入信道进行传输，如果信道中存在噪声，就会在传输过程引入错误图样 $\boldsymbol{E}$，使接收端译码器的输入序列 $\boldsymbol{R}=\boldsymbol{C}+\boldsymbol{E}$。不同的 $\boldsymbol{E}$，将产生不同的 $\boldsymbol{R}$，它们与发送码字 $\boldsymbol{C}$ 的汉明距离也不同。译码算法就是要寻找与 $\boldsymbol{R}$ 有最小码距的一个$\hat{C}$作为发送码字 $\boldsymbol{C}$ 的估计，而同时纠正一定的错误，若估计码字$\hat{C}$与发送的码字 $\boldsymbol{C}$ 相同，则错误被全部纠正。

在数字通信中，通信可靠性的指标一般是采用平均误码率 $\overline{\boldsymbol{P}}_E$ 来表示的。平均误码率是指在总的发送码字中，错误码字的概率平均值，即

$$\overline{\boldsymbol{P}}_E = \sum_y p(y)p(e/y)$$

其中

$$p(e/y) = p(\hat{c} \neq c/y)$$

式中，$c$ 为发送码字；$\hat{c}$为接收端恢复的码字；$y$ 为接收的码字。由于上式中 $p(y)$与具体译码方式无关，所以通信可靠性最大的译码方法应为平均错误概率最小的译码方法，即

$$\min\overline{\boldsymbol{P}}_E = \min\sum p(y)p(e/y) = \min p(\hat{c} \neq c/y) \Rightarrow \max p(\hat{c} = c/y) \tag{4.5.4}$$

由 Bayes 公式有

$$p(c \mid y) = \frac{p(c)p(y \mid c)}{p(y)} \tag{4.5.5}$$

因此，若发送码组(字)是等概率的，则 $p(c)$为常数；当已知接收码组(字)时，$p(y)$亦为常数，则 $\max p(\hat{c}=c/y)=\max p(y/\hat{c}=c)$。

因而有结论：当发送码组等概率时，使通信最可靠的码字(平均误码率最小的码字)也是后验概率 $p(\hat{c}=c/y)$最大的码字(具有最大似然的码字)。

对于离散无记忆信道(Discrete Memoryless Channel，DMC)有

$$\max p(y/\hat{c}=c)=\max\prod_{l=0}^{L-1}p(y_l/\hat{c}_l=c_l)$$

由于对数函数 $\log \boldsymbol{x}$ 为 $x$ 的单调函数，故可将上式改写为对数函数形式：

$$\max\left(\log\prod_{l=0}^{L-1}p(y_l/\hat{c}_l=c_l)\right)=\max\left(\sum_{l=0}^{L-1}\log p(y_l/\hat{c}_l=c_l)\right)$$

按上述公式进行译码的算法称为最大似然译码算法，同时称 $\log p(y_l/\hat{c}_l=c_l)$ 为对数似然函数，有时简称为似然函数。

进一步，对于二进制对称信道(Binary Symmetrical Channel，BSC)，似然函数可以进一步改写为

$$\log p(y/\hat{c}=c)=D(y,c)\log\frac{p}{1-p}+L\log(1-p) \tag{4.5.6}$$

其中 $D(y,c)$ 为 $y$ 与 $c$ 之间的汉明距离，由于 $\log\frac{p}{1-p}<0$，而关于 BSC 假设错误概率 $p<1/2$ 是合理的，且 $L\log(1-p)$ 为常数，所以有

$$\max\log p(y/\hat{c}=c)=\min D(y,c)=\min\sum_{l=1}^{L}D(y_l,c_l) \tag{4.5.7}$$

即，对于 BSC 求最大似然等效于求最小汉明距离。

**2. 维特比算法**

由前分析知，在二进制对称信道(BSC)下卷积码译码的维特比算法，就是建立在格图基础上的最小汉明距离算法，引用格图来进行分析。格图中共有 $l'=l+L+1$ 个时间段(节点级数)，其中 $l$ 表示输入信息组的长度，$L$ 为编码器中寄存器节数。由于系统是有记忆的，其影响可扩展到 $l+L+1$ 位。

若假设编码器总是起始于状态 00，并仍回到状态 00，则前 $L$ 个时间段对应于编码器从状态 00 出发，而最后的两个时间段则相当于编码器返回到 00 状态。因此，在前、后两个时间段内是不可能达到所有可能的状态，而在格图中心部分的所有状态都是可以达到的状态。在每一状态的上分支表示输入的 $m_i=0$，而下分支则表示 $m_i=1$。

维特比算法的基本思想是依次在不同时刻 $l'=L+1,L+2,\cdots,L+l$，对格图中相应列的每个点(对应于编码器中该时刻的一个状态)，按照最大似然准则比较所有以它为终点的路径(在本例中各个节点只有两条路径)，只保留一条具有最大似然值(或等效于最大似然值)的路径(保留的路径称为**幸存路径**)，而将其他路径堵住，弃之不用。故到下一个时刻只要对幸存路径延伸出来的路径继续比较即可。这样接收一段、计算一段、保留一段(保留下幸存路径)，如此反复，一直进行到最后，在时刻 $l'=L+l$ 所留下的一条路径就是所要求的最大似然译码的解。

由此可见，维特比算法的主要优点表现如下：

- 由于路径度量的可加性，以及格图的格子结构，使得每次局部判决都等效于全局最优的一部分，它满足最优化的原理。
- 局部判决及时去掉了大量非最优路径，不让其延伸，如果有重复部分，则可去掉重复部分不计算，只要比较它们开始分离的不同路径值即可，从而大大节省了运算量。
- 算法具有良好的规则，容易实现。

因此，维特比算法在实际应用中可采用迭代方式来处理，在每一步，它将进入每一状态

的所有路径的度量值进行比较，存储具有最大度量值的路径（幸存路径）。其具体步骤可归纳如下：

(1) 从时刻 $l'=L$ 开始（$l'<L$ 为起始状态），计算进入每一状态的单个路径的部分度量值，并存储每一状态下的幸存路径及其度量值。

(2) $l'$加 1($l'=l'+1$)，将进入每一状态的分支度量值与前一时间段的幸存度量值相加，然后计算进入该状态的所有最大度量的路径或最小汉明距离路径（幸存路径）及其度量，并删去所有其他路径。

(3) 若 $l'<l+L$，重复步骤(2)，否则停止。

上述三个步骤中，第(1)步是第(2)步的初始化，第(3)步是第(2)步的继续，所以关键在第(2)步。第(2)步主要包括两部分：一是对每个状态进行关于度量的计算和比较，从而决定幸存路径；另一个是对每一状态记录幸存路径及其度量值。其中前一部分实质上是对格图中间节点作局部优化判决，由于路径具有可分离性，即每条路径的度量值可写成组成它的各条分支的度量和，因此其满足动态规划的最优化原理，即这些局部优化运算等效于整体最优化。而第(3)步则是重复计算第(2)步，直至达到预定处理深度。

维特比算法可进一步细化以便于实际操作。具体描述如下：

(1) 从 $l'=L$ 时刻开始，使格图充满状态，将路径存储器(PM)和路径度量存储器(MM)从 $l'=0$ 到 $l'=L$，进行初始化。

(2) $l'=l'+1$。

(3) 接收到新的一组数据，它代表 $l'=l'+1$ 节点的分支上的接收符号组。

(4) 对每一状态进行分支度量计算；从 MM 寄存器中取出第 $l'$个时刻幸存路径度量值；进行"累加—比较—选择(ACS)"基本运算，产生新的幸存路径；将新的幸存路径及其度量值分别存入 PM 和 MM 中。

(5) 如果 $l'\leqslant l+L$，回到步骤(2)，否则继续。

(6) 求 MM 中最大元素对应的路径，从 PM 中输出判决结果。

下面以(2,1,2)卷积码格图为例来分析维特比算法的译码过程。

**【例 4.5.4】** 对(2,1,2)卷积码，设发送的信息序列为 $\boldsymbol{m}=(10111)$，经过编码后输出的码组（字）为 $\boldsymbol{C}=(11\ 10\ 00\ 01\ 10\ 01\ 11)$，接收到的信号序列为 $\boldsymbol{R}=(10\ 10\ 01\ 01\ 10\ 01\ 11)$，试用维特比算法译码。

**解**：引用图 4.5.9 所示的格图来分析。在(2,1,2)码中 $L=2$，对给定的输入信息序列 $l=5$，则 $l'=l+L+1=8$，在图中用 $l'=0,1,\cdots,7$ 来表示。

在 BSC 下，最大似然译码等价于最小距离译码，其路径度量值可按照式(4.5.6)和式(4.5.7)计算，其译码在格图上计算每一步的距离（距离图）及累计计算结果幸存路径图如图 4.5.10 和图 4.5.11 所示。

由上述格图可见，若发送的信息序列为 $\boldsymbol{m}=(10111)$，即 $l=5$ 时，编码器的编码为

$$\boldsymbol{C}=(11\ 10\ 00\ 01\ 10\ 01\ 11)$$

若接收到的信号序列为

$$\boldsymbol{R}=(10\ 10\ 01\ 01\ 10\ 01\ 11)$$

则两信号序列的码距为

$$D(\boldsymbol{R},\boldsymbol{C})=(1+0+1+0+0+0+0)=2$$

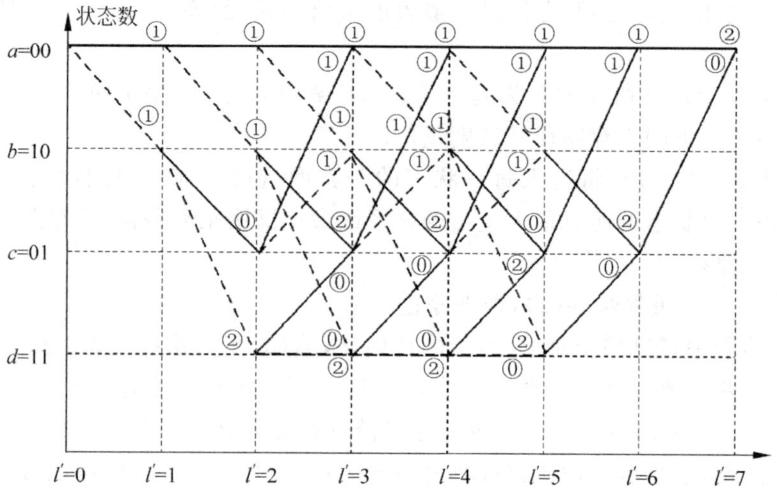


图 4.5.10 (2,1,2)卷积码距离图

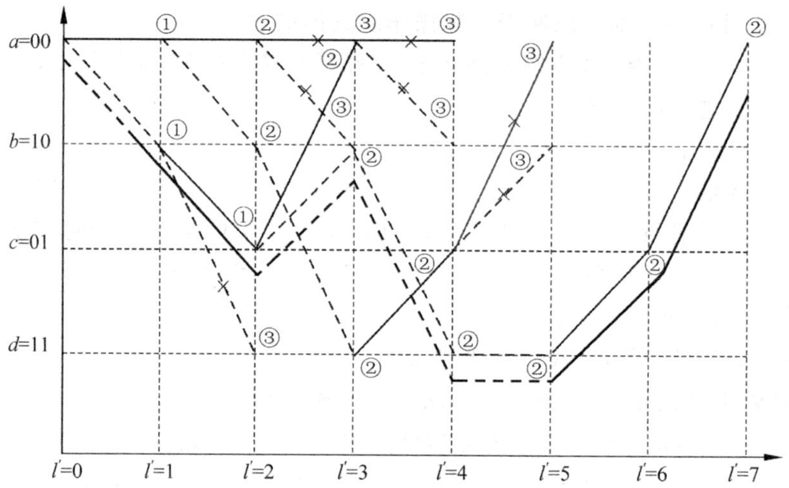


图 4.5.11 (2,1,2)卷积码幸存路径图

因此最后得出的最小汉明距离的路径如图 4.5.11 中粗黑线所示。路径可表示为 $a_0b_1c_2b_3d_4d_5c_6a_7$，汉明距离的总长度为 2。这时译码器的输出为 $\hat{\boldsymbol{m}}=(10111)=\boldsymbol{m}$，它与发送的信息序列完全相同。

上面例子的 Viterbi 译码过程如表 4.5.1 所示。

**表 4.5.1 译码过程表**

| 序号 | 输入码元 | 出发状态 | 到达状态 | 幸存路径 | 码距 | 译码 |
|---|---|---|---|---|---|---|
| 1 | 10 | $a$ | $a$ | 00 | 1 | 0 |
| | | | $b$ | 11 | 1 | 1 |
| 2 | 10 | $a$ | $a$ | 0000 | 2 | 00 |
| | | | $b$ | 0011 | 2 | 01 |
| | | $b$ | $c$ | 1110 | 1 | 10 |

续表

| 序号 | 输入码元 | 出发状态 | 到达状态 | 幸存路径 | 码距 | 译码 |
|---|---|---|---|---|---|---|
| 3 | 01 | $a$ | $a$ | 000000 | 3(不选) | 000 |
| | | | $b$ | 000011 | 3(不选) | 001 |
| | | $b$ | $d$ | 001101 | 2 | 011 |
| | | $c$ | $a$ | 111011 | 2 | 100 |
| | | | $b$ | 111000 | 2 | 101 |
| 4 | 01 | $a$ | $a$ | 11101100 | 3(不选) | 1000 |
| | | | $b$ | 11101111 | 3(不选) | 1001 |
| | | $b$ | $d$ | 11100001 | 2 | 1011 |
| | | $d$ | $c$ | 00110101 | 2 | 0110 |
| 5 | 10 | $c$ | $a$ | 0011010111 | 3(不选) | 01100 |
| | | | $b$ | 0011010100 | 3(不选) | 01101 |
| | | $d$ | $d$ | 1110000110 | 2 | 10111 |
| 6 | 01 | $d$ | $c$ | 111000011001 | 2 | 101110 |
| 7 | 11 | $c$ | $a$ | 11100001100111 | 2 | 1011100 |

表中出发状态是指每次输入码字以前寄存器的状态，也就是上一次的到达状态，初始状态为$a$(00)。由出发状态到到达状态是根据输入码字和格图确定的。如果格图中正好有符合码字的路径，则其最小距离最短，必然取该路径，否则状态转移的两条路径都要取。例如，表中在序号1时，输入码元为接收码字序列的第一个码字10，在格图中从初始状态$a$出发只有输出为00和11的两条路径，没有10路径，则两条路径都为幸存路径，它们分别到达状态$a$和状态$b$(10)。在序号2时，输入码元为接收码字序列的第二个码字，仍为10，但出发状态有两个：$a$和$b$。从状态$a$出发，与序号1情况相似，由于没有10路径，只能两条路径都选；从状态$b$出发，有10和01两条路径，选路径10为幸存路径，它到达状态$c$(01)，另一条到状态$d$(11)的路径不选。对于序号3，输入为01，出发状态有三个：$a$、$b$和$c$，它们都是上一过程的幸存路径。对于状态$a$和$c$都没有与输入01相同的路径，它们的离去路径都不能排除，但状态$c$的路径距离小于状态$a$的路径距离，所以选状态$c$的两条路径为幸存路径；从状态$b$出发，由于有与输入01相同的路径，选其为幸存路径，它到达状态$d$。以此类推，直到最后得出幸存路径为11 10 00 01 10 01 11。根据路径的虚实(走虚线译为1，走实线译为0)情况，可得译出的码字为1011100。

在具体实现维特比算法时，有三种不同方式的实现结构：

(1) 全并行，即采用$2^L$个ACS单元同时进行一次ACS和PM-MM访问操作。

(2) 全串行，即采用一个ACS单元，进行$2^L$次ACS和PM-MM访问操作。

(3) 部分并行或称为时分复用方案，即采用少于$2^L$个ACS单元群，分数次完成每一时刻内的$2^L$个状态的ACS运算和PM-MM访问操作。

显然，全并行方案速度最高，但硬件需求量最大；全串行方案硬件需求量最小，但速度最慢，而时分复用方案则是这两者的折中。

由上述讨论可知，维特比译码方法主要存在两个主要缺点：

(1) 要等全部接收的数据进入译码器以后才能最后算出译码的结果，所以译码延时很长。

(2) 需要存储 $2^{kL}$ 条幸存路径的全部历史数据，所以要求大容量存储器。

在维特比算法中，对 $L$ 的限制使编码约束长度做不大，从而码字间的距离受到限制，使进一步提高维特比译码器的纠错性能受到限制。此外，无论信道干扰的大小如何，每条保留路径的计算量是不变的，即使没有信道干扰也是这样，因此当信道干扰很小时就显得译码的平均计算量太大。

维特比译码的两个主要缺点可以用序列译码来解决。序列译码是由伍成克拉夫(J. M. Wozencraft)最先提出的，后经费诺改进，故又称费诺算法。如果译码器配备大容量的迭式存储器，则可采用堆栈算法，其译码速度比费诺算法更快。

## 思考题与习题

4.1 下列码字代表 8 个字符：

0000000 1000111 0101011 0011101

1101100 1011010 0110110 1110001

找出其最小的汉明距离 $d_{\min}$，并说明该组码字的检错和纠错能力。

4.2 设有 4 个消息 $a_1, a_2, a_3, a_4$，被编成长为 5 的二元线性系统码 00000，01101，10111，11010。试给出码的一致校验关系。

4.3 一个纠错码消息与码字的对应关系如下：(00)——(00000)，(01)——(00111)，(10)——(11110)，(11)——(11001)。

(1) 证明该码是线性分组码。

(2) 求该码的码长、编码效率和最小码距。

(3) 求该码的生成矩阵和一致校验矩阵。

(4) 构造该码 BSC 上的标准阵列。

(5) 若在转移概率 $p=10^{-3}$ 的 BSC 上消息等概率发送，求用标准阵列译码后的码字差错概率和消息比特差错概率。

4.4 设二元(6,3)码的生成矩阵为

$$\boldsymbol{G}=\begin{bmatrix}1&0&0&0&1&1\\0&1&0&0&0&1\\0&0&1&1&1&0\end{bmatrix}$$

试给出其一致校验矩阵。

4.5 设二元(7,4)码的生成矩阵为

$$\boldsymbol{G}=\begin{bmatrix}1&0&0&0&1&1&1\\0&1&0&0&1&0&1\\0&0&1&0&0&1&1\\0&0&0&1&1&1&0\end{bmatrix}$$

(1) 求该码的所有码字。

(2) 求该码的一致校验矩阵。

4.6　设一个(8,4)系统码，其一致校验方程为

$$\begin{cases} c_1 = m_4 + m_3 + m_2 \\ c_2 = m_3 + m_2 + m_1 \\ c_3 = m_4 + m_2 + m_1 \\ c_4 = m_4 + m_3 + m_1 \end{cases}$$

式中，$m_1, m_2, m_3, m_4$ 是信息位，$c_1, c_2, c_3, c_4$ 是校验位。求该码的 $\boldsymbol{G}$ 和 $\boldsymbol{H}$ 矩阵。

4.7　(7,4)循环码的生成多项式为 $g(x)=x^3+x^2+1$，试构造该循环码的编码和译码电路。若接收码字为 $\boldsymbol{R}=(1101101)$，解出发送的码字。

4.8　(15,5)循环码的生成多项式为

$$g(x) = x^{10} + x^8 + x^5 + x^4 + x^2 + x + 1$$

试求：

(1) 该码的校验多项式。

(2) 写出该码的系统形式的生成矩阵和一致校验矩阵。

(3) 构造其编码器。

4.9　设计一个由 $g(x)=x^4+x^3+1$ 生成的(15,11)循环汉明码编、译码器。

4.10　若循环码以 $g(x)=x+1$ 为生成多项式，则

(1) 证明 $g(x)$ 可以构成任意长度的循环码。

(2) 求该码的一致校验多项式 $h(x)$。

(3) 证明该码等价为一个偶校验码。

4.11　已知(15,11)循环码生成多项式为

$$g(x) = x^4 + x + 1$$

(1) 求该码的最小码长和相应的一致校验多项式。

(2) 求该码的生成矩阵、一致校验矩阵和系统码生成矩阵。

(3) 画出该码的系统码编码电路图，给出编码电路的编码工作过程。

(4) 若消息为 $m(x)=x^4+x^3+x$，分别由编码电路和代数方法求其相应的码式 $C(x)$。

(5) 画出该码的伴随式计算电路图，给出伴随式计算电路的工作过程。

(6) 若错误图样为 $e(x)=x^9+x^2$，分别由伴随式计算电路和代数计算求其相应的伴随式。

4.12　若消息为 $m(x)=x^7+x^6+x^4+x+1$，输入如题图 4.1 所示的卷积码编码器。试用码字与多项式表示编码输出。

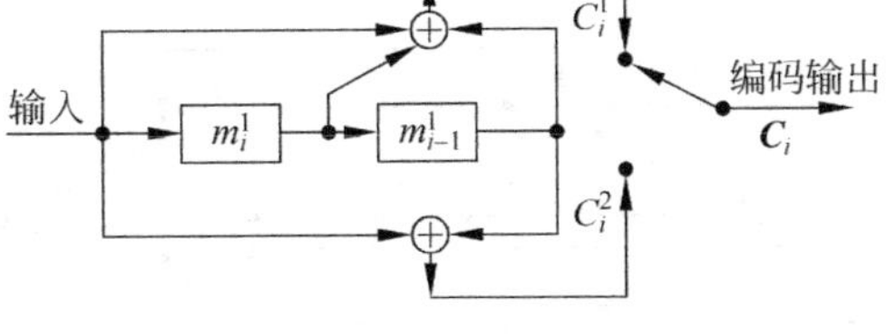


题图 4.1　卷积码编码器 1

4.13　卷积码编码器的子码生成多项式为

$G^1=(1011)=1+x^2+x^3$，$G^2=(1101)=1+x+x^3$，$G^3=(1111)=1+x+x^2+x^3$

试画出编码器框图、状态图和格图。

4.14 卷积码编码器的子码生成多项式为

$$G^1 = (11111) = 1 + x + x^2 + x^3 + x^4,$$
$$G^2 = (11011) = 1 + x + x^3 + x^4, G^3 = (10101) = 1 + x^2 + x^4$$

试求：

(1) 码的约束长度为多少？

(2) 码率 $R$ 等于多少？

(3) 格图有多少状态？画出格图。

4.15 已知(3,1,2)卷积码的生成多项式为

$$G = (1 + x^2, 1 + x + x^2, 1 + x + x^2)$$

(1) 对长为 4 比特的信息序列，画出格图。

(2) 写出对输入序列 $\boldsymbol{m}$=(101100)的输出码字。

(3) 用维特比译码原理，译出接收序列为 $\boldsymbol{R}$=(111,111,000,100,000,111)的信息序列。

4.16 码率为 1/2，约束长度为 3 的卷积码的格图如题图 4.2 所示，如果传送的是全 0 序列，接收序列为 1000100000…，利用维特比译码算法，计算译码序列。

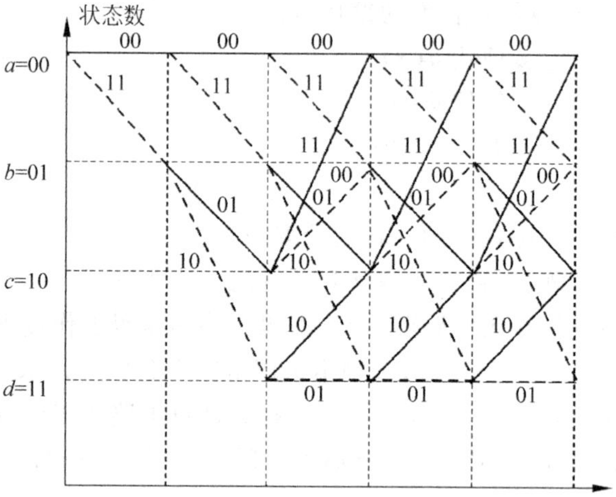


题图 4.2 卷积码的格图

4.17 题图 4.3 所示为编码效率为 1/2，约束长度为 4 的卷积码编码器，若输入信息序列为 10111…，求编码器的输出。

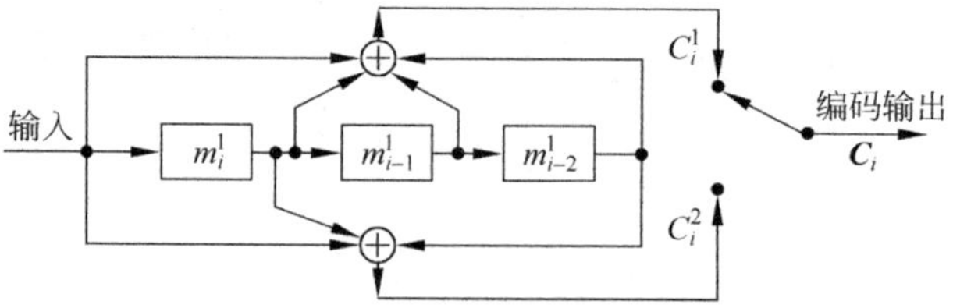


题图 4.3 卷积码编码器 2

# 第5章 信源编码

CHAPTER 5

信息通过信道传输到信宿的过程即为通信，通信中的基本问题是如何快速、准确地传送信息。要做到既不失真又快速地通信，需要解决两个问题：一是在不失真或允许一定的失真条件下，如何提高信息传输速度（如何用尽可能少的符号来传送信源信息）——这是本章要讨论的信源编码问题；二是在信道受到干扰的情况下，如何增加信号的抗干扰能力，同时又使得信息传输率最大（如何尽可能地提高信息传输的可靠性）。

一般来说，提高抗干扰能力（降低信息传输引入的失真或错误概率）往往是以降低信息传输率为代价的；反之，要提高信息传输率又常常会使抗干扰能力减弱，二者相互矛盾。然而编码定理已从理论上证明，至少存在某种最佳的编码（或信息处理方法）能够解决上述矛盾，做到既可靠又有效地传输信息。

实际的信源虽然多种多样，但可归纳为图像、语音、文字、数据等。其中图像、语音常表现为时间连续的随机波形，可通过采样变换成随机的时间序列。无论哪种类型的信源，信源符号之间总存在相关性和分布的不均匀性，使得信源存在冗余度。信源编码的目的就是减少冗余，提高编码效率，即针对信源输出符号序列的统计特性，寻找合适的方法把信源输出符号序列变换为最短的码字序列。

信源编码的基本途径有两个：一是编码后使序列中的各个符号之间尽可能地互相独立，即解除相关性；二是使编码后各个符号出现的概率尽可能相等，即均匀化分布。

目前去除信源符号之间冗余度的有效方法包括预测编码和变换编码，去除信源符号概率分布冗余度的主要方法是统计编码。上述方法已相当成熟，在实际中得到了广泛应用，并被有关压缩编码的国际标准所采用。信源编码常分为无失真信源编码和限失真信源编码，前者主要用于文字、数据信源的压缩，后者主要用于图像、语音信源的压缩。

**本章重点内容：**

- 信源编码的基本思路；
- 无失真信源编码定理；
- 香农码、费诺码、霍夫曼码等变长编码方法；
- 游程编码、算术编码、预测编码和变换编码等实用信源编码方法。

## 5.1 信源编码器和无失真信源编码定理

为了分析方便和突出问题的重点，当研究信源编码时，一般把信道编码和译码看作信道的一部分，从而突出信源编码。同样，在研究信道编码时，可以将信源编码和译码看作信源和信宿的一部分，从而突出信道编码。

由于信源编码可以不考虑抗干扰问题，所以它的数学模型比较简单。图 5.1.1 所示为一个编码器，它的输入是信源符号集 $S=\{s_1,s_2,\cdots,s_q\}$。$X$ 为编码器所用的编码符号集，包含 $r$ 个元素 $\{x_1,x_2,\cdots,x_r\}$。一般 $x_i$ 是适合于信道传输的符号，称为码符号(或码元)。编码器将信源符号集中的信源符号 $s_i$(或长为 $N$ 的信源符号序列 $\boldsymbol{\alpha}_i$)变成由码符号 $x_i$ 组成的长为 $l_i$ 的与信源符号 $s_i$ 一一对应的输出序列 $W_i$，即

$$s_i(i=1,2,\cdots,q)\Leftrightarrow W_i(i=1,2,\cdots,q)=(x_{i1},x_{i2},\cdots,x_{il_i}),\quad x_{ij}\in X$$

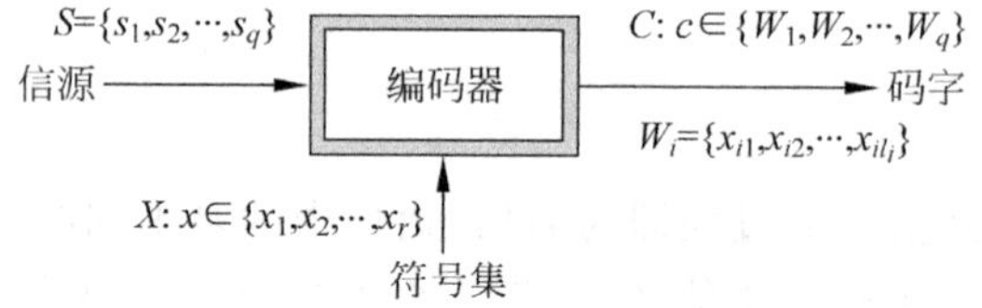


图 5.1.1 无失真信源编码器

由码符号 $x_i$ 组成的输出序列 $W_i$ 称为**码字**，其长度 $l_i$ 称为**码字长度**或**码长**，全体码字 $W_i$ 的集合 $C$ 称为**码**或**码书**，它等价于一种特定的编码方法。编码的过程是按照一定的规则，将信源中的每个原始符号 $s_i$(或信源符号序列 $\boldsymbol{\alpha}_i$)用码字 $W_i$ 表示。因此，编码就是从信源符号到码符号组成的码字之间的一种映射。

为提高编码效率，可采取对无记忆信源的扩展信源进行编码，通过加大信源的分组长度来提高编码的有效性。如图 5.1.2 所示，在 $N$ 次扩展情况下，信源 $S^N$ 中信源符号共有 $q^N$ 个，相应的输出码字也有 $q^N$ 个，而码字中的码元仍取自码符号集 $\{x_1,x_2,\cdots,x_r\}$，因而编码的复杂程度要大得多。

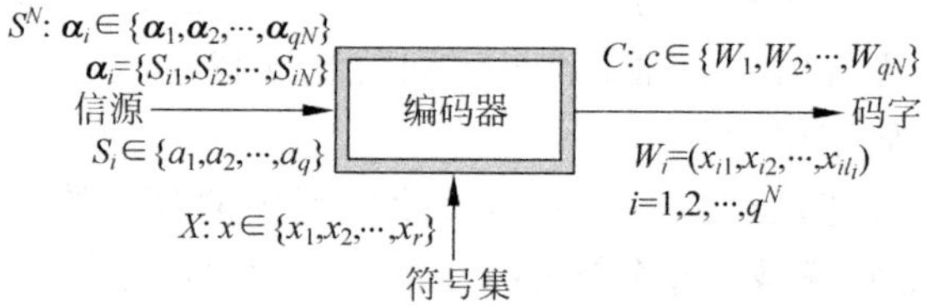


图 5.1.2 N 次扩展信源无失真编码器

设对扩展信源 $S^N$ 中符号 $\boldsymbol{\alpha}_i$ 进行编码的码长为 $l_i$，则对 $S^N$ 中所有符号 $\boldsymbol{\alpha}_i$ 进行编码的平均码长为

$$\overline{L}_N=\sum_{i=1}^{q^N}P(\boldsymbol{\alpha}_i)l_i(\text{码符号/信源序列})$$

而等价地对原始信源 $S$ 中各符号编码的平均码长为 $\overline{L}_N/N$ (码符号/信源符号)。因此，对 $S^N$ 进行无失真编码后得到一个由码符号组成的新信源 $X$。由于 $\overline{L}_N/N$ 个码符号代表的信息量为 $H(S)$，则 $X$ 的熵(也即信源经编码后信息传输率)为

$$R=H(X)=\frac{H(S)}{\overline{L}_N/N}(\text{bit/符号})$$

各种编码方法的有效性可以用编码效率 $\eta$ 来表示。

由于编码后信源 $S$ 的信息量不变，而 $\overline{L}_N/N$ 位 $r$ 元码所能携带的最大信息量为 $\frac{\overline{L}_N}{N}\log r$，故有如下编码效率 $\eta$ 的定义。

**定义 5.1.1** 若用 $r$ 元码对信源 $S^N$ 进行编码，设 $S$ 中每个符号所需的平均码长为 $\overline{L_N}/N$，则定义

$$\eta = \frac{H(S)}{\frac{\overline{L_N}}{N}\log r} \tag{5.1.1}$$

为该码的编码效率。

## 5.1.1 码的分类

对于编码器而言，根据码符号集合 $X$ 中码元的个数不同以及码字长度 $l_i$ 是否一致，有以下一些常用的编码形式。

**1. 二元码和 $r$ 元码**

若码符号集 $X=\{0,1\}$，编码所得码字为一些适合在二元信道中传输的二元序列，则称**二元码**。二元码是数字通信与计算机系统中最常用的一种码。若码符号集 $X$ 共有 $r$ 个元素，则所得的码称为 **$r$ 元码**。

**2. 等长码**

若一组码中所有码字 $W_i$ 的长度都相同($l_i=l, i=1,\cdots,q$)，则称为**等长码**。

**3. 变长码**

若一组码中码字 $W_i$ 的码长各不相同(码字长度 $l_i$ 不等)，则称为**变长码**。

如表 5.1.1 中"编码 1"为等长码，"编码 2"为变长码。

**表 5.1.1 等长码和变长码**

| 信源符号 $si$ | 符号出现概率 $p(s_i)$ | 编码 1 | 编码 2 |
|---|---|---|---|
| $s_1$ | $p(s_1)$ | 00 | 0 |
| $s_2$ | $p(s_2)$ | 01 | 01 |
| $s_3$ | $p(s_3)$ | 10 | 001 |
| $s_4$ | $p(s_4)$ | 11 | 101 |

**4. 分组码**

若每个信源符号 $s_i$ 按照固定的码表映射成一个码字 $W_i$，则称为**分组码**。否则就是非分组码。

如果采用分组编码方法，需要分组码具有某些属性，以保证在接收端能够迅速而准确地将接收到的码译成与信源符号对应的消息。下面讨论分组码的一些直观属性。

1) 非奇异码和奇异码

若一组码中所有码字 $W_i$ 都不相同(所有信源符号映射到不同的码符号序列)，则称为**非奇异码**；反之，则为奇异码。如表 5.1.2 中的"编码 2"是奇异码，其他码是非奇异码。

**表 5.1.2 不同的码字**

| 信源符号 | 概率 $p(a_i)$ | 编码 1 | 编码 2 | 编码 3 | 编码 4 | 编码 5 |
|---|---|---|---|---|---|---|
| $a_1$ | 1/2 | 00 | 0 | 0 | 1 | 1 |
| $a_2$ | 1/4 | 01 | 0 | 1 | 10 | 01 |
| $a_3$ | 1/8 | 10 | 1 | 00 | 100 | 001 |
| $a_4$ | 1/8 | 11 | 10 | 11 | 1000 | 0001 |

2）同价码

若码符号集 $X:(x_1,x_2,\cdots,x_r)$中每个码符号所占的传输时间都相同，则所得的码为**同价码**。

一般讨论同价码，对同价码来说，等长码中每个码字的传输时间相同，而变长码中每个码字的传输时间就不一定相同。

3）码的 $N$ 次扩展码

假定某一码 $C$，它把信源 $S=\{s_1,s_2,\cdots,s_q\}$中的符号 $s_i$ 一一变换成码 $C$ 中的码字 $W_i$，则码 $C$ 的 $N$ 次扩展码是所有 $N$ 个码字组成的码字序列的集合。

例如，若码 $C=\{W_1,W_2,\cdots,W_q\}$满足

$$s_i \Leftrightarrow W_i=(x_{i1},x_{i2},\cdots,x_{il_i}),\quad s_i\in S,x_{il}\in X$$

则码 $C$ 的 $N$ 次扩展码的集合 $B=\{B_1,B_2,\cdots,B_{q^N}\}$，其中

$$B_i=\{W_{i_1},W_{i_2},\cdots,W_{i_N}\};\quad i_1,\cdots,i_N=1,\cdots,q;\quad i=1,\cdots,q^N$$

即码 $C$ 的 $N$ 次扩展码中，每个码字 $B_i$ 与信源的 $N$ 次扩展信源 $S^N$ 中的每个信源符号序列 $\boldsymbol{\alpha}_i=\{s_{i1},s_{i2},\cdots,s_{iN}\}$是一一对应的，则

$$\boldsymbol{\alpha}_i \Leftrightarrow B_i=(W_{i_1},W_{i_2},\cdots,W_{i_N}),\quad \boldsymbol{\alpha}_i\in S^N,W_{i_l}\in C$$

**【例 5.1.1】** 设信源的概率空间为

$$\begin{bmatrix} S \\ p(s) \end{bmatrix}=\begin{bmatrix} a_1 & a_2 & a_3 & a_4 \\ p(a_1) & p(a_2) & p(a_3) & p(a_4) \end{bmatrix},\quad \sum_{i=1}^{4}p(a_i)=1$$

若把它通过一个二元信道进行传输，就必须将信源变换成由{0,1}组成的码符号序列（二元序列）。

编码方法很多。例如可采用表 5.1.2 中“编码 3”对信源进行编码，当对“编码 3”进行二次扩展时得到“编码 3 的二次扩展码”。

由于信源 $S$ 的二次扩展信源为

$$S^2=\{\boldsymbol{\alpha}_1=a_1a_1,\boldsymbol{\alpha}_2=a_1a_2,\cdots,\boldsymbol{\alpha}_{16}=a_4a_4\}$$

因此“编码 3 的二次扩展码”如表 5.1.3 所示。

**表 5.1.3 二次扩展码例子**

| 信源符号序列 | 码　字 | 信源符号序列 | 码　字 | 信源符号序列 | 码　字 |
|---|---|---|---|---|---|
| $\boldsymbol{\alpha}_1$ | $00=B_1=W_1W_1$ | $\boldsymbol{\alpha}_5$ | 10 | $\boldsymbol{\alpha}_{13}$ | 110 |
| $\boldsymbol{\alpha}_2$ | $01=B_2=W_1W_2$ | $\boldsymbol{\alpha}_6$ | 11 | $\boldsymbol{\alpha}_{14}$ | 111 |
| $\boldsymbol{\alpha}_3$ | 000 | $\boldsymbol{\alpha}_7$ | 100 | $\boldsymbol{\alpha}_{15}$ | 1100 |
| $\boldsymbol{\alpha}_4$ | 011 | … | … | $\boldsymbol{\alpha}_{16}$ | 1111 |

4）唯一可译码

若任意一串有限长的码符号序列只能被唯一地译成所对应的信源符号序列，则此码称为**唯一可译码**（或称单义可译码）。否则就称为非唯一可译码或非单义可译码。

若要使某一码为唯一可译码，则对于任意给定的有限长的码符号序列，只能被**唯一**地分割成一个个的码字组成的序列。

例如，对于二元码 $C_1=\{1,01,00\}$，若任意给定一串码字序列，如 10001101，只可唯一地划分为 1,00,01,1,01，因此 $C_1$ 是唯一可译码。而对另一个二元码 $C_2=\{0,10,01\}$，当接收

码字序列为 01001 时，可划分为 0，10，01 或 01，0，01，所以是非唯一可译的。

**【例 5.1.2】** 设信源 $S$ 的概率空间为

$$\begin{bmatrix} S \\ p(s) \end{bmatrix} = \begin{bmatrix} a_1 & a_2 & a_3 & \cdots & a_q \\ p(a_1) & p(a_2) & p(a_3) & \cdots & p(a_q) \end{bmatrix}$$

若要把它通过一个二元信道进行传输，就必须把信源符号变换成二元序列。采用不同的二元序列与信源符号一一对应，可得到不同的二元码，如表 5.1.4 所示(取 $q=4$ 时)。

**表 5.1.4　例 5.1.2 采用的两种编码**

| 信源符号 | 概率 $p(a_i)$ | 编码 1 | 编码 2 |
|---|---|---|---|
| $a_1$ | $p(a_1)$ | 00 | 0 |
| $a_2$ | $p(a_2)$ | 01 | 01 |
| $a_3$ | $p(a_3)$ | 10 | 001 |
| $a_4$ | $p(a_4)$ | 11 | 111 |

上述两种二元码中“编码 1”为非奇异、唯一可译的等长码；而“编码 2”为非奇异、非唯一可译的变长码。对“编码 2”，如果送入码符号序列 0010，则可译成 $a_1a_2a_1$ 或 $a_3a_1$，此时就产生了歧义、非唯一可译。

唯一可译码又分为即时码和非即时码：如果在接收端收到一个完整的码字后，就能立即进行译码，则这样的码称为**即时码**；而若在接收端收到一个完整的码字后，还需等下一个码字(或码符号)接收后才能判断是否可以译码，则这样的码称为**非即时码**。表 5.1.2 中的“编码 1”和“编码 5”是即时码，而“编码 4”是非即时码。等长码一定是即时码，如“编码 1”；而“编码 5”只要收到符号 1 就表示该码字已完整，可以立即译码。

即时码又称为非延长码，对即时码而言，在码本中任意一个码字都不是其他码字的前缀部分。对非即时码来说，有的码是唯一可译的，有的码是非唯一可译的，主要取决于码的总体结构。

综上所述，可将码作如图 5.1.3 所示的分类。

- 码
  - 非分组码
  - 分组码
    - 奇异码
    - 非奇异码
      - 非唯一可译码
      - 唯一可译码
        - 非即时码
        - 即时码(非延长码)

图 5.1.3　码的分类

## 5.1.2　码树

对于给定码字的全体集合 $C=\{W_1,W_2,\cdots,W_q\}$，可以用码树来描述。下面利用码树来研究唯一可译码的判别，用码树来表示码的构成。

对于 $r$ 进制的码树，如图 5.1.4 所示，其中图 5.14(a)为二元码树，图 5.14(b)为三元码树。在码树中 $R$ 点是树根，从树根伸出 $r$ 个树枝，构成 $r$ 元码树。树枝的尽头是节点，一般中间节点会伸出树枝，不伸出树枝的节点为终端节点，编码时应尽量把码字安排在终端节点。

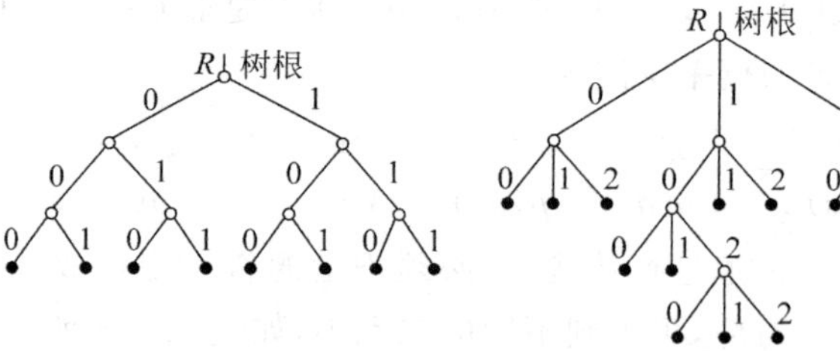

(a) 二元码树　(b) 三元码树

图 5.1.4　码树图

码树中自树根经过一个分枝到达一阶节点，一阶节点最多为 $r$ 个，二阶节点的可能个数为 $r^2$ 个，$n$ 阶节点最多有 $r^n$ 个。例如，图 5.1.4(a)的码树是三阶，共有 $2^3=8$ 个可能的终端节点。若将从每个节点发出的 $r$ 个分枝分别标以 $0,1,\cdots,r-1$，则每个 $n$ 阶节点需要用 $n$ 个 $r$ 元数字表示。如果指定某个 $n$ 阶节点为终端节点，用于表示一个信源符号，则该节点就不再延伸，相应的码字即为从树根到此端点的分枝标号序列，该序列长度为 $n$。用这种方法构造的码满足即时码的条件，因为从树根到每一个终端节点所走的路径均不相同，所以一定满足对即时码前缀的限制。如果有 $q$ 个信源符号，那么在码树上就要选择 $q$ 个终端节点，用相应的 $r$ 元基本符号表示这些码字。

若树码的各个分支都延伸到最后一级端点，此时将共有 $r^n$ 个码字，这样的码树称为整树，如图 5.1.4(a)所示。否则就称为非整树，如图 5.1.4(b)所示，这时的码就不是等长码了。

因此，码树与码之间具有如下一一对应的关系：

- 树根↔码字起点；
- 树枝数↔码的进制数；
- 节点↔码字或码字的一部分；
- 终端节点↔码字；
- 阶数↔码长；
- 非整树↔变长码；
- 整树↔等长码。

**【例 5.1.3】** 写出如图 5.1.5 所示码树对应的码字，并判断这三棵码树所对应的码的性质。

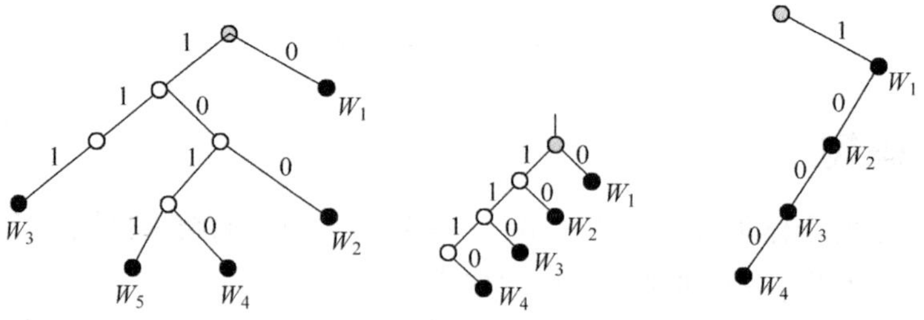

(a)　(b)　(c)

图 5.1.5　码树

**解**：对图 5.1.5(a)有

$$W_1 = 0;\quad W_2 = 100;\quad W_3 = 111;\quad W_4 = 1010;\quad W_5 = 1011$$

对图 5.1.5(b)有

$$W_1 = 0;\quad W_2 = 10;\quad W_3 = 110;\quad W_4 = 1110$$

对图 5.1.5(c)有

$$W_1 = 1;\quad W_2 = 10;\quad W_3 = 100;\quad W_4 = 1000$$

码的性质分析：上述三个码都是变长码、非奇异码，其中，图 5.1.5(a)、图 5.1.5(b)所有的码字都在终端节点上，所以是即时码；而图 5.1.5(c)中码字有的落在终端节点上，有的落在非终端节点上，因而是非即时码。

## 5.1.3 Kraft 不等式

利用码树可以判断给定的码是否为唯一可译码，但需要画出码树。在实际中，还可以利用**克拉夫特(Kraft)不等式**，直接根据各码字的长度 $l_i$ 来判断唯一可译码是否存在，即各码字的长度 $l_i$ 应符合克拉夫特不等式，即

$$\sum_{i=1}^{q} r^{-l_i} \leqslant 1 \tag{5.1.2}$$

式中，$r$ 为进制数，也即码符号的个数；$q$ 为信源符号数。

克拉夫特不等式是唯一可译码**存在**的充要条件，其必要性表现在如果码是唯一可译码，则必定满足式(5.1.2)，如表 5.1.2 中的“编码 1”、“编码 4”、“编码 5”都满足式(5.1.2)；充分性表现在如果满足式(5.1.2)，则这种码长的唯一可译码一定可以存在，但并不表示所有满足式(5.1.2)的码一定是唯一可译码。

因此，克拉夫特不等式是唯一可译码存在的充要条件，而不是唯一可译码的充要条件。

**【例 5.1.4】** 判断前述表 5.1.2 所列 5 种编码是否满足克拉夫特不等式。

**解**：在表 5.1.2 中，所有码都为二元码，即 $r=2$，有四个信源符号，即 $q=4$，则

编码 1：$\sum_{i=1}^{q} r^{-l_i} = 2^{-2} + 2^{-2} + 2^{-2} + 2^{-2} = 1$

编码 2：$\sum_{i=1}^{q} r^{-l_i} = 2^{-1} + 2^{-1} + 2^{-1} + 2^{-2} = 1.75$

编码 3：$\sum_{i=1}^{q} r^{-l_i} = 2^{-1} + 2^{-1} + 2^{-2} + 2^{-2} = 1.5$

编码 4：$\sum_{i=1}^{q} r^{-l_i} = 2^{-1} + 2^{-2} + 2^{-3} + 2^{-4} = 0.9375$

编码 5：$\sum_{i=1}^{q} r^{-l_i} = 2^{-1} + 2^{-2} + 2^{-3} + 2^{-4} = 0.9375$

从计算结果可知：编码 1、编码 4 和编码 5 满足克拉夫特不等式，对应的码可能是唯一可译码；而编码 2 和编码 3 不满足克拉夫特不等式，对应的码一定不是唯一可译码。

**【例 5.1.5】** 设二进制码树中 $S:\{s_1, s_2, s_3, s_4\}$，$l_1=1$，$l_2=2$，$l_3=2$，$l_4=3$，应用克拉夫特不等式判断

$$\sum_{i=1}^{4} r^{-l_i} = 2^{-1} + 2^{-2} + 2^{-2} + 2^{-3} = \frac{9}{8} > 1$$

因此,不存在满足由这种 $l_i$ 所确定的唯一可译码。

该结论也可以用码树进行说明。如图 5.1.6 所示,要形成上述 $l_i$ 限定的码,必须在中间节点设置码字:如果 $s_1 \leftrightarrow W_1=0, s_2 \leftrightarrow W_2=10$,则由于 $l_3=2$,可取 $s_3 \leftrightarrow W_3=11$(还有其他取法),则 $s_4$ 的编码只能取 $s_3$ 或 $s_2$ 的延长码。

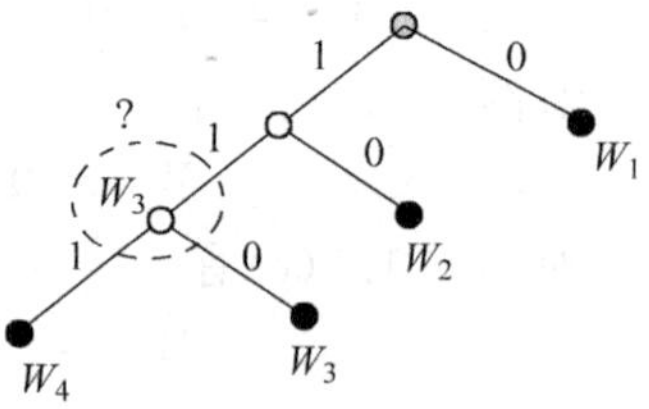


图 5.1.6　例 5.1.5 的码树

如果将各码字的长度改为 $l_1=1, l_2=2, l_3=3, l_4=3$,则此时满足克拉夫特不等式

$$\sum_{i=1}^{4} r^{-l_i} = 2^{-1} + 2^{-2} + 2^{-3} + 2^{-3} = 1$$

因而满足这种 $l_i$ 限定的唯一可译码是存在的。例如,图 5.1.6 中取编码为{0,10,110,111}时,即为一种唯一可译码。

但要注意克拉夫特不等式只能说明唯一可译码是否存在,并不能作为唯一可译码的判据。例如,码{0,10,010,111}也满足克拉夫特不等式,但它不是唯一可译码。

### 5.1.4 无失真信源编码定理(香农第一定理)

离散无记忆信源 $S=\{\alpha_1, \alpha_2, \cdots, \alpha_q\}$ 的 $N$ 次扩展信源 $S^N=\{\boldsymbol{\alpha}_1, \boldsymbol{\alpha}_2, \cdots, \boldsymbol{\alpha}_{q^N}\}$,其熵为 $H(S^N)$,对应有码符号 $X=\{x_1, x_2, \cdots, x_r\}$。则对信源 $S^N$ 进行编码,总可以找到一种编码方法,构成唯一可译码,使信源 $S$ 中每个信源符号所需的平均码长满足

$$\frac{H(S)}{\log r} + \frac{1}{N} > \frac{\bar{L}_N}{N} \geqslant \frac{H(S)}{\log r} \tag{5.1.3}$$

且当 $N \to \infty$ 时,有

$$\lim_{N \to \infty} \frac{\bar{L}_N}{N} = H_r(S) \left\{ \text{而 } H_r(S) = -\sum_{i=1}^{q} p(a_i) \log_r p(a_i) \right\}$$

其中,$\bar{L}_N = \sum\limits_{i=1}^{q^N} p(\boldsymbol{\alpha}_i) l_i$ 为 $N$ 次扩展信源的平均码长;$l_i$ 为 $\boldsymbol{\alpha}_i$ 的码长。

$\bar{L}_N/N$ 为对扩展信源 $S^N$ 进行编码后,等效于信源每个符号编码所需的平均码长。此处用 $\bar{L}_N/N$ 而不直接用 $\bar{L}$ 是为了表示:这个平均值不是直接对 $S$ 中的每个信源符号 $\boldsymbol{\alpha}_i$ 进行编码获得的,而是通过对扩展信源 $S^N$ 中的符号 $\boldsymbol{\alpha}_i$ 进行编码而获得的。

无失真信源编码定理是香农信息论的主要定理之一,其结论有:

- 要做到无失真的信源编码,每个信源符号平均所需最少的 $r$ 元码元数为信源的熵 $H_r(S)$,即 $H_r(S)$ 是无失真信源压缩的极限值。
- 若编码的平均码长小于信源的熵值 $H_r(S)$,则唯一可译码不存在,在译码时必然会带来失真或差错。
- 通过增加信源扩展的次数 $N$,即让输入编码器的信源分组长度 $N$ 增大,可使编码平均码长 $\bar{L}_N/N$ 趋于下限值。显然,减少平均码长所付出的代价是增加了编码的复杂性。

当平均码长达到极限值 $H_r(S)$ 时,由式(5.1.1)知此时的编码效率为

$$\eta = \frac{H(S)}{\frac{\bar{L}_N}{N} \log r} = 1$$

即编码达到了最高效率，编码后得到的新信源 $X$ 的冗余度为 0。同时，信源经编码后的信息传输效率为

$$R = H(X) = \log r$$

这就是 $r$ 元离散无记忆信源 $X$ 中 $r$ 个符号等概分布时所能得到的最大信源熵，说明编码后新信源已达到了等概分布，它与信源冗余度为 0 完全等价。

设信源 $S$ 共有 $q$ 个符号，则编码前信源的效率为 $H(S)/\log q$，而进行最佳无失真编码后，编码效率达到 1。因此，编码的压缩倍数为 $1/H(S)/\log q=\log q/H(S)$，即原始信源的熵越小，信源冗余度越大，则最佳编码的压缩倍数也就越高。

习惯上，都以二元码表示编码的码字，此时 $r=2$，即 $X=\{0,1\}$，则香农第一定理的式(5.1.3)可表达为

$$H(S) + \frac{1}{N} > \frac{\overline{L}_N}{N} \geqslant H(S) \tag{5.1.4}$$

即平均码长的极限值为 $H(S)$，且达到此极限值时，编码的信息传输效率为

$$R = \log 2 = 1(\text{bit/码符号})$$

香农第一定理的结论同样可推广到有记忆的平稳信源，在有记忆的平稳信源条件下有

$$\lim_{N\to\infty} \frac{\overline{L}_N}{N} = \frac{H_\infty}{\log r}$$

式中，$H_\infty$ 为有记忆信源的极限熵，即若为有记忆的平稳信源，则无失真变长信源编码平均码长的极限值为 $H_{r\infty} = \dfrac{H_\infty}{\log r}$。

## 5.2　变长编码

变长码往往在码长 $l_i$ 的平均值不很大时，就可编出效率很高而且无失真的码，其平均码长受香农第一定理所限定，即若对离散无记忆信源 $S$ 的 $N$ 次扩展信源 $S^N$ 进行编码，则总可以找到一种编码方法，构成唯一可译码，使信源 $S$ 中每个信源符号所需的平均码长满足

$$\frac{H(S)}{\log r} + \frac{1}{N} > \frac{\overline{L}_N}{N} \geqslant \frac{H(S)}{\log r}$$

且当 $N\to\infty$ 时，有

$$\lim_{N\to\infty} \frac{\overline{L}_N}{N} = H_r(S)\left\{H_r(S) = -\sum_{i=1}^{q} p(a_i)\log_r p(a_i)\right\}$$

其中，$\overline{L}_N = \sum\limits_{i=1}^{q^N} p(\boldsymbol{\alpha}_i)\, l_i$ 为 $N$ 次扩展信源的平均码长；$l_i$ 为信源符号扩展序列 $\boldsymbol{\alpha}_i$ 的码长；$\dfrac{\overline{L}_N}{N}$ 为对扩展信源 $S^N$ 进行编码后，每个信源符号编码所需的等效的平均码长。

要做到无失真的信源编码，平均每个信源符号所需最少的 $r$ 元码元数为信源的熵 $H_r(S)$，即 $H_r(S)$ 是无失真信源压缩的极限值。

若编码的平均码长小于信源的熵值 $H_r(S)$，则唯一可译码不存在，在译码或反变换时必然要带来失真或差错。

通过对扩展信源进行变长编码，当 $N\to\infty$ 时，平均码长 $\to H_r(S)$。

无失真信源编码的实质：对离散信源进行适当的变换，使变换后形成的新的码符号信

源(信道的输入信源)尽可能为等概率分布,以使新信源的每个码符号平均所携带的信息量达到最大,使信道的信息传输率 $R$ 达到信道容量 $C$,实现信源与信道的统计匹配。这实际上就是香农第一定理的物理意义。

为了衡量各种编码是否达到极限情况,定义变长码的编码效率为

$$\eta = \frac{H_r(S)}{\overline{L}} \tag{5.2.1}$$

常通过编码效率 $\eta$ 来衡量各种编码性能的优劣。

为了衡量各种编码与最佳编码的差距,定义码的剩余度为

$$1-\eta = 1-\frac{H_r(S)}{\overline{L}} \tag{5.2.2}$$

信息传输率定义为

$$R = \frac{H(S)}{\overline{L}} = \eta \tag{5.2.3}$$

**注意:**

虽然 $R$ 与 $\eta$ 在数值上相同,但它们的单位不同,编码效率 $\eta$ 没有单位,而信息传输率 $R$ 的单位是比特/码符号。

在二元无噪无损信道中 $r=2, H_r(S)=H(S), \eta=\frac{H(S)}{\overline{L}}$。

所以在二元信道中,若编码效率 $\eta=1, R=1$ 比特/码符号,则达到信道的信道容量。此时编码效率为最高,码的剩余度为 0。

前面已经说明,对于某一个信源和某一符号集来说,满足克拉夫特不等式的唯一可译码可以有多种,在这些唯一可译码中,如果有一种(或几种)码,其平均编码长度小于所有其他唯一可译码的平均编码长度,则该码称为**最佳码**(或紧致码)。

为了使得平均编码长度为最小,必须将出现概率大的信源符号编以短的码字,出现概率小的信源符号编以长的码字。经典的信源编码方法有多种,本节重点介绍香农(Shannon)码、费诺(Fano)码、霍夫曼(Huffman)码。

## 5.2.1 香农码

香农第一定理指出了平均码长与信源之间的关系,同时也指出了可以通过编码使平均码长达到极限值。但是如何构造这种码呢?香农第一定理指出,可选择每个码字的长度 $l_i$ 满足关系式:

$$-\log p(s_i) \leqslant l_i \leqslant -\log p(s_i)+1 \quad (i=1,\cdots,q) \tag{5.2.4}$$

或

$$l_i = \left\lceil \log \frac{1}{p(s_i)} \right\rceil \quad (i=1,\cdots,q)$$

式中 $\lceil x \rceil$ 表示大于或等于 $x$ 的整数。按式(5.2.4)选择的码长所构成的码称为香农码。香农码满足克拉夫特不等式,所以一定存在对应码字的长度的唯一可译码。

一般情况下,按照香农编码方法编出来的码,其平均码长不是最短的,也即不是最佳码。只有当信源符号的概率分布使不等式(5.2.4)左边的等号成立时,编码效率才达到最高。

二元香农码的编码步骤如下:

(1) 将 $q$ 个信源符号按概率递减的方式进行排列,即

$$p_1 \geqslant p_2 \geqslant \cdots \geqslant p_q$$

(2) 按式(5.2.4)计算出每个信源符号的码长 $l_i$。

(3) 为了编成唯一可译码,计算第 $i$ 个信源符号的累加概率。

$$G_i = \sum_{k=1}^{i-1} p_k, \text{其中 } G_1 = 0$$

(4) 将累加概率 $G_i$ 用二进制数表示。

(5) 取 $G_i$ 对应二进制数的小数点后 $l_i$ 位构成该信源符号的二进制码字。

**【例 5.2.1】** 设信源共有 7 个信源符号,其概率分布如表 5.2.1 所示。试对该信源进行香农编码。

**表 5.2.1 例 5.2.1 的信源和香农编码过程**

| 信源符号 | 概率 $p(a_i)$ | 累加概率 $G_i$ | $G_i$ 对应的二进制数 | $\log \frac{1}{p(a_i)}$ | 码长 $l_i$ | 码字 |
|---|---|---|---|---|---|---|
| $a_1$ | 0.20 | 0 | 0.000 | 2.34 | 3 | 000 |
| $a_2$ | 0.19 | 0.2 | 0.0011… | 2.41 | 3 | 001 |
| $a_3$ | 0.18 | 0.39 | 0.0110… | 2.48 | 3 | 011 |
| $a_4$ | 0.17 | 0.57 | 0.1001… | 2.56 | 3 | 100 |
| $a_5$ | 0.15 | 0.74 | 0.1011… | 2.74 | 3 | 101 |
| $a_6$ | 0.10 | 0.89 | 0.1110… | 3.34 | 4 | 1110 |
| $a_7$ | 0.01 | 0.99 | 0.1111110… | 6.66 | 7 | 1111110 |

码的性能分析:

通过计算可得此信源的熵为

$$H(S) = -\sum_{i=1}^{7} p(a_i)\log p(a_i) = 2.61(\text{bit/符号})$$

而码的平均长度为

$$\bar{L} = \sum_{i=1}^{7} p(a_i) l_i = 3.14(\text{二元码符号/符号})$$

编码效率为

$$\eta = 0.831$$

**【例 5.2.2】** 设信源有 3 个信源符号,其概率分布为(0.5,0.4,0.1),按香农编码对该信源进行编码所得的码长应为(1,2,4),对应的码字为(0,10,1110),其平均码长为 $\bar{L}=1.7$,信源的熵 $H(S)=1.36$。因此,该码的编码效率 $\eta=0.8$。

实际上,如果观察本例信源的概率分布,可以构造出一个码长更短的码(0,10,11),显然它也是唯一可译码,但其平均码长为 $\bar{L}=1.5$,编码效率 $\eta=0.91$。

所以,香农编码存在较大的剩余度,实用性不强,但它是根据香农第一定理直接得出的,因此具有重要的理论意义,而且香农编码也是后面要介绍的算术编码的基础。

## 5.2.2 费诺码

费诺编码属于概率匹配编码,它一般也不是最佳的编码方法,只有当信源的概率分布呈现 $p(s_i)=r^{-l_i}$ 分布形式的条件下,才能达到最佳码的性能。

二元费诺码的编码步骤如下：

(1) 信源符号以概率递减的次序排列。

(2) 将排列好的信源符号按概率值划分成两大组，使每组的概率之和接近于相等，并对每组各赋予一个二元码符号 0 和 1。

(3) 将每一大组的信源符号再分成两组，使划分后的两个组的概率之和接近于相等，再分别赋予一个二元码符号。

(4) 依次下去，直至每个小组只剩一个信源符号为止。

(5) 信源符号所对应的码字即为费诺码。

**【例 5.2.3】** 将图 5.2.1 所示离散无记忆信源按二元费诺码方法进行编码。其编码过程如图 5.2.1 所示。

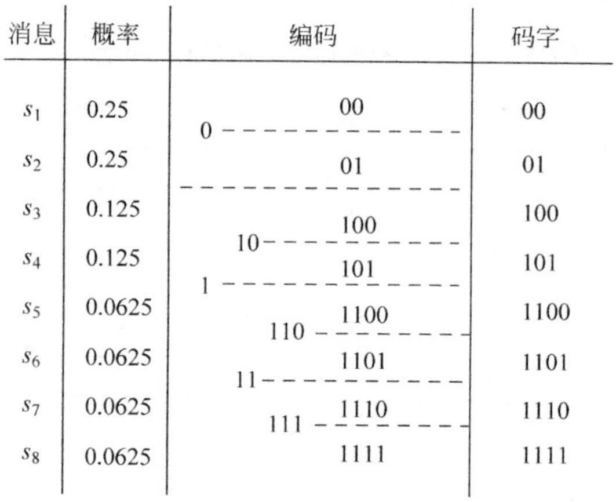
消息
概率
编码
码字
$s_1$ 0.25 00 00
$s_2$ 0.25 01 01
$s_3$ 0.125 100 100
$s_4$ 0.125 101 101
$s_5$ 0.0625 1100 1100
$s_6$ 0.0625 1101 1101
$s_7$ 0.0625 1110 1110
$s_8$ 0.0625 1111 1111
0
1
10
11
110
111

图 5.2.1 例 5.2.3 的编码过程

码的性能分析：

此信源的熵为

$$H(S) = 2.75(\text{bit/符号})$$

而码的平均长度为

$$\bar{L} = 2.75(\text{二元码符号/符号})$$

显然，该码是紧致码，编码效率为

$$\eta = 1$$

该码之所以能达到最佳，是因为信源符号的概率分布正好满足式 $p(s_i) = r^{-l_i}$，否则，在一般情况下是无法达到编码效率等于 1 的。

**【例 5.2.4】** 对表 5.2.1 所示的离散无记忆信源进行费诺编码。编码过程如表 5.2.2 所示。

码的性能分析：

此信源的熵为

$$H(S) = 2.61(\text{bit/符号})$$

而码的平均长度为

$$\bar{L} = \sum_{i=1}^{7} p(a_i) l_i = 2.74(\text{二元码符号/符号})$$

表 5.2.2 费诺码编码过程

| 信源符号 | 概率 $p(a_i)$ | 第一次分组 | 第二次分组 | 第三次分组 | 第四次分组 | 码字 | 码长 $l_i$ |
|---|---|---|---|---|---|---|---|
| $a_1$ | 0.20 | 0 | 0 | | | 00 | 2 |
| $a_2$ | 0.19 | | 1 | 0 | | 010 | 3 |
| $a_3$ | 0.18 | | | 1 | | 011 | 3 |
| $a_4$ | 0.17 | 1 | 0 | | | 10 | 2 |
| $a_5$ | 0.15 | | 1 | 0 | | 110 | 3 |
| $a_6$ | 0.10 | | | 1 | 0 | 1110 | 4 |
| $a_7$ | 0.01 | | | | 1 | 1111 | 4 |

编码效率为

$$\eta = 0.953$$

本例费诺码编码的平均码长比香农码编码的平均码长小，编码效率较高。

费诺码具有以下性质：

- 费诺码的编码方法实际上是一种构造码树的方法，所以费诺码是即时码。
- 费诺码考虑了信源的统计特性，使概率大的信源符号能对应码长较短的码字，从而有效地提高了编码效率。
- 费诺码不一定是最佳码。因为费诺码编码方法不一定能使短码得到充分利用。当信源符号较多时，若有一些符号概率分布很接近，分两大组的组合方法就会很多。可能某种分大组的结果，会使后面小组的“概率和”相差较远，从而使平均码长增加。

前面讨论的费诺码是二元费诺码，对 $r$ 元费诺码，与二元费诺码编码方法相同，只是每次分组时应将符号分成概率分布接近的 $r$ 个组。

## 5.2.3 霍夫曼码

1952 年，霍夫曼(Huffman)提出了一种构造最佳码的方法，这是一种最佳的逐个符号的编码方法，一般就称作**霍夫曼码**。

**1. 二元霍夫曼码**

设信源 $S=\{s_1,s_2,\cdots,s_q\}$，其对应的概率分布为 $p(s_i)=\{p_1,p_2,\cdots,p_q\}$，则其编码步骤如下：

(1) 将 $q$ 个信源符号按概率递减的方式排列。

(2) 用 0、1 码符号分别表示概率最小的两个信源符号，并将这两个概率最小的信源符号合并成一个新的符号，从而得到只包含 $q-1$ 个符号的新信源，称为 $S$ 信源的缩减信源 $S_1$。

(3) 将缩减信源 $S_1$ 中的符号仍按概率大小以递减次序排列，再将其最后两个概率最小的符号合并成一个符号，并分别用 0、1 码符号表示，这样又形成了由 $q-2$ 个符号构成的缩减信源 $S_2$。

(4) 依次继续下去，直到缩减信源只剩下两个符号为止，将这最后两个符号分别用 0、1 码符号表示。

(5) 从最后一级缩减信源开始，向前返回，沿信源缩减过程的反方向取出所编的码元，得出各信源符号所对应的码符号序列，即为对应信源符号的码字。

**【例 5.2.5】** 对离散无记忆信源$\begin{bmatrix} S \\ p(s_i) \end{bmatrix}=\begin{bmatrix} s_1 & s_2 & s_3 & s_4 & s_5 \\ 0.4 & 0.2 & 0.2 & 0.1 & 0.1 \end{bmatrix}$进行霍夫曼编码。

按编码步骤进行编码：

(1) 将信源符号按概率大小由大至小排序。

(2) 从概率最小的两个信源符号 $s_4$ 和 $s_5$ 开始编码，并按一定的规则赋予码符号，如下面的信源符号(小概率)为 1，上面的信源符号(大概率)为 0。若两支路概率相等，仍为下面的信源符号为 1 上面的信源符号为 0。本例 $s_4$ 编为 0，$s_5$ 编为 1。

(3) 将已编码的两个信源符号概率合并，重新排序，编码。

(4) 重复步骤(3)，直至合并概率等于 1.0 为止。

(5) 从概率等于 1.0 端沿合并路线逆行至对应消息进行编码，如 $s_2$ 对应码字为 01，$s_4$ 对应码字为 0010 等。

具体编码过程如表 5.2.3 所示。

**表 5.2.3 霍夫曼编码过程**

| 信源符号 | 概率 $p(s_i)$ | $S_1$ | $S_2$ | $S_3$ | $S_4$ | 码字 | 码长 $l_i$ |
|---|---|---|---|---|---|---|---|
| $s_1$ | 0.4 | 0.4 | 0.4 | 0.6 | 0 1.0 | 1 | 1 |
| $s_2$ | 0.2 | 0.2 | 0.4 | 0 0.4 | 1 | 01 | 2 |
| $s_3$ | 0.2 | 0.2 | 0 0.2 | 1 | | 000 | 3 |
| $s_4$ | 0.1 | 0 0.2 | 1 | | | 0010 | 4 |
| $s_5$ | 0.1 | 1 | | | | 0011 | 4 |

码的性能分析：

信源的熵为

$$H(S) = 2.12(\text{bit/符号})$$

码的平均长度为

$$\bar{L} = \sum_{i=1}^{5} p(a_i) l_i = 2.2(\text{二元码符号/符号})$$

编码效率为

$$\eta = 0.964$$

**【例 5.2.6】** 对表 5.2.1 所示的离散无记忆信源进行霍夫曼编码。编码过程如图 5.2.2 所示。

码的性能分析：

信源的熵为

$$H(S) = 2.61(\text{bit/符号})$$

从 $l_i$：{2，2，3，3，3，4，4}，可得平均码长为

$$\bar{L} = \sum_{i=1}^{7} p(a_i) l_i = 2.72(\text{二元码符号/符号})$$

编码效率为

$$\eta = \frac{H(S)}{\bar{L}} = 0.96$$

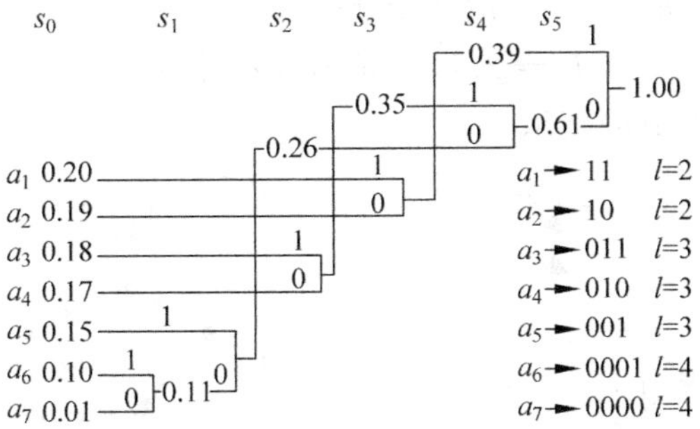


图 5.2.2 例 5.2.6 的编码过程

按霍夫曼码的编码方法，可知这种码有如下特征：

- 它是一种分组码：各个信源符号都被映射成一组固定次序的码符号。
- 它是一种唯一可译的码：任何码符号序列只能以一种方式译码。
- 它是一种即时码：由于代表信源符号的节点都是终端节点，因此其编码不可能是其他终端节点对应的编码的前缀，即霍夫曼编码所得的码字为即时码。所以，一串码符号中的每个码字都可不考虑其后的码符号直接译码出来。

霍夫曼码的译码：对接收到的霍夫曼码序列可通过从左到右检查各个符号进行译码。例如本例，若接收到的霍夫曼码序列为

$$0001\ 10\ 11\ 010\ 10\ 11$$

可译为信源符号序列

$$a_6 a_2 a_1 a_4 a_2 a_1$$

**说明：**

- 霍夫曼码是一种即时码，可用码树形式来表示。
- 每次对缩减信源最后两个概率最小的符号，用 0 和 1 码可以是任意的，所以可得到不同的码，但码长 $l_i$ 不变，平均码长也不变。
- 当缩减信源中缩减合并后得到的新符号的概率与其他信源符号概率相同时，从编码方法上来说，它们概率的排序是没有限制的，因此也可得到不同的码。

所以，对给定信源，用霍夫曼编码方法得到的码并非是唯一，但平均码长不变。

**【例 5.2.7】** 对例 5.2.5 的离散无记忆信源 $\begin{bmatrix} S \\ p(s_i) \end{bmatrix} = \begin{bmatrix} s_1 & s_2 & s_3 & s_4 & s_5 \\ 0.4 & 0.2 & 0.2 & 0.1 & 0.1 \end{bmatrix}$ 可有两种霍夫曼码。

第一种霍夫曼码，如例 5.2.5 的编码结果，如表 5.2.4 所示。

**表 5.2.4 编码结果**

| 信源符号 | 概率 $p(s_i)$ | 码 字 | 码长 $l_i$ |
|---|---|---|---|
| $s_1$ | 0.4 | 1 | 1 |
| $s_2$ | 0.2 | 01 | 2 |
| $s_3$ | 0.2 | 000 | 3 |
| $s_4$ | 0.1 | 0010 | 4 |
| $s_5$ | 0.1 | 0011 | 4 |

在例 5.2.5 中已算出霍夫曼码的平均码长为

$$\bar{L} = 2.2(\text{二元码符号/符号})$$

对应的码树如图 5.2.3(a)所示。

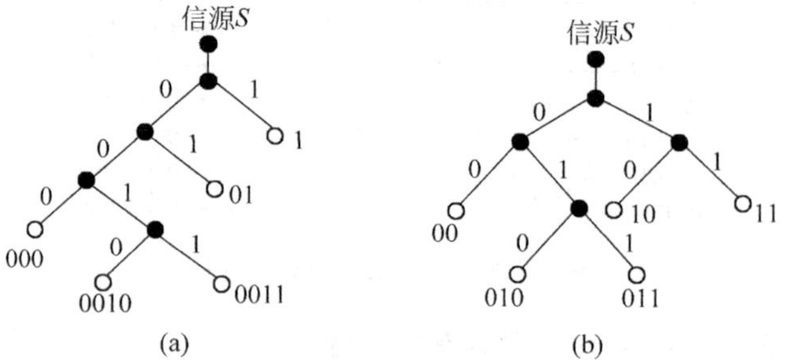


图 5.2.3 例 5.2.7 两种霍夫曼码的码树

第二种霍夫曼码。在编码过程中,若缩减信源出现相同的概率,则把缩减合并后新出现的概率排在上面。

其编码过程如图 5.2.4 所示。

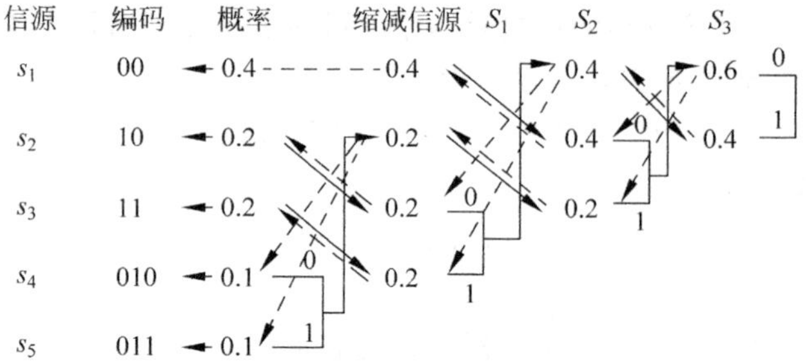


图 5.2.4 例 5.2.7 的编码过程

可以算出其平均码长也为

$$\bar{L} = 2.2(\text{二元码符号/符号})$$

对应的码树如图 5.2.3(b)所示。

对两种编码方法进行比较可得:两种编码方法平均码长相同,因此编码效率相同,而每个信源符号的码长 $l_i$ 却不相同,由此导致两种编码的质量也不相同。可用**码的方差**来衡量编码的质量,并以此作为编码方法选择的依据。

定义码长 $l_i$ 偏离平均长度 $\bar{L}$ 的方差为码的方差,即

$$\sigma^2 = E[(l_i - \bar{L})^2] = \sum_{i=1}^{q} p(s_i)(l_i - \bar{L})^2 \tag{5.2.5}$$

$\sigma^2$ 较小,则编码所得的码序列长度变化较小,说明是一种质量较好的编码。它的直接好处是对编码后信息进行传输时,每个信源符号所需的传输时间相差较小。

对本例,第一种编码 $\sigma^2=1.366$,第二种编码 $\sigma^2=0.16$,因此认为第二种霍夫曼编码结果优于第一种霍夫曼编码。

由上述分析可知,在霍夫曼编码过程中,当缩减信源的概率分布重新排列时,应使合并得到的概率和尽量处于最高的位置,这样可使合并的元素重复编码次数减少,使短码得到充

分利用。

**2. $r$ 元霍夫曼码**

对二元霍夫曼码的编码方法可以推广到 $r$ 元编码中。不同的是每次把概率最小的 $r$ 个符号合并成一个新的信源符号，并分别用 $0,1,\cdots,r-1$ 等码元表示。

为了使短码得到充分利用，使平均码长为最短，必须使最后一步的缩减信源有 $r$ 个信源符号。

因此对于 $r$ 元编码，信源 $S$ 的符号个数 $q$ 需要满足

$$q = n(r-1) + r \tag{5.2.6}$$

其中，$n$ 表示缩减的次数；$r-1$ 为每次缩减所减少的信源符号个数。

对于二元码($r=2$)，信源符号个数 $q$ 必定满足

$$q = n + r$$

因此 $q$ 可等于任意正整数。

而对于 $r$ 元码时，就不一定能找到一个 $n$ 使式 $q=n(r-1)+r$ 成立。在 $q$ 不满足上式时，可假设一些信源符号：$s_{q+1},s_{q+2},\cdots,s_{q+t}$ 作为虚拟的信源，并令它们对应的概率为 0，即 $p_{q+1}=p_{q+2}=\cdots=p_{q+t}=0$，而使 $q+t=n(r-1)+r$ 能成立，这样处理后得到的 $r$ 元霍夫曼码可充分利用短码。

**【例 5.2.8】** 对信源 $S$ 进行四元霍夫曼码编码。表 5.2.5 列出了四元霍夫曼码的编码过程及对应的码字。

表 5.2.5 四元霍夫曼码的编码过程

| 信源符号 $s_i$ | 码字 $W_i$ | 概率分布 $p(s_i)$ | | 缩减信源 $S_1$ | | | 缩减信源 $S_2$ | | 缩减信源 $S_3$ |
|---|---|---|---|---|---|---|---|---|---|
| $s_1$ | 1 | 0.22 | | 1 | 0.22 | | 1 | 0.4 | 0 |
| $s_2$ | 2 | 0.20 | | 2 | 0.20 | | 1 | 0.22 | 1 |
| $s_3$ | 3 | 0.18 | | 3 | 0.18 | | 3 | 0.2 | 2 |
| $s_4$ | 00 | 0.15 | | 00 | 0.15 | 0 | 00 | 0.18 | 3 |
| $s_5$ | 01 | 0.10 | | 01 | 0.10 | 1 | 01 | | |
| $s_6$ | 02 | 0.08 | | 02 | 0.08 | 2 | 02 | | |
| $s_7$ | 030 | 0.05 | 0 | 03 | 0.07 | 3 | 03 | | |
| $s_8$ | 031 | 0.02 | 1 | 03 | | | | | |
| $s_9$ | | 0 | 2 | | | | | | |
| $s_{10}$ | | 0 | 3 | | | | | | |

表中 $s_9$ 和 $s_{10}$ 是两个假设的信源符号，这样 $q+t=10$，可以找到 $n=2$ 使式(5.2.6)成立。而且从表 5.2.5 的编码过程可知，这样编码使短码充分利用，所以平均码长为最短。

至此讨论的三种编码方法中，由香农编码方法所求得的二进制码组集合是唯一的，即所有信源符号对应的码字是唯一的，而由霍夫曼码编码和费诺编码方法求得的二进制码组集合不一定是唯一的。因为当任意两个信源符号等概率时，它们的排序可以是任意的，所以通过编码，会由于不同的排序而得到不同的编码结果。对霍夫曼码编码而言，只要方法正确，对同一个信源，无论如何排序，最终平均长度和编码效率不会改变。通过香农编码和费诺编码得到码的平均长度不一定是最小的，因此它们是一种次最佳编码方法。而霍夫曼编码方

法得到码的平均长度一定是最小的，它是一种最佳的编码方法。

变长编码在理想条件下可以无失真地译码，但是当变长码通过信道传送时，如果有某一个码元符号出现了传输错误，则因为一个码字中有某一个码元发生了变化，就可能误认为是另一个码字，结果会造成后面一系列的码字也译码错误，这常称为**差错的扩散**。当然也可以采用一定的措施，使错了一段以后，能恢复正确的码字分割和译码。所以，一般要求在传输过程中差错很少，或者添加纠错用的监督码位，但是这样一来会降低编码效率。

另外，当信源为有记忆时，用单符号进行编码不可能使编码效率接近于1，因为信息传输率只能接近一维熵 $H_1$，而极限熵 $H_\infty$ 一定小于 $H_1$。因此，当信源有记忆时，需要把多个符号一起编码，即进行信源扩展，才能进一步提高编码效率。

讨论的编码定理，都是针对离散平稳无记忆信源，也即仅考虑了信源符号分布的不均匀性，并没有考虑符号之间的相关性。相关性较复杂，难以定量描述，但在一些具体的编码方法中都要考虑相关性，如预测编码、变换编码等，这些编码方法将在5.3节中讨论。

## 5.3 实用信源编码方法

无失真信源编码定理，说明了最佳码的存在性，但没有给出具体构造码的方法，实用的编码方法需要根据信源的具体特点来决定。

霍夫曼码在实际中已得到广泛的应用，但它仍存在一些分组码所具有的缺点。例如，概率特性必须精确地测定，如果信源概率特性稍有变化，就必须更换码表；对于二元信源，常需多个符号合起来编码，才能取得较好的效果，但是如果合并的符号数目不大，编码效率提高得不多，特别是对于相关信源，霍夫曼编码不能给出令人满意的结果。因此，在实用中常需作一些改进，同时也就有必要研究非分组码。

在编码理论的指导下，先后出现了许多性能优良的编码方法，本节介绍一些实用的编码方法。

### 5.3.1 游程编码

**游程长度**(Run-Length，RL)是指符号序列中各个符号连续重复出现而形成符号串的长度，又称**游长**。**游程编码**(Run-Length Coding，RLC)就是将这种符号序列映射成游程长度和对应符号序列的位置的标志序列。如果知道了游程长度和对应符号序列的位置标志序列，就可以完全恢复出原来的符号序列。

游程编码特别适用于对相关信源的编码。对二元相关信源，其输出序列往往会出现多个连续的0或连续的1。在信源输出的二元序列中，连续出现的0符号称为“**0游程**”，连续出现的1符号称为“**1游程**”，对应连续同一符号的个数分别称为0游程长度 $L(0)$ 和1游程长度 $L(1)$，游程长度是随机的，其取值可以是1，2，3等。

对二元序列，“0游程”和“1游程”总是交替出现的，如果规定二元序列是以0开始的，那么第一个游程是“0游程”，第二个游程必为“1游程”，第三个游程又是“0游程”等。将任何二元序列变换成游程长度序列，这种变换是一一对应的，因此是可逆的、无失真的。

例如，有一个二元序列为

000 011 111 001 110 000 111 111

按游程编码，可得对应的游程序列是

$$452346$$

若已规定二元序列是以 0 开始的，从上面的游程序列就可不失真地恢复出原来的二元序列。

因为游程长度是随机的、多值的，所以游程序列本身是多元序列，对游程序列可以按霍夫曼编码或其他编码方法进行处理以达到压缩码率的目的。

对于 $r$ 元序列也存在相应的游程序列。在 $r$ 元序列中，可有 $r$ 种游程。连续出现的符号 $a_i$ 的游程，其长度 $L(i)$就是“$i$ 游程”长度。用 $L(i)$也可构成游程序列，但此时由于游程所对应的信源符号可有 $r$ 种，因此，这种变换必须再加一些标志信源符号取值的识别符号，才能使编码以后的游程序列与原来的 $r$ 元序列一一对应。所以，把 $r$ 元序列变换成游程序列再进行压缩编码通常效率不高。

游程编码仍是变长码，有着变长码固有的缺点，即需要大量的缓冲和优质的通信信道。此外，由于游程长度可从 1 直到无穷大，这在码字的选择和码表的建立方面都有困难，实际应用时尚需采取某些措施来改进。例如，通常长游程出现的概率较小，所以对于这类长游程所对应的小概率码字，在实际应用时采用截断处理的方法。

游程编码已在图文传真、图像传输等通信工程技术中得到应用。在实际中还常常将游程编码与其他编码方法综合起来使用，以期得到更好的压缩效果。下面以三类传真机中使用的压缩编码国际标准 *MH* 码为例说明游程编码的实际应用。

文件传真是指对一般文件、图纸、手写稿、表格、报纸等文件的传真，这种信源是黑白二值的，也即信源为二元信源($q=2$)。

文件传真需要根据清晰度的要求决定空间扫描分辨率，将文件图纸在空间离散化。例如，将一页文件离散化为 $n\times m$ 个像素。国际标准规定，一张 A4 幅面文件(210mm×297mm)应该有 1188(或 2376)×1728 个像素的扫描分辨率，因此将其离散化后将有约 2.05M 像素/公文纸(或 4.1M 像素/公文纸)的数据量。从节省传送时间和存储空间方面考虑，进行数据压缩是十分必要的。

*MH* 编码是一维编码方案，它是一行一行地对文件传真数据进行编码。*MH* 编码将游程编码和霍夫曼码相结合，是一种改进的霍夫曼码。

对黑白二值文件传真，每一行由连续出现的“白(用码符号 0 表示)像素”或连续出现的“黑(用码符号 1 表示)像素”组成。*MH* 码分别对“黑”“白”像素的不同游程长度进行霍夫曼编码，形成黑、白两张霍夫曼码表。*MH* 码的编、译码都通过查表进行。

*MH* 码以国际电话电报咨询委员会(International Telephone and Telegraph Consultative Committee，CCITT)确定的 8 幅标准文件样张作为样本信源，对这 8 幅样张进行统计，计算出“黑”“白”各种游程长度的出现概率，然后根据这些概率分布，分别得出“黑”“白”游程长度的霍夫曼码表。

另外，为了进一步减小码表数目，采用截断霍夫曼编码方法。统计分析结果表明“黑”“白”游程的长度多数落在 0～63 之间，而根据规定每行标准像素为 1728 个。因此，*MH* 码的码字分为终端码(或结尾码)和形成码(或组合码)两种。这样，当游程长度在 0～63 之间时，直接采用终端码来表示，当游程长度在 64～1728 之间时，采用形成码加终端码来表示。*MH* 码表如表 5.3.1 和表 5.3.2 所示。

表 5.3.1 *MH* 码表：终端码

| 游程长度 | 白游程码字 | 黑游程码字 | 游程长度 | 白游程码字 | 黑游程码字 |
|---|---|---|---|---|---|
| 0 | 00110101 | 0000110111 | 32 | 00011011 | 000001101010 |
| 1 | 000111 | 010 | 33 | 00010010 | 000001101011 |
| 2 | 0111 | 11 | 34 | 00010011 | 000011010010 |
| 3 | 1000 | 10 | 35 | 00010100 | 000011010011 |
| 4 | 1011 | 011 | 36 | 00010101 | 000011010100 |
| 5 | 1100 | 0011 | 37 | 00010110 | 000011010101 |
| 6 | 1110 | 0010 | 38 | 00010111 | 000011010110 |
| 7 | 1111 | 00011 | 39 | 00101000 | 000011010111 |
| 8 | 10011 | 000101 | 40 | 00101001 | 000001101100 |
| 9 | 10100 | 000100 | 41 | 00101010 | 000001101101 |
| 10 | 00111 | 0000100 | 42 | 00101011 | 000011011010 |
| 11 | 01000 | 0000101 | 43 | 00101100 | 000011011011 |
| 12 | 001000 | 0000111 | 44 | 00101101 | 000001010100 |
| 13 | 000011 | 00000100 | 45 | 00000100 | 000001010101 |
| 14 | 110100 | 00000111 | 46 | 00000101 | 000001010110 |
| 15 | 110101 | 000011000 | 47 | 00001010 | 000001010111 |
| 16 | 101010 | 0000010111 | 48 | 00001011 | 000001100100 |
| 17 | 101011 | 0000011000 | 49 | 01010010 | 000001100101 |
| 18 | 0100111 | 0000001000 | 50 | 01010011 | 000001010010 |
| 19 | 0001100 | 00001100111 | 51 | 01010100 | 000001010011 |
| 20 | 0001000 | 00001101000 | 52 | 01010101 | 000000100100 |
| 21 | 0010111 | 00001101100 | 53 | 00100100 | 000000110111 |
| 22 | 0000011 | 00000110111 | 54 | 00100101 | 000000111000 |
| 23 | 0000100 | 00000101000 | 55 | 01011000 | 000000100111 |
| 24 | 0101000 | 00000010111 | 56 | 01011001 | 000000101000 |
| 25 | 0101011 | 00000011000 | 57 | 01011010 | 000001011000 |
| 26 | 0010011 | 000011001010 | 58 | 01011011 | 000001011001 |
| 27 | 0100100 | 000011001011 | 59 | 01001010 | 000000101011 |
| 28 | 0011000 | 000011001100 | 60 | 01001011 | 000000101100 |
| 29 | 00000010 | 000011001101 | 61 | 00110010 | 000001011010 |
| 30 | 00000011 | 000001101000 | 62 | 00110011 | 000001100110 |
| 31 | 00011010 | 000001101001 | 63 | 00110100 | 000001100111 |

表 5.3.2 *MH* 码表：形成码

| 游程长度 | 白游程码字 | 黑游程码字 | 游程长度 | 白游程码字 | 黑游程码字 |
|---|---|---|---|---|---|
| 64 | 11011 | 000001111 | 960 | 011010100 | 0000001110011 |
| 128 | 10010 | 000011001000 | 1024 | 011010101 | 0000001110100 |
| 192 | 010111 | 000011001001 | 1088 | 011010110 | 0000001110101 |
| 256 | 0110111 | 000001011011 | 1152 | 011010111 | 0000001110110 |
| 320 | 00110110 | 000000110011 | 1216 | 011011000 | 0000001110111 |
| 384 | 00110111 | 000000110100 | 1280 | 011011001 | 0000001010010 |
| 448 | 01100100 | 000000110101 | 1344 | 011011010 | 0000001010011 |
| 512 | 01100101 | 0000001101100 | 1408 | 011011011 | 0000001010100 |
| 576 | 01101000 | 0000001101101 | 1472 | 010011000 | 0000001010101 |
| 640 | 01100111 | 0000001001010 | 1536 | 010011001 | 0000001011010 |
| 704 | 011001100 | 0000001001011 | 1600 | 010011010 | 0000001011011 |
| 768 | 011001101 | 0000001001100 | 1664 | 011000 | 0000001100100 |
| 832 | 011010010 | 0000001001101 | 1728 | 010011011 | 0000001100101 |
| 896 | 011010011 | 0000001110010 | EOL | 000000000001 | 000000000001 |

$MH$ 码编码规则如下：

(1) 游程长度在 0～63 时，码字直接用相应的终端码表示。

(2) 游程长度在 64～1728 时，用一个形成码加上一个终端码作为相应码字。

(3) 规定每行都从白游程开始。若实际出现黑游程开始，则在行首加上长度为 0 的白游程码字，每行结束时用一个结束码(EOL)作标记。

(4) 每页文件开始第一个数据前加一个结束码，每页结尾连续使用 6 个结束码表示结尾。

(5) 为了在传输时可实现同步操作，规定 $T$ 为每个编码行的最小传输时间，一般规定 $T$ 最小为 20ms，最大为 5s。若编码行的传输时间小于 $T$，则在结束码之前填上足够的 0 码元(称填充码)。

如果采用 $MH$ 编码仅仅是用于存储，则可省去编码规则中的(4)～(5)。译码时，每一行的 $MH$ 码都应恢复出 1728 个像素，否则有错。

**【例 5.3.1】** 若白游程长度为 65，可用白游程长度为 64 的形成码字加上白游程长度为 1 的终端码字组成相应的码字，查表 5.3.1 和表 5.3.2 可得白游程长度为 65 对应的码字为

11011 000111

若黑游程长度 856(=832+24)，查表得码字为

0000001001101 00000010111

若一行黑白传真文件中有一段为连续 19 个白色像素，紧接着为连续 30 个黑色的像素，则查表可得该段的码字为

0001100 000001101000

**【例 5.3.2】** 设某页传真文件中某一扫描行的像素点为 17 白 5 黑 55 白 10 黑 1641 白，通过查表可得该扫描行的 $MH$ 码为

| 17 白 | 5 黑 | 55 白 | 10 黑 | 1600 白(+) | 41 白 | EOL |
|---|---|---|---|---|---|---|
| 101011 | 0011 | 01011000 | 0000100 | 010011010 | 00101010 | 000000000001 |

该行经编码后只需用 54 位二元码元，而原来一行共有 1728 个像素，如用 0 表示白，用 1 表示黑，则共需 1728 位二元码元。可见，这一行数据的压缩比为 1728：54=32，因此有较高的压缩效率。

## 5.3.2 算术编码

前面所讨论的无失真编码，都是建立在信源符号与码字一一对应的基础上的，这种编码方法通常称为块码或分组码，此时信源符号一般应是多元的，而且不考虑信源符号之间的相关性。如果要对最常见的二元序列进行编码，则需采用游程编码或合并信源符号等方法，把二元序列转换成多值符号，转换后这些多值符号之间的相关性也是不予考虑的。这就使信源编码的匹配原则不能充分满足，编码效率一般就不高。

为了克服这种局限性，就需要跳出分组码的范畴，研究非分组码的编码方法，而下面要介绍的算术编码即为一种非分组码。在算术编码中，信源符号和码字间的一一对应关系并不存在，它是一种从整个符号序列出发，采用递推形式进行编码的方法。

算术编码的基本思路是：从整个符号序列出发，将各信源序列的概率映射到[0,1)区间上，使每个符号序列对应于区间内的一点，也就是一个二进制的小数。这些点把[0,1)区间

分成许多小段，每段的长度等于某一信源序列的概率。再在段内取一个二进制小数，其长度可与该序列的概率匹配，达到高效率编码的目的。这种方法与香农编码法有些类似，只是考虑的信源对象有所不同，在香农编码中考虑的是单个信源符号，而在算术码中考虑的是信源符号序列。

如果信源符号集为 $A=\{a_1,a_2,\cdots,a_n\}$，信源序列 $\boldsymbol{\alpha}=(a_{i1},a_{i2},\cdots,a_{il},\cdots,a_{iL})$，$a_{il}\in A$，则总共有 $n^L$ 种可能的序列。由于考虑的是整个符号序列，因而整页纸（或整个文件）上的信息也许就是一个序列，所以序列长度 $L$ 一般都很大。在实际中很难得到对应信源序列的概率，一般从已知的信源符号概率 $P=\{p_1,p_2,\cdots,p_n\}$ 递推得到信源序列的概率。

定义各符号的积累概率为

$$G_i=\sum_{l=1}^{i-1}p_l \tag{5.3.1}$$

那么由式(5.3.1)可得

$$G_1=0,\quad G_2=p_1,\quad G_3=p_1+p_2=G_2+p_2,\quad \cdots,\quad G_n=G_{n-1}+p_{n-1}$$

由于 $G_i$ 和 $G_{i-1}$ 都是小于 1 的正数，可用[0,1)区间内的两个点来表示，而 $p_{i-1}$ 就是这两个点之间的长度，如图 5.3.1 所示。

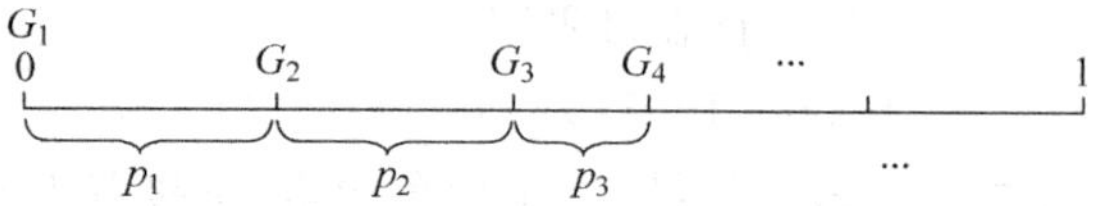


图 5.3.1 信源符号与对应的概率区间

不同的信源符号有不同的概率区间，它们互不重叠，因此可以用这个小区间中的任意一点的取值，作为该信源符号的代码。所需确定的是这个代码所对应的区间长度，使这个长度与信源符号的概率相匹配。

对于整个信源符号序列而言，要把一个算术码字赋给它，则必须确定这个算术码字所对应的位于[0,1)区间内的实数区间，即由整个信源符号序列的概率本身来确定 0 和 1 之间的一个实数区间。随着符号序列中的符号数量的增加，用来代表它的区间减小，而用来表达区间所需的信息单位（如比特）的数量则增大。

每个符号序列中随着符号数量的增加，即信源符号的不断输入，用于代表符号序列概率的区间将随之减小，区间减小的过程如图 5.3.2 所示。

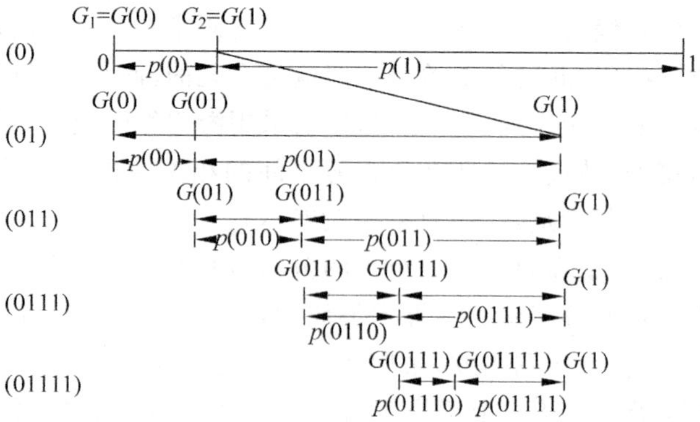


图 5.3.2 以二元序列为例

若为二元信源，$A=\{0,1\}$，则得

$$G_1 = 0, \quad G_2 = p(0)$$

记

$$G_1 = G(0), \quad G_2 = G(1)$$

表示分别输入符号 0 和 1 时的累积概率值。

在图 5.3.2 中，输入信源序列为$\boldsymbol{\alpha}=(01111)$，其累积概率值对应区间的减小过程如下。

(1) 输入第一个符号 0，$[0,1)$区间由 $G(1)$划分成两个小区间：

$[0,1)$区间分割为$[0,G(1))$和$[G(1),1)$，其中分割点 $G(1)=p(0)$。

此时第一个小区间的宽度为

$$A(0) = p(0)$$

它对应输入信源符号 0。

第二个小区间的宽度为

$$A(1) = p(1)$$

它对应输入信源符号 1。

$G(0)=0$，是输入符号序列 0 区间的下界值，而且 $G(0)=G(\boldsymbol{\alpha}=\text{"0"})=0$ 是符号序列 0 的累积概率值。

(2) 输入第二个符号 1，这时将对应的区间$[0,G(1))$继续进行分割。

$[0,G(1))$被区间分割为$[0,G(01))$和$[G(01),G(1))$两个小区间。

这两个小区间的宽度分别为

$$A(00) = A(0)p(0) = p(0)p(0) = p(00)$$
$$A(01) = A(0)p(1) = p(0)p(1) = p(01)$$

其中，分割点 $G(01)=G(\boldsymbol{\alpha}=\text{"01"})$是输入符号序列 01 区间的下界值，而且 $G(01)=G(\boldsymbol{\alpha}=\text{"01"})=G(0)+A(0)p(0)=p(0)p(0)$正是符号序列 01 的累积概率值。

(3) 输入符号序列中的第三个符号 1 时，将对应的区间$[G(01),G(1))$继续进行分割。

$[G(01),G(1))$被分为$[G(01),G(011))$和$[G(011),G(1))$两个小区间。

这两个小区间的宽度分别为

$$A(010) = A(01)p(0) = p(01)p(0) = p(010)$$
$$A(011) = A(01)p(1) = p(01)p(1) = p(011)$$

其中，分割点 $G(011)=G(\boldsymbol{\alpha}=\text{"011"})$是输入符号序列 011 区间的下界值，而且 $G(011)=G(\boldsymbol{\alpha}=\text{"011"})=G(01)+A(01)p(0)$正是符号序列 011 的累积概率值。

(4) 输入符号序列中的第四个符号 1 时，将对应的区间$[G(011),G(1))$继续进行分割。

$[G(011),G(1))$被分为$[G(011),G(0111))$和$[G(0111),G(1))$两个小区间。

这两个小区间的宽度分别为

$$A(0110) = A(011)p(0) = p(011)p(0) = p(0110)$$
$$A(0111) = A(011)p(1) = p(011)p(1) = p(0111)$$

其中，分割点 $G(0111)=G(\boldsymbol{\alpha}=\text{"0111"})$是输入符号序列 0111 区间的下界值，而且 $G(0111)=G(\boldsymbol{\alpha}=\text{"0111"})=G(011)+A(011)p(0)$正是符号序列 0111 的累积概率值。

(5) 输入符号序列中的第五个符号 1 时，将对应的区间$[G(0111),G(1))$继续进行分割。

$[G(0111),G(1))$被分为$[G(0111),G(01111))$和$[G(01111),G(1))$两个小区间。

这两个小区间的宽度分别为

$$A(01110)=A(0111)p(0)=p(0111)p(0)=p(01110)$$
$$A(01111)=A(0111)p(1)=p(0111)p(1)=p(01111)$$

其中,分割点$G(01111)=G(\boldsymbol{\alpha}="01111")$是输入符号序列01111区间的下界值,而且$G(01111)=G(\boldsymbol{\alpha}="01111")=G(0111)+A(0111)p(0)$正是符号序列01111的累积概率值。

由此,确定了信源符号序列所对应区间的宽度和该区间所在的位置,即累积概率的值。

按前面的分析,对二元信源序列区间宽度的递推公式为

$$A(\boldsymbol{\alpha}r)=A(\boldsymbol{\alpha})p(r)=p(\boldsymbol{\alpha})p(r)=p(\boldsymbol{\alpha}r),\quad r=0,1 \tag{5.3.2}$$

累积概率的递推公式为

$$G(\boldsymbol{\alpha}r)=G(\boldsymbol{\alpha})+p(\boldsymbol{\alpha})G(r),\quad r=0,1 \tag{5.3.3}$$

其中,$G(\boldsymbol{\alpha})$为信源符号序列$\boldsymbol{\alpha}$的累积概率,$p(\boldsymbol{\alpha})$为信源符号序列$\boldsymbol{\alpha}$的联合概率,而$G(0)=0,G(1)=p(0)$。

通过关于信源符号序列$\boldsymbol{\alpha}$的累积概率数值的计算,$G(\boldsymbol{\alpha})$把区间$[0,1]$分割成许多小区间,不同的信源符号序列$\boldsymbol{\alpha}$对应的区间为$[G(\boldsymbol{\alpha}),G(\boldsymbol{\alpha})+A(\boldsymbol{\alpha}))$。

可取该小区间内的一点来代表这个信源符号序列,那么选取此点的方法可以有多种,实际中常取小区间的下界值$G(\boldsymbol{\alpha})$。

对信源符号序列的编码方法也可有多种,下面介绍常用的一种算术编码方法。

将信源符号序列$\boldsymbol{\alpha}$的累积概率值写成二进位的小数$G(\boldsymbol{\alpha})=0.c_1c_2\cdots c_L,c_i\in\{0,1\}$,取小数点后$L$位,若后面有尾数,就进位到第$L$位,并使$L$满足

$$L=\left\lceil \log\frac{1}{p(\boldsymbol{\alpha})}\right\rceil \tag{5.3.4}$$

式中,$\lceil x\rceil$表示大于或等于$x$的最小整数。

这样得到信源符号序列$\boldsymbol{\alpha}$所对应的一个算术码$c_1c_2\cdots c_L$。

**【例5.3.3】** 设信源符号序列$\boldsymbol{\alpha}$的累积概率$G(\boldsymbol{\alpha})=0.10110001$,其联合概率为$p(\boldsymbol{\alpha})=1/17$,则

$$L=\left\lceil \log\frac{1}{p(\boldsymbol{\alpha})}\right\rceil=\lceil \log 17\rceil=5$$

得信源符号序列$\boldsymbol{\alpha}$对应的算术码字为

$$10111$$

**【例5.3.4】** 设二元无记忆信源$S=\{0,1\}$,其中$p(0)=\frac{1}{4},p(1)=\frac{3}{4}$。对二元序列$\boldsymbol{\alpha}=11111100$进行算术编码。

**解**:根据上面介绍的编码方法,先计算信源符号序列$\boldsymbol{\alpha}$的联合概率,即

$$\begin{aligned}p(\boldsymbol{\alpha})&=p(11111100)\\&=p(1)^6p(0)^2\\&=(3/4)^6(1/4)^2\\&=0.011\,123\,66\end{aligned}$$

决定信源符号序列$\boldsymbol{\alpha}$的算术码字长度为

$$L = \left\lceil \log \frac{1}{p(\boldsymbol{\alpha})} \right\rceil = \lceil 6.49 \rceil = 7$$

再计算信源符号序列$\boldsymbol{\alpha}$的累积概率，按累积概率的递推公式(5.3.3)有

$$G(1) = p(0)$$

$$G(11) = G(1) + p(1)G(1) = p(0) + p(1)p(0) = p(0) + p(10)$$

$$G(111) = G(11) + p(11)G(1) = G(11) + p(11)p(0) = p(0) + p(10) + p(110)$$

$$G(1111) = G(111) + p(111)G(1) = G(111) + p(111)p(0) = p(0) + p(10) + p(110) + p(1110)$$

$$G(11111) = G(1111) + p(1111)G(1) = G(1111) + p(11110)$$

$$G(111111) = G(11111) + p(11111)G(1) = G(11111) + p(111110)$$

$$G(1111110) = G(111111) + p(111111)G(0) = G(111111)$$

$$G(11111100) = G(1111110) + p(1111110)G(0) = G(1111110) = G(111111) = p(0) + p(10) + p(110) + p(1110) + p(11110) + p(111110)$$

所以：
$$\begin{aligned} G(\boldsymbol{\alpha}) &= G(11111100) \\ &= p(0)+p(10)+p(110)+p(1110)+p(11110)+p(111110) \\ &= (1/4)+(3/4)(1/4)+(3/4)^2(1/4)+(3/4)^3(1/4) \\ &\quad +(3/4)^4(1/4)+(3/4)^5(1/4) \\ &= 0.822\,021\,48 \\ &= (0.1101001001\cdots)_2 \end{aligned}$$

信源符号序列$\boldsymbol{\alpha}$的累积概率值的变化和区间宽度减小的过程如图 5.3.3 所示。累积概率值 $G(\boldsymbol{\alpha})$即为输入符号序列 11111100 区间的下界值。

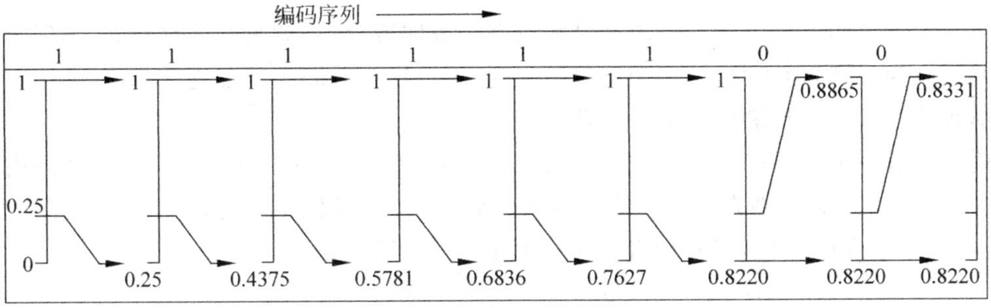


图 5.3.3　算术编码过程区间宽度减小图解

取 $G(\boldsymbol{\alpha})$二进制表示小数点后 $L$ 位，得到信源符号序列$\boldsymbol{\alpha}$的算术码字为

1101010

本例对输入信源符号序列进行算术编码后平均码长为

$$\bar{L} = \frac{7}{8}$$

编码效率为

$$\eta = \frac{H(S)}{\bar{L}} = \frac{0.811}{7/8} = 0.927$$

因为这里需编码的序列长为八位，所以一共要把半开区间[0,1)分成256个小区间，以对应任一个可能的序列。由于任一个码字必在某个特定的区间，所以其解码具有唯一性。

如果是多元信源序列，则其累积概率和区间宽度的递推公式分别为

$$\begin{aligned} G(\boldsymbol{\alpha} a_k) &= G(\boldsymbol{\alpha}) + p(\boldsymbol{\alpha})G(a_k) \\ A(\boldsymbol{\alpha} a_k) &= p(\boldsymbol{\alpha} a_k) = A(\boldsymbol{\alpha})p(a_k) \end{aligned} \tag{5.3.5}$$

其中 $G(\boldsymbol{\alpha})$信源符号序列$\boldsymbol{\alpha}$为累积概率，$p(\boldsymbol{\alpha})$为信源符号序列$\boldsymbol{\alpha}$的联合概率，而 $G(a_k)=G_k$ 按式(5.3.1)计算。

**【例 5.3.5】** 设四元无记忆信源 $S=\{a_1,a_2,a_3,a_4\}$，其中 $p(a_1)=0.2$，$p(a_2)=0.2$，$p(a_3)=0.4$，$p(a_4)=0.2$。试对输入信源序列 $\boldsymbol{\alpha}=a_1a_2a_3a_3a_4$ 进行算术编码。

**解**：在编码开始时设符号序列占据整个半开区间[0,1)，这个区间先根据各个信源符号的概率分成四段。

序列第一个符号 $a_1$ 对应区间[0,0.2)，下一个符号输入时，以这个区间为基础进行分段（如图5.3.4所示）。

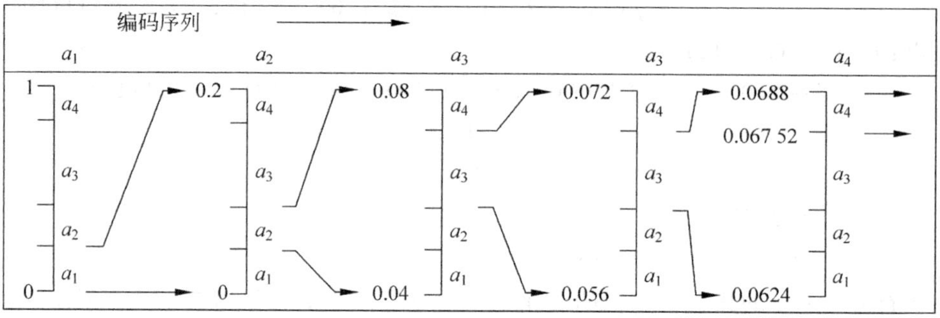


图 5.3.4 算术编码过程区间宽度减小图解

对这个新区间再根据各个信源符号的概率分成四段，然后对第二个符号 $a_2$ 编码。它所对应的区间为[0.04,0.08)，第三个符号输入时，再以这个区间为基础进行分段。

继续这个过程直到最后一个信源符号。

输入最后一个信源符号后得到一个区间[0.067 52,0.0688)，取任何一个该区间内的实数，如0.067 52就可用来表示整个符号序列。如果用二元码表示，可将0.067 52用二进制表示，再取小数点后 $L$ 位，得到信源符号序列$\boldsymbol{\alpha}$的算术码字为

$$0.067\,52 = (0.0001000101\cdots)_2$$

$$p(\boldsymbol{\alpha}) = p(a_1a_2a_3a_3a_4) = 0.2^3 \times 0.4^2 = 0.001\,28$$

$$L = \left\lceil \log \frac{1}{p(\boldsymbol{\alpha})} \right\rceil = \lceil 9.6 \rceil = 10$$

所以信源符号序列$\boldsymbol{\alpha}$的算术码字为

$$0001000110$$

对二元算术码而言，其译码过程是一系列比较过程：

每一步比较 $C-G(\boldsymbol{\alpha})$与 $A(\boldsymbol{\alpha})p(0)$，这里 $C$ 为算术码所对应的数值，$\boldsymbol{\alpha}$为前面已译出的序列串，$A(\boldsymbol{\alpha})$是序列串$\boldsymbol{\alpha}$对应的宽度，$G(\boldsymbol{\alpha})$是序列$\boldsymbol{\alpha}$的累积概率值，即为$\boldsymbol{\alpha}$对应区间的下界限，$A(\boldsymbol{\alpha})p(0)$是此区间内下一个输入为符号0所占的子区间宽度。

译码规则为：

- 若 $C-G(\boldsymbol{\alpha})<A(\boldsymbol{\alpha})p(0)$，则译输出符号为 0。
- 若 $C-G(\boldsymbol{\alpha})>A(\boldsymbol{\alpha})p(0)$，则译输出符号为 1。

从性能上来看，算术编码具有许多优点，它所需的参数较少、编码效率高、编译码简单，不像霍夫曼码那样需要一个很大的码表，在实际实现时，常用自适应算术编码对输入的信源序列自适应地估计其概率分布。算术编码在图像数据压缩标准（如 JPEG）中得到广泛的应用。

### 5.3.3 预测编码

预测编码是数据压缩三大经典技术（统计编码、预测编码、变换编码）之一，它是建立在信源数据相关性之上的。前面讨论的编码方法主要考虑的是独立信源序列：霍夫曼码对于独立多值信源是最佳的编码方法；二元序列的游程编码实际上是把二值序列转化成了多值序列以适应霍夫曼编码；算术编码对于独立二元信源序列是很有效的，对于相关信源则复杂程度高，难以实现。由信息理论可知，对于相关性很强的信源，条件熵可远小于无条件熵，因此人们常采用尽量解除相关性的办法，使信源输出转化为独立序列，以利于进一步压缩码率。

常用的解除相关性的措施是预测和变换，其实质都是进行序列的一种映射。一般来说，预测编码有可能完全解除序列的相关性，但必须确知序列的概率特性；变换编码一般只解除矢量内部的相关性，但它可有许多可供选择的变换方法，以适应不同的信源特性。下面介绍预测编码的一般理论与方法。

预测编码的基本思想是通过提取与每个信源符号有关的新信息，并对这些新信息进行编码来消除信源符号之间的相关性。实际中常用的新信息为信源符号的当前值与预测值的差值，这里正是由于信源符号间存在相关性，所以才使预测成为可能，对于独立信源，预测就没有可能。

预测的理论基础主要是估计理论。估计就是用实验数据组成一个统计量作为某一物理量的估计值或预测值，最常见的估计是利用某一物理量在被干扰下所测定的实验值，这些值是随机变量的样值，可根据随机变量的概率分布得到一个统计量作为估值。若估值的数学期望等于原来的物理量，就称这种估计为无偏估计；若估值与原物理量之间的均方误差最小，就称为最佳估计，基于这种方法进行预测，就称为最小均方误差预测，这种预测被认为是最佳的预测。

要实现最佳预测就是要找到计算预测值的预测函数。

设有信源序列 $s_{r-k},\cdots,s_{r-2},s_{r-1},\cdots$，$k$ 阶预测就是用 $s_r$ 的前 $k$ 个数据来预测 $s_r$。可令预测值为

$$s'_r = f(s_{r-1},s_{r-2},\cdots,s_{r-k})$$

式中，$f()$是待定的预测函数。要使预测值具有最小均方误差，必须确知 $k$ 个变量 $s_{r-k},\cdots,s_{r-2},s_{r-1}$的联合概率密度函数，这在一般情况下较难得到，因而常用比较简单的线性预测方法。

线性预测是取预测函数为各已知信源符号的线性函数，即取 $s_r$ 的预测值为

$$s_r' = \sum_{i=1}^{k} a_i s_{r-i} \tag{5.3.6}$$

其中，$a_i$ 为预测系数。这样，预测的均方误差为

$$D = E(s_r - s_r')^2$$

则最佳线性预测系数 $a_i$ 为 $D$ 最小时的值，即

$$\frac{\partial D}{\partial a_i} = -2E\left\{\left(s_r - \sum_{i=1}^{k} a_i s_{r-i}\right)s_{r-i}\right\} = 0 \tag{5.3.7}$$

或
$$E\left\{\left(s_r - \sum_{i=1}^{k} a_i s_{r-i}\right)s_{r-i}\right\} = 0$$

或
$$E[s_r s_{r-i}] = E[s_r' s_{r-i}] = E\left\{\left(\sum_{j=1}^{k} a_j s_{r-j}\right)s_{r-i}\right\} = \sum_{j=1}^{k} a_j E[s_{r-j} s_{r-i}]$$

由此可知，只需已知信源各符号之间的相关函数即可进行运算，求得最佳线性预测系数 $a_i$。

最简单的预测是令

$$s_r' = s_{r-1} \tag{5.3.8}$$

这称为前值预测，常用的差值预测就属于这类。

利用预测值来编码的方法可分为如下两类。

(1) 对实际值与预测值之差进行编码，也叫差值预测编码。

(2) 根据差值的大小，决定是否需传送该信源符号。例如，可规定一个阈值 $T$，当差值小于 $T$ 时可不传送，对于相关性很强的信源序列，常有很长一串符号的差值可以不传送，此时只需传送这串符号的个数，这样能大量压缩码率。这类方法一般是按信宿要求来设计的，也就是压缩码率引起的失真应能满足信宿需求。

下面简单介绍差值预测编码系统。如果信源的相关性很强，则采用差值编码可得到较高的压缩率。由于相关性很强的信源可较精确地预测待编码的值，使得这个差值的方差将远小于原来的信源取值，所以在同样失真的要求下，量化级数可大大减少，从而较显著地压缩码率。

差值预测编码系统的框图如图 5.3.5 所示，在编码端主要由一个符号编码器和一个预测器组成，在解码端主要由一个符号解码器和一个预测器组成。

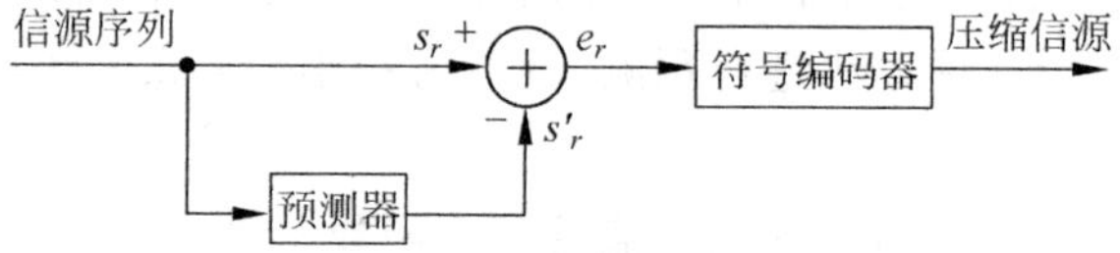


(a) 编码器

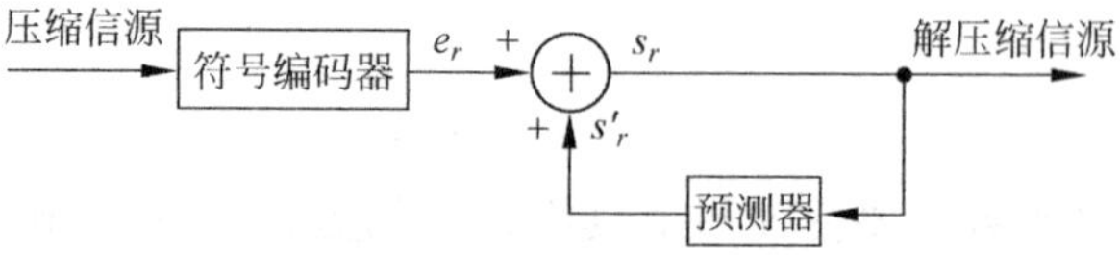


(b) 解码器

图 5.3.5 差值编码系统

当输入信源序列逐个进入编码器时，预测器根据若干个过去的输入产生对当前输入符号的估计值。预测器的输出舍入成最近的整数，并被用来计算预测误差，即

$$e_r = s_r - s_r' \tag{5.3.9}$$

这个误差在符号编码器中借助于变长码进行编码，从而产生压缩数据流的下一个元素。

在解码器中根据接收到的变长码字重建 $e_r$，并执行下列操作

$$s_r = e_r + s_r' \tag{5.3.10}$$

而 $s_r'$ 可通过式(5.3.6)进行预测得到。

差值编码的特点：

- 在差值编码中所能取得的压缩率与预测误差序列所产生的熵的减少量直接有关。
- 通过预测可消除相关，所以预测误差的概率分布一般在零点附近有一个高峰，并且与输入信源分布相比其方差较小。

### 5.3.4 变换编码

由 5.3.3 节可知，对于有记忆信源，由于信源前后符号之间具有较强相关性，要提高信息传输的效率首先需要解除信源符号之间的相关性，解除相关性可以在时域上进行(如前面介绍的预测编码方法)，也可以在变换域上进行。这就是本节要介绍的变换编码方法。对于图像信源等相关性更强的信源，常采用基于正交变换的变换编码方法进行数据压缩。

变换编码的基本原理是将原来在空间(时间)域上描述的信号，通过一种数学变换(如傅里叶变换等)，将信号变到变换域(如频域等)中进行描述。在变换域中，变换系数之间的相关性常常显著下降，并常有能量集中于低频或低序系数区域的特点，这样就容易实现码率的压缩，并还可大大降低数据压缩的难度。

最早将正交变换思想用于数据压缩是在 20 世纪 60 年代末期，由于快速傅里叶变换的出现，人们开始将离散傅里叶变换用于图像压缩；之后在 1969 年哈达玛变换用于图像压缩；1971 年 KL 变换用于图像压缩，得到了最佳的性能，故 KL 变换又称为最优变换；1974 年出现了综合性能较好的离散余弦变换(Discrete Cosine Transform，DCT)，并很快得到广泛的应用；20 世纪 80 年代后期，国际电信联盟(International Telecommunications Union，ITU)制定的图像压缩标准 H.261 选定 DCT 作为核心的压缩模块；随后国际标准化组织(International Organization for Standardization，ISO)制定的活动图像压缩标准 MPEG-1 也以 DCT 作为视频压缩的基本手段；更新的视频压缩国际标准中也有用到 DCT 的。

下面首先介绍变换编码的基本原理，然后介绍变换编码中常用的几种变换。

**1. 变换编码的基本原理**

设信源 S 连续发出的两个信源符号 $s_1$，$s_2$ 之间存在相关性，如果 $s_1$，$s_2$ 均为 3 比特量化，即它们各有 8 种可能的取值，那么 $s_1$，$s_2$ 之间的相关特性可用图 5.3.6 表示。

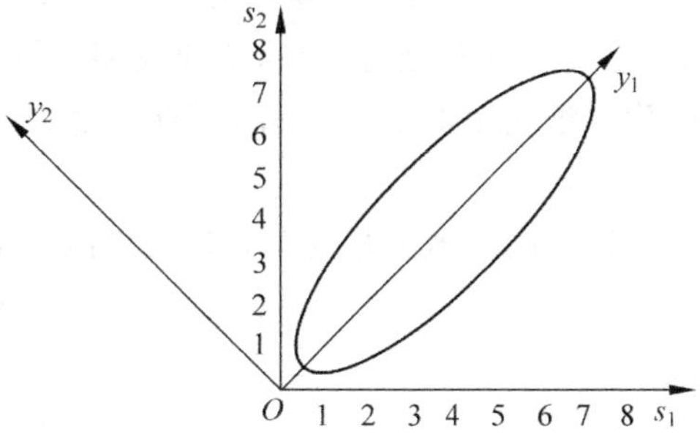

图 5.3.6 正交变换原理图

图中的椭圆区域表示 $s_1$ 与 $s_2$ 相关程度较高的区域，此相关区关于 $s_1$ 轴和 $s_2$ 轴对称。显然 $s_1$ 与 $s_2$ 的相关性越强，则椭圆形状越扁长，而且变量 $s_1$ 与 $s_2$ 幅度取值相等的可能性也越大，二者方差近似相等，即 $\sigma_1^2 \approx \sigma_2^2$。

如果将 $s_1$ 与 $s_2$ 的坐标轴逆时针旋转 45°，变成 $y_1Oy_2$ 平面，则椭圆区域的长轴落在 $y_1$ 轴上，此时当 $y_1$ 取值变动较大时，$y_2$ 所受影响很小，说明 $y_1$ 与 $y_2$ 之间的相关性大大减弱。同时由图 5.3.6 可以看出：随机变量 $y_1$ 与 $y_2$ 的能量分布也发生了很大的变化，在相关区域内的大部分点上 $y_1$ 的方差均大于 $y_2$ 的方差，即 $\sigma_{y1}^2 \geqslant \sigma_{y2}^2$。

另外，由于坐标变换不会使总能量发生变化，所以有

$$\sigma_1^2 + \sigma_2^2 = \sigma_{y1}^2 + \sigma_{y2}^2$$

由此可见，通过上述坐标变换，使变换后得到的新变量 $y_1$、$y_2$ 呈现两个重要的特点：

(1) 变量间相关性大大减弱。

(2) 能量更集中，即 $\sigma_{y1}^2 \geqslant \sigma_{y2}^2$，且 $\sigma_{y2}^2$ 小到几乎可忽略。

这两个特点正是变换编码可以实现数据压缩的重要依据。

上述坐标旋转对应的变换方程为

$$\begin{bmatrix} y_1 \\ y_2 \end{bmatrix} = \begin{bmatrix} \cos\theta & \sin\theta \\ -\sin\theta & \cos\theta \end{bmatrix} \begin{bmatrix} s_1 \\ s_2 \end{bmatrix}$$

因为 $$\begin{bmatrix} \cos\theta & \sin\theta \\ -\sin\theta & \cos\theta \end{bmatrix} \cdot \begin{bmatrix} \cos\theta & \sin\theta \\ -\sin\theta & \cos\theta \end{bmatrix}^{t} = \begin{bmatrix} 1 & 0 \\ 0 & 1 \end{bmatrix}$$

因此，坐标旋转变换矩阵

$$\boldsymbol{T} = \begin{bmatrix} \cos\theta & \sin\theta \\ -\sin\theta & \cos\theta \end{bmatrix}$$

是一个正交矩阵，由正交矩阵决定的变换称为**正交变换**。

下面分析正交变换的特点。

一般地，讨论 $N$ 维矢量 $\boldsymbol{S}$ 与 $\boldsymbol{Y}$，取 $N \times N$ 正交矩阵 $\boldsymbol{T}$，进行变换：

$$\boldsymbol{Y} = \boldsymbol{TS} \tag{5.3.11}$$

其中 $$\boldsymbol{Y} = \begin{bmatrix} y_1 \\ y_2 \\ \vdots \\ y_N \end{bmatrix}, \quad \boldsymbol{S} = \begin{bmatrix} s_1 \\ s_2 \\ \vdots \\ s_N \end{bmatrix}$$

由于 $\boldsymbol{T}$ 是正交矩阵，由式(5.3.11)决定的正交变换，其反变换可方便地求出，为

$$\boldsymbol{S} = \boldsymbol{T}^{-1}\boldsymbol{Y} = \boldsymbol{T}^{t}\boldsymbol{Y} \tag{5.3.12}$$

若信源 S 先后发出的 $N$ 个符号之间存在相关性，即矢量 $\boldsymbol{S}$ 的 $N$ 个分量之间存在相关性，则反映到 $\boldsymbol{S}$ 的协方差矩阵 $\boldsymbol{C}_S$ 中，除了其对角线元素不为 0 外，其他元素一般来说也可能非 0。一般希望通过变换，能使变换后的输出 $\boldsymbol{Y}$ 的各分量之间不相关，即其协方差矩阵 $\boldsymbol{C}_y$ 中除对角线元素不为 0 外，其余元素都为 0，从而通过变换使有记忆信源变成为无记忆信源。

记 $\boldsymbol{S}$ 的均值矢量为 $\boldsymbol{M}_S$，$\boldsymbol{Y}$ 的均值矢量为 $\boldsymbol{M}_y$，由式(5.3.11)知，$\boldsymbol{Y}$ 的均值矢量为

$$\boldsymbol{M}_y = \boldsymbol{TM}_S$$

故

$$\begin{aligned} \boldsymbol{C}_y &= E[(\boldsymbol{Y} - \boldsymbol{M}_y)(\boldsymbol{Y} - \boldsymbol{M}_y)^{t}] \\ &= E[\boldsymbol{T}(\boldsymbol{S} - \boldsymbol{M}_S)(\boldsymbol{S} - \boldsymbol{M}_S)^{t}\boldsymbol{T}^{t}] \end{aligned}$$

$$= \boldsymbol{T}E[(\boldsymbol{S}-\boldsymbol{M}_S)(\boldsymbol{S}-\boldsymbol{M}_S)^{\mathrm{t}}]\boldsymbol{T}^{\mathrm{t}}$$
$$= \boldsymbol{T}\boldsymbol{C}_S\boldsymbol{T}^{\mathrm{t}} \tag{5.3.13}$$

实矩阵的协方差矩阵必为实对称矩阵，同时由矩阵理论知，对于实对称矩阵 $\boldsymbol{C}_S$，总存在正交矩阵 $\boldsymbol{T}$，使 $\boldsymbol{T}\boldsymbol{C}_S\boldsymbol{T}^{\mathrm{t}}$ 为对角矩阵，即

$$\boldsymbol{C}_y = \boldsymbol{T}\boldsymbol{C}_S\boldsymbol{T}^{\mathrm{t}} = \boldsymbol{T}\boldsymbol{C}_S\boldsymbol{T}^{-1} = \boldsymbol{\Lambda} \tag{5.3.14}$$

这里

$$\boldsymbol{\Lambda} = \begin{bmatrix} \lambda_1 & & & \\ & \lambda_2 & & \\ & & \ddots & \\ & & & \lambda_N \end{bmatrix}$$

在上述讨论中，并不是所有正交矩阵都能使 $\boldsymbol{C}_y$ 成为对角矩阵，只是说存在这样的正交矩阵。事实上，目前完全满足这一条件的变换只有 KL 变换，其他的准最佳变换都不能保证在所有情况下都满足这一特性。

例如，对前面所述的用坐标旋转实现的正交变换，如果取 $\theta=45°$，则有

$$\boldsymbol{T} = \begin{bmatrix} \cos\theta & \sin\theta \\ -\sin\theta & \cos\theta \end{bmatrix} = \begin{bmatrix} \frac{\sqrt{2}}{2} & \frac{\sqrt{2}}{2} \\ -\frac{\sqrt{2}}{2} & \frac{\sqrt{2}}{2} \end{bmatrix}$$

设输入信源 $S$ 具有很强的相关特性，如极端情况取

$$\boldsymbol{C}_S = \begin{bmatrix} a & a \\ a & a \end{bmatrix}$$

则

$$\boldsymbol{C}_Y = \boldsymbol{T}\boldsymbol{C}_S\boldsymbol{T}^{\mathrm{t}} = \begin{bmatrix} \frac{\sqrt{2}}{2} & \frac{\sqrt{2}}{2} \\ -\frac{\sqrt{2}}{2} & \frac{\sqrt{2}}{2} \end{bmatrix} \begin{bmatrix} a & a \\ a & a \end{bmatrix} \begin{bmatrix} \frac{\sqrt{2}}{2} & -\frac{\sqrt{2}}{2} \\ \frac{\sqrt{2}}{2} & \frac{\sqrt{2}}{2} \end{bmatrix} = \begin{bmatrix} 2a & 0 \\ 0 & 0 \end{bmatrix}$$

可见，$\boldsymbol{C}_y$ 为对角矩阵，即输出 $\boldsymbol{Y}$ 的两个分量互不相关。

通过这一变换获得的另一个重要结果是 $\boldsymbol{C}_y$ 的第二个分量的方差为 0，这说明经过变换，其能量集中到了 $y_1$ 分量上，在 $y_2$ 分量上的能量分布为 0，这与图 5.3.6 的直观结论一致。因此经过正交变换后，$y_2$ 分量可不传送，从而有效地达到压缩数据率的目的。

一般的变换编码系统框图如图 5.3.7 所示。

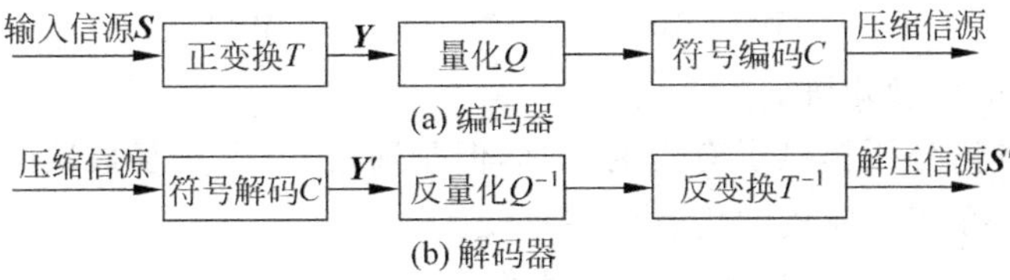


图 5.3.7　变换编码系统

高性能的变换编码方法不仅能使输出的压缩信源矢量中各分量之间的相关性大大减弱，而且使能量集中到少数几个分量上，在其他分量上数值很小，甚至为 0。在对变换后的分量（系数）进行量化再编码时，因为在量化后等于 0 的系数可以不传送，因此在一定保真度准则下可达到压缩数据率的目的，量化参数的选取主要根据保真度要求或恢复信号的主观

评价效果来确定。

在变换编码方法中最关键的是正交变换 $\boldsymbol{T}$ 的选择，如前所述，最佳的正交变换是 KL 变换，这一变换的基本思想是由 Karhunen 和 Loeve 两人分别于 1947 年和 1948 年单独提出的，主要用于图像信源的压缩。由于 KL 变换使变换后随机矢量的各分量之间完全独立，因而它常作为衡量正交变换性能的标准，在评价其他变换的性能时，常与 KL 变换的结果进行比较。KL 变换的最大缺点是计算复杂，而且其变换矩阵 $\boldsymbol{T}$ 与信源有关，实用性不强。为此人们又找出了各种实用化程度较高的变换，如离散傅里叶变换(DFT)、离散余弦变换(DCT)、沃尔什-哈达码变换(WHT)等，其中性能较接近 KL 变换的是离散余弦变换(DCT)。在某些情况下，DCT 能获得与 KL 变换相同的性能，因此 DCT 也被称为准最佳变换。

**2. 离散余弦变换**

DCT 是根据 DFT 的不足，按实际需要而构造的一种实数域的变换，由于 DCT 源于 DFT，所以先考察 DFT。

DFT 是一种常见的正交变换，在数字信号处理中得到广泛应用，设长度为 $N$ 的离散序列为 $\{f_0, f_1, \cdots, f_{N-1}\}$，则其**离散傅里叶变换**对定义为

正变换

$$F(u) = \frac{1}{\sqrt{N}}\sum_{x=0}^{N-1} f(x)\exp[-\mathrm{j}2\pi ux/N] = \frac{1}{\sqrt{N}}\sum_{x=0}^{N-1} f(x)W^{ux} \quad (u = 0,1,2,\cdots,N-1) \tag{5.3.15}$$

反变换

$$f(x) = \frac{1}{\sqrt{N}}\sum_{u=0}^{N-1} F(u)\exp[\mathrm{j}2\pi ux/N] = \frac{1}{\sqrt{N}}\sum_{u=0}^{N-1} F(u)W^{-ux} \quad (x = 0,1,2,\cdots,N-1) \tag{5.3.16}$$

式中，$W = \mathrm{e}^{-\mathrm{j}2\pi/N}$

式(5.3.15)可以表示成矩阵的形式，即

$$\boldsymbol{F}(u) = \boldsymbol{T}\boldsymbol{f}(x) \tag{5.3.17}$$

其中

$$\boldsymbol{T} = \frac{1}{\sqrt{N}}\begin{bmatrix} W^0 & W^0 & W^0 & \cdots & W^0 \\ W^0 & W^1 & W^2 & \cdots & W^{N-1} \\ \vdots & \vdots & \vdots & \ddots & \vdots \\ W^0 & W^{N-1} & W^{2(N-1)} & \cdots & W^{(N-1)(N-1)} \end{bmatrix}$$

为离散傅里叶变换的变换矩阵。

虽然 DFT 为频谱分析提供了有力的工具，但是通常 DFT 是复数域的运算，尽管有快速傅里叶变换(FFT)，在实际应用中仍有许多不便。

如果将一个实函数对称延拓成一个实偶函数，由于实偶函数的傅里叶变换也是实偶函数，只含有余弦项，因此构造了一种实数域的变换，即离散余弦变换。

设长度为 $N$ 的离散序列为 $\{f_0, f_1, \cdots, f_{N-1}\}$，则其**离散余弦变换**对定义为

正变换

$$F(u) = a(u)\sum_{x=0}^{N-1} f(x)\cos\left[\frac{(2x+1)u\pi}{2N}\right] \quad (u = 0,\cdots,N-1) \tag{5.3.18}$$

反变换

$$f(x)=\sum_{u=0}^{N-1}a(u)F(u)\cos\left[\frac{(2x+1)u\pi}{2N}\right]\quad(x=0,1,\cdots,N-1)\qquad(5.3.19)$$

其中
$$a(u)=\begin{cases}\sqrt{1/N}, & u=0\\ \sqrt{2/N}, & u=1,2,\cdots,N-1\end{cases}$$

式(5.3.18)可以表示成矩阵的形式,即

$$\boldsymbol{F}(u)=\boldsymbol{T}_C\boldsymbol{f}(x)\qquad(5.3.20)$$

其中

$$\boldsymbol{T}_C=\sqrt{\frac{2}{N}}\begin{bmatrix}\frac{1}{\sqrt{2}} & \frac{1}{\sqrt{2}} & \cdots & \frac{1}{\sqrt{2}}\\ \cos\frac{\pi}{2N} & \cos\frac{3\pi}{2N} & \cdots & \cos\frac{(2N-1)\pi}{2N}\\ \vdots & \vdots & \ddots & \vdots\\ \cos\frac{(N-1)\pi}{2N} & \cos\frac{3(N-1)\pi}{2N} & \cdots & \cos\frac{(2N-1)(N-1)\pi}{2N}\end{bmatrix}$$

为离散余弦变换的变换矩阵。

**【例 5.3.6】** 若已知信源 S 的协方差矩阵 $\boldsymbol{C}_S$ 为

$$\boldsymbol{C}_S=\begin{bmatrix}a & b & b & b\\ b & a & b & b\\ b & b & a & b\\ b & b & b & a\end{bmatrix}$$

对该信源进行 DCT 后,则变换系统的协方差矩阵 $\boldsymbol{C}_y$ 为

$$\boldsymbol{C}_y=\boldsymbol{T}_C(4)\boldsymbol{C}_S\boldsymbol{T}_C^{t}(4)=\begin{bmatrix}a+3b & 0 & 0 & 0\\ 0 & a-b & 0 & 0\\ 0 & 0 & a-b & 0\\ 0 & 0 & 0 & a-b\end{bmatrix}$$

其中

$$\boldsymbol{T}_C(4)=\begin{bmatrix}0.5 & 0.5 & 0.5 & 0.5\\ 0.653 & 0.271 & -0.271 & -0.653\\ 0.5 & -0.5 & -0.5 & 0.5\\ 0.271 & -0.653 & 0.653 & -0.271\end{bmatrix}$$

为 $N=4$ 时的 DCT 变换矩阵。从 $\boldsymbol{C}_y$ 可看到,此时 DCT 在去相关方面已达到最佳性能。

若信源 S 的协方差矩阵 $\boldsymbol{C}_S$ 为

$$\boldsymbol{C}_S=\begin{bmatrix}a & b & 0 & b\\ b & a & b & 0\\ 0 & b & a & b\\ b & 0 & b & a\end{bmatrix}$$

对该信源进行 DCT 后,则变换系统的协方差矩阵 $\boldsymbol{C}_y$ 为

$$\boldsymbol{C}_y = \boldsymbol{T}_C(4)\boldsymbol{C}_S\boldsymbol{T}_C^{\mathrm{t}}(4) = \begin{bmatrix} a+2b & 0 & 0 & 0 \\ 0 & a-b+\dfrac{b}{\sqrt{2}} & 0 & -\dfrac{b}{\sqrt{2}} \\ 0 & 0 & a-b & 0 \\ 0 & -\dfrac{b}{\sqrt{2}} & 0 & a-b-\dfrac{b}{\sqrt{2}} \end{bmatrix}$$

可见，此时 DCT 去相关性能未达最佳。

**【例 5.3.7】** 给定两幅图像信源如图 5.3.8 所示，对它们进行 DCT，则其 DCT 系数如图 5.3.9 所示，图中亮度越大表示对应的 DCT 系数数值也越大。

(a) (b)

图 5.3.8 两幅图像信源

(a) (b)

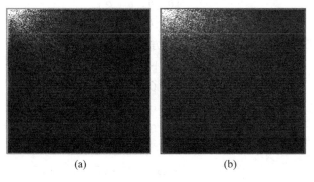

图 5.3.9 对应图 5.3.8 两幅图像的 DCT

从本例可以看到，经离散余弦变换后图像信号的能量向左上角集中，因而有利于数据的压缩。

**3. 沃尔什-哈达玛变换**

离散沃尔什-哈达玛变换(Walsh-Hadamard Transform，WHT)，其变换矩阵是由 +1 和 −1 组成的，因此在变换过程中只有加法和减法，计算速度快而且易于用硬件实现。

设长度为 $N$ 的离散序列为$\{f_0, f_1, \cdots, f_{N-1}\}$，当 $N=2^n$ 时，WHT 变换的定义为

正变换

$$H(u) = \frac{1}{N}\sum_{x=0}^{N-1} f(x)\,(-1)^{\sum\limits_{i=0}^{N-1} b_i(x)b_i(u)} \quad (u = 0,\cdots,N-1) \tag{5.3.21}$$

反变换

$$f(x) = \sum_{u=0}^{N-1} H(u)(-1)^{\sum_{i=0}^{N-1} b_i(x)b_i(u)} \quad (x = 0, \cdots, N-1) \tag{5.3.22}$$

其中，指数上的求和是以 2 为模的，$b_i(D)$ 是 $D$ 的二进制表达式中的第 $i$ 位的取值。例如，当 $n=3$ 时，对 $D=6=(110)_2$，有 $b_0(D)=0, b_1(D)=1, b_2(D)=1$。

WHT 变换矩阵是一个对称的正交矩阵，例如当 $N=8$ 时的 WHT 变换矩阵为

$$\boldsymbol{T}_H = \frac{1}{8}\begin{bmatrix} 1 & 1 & 1 & 1 & 1 & 1 & 1 & 1 \\ 1 & -1 & 1 & -1 & 1 & -1 & 1 & -1 \\ 1 & 1 & -1 & -1 & 1 & 1 & -1 & -1 \\ 1 & -1 & -1 & 1 & 1 & -1 & -1 & 1 \\ 1 & 1 & 1 & 1 & -1 & -1 & -1 & -1 \\ 1 & -1 & 1 & -1 & -1 & 1 & -1 & 1 \\ 1 & 1 & -1 & -1 & -1 & -1 & 1 & 1 \\ 1 & -1 & -1 & 1 & -1 & 1 & 1 & -1 \end{bmatrix}$$

比较式(5.3.20)和式(5.3.21)可知，WHT 正变换和反变换只差一个常数项 $1/N$，所以用于正变换的算法也可用于反变换，这使得 WHT 的使用非常方便。

对 WHT 变换矩阵 $\boldsymbol{T}_H$ 而言，其构成规律具有简单的迭代性质，可以方便地产生各阶变换矩阵。

最小阶($N=2$)的变换矩阵 $\boldsymbol{T}_H$ 为

$$\boldsymbol{T}_{H_2} = \begin{bmatrix} 1 & 1 \\ 1 & -1 \end{bmatrix} \tag{5.3.23}$$

如果用 $\boldsymbol{T}_{H_N}$ 代表 $N$ 阶 WHT 变换矩阵，则上面所述的迭代关系为

$$\boldsymbol{T}_{H_{2N}} = \begin{bmatrix} \boldsymbol{T}_{H_N} & \boldsymbol{T}_{H_N} \\ \boldsymbol{T}_{H_N} & -\boldsymbol{T}_{H_N} \end{bmatrix} \tag{5.3.24}$$

**【例 5.3.8】** 给定如图 5.3.10(a)所示的图像信源，对其进行 WHT，则 WHT 系数如图 5.3.10(b)所示，同样在图中亮度越大表示对应的 WHT 系数的数值也越大。

(a)

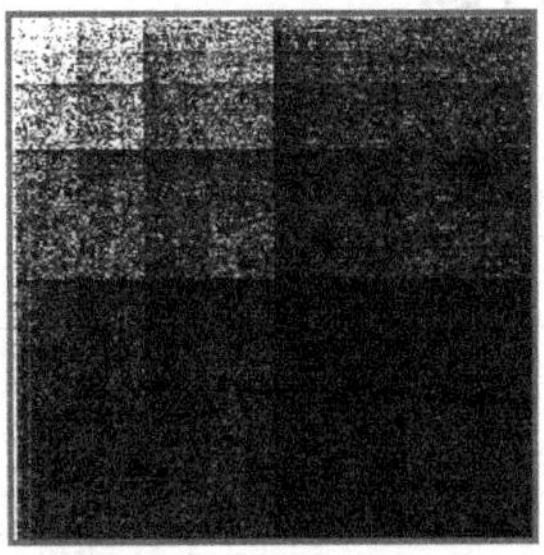
(b)

图 5.3.10 图像信源及其对应的 WHT 系数

从本例可以看到，经沃尔什-哈达玛变换后图像信号的能量向左上角集中，因而有利于数据的压缩。但与图 5.3.9 比较可以看出，WHT 的能量集中能力不如 DCT。

许多信号变换方法都可用于变换编码。需要注意的是，数据的压缩并不是在变换步骤取得的，而是在量化变换系数时取得的，因为在实际编码时，对应于方差很小的分量，往往可

以不传送，从而使数据得到压缩。对某一个给定的编码应用，如何选择变换取决于可允许的重建误差和计算要求。

变换具有将信号能量集中于某些系数的能力，不同的变换信号能量集中的能力不同。对常用的变换而言，DCT 比 DFT 和 WHT 有更强的信息集中能力。从理论上说，KL 变换(KLT)是所有变换中信息集中能力最优的变换，但 KLT 的变换矩阵与输入数据有关，所以不太实用。实际中用的变换其变换矩阵都与输入数据无关，在这些变换中，非正弦类变换(如 WHT)实现起来相对简单，但正弦类变换(如 DFT 和 DCT)更接近 KLT 的信息集中能力。

近年来，由于 DCT 的信息集中能力和计算复杂性综合性能比较好，而得到了较多的应用，DCT 已被设计在单个集成块上。另外，近年来得到广泛研究和应用的一些编码方法(如小波变换编码、分形编码等)也直接或间接地与变换编码相关，在实际应用中，需要根据信源特性来选择变换方法以达到解除相关性、压缩码率的目的。另外，还可以根据一些参数来比较各种变换方法间的性能优劣，如反映编码效率的编码增益、反映编码质量的块效应系数等。当信源的统计特性很难确知时，可用各种变换分别对信源进行变换编码，然后用实验或计算机仿真来计算这些参数，从而选择合适的编码。

本章介绍了信源编码的基本概念和一些实用的信源编码方法，对无失真信源编码其最短平均码长的极限值是信源的信息熵。

通过最佳的信源编码虽然可以消除信源的剩余度，提高信息传输率，但结果却使码变得十分“脆弱”，经不起信道中噪声的干扰，容易造成译码错误。例如，对信源 $S=\{s_1,s_2,s_3,s_4,s_5\}$ 进行二元霍夫曼码编码，得其码书为{1,01,000,0010,0011}，若信源发出的符号为 $s_2$，经信源编码的码字为 01，假如在信道传输中发生错误，接收端接收到的符号变成 11，则收信者就会判断信源发出的符号为 $s_1s_1$，从而造成严重的接收错误。

由于实际信道总有噪声存在，因此必须在信源编码的基础上进一步研究信息传输的抗干扰问题，即信道编码问题。

## 思考题与习题

5.1 将题表 5.1 所列的信源进行二进制编码。

**题表 5.1 信源列表**

| 消息 | 概率 | $C_1$ | $C_2$ | $C_3$ | $C_4$ | $C_5$ | $C_6$ |
|---|---|---|---|---|---|---|---|
| $a_1$ | 1/2 | 000 | 0 | 0 | 0 | 1 | 01 |
| $a_2$ | 1/4 | 001 | 01 | 10 | 10 | 000 | 001 |
| $a_3$ | 1/16 | 010 | 011 | 110 | 1101 | 001 | 100 |
| $a_4$ | 1/16 | 011 | 0111 | 1110 | 1100 | 010 | 101 |
| $a_5$ | 1/16 | 100 | 01111 | 11110 | 1001 | 110 | 110 |
| $a_6$ | 1/16 | 101 | 011111 | 111110 | 1111 | 110 | 111 |

(1) 这些码中哪些是唯一可译码？

(2) 哪些码是即时码(非延长码)？

(3) 对所有唯一可译码求出其平均码长和编码效率。

5.2 下面的码是否是即时码？是否是唯一可译码？

(1) $C=\{0,10,1100,1101,1110,1111\}$

(2) $C=\{0,10,110,1110,1011,1101\}$

5.3 判断是否存在满足下列要求的即时码。如果有，试构造出一个这样的码：

(1) $r=2$，长度：1,3,3,3,4,4。

(2) $r=3$，长度：1,1,2,2,3,3,3。

(3) $r=5$，长度：1,1,1,1,1,8,9。

(4) $r=5$，长度：1,1,1,1,2,2,2,3,3,4。

5.4 已知信源的各个消息分别为字母A,B,C,D，现用二进制码元对消息字母作信源编码，A：$(x_0,y_0)$，B：$(x_0,y_1)$，C：$(x_1,y_0)$，D：$(x_1,y_1)$，每个二进制码元的长度为5ms。计算：

(1) 若各个字母以等概率出现，计算在无扰离散信道上的平均信息传输速率。

(2) 若各个字母的出现概率分别为 $P(\mathrm{A})=1/5$，$P(\mathrm{B})=1/4$，$P(\mathrm{C})=1/4$，$P(\mathrm{D})=3/10$，再计算在无扰离散信道上的平均信息传输速率。

(3) 若字母消息改用四进制码元作信源编码，码元幅度分别为0V,1V,2V,3V，码元的长度为10ms。重新计算(1)和(2)两种情况下的平均信息传输速率。

5.5 若消息符号、对应概率分布和二进制编码如题表5.2所示。

**题表5.2 消息符号、概率分布和编码**

| 消息符号 | $a_0$ | $a_1$ | $a_2$ | $a_3$ |
|---|---|---|---|---|
| $p_i$ | 1/2 | 1/4 | 1/8 | 1/8 |
| 编码 | 0 | 10 | 110 | 111 |

试求：

(1) 消息符号熵。

(2) 各个消息符号所需的平均二进制码个数。

(3) 若各个消息符号之间相互独立，求编码后对应的二进制码序列中出现0和1的无条件概率 $p_0$ 和 $p_1$，以及码序列中的一个二进制码的熵，并求相邻码间的条件概率 $p(1|1)$，$p(0|1)$，$p(1|0)$，$p(0|0)$。

5.6 某信源有8个符号 $\{a_1,a_2,a_3,\cdots,a_8\}$，概率分别为1/2,1/4,1/8,1/16,1/32,1/64,1/128,1/128，试编成这样的码：000,001,010,011,100,101,110,111。求：

(1) 信源的符号熵 $H(X)$。

(2) 出现一个1或一个0的概率。

(3) 这种码的编码效率。

(4) 相应的香农码和费诺码。

(5) 香农码和费诺码的编码效率。

5.7 设无记忆二元信源，概率为 $p_0=0.005$，$p_1=0.995$，信源输出的二元序列在长为 $L=100$ 的信源序列中只对含有3个或小于3个0的各信源序列构成一一对应的一组定长码。

(1) 求码字所需的最小长度。

(2) 考虑没有给予编码的信源序列出现的概率，求该定长码引起的错误概率 $P$ 是多少？

5.8 已知符号集合$\{x_1, x_2, x_3, \cdots\}$为无限离散消息集合，它们出现的概率分别为 $p(x_1)=1/2, p(x_2)=1/4, p(x_3)=1/8, p(x_i)=1/2^i$ 等。

(1) 用香农编码方法写出各个符号消息的码字。

(2) 计算码字的平均信息传输速率。

(3) 计算信源编码效率。

5.9 某信源有 6 个符号，概率分别为 3/8，1/6，1/8，1/8，1/8，1/12，试求三进码元(0,1,2)的费诺码，并求出其编码效率。

5.10 对下面给定的概率分布和基数，找出一个霍夫曼编码：

(1) $P=(0.2, 0.1, 0.1, 0.3, 0.1, 0.2)$，(a)$r=2$；(b)$r=3$；(c)$r=4$；(d)$r=5$。

(2) $P=(0.9, 0.02, 0.02, 0.02, 0.02, 0.02)$，(a)$r=2$；(b)$r=3$；(c)$r=4$。

(3) $P=(0.1, \cdots, 0.1)$，(a)$r=2$；(b)$r=3$；(c)$r=4$；(d)$r=5$。

5.11 若某一信源有 $N$ 个符号，并且每个符号均以等概率出现。对此信源用霍夫曼二元编码，问当 $N=2^i$ 和 $N=2^i+1$（$i$ 为正整数）时，每个码字的长度等于多少？平均码长是多少？

5.12 设有离散无记忆信源 $P(X)=\{0.37, 0.25, 0.18, 0.10, 0.07, 0.03\}$。

(1) 求该信源符号熵 $H(X)$。

(2) 用霍夫曼编码编成二元变长码，计算其编码效率。

5.13 令 $C$ 为均匀概率分布 $P=(1/n, 1/n, \cdots, 1/n)$的一个二元霍夫曼编码，并假设 $C$ 中码字的长度分别是 $l_i$，令 $n=a2^k$，其中 $1\leqslant a<2$。

(1) 试证明在 $P$ 的所有即时编码中，$C$ 具有最小的总码字长度 $T=\sum l_i$。

(2) 试证明 $C$ 中至少有两个码字具有最大长度 $L=\max l_i$。

(3) 试证明 Kraft 不等式之和 $\sum(1/r^{l_i})=1$。

(4) 试证明对所有的 $i$ 都有 $l_i=L$ 或 $l_i=L-1$。

(5) 令 $u$ 是长度为 $L-1$ 的码字的个数，$v$ 是长度为 $L$ 的码字的个数。试用 $a$ 与 $k$ 来表示出 $u, v, L$。

5.14 信源符号 $X$ 有 6 种字母，概率为 0.32，0.22，0.18，0.16，0.08，0.04。

(1) 求符号熵 $H(X)$。

(2) 用香农编码法编成二进制变长码，计算其编码效率。

(3) 用费诺编码法编成二进制变长码，计算其编码效率。

(4) 用霍夫曼编码法编成二进制变长码，计算其编码效率。

(5) 用霍夫曼编码法编成三进制变长码，计算其编码效率。

(6) 若把信源符号编为定长二进制码，求所需要的平均信息率和编码效率。

5.15 已知一信源包含 8 个消息符号，其出现的概率为 $P(X)=\{0.1, 0.18, 0.4, 0.05, 0.06, 0.1, 0.07, 0.04\}$。

(1) 若该信源在每秒钟内发出 1 个符号，求该信源的熵和信息传输速率。

(2) 对这 8 个符号进行霍夫曼编码，写出相应码字，求出编码效率。

(3) 采用香农编码，写出相应码字，求出编码效率。

(4) 采用费诺编码，写出相应码字，求出编码效率。

5.16 有一信源包含9个符号，概率分别为1/4，1/4，1/8，1/8，1/16，1/16，1/16，1/32，1/32，用三进制符号($a$，$b$，$c$)编码。

(1) 编出费诺码和霍夫曼码，并求出编码效率。

(2) 若要求符号 $c$ 后不能紧跟另一个 $c$，编出一种有效码，其编码效率是多少？

5.17 一信源可能发出的数字有1、2、3、4、5、6、7，对应的概率分别为 $p(1)=p(2)=1/3$，$p(3)=p(4)=1/9$，$p(5)=p(6)=p(7)=1/27$，在二进制或三进制无噪信道中传输，若二进制信道中传输一个码字需要1.8元，三进制信道中传输一个码字需要2.7元。

(1) 编出二进制符号的霍夫曼码，求其编码效率。

(2) 编出三进制符号的费诺码，求其编码效率。

(3) 根据题(1)和题(2)的结果，确定在哪种信道中传输可得到较小的花费。

5.18 有二元独立序列，已知 $p_0=0.9$，$p_1=0.1$，求这序列的平均符号熵。当用霍夫曼编码时，以3个二元符号合成一个新符号，求这种符号的平均码长和编码效率。设输入二元符号的速率为每秒100个，要求3分钟内溢出和取空的概率均小于0.01，求所需的信道码率(单位为bps)和存储器容量(比特数)。若信道码率已规定为50bps，存储器容量将如何选择？

5.19 离散无记忆信源发出 $A$，$B$，$C$ 三种符号，其概率分布为5/9，1/3，1/9，应用算术编码方法对序列($C$，$A$，$B$，$A$)进行编码。

5.20 现有一幅已离散量化后的图像，图像的灰度量化分成如下8级，数字为相应像素上的灰度级。

| | | | | | | | | | |
|---|---|---|---|---|---|---|---|---|---|
| 1 | 1 | 1 | 1 | 1 | 1 | 1 | 1 | 1 | 1 |
| 1 | 1 | 1 | 1 | 1 | 1 | 1 | 1 | 1 | 1 |
| 1 | 1 | 1 | 1 | 1 | 1 | 1 | 1 | 1 | 1 |
| 1 | 1 | 1 | 1 | 1 | 1 | 1 | 1 | 1 | 1 |
| 2 | 2 | 2 | 2 | 2 | 2 | 2 | 2 | 2 | 2 |
| 3 | 3 | 3 | 3 | 3 | 3 | 3 | 3 | 3 | 3 |
| 4 | 4 | 4 | 4 | 4 | 4 | 4 | 4 | 4 | 4 |
| 5 | 5 | 5 | 5 | 5 | 5 | 5 | 5 | 5 | 5 |

另有一无噪无损二元信道，单位时间(秒)内传输100个二元符号。

(1) 现将图像通过给定的信道传输，不考虑图像的任何统计特性，并采用二元等长码。问需多长时间才能传送完这幅图像？

(2) 若考虑图像的统计特性(不考虑图像的像素之间的依赖性)，求该图像的信源熵 $H(S)$，并对每个灰度级进行霍夫曼最佳二元编码。问平均每个像素需用多少二元码符号来表示？这时需多少时间才能传送完这幅图像？

(3) 从理论上简要说明这幅图像还可以压缩，且平均每个像素所得的二元码符号数可以小于 $H(S)$ 比特。

5.21 设有一页传真文件，其中某一扫描行上的像素点如下：

|←73 白→|← 7 黑→|← 11 白→|←18 黑→|←1619 白→|

(1) 求该扫描行的 $MH$ 码。

(2) 求编码后该行总比特数。

(3) 求本行编码压缩比(原码元总数：编码后码元总数)。

5.22 已知二元信源{0,1},其 $p_0=1/8, p_1=7/8$。试对序列 11111110111110 进行算术编码,并计算此序列的平均码长。

# 第 6 章 信息率失真函数

CHAPTER 6

由香农编码定理可知：只要信道的信息传输速率 $R$ 小于信道容量 $C$，总能找到一种编码方法，使得在该信道上的信息传输的差错概率任意小；反之，若信道的信息传输速率 $R$ 大于信道容量 $C$，则不可能使信息传输差错概率任意小。

但是，无失真的编码并非总是必要的。

首先，在实际应用中，信宿的灵敏度和分辨力都是有限的，无须要求在信息传输过程中绝对无失真。例如，人耳对语音信号的接收，人耳接收的带宽和分辨力都是有限的，语音信号的带宽高端达 20kHz，因此可以把频谱范围为 20Hz～20kHz 的语音信号去掉低端和高端的部分，只保留带宽为 300～3400Hz 之间的部分。这样，即使传输的语音信号存在一些失真，人耳不易分辨或感觉出来，但可以满足语音信号传输的要求，所以这种失真是允许的。又如，人眼对视觉信号的接收，人眼有一定的主观视觉特征，允许传送的图像有一定的误差存在。利用信宿有限的灵敏度和分辨力，允许信息有某些失真，可以降低信息传输速率，从而降低通信成本。

其次，无失真的编码并非总是可能的。实际上，信源输出的消息通常是取值连续的连续消息，即信源输出的信息熵 $H$ 可以为无穷大，如果无失真地传输连续信源消息，则要求信道的信息传输速率 $R$ 要无穷大。但对任何一个实际的信道来说，信道带宽总是有限的，信道容量总要受到一定的限制，不可能达到无穷大。因此，也就不可能实现完全无失真的信源信息的传输。

再者，由于信道噪声的影响，即使信源消息的编码是无失真的，信息在传输过程也会产生差错或失真。

由此得出结论：在实际信息传输系统中，失真是不可避免的，有时甚至是必要的。

在允许一定程度失真的条件下，能够多大程度地压缩信息，即最少需要多少比特数才能描述信源，这是本章将要讨论的问题。香农在其重要的论文《保真度准则下的离散信源编码定理》中论述了在限定失真范围内的信源编码问题，定义了信息率失真函数 $R(D)$，并论述了有关该函数的基本性质，指出在允许一定失真 $D$ 的条件下，信源输出的信息速率最低可压缩至 $R(D)$。

限失真信源编码的信息率失真理论已经成为频带压缩和有损数据压缩的理论基础。

**本章重点内容：**

- 信源的失真度和信息率失真函数的定义及性质；
- 等概率、对称失真信源的信息率失真函数的计算；
- 限失真信源编码定理——香农第三定理。

# 6.1 失真测度

## 6.1.1 系统模型

限失真信源编码的系统模型如图 6.1.1 所示。信源发出的消息 $X$ 通过有失真的信源编码,编码后的输出通过理想无噪信道传输,接收信息经信源译码后的输出为 $Y$,由于信源编码是有失真的编码,因此输出的 $Y$ 不是信源发出的消息 $X$ 的精确重现。为了定量描述信息传输速率与失真之间的关系,已经假定传输信道为理想无噪信道。另外,可以将信源编码引起的失真视为由于信道不理想所造成的,即将有失真信源编码器和接收译码器之间的过程一并看作有噪声的信道,这个假想的信道称为试验信道。这样就把有失真信源编码的问题转化为无失真的信源通过有噪信道传输的问题,进而通过研究试验信道输入与输出之间的互信息来研究限失真信源编码。

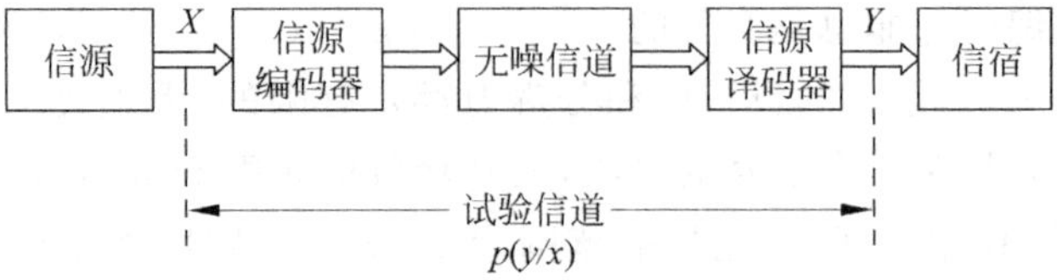


图 6.1.1 限失真信源编码的系统模型

## 6.1.2 失真度和平均失真度

**1. 单符号失真度**

在图 6.1.1 中假设试验信道的输入为 $X$,取值于符号集 $A=\{a_1,a_2,\cdots,a_n\}$;信道的输出为 $Y$,取值于符号集 $B=\{b_1,b_2,\cdots,b_m\}$。设 $x\in X,y\in Y$ 分别为信道的输入和输出,对每一对$(x,y)$,定义非负函数 $d(x,y)$称为单符号**失真度**,或单符号失真函数。用其来度量信源发出一个符号 $x$,而接收译码器输出为符号 $y$ 所引起的信息失真。通常规定 $d(x,y)$越小表示引起的失真越小,显然 $d(x,y)=0$ 表示没有失真。

由于信源符号集的大小为 $n$,译码器输出符号集的大小为 $m$,因此存在 $n\times m$ 个单符号失真度。将这 $n\times m$ 个单符号失真度写成矩阵形式,即

$$[d]=\begin{bmatrix} d(a_1,b_1) & d(a_1,b_2) & \cdots & d(a_1,b_m) \\ d(a_2,b_1) & d(a_2,b_2) & \cdots & d(a_2,b_m) \\ \vdots & \vdots & \ddots & \vdots \\ d(a_n,b_1) & d(a_n,b_2) & \cdots & d(a_n,b_m) \end{bmatrix} \tag{6.1.1}$$

$[d]$称为**失真矩阵**。

如果规定

$$d(a_i,b_j)=\begin{cases} 0, & i=j \\ 1, & i\neq j \end{cases} \tag{6.1.2}$$

则失真矩阵变为**汉明失真矩阵**,即

$$[d]=\begin{bmatrix}0 & 1 & \cdots & 1\\ 1 & 0 & \cdots & \cdots\\ 1 & 1 & \cdots & 1\\ 1 & \cdots & 1 & 0\end{bmatrix} \tag{6.1.3}$$

汉明失真矩阵的特点为：主对角线元素全为0,其他全为1。

单符号失真度 $d(x,y)$ 的定义方法很多,一般根据实际信源的失真来定义相应的失真度。除了上面的汉明失真度外,常见的还有**平方误差失真度**,即

$$d(x,y)=(y-x)^2 \tag{6.1.4}$$

平方误差失真的优点是简单,易于处理。

**2. 序列失真度**

设 $\boldsymbol{x}=(x_1,x_2,\cdots,x_N)$,$x_i$ 取自符号集 $A$；$\boldsymbol{y}=(y_1,y_2,\cdots,y_N)$,$y_i$ 取自符号集 $B$。则序列失真度定义为

$$d_N(\boldsymbol{x},\boldsymbol{y})=\frac{1}{N}\sum_{i=1}^{N}d(x_i,y_i) \tag{6.1.5}$$

**3. 平均失真度**

"信道输入符号为 $a_i(i=1,2,\cdots,n)$,输出符号为 $b_j(j=1,2,\cdots,m)$"是一个随机事件,设其概率为 $p(a_ib_j)(i=1,2,\cdots,n;j=1,2,\cdots,m)$。显然,"信道输入符号为 $a_i$,输出符号为 $b_j$ 所引起的失真 $d(a_i,b_j)$"同样是一个以 $p(a_ib_j)$ 为概率的随机事件。此外,前面定义的单符号失真函数 $d(x,y)$ 和序列失真函数 $d_N(\boldsymbol{x},\boldsymbol{y})$ 仅表示两个特定的具体符号或符号序列之间的失真大小。因此,有必要在规定失真函数 $d(x,y)$ 的基础上,导出一个能在平均意义上衡量信道每传递一个符号所引起的平均失真的大小的量。显然,这个量应是失真函数 $d(a_i,b_j)(i=1,2,\cdots,n;j=1,2,\cdots,m)$ 在随机变量 $X$ 和 $Y$ 的联合概率空间中的统计平均值,即

$$D=\sum_{i,j}p(a_ib_j)d(a_i,b_j)=\sum_{i,j}p(a_i)p(b_j/a_i)d(a_i,b_j) \tag{6.1.6}$$

上式称为单符号平均失真,表示由信源 $X$ 和试验信道 $\{X,P(Y|X),Y\}$ 组成的通信系统的平均失真度。

同理,可定义序列平均失真为

$$\boldsymbol{d}=\frac{1}{N}\sum_{i=1}^{N}E[d(x_i,y_i)]=\frac{1}{N}\sum_{i=1}^{N}D_i \tag{6.1.7}$$

式(6.1.6)表明平均失真度不再像失真函数那样只是表示某两个特定具体符号或序列之间的失真大小,而是在平均意义上,从总体上度量整个通信系统失真的大小。另外,平均失真度是信源的统计特性 $p(a_i)(i=1,2,\cdots,n)$、试验信道传递特性 $p(b_j|a_i)$ $(i=1,2,\cdots,n;j=1,2,\cdots,m)$ 和定义的失真函数或失真度 $d(a_i,b_j)(i=1,2,\cdots,n;j=1,2,\cdots m)$ 的函数。当失真度 $d(a_i,b_j)$ 被确定、信源的统计特性 $p(a_i)$ 给定以后,平均失真度 $D$ 就仅是试验信道传递概率 $p(b_j|a_i)$ 的函数。据此,改变信道的传递概率,就可改变平均失真度。

"人们允许的失真"通常采用规定系统的平均失真 $D$ 不能超过某一限定值 $D_0$(规定 $D\leqslant D_0$)的形式来体现的,即通常所说的**保真度准则**。

平均失真度的引入,给了这样一种可能,即把能控制的允许的平均失真度 $D$ 作为对信道传递概率 $p(b_j|a_i)$ 的一种约束条件,在此约束条件下,求解试验信道的信息传输速率的最

小值并赋予该最小值某种使用价值。

## 6.2 信息率失真函数及其性质

### 6.2.1 信息率失真函数的定义

由前面的分析,通过假想试验信道的引入,把有失真信源编码的问题转化为无失真的信源通过有噪信道传输的问题,进而通过研究试验信道输入与输出之间的互信息来研究限失真信源编码。下面就从互信息出发引入信息率失真函数。

从6.1节已经知道,当失真度$d(a_i,b_j)$被确定、信源$X$给定以后,平均失真度$D$就仅是试验信道传递概率$p(b_j|a_i)$的函数,即$D$可表示为

$$D=f[p(b_j\mid a_i)] \tag{6.2.1}$$

这样,在信源$X$给定、失真度$d(a_i,b_j)$被确定的条件下,就可通过选择适当的信道,使系统平均失真度满足保真度准则$D\leqslant D_0$。凡是满足保真度准则$D\leqslant D_0$的信道,都称为**许可试验信道**,所有许可试验信道的集合用$P_D$表示,即

$$P_D:\{p(b_j\mid a_i);D\leqslant D_0\} \tag{6.2.2}$$

在此试验信道集合中,任一试验信道的传递概率代入式(6.2.2)所得平均失真度$D$都满足保真度准则$D\leqslant D_0$,即平均失真度$D$都不超过给定允许值$D_0$。

在前面章节已经指出,在信源给定的条件下,信道信息传输速率$R$是信道转移概率$P(Y|X)$的∪形凸函数。因此,在许可试验信道集合$P_D$中,总可以找到某一试验信道,使信道信息传输速率$R=I(X;Y)$达到最小值,记此最小值为$R(D)$,即

$$R(D)=\min_{p(y|x)\in P_D} I(X;Y) \tag{6.2.3}$$

式(6.2.3)给出的$R(D)$函数被称为信源的信息速率失真函数,简称**率失真函数**。

率失真函数$R(D)$给出了熵压缩编码可能达到的最小熵率与失真的关系,其逆函数$D(R)$称为**失真率函数**,表示一定信息速率下可能达到的最小的平均失真。

### 6.2.2 信息率失真函数的性质

在按式(6.2.3)具体计算离散无记忆信源的信息速率失真函数$R(D)$之前,首先对该函数的一般性质进行讨论。

**1. $R(D)$的定义域**

$R(D)$的定义域为$0\leqslant D_{\min}\leqslant D\leqslant D_{\max}$且

$$D_{\min}=\sum_x p(x)\min_y d(x,y),\quad D_{\max}=\min_y\sum_x p(x)d(x,y) \tag{6.2.4}$$

**证明**:首先证明下界$D_{\min}=\sum_x p(x)\min_y d(x,y)$。

$$\begin{aligned}D&=\sum_x\sum_y p(x)p(y\mid x)d(x,y)\\&\geqslant\sum_x\sum_y p(x)p(y\mid x)\min_y d(x,y)\ (\text{因为 } d(x,y)\geqslant\min_y d(x,y))\\&=\sum_x p(x)\min_y d(x,y)\sum_y p(y\mid x)\\&=\sum_x p(x)\min_y d(x,y)\geqslant 0\quad(\text{因为 } d(x,y)\geqslant 0)\end{aligned} \tag{6.2.5}$$

对 $x$ 的每一取值 $a_i$，令对应最小的 $d(a_i,b_j)$ 条件概率 $p(a_i|b_j)$ 为 1，其余条件概率为 0，即得到 $D_{\min}$，取

$$p(b_j \mid a_i) = \begin{cases} 1, & \text{当 } b_j = b_j' \text{ 时}, d(a_i,b_j') = \min\limits_{b_j} d(a_i,b_j) \\ 0, & \text{其他} \end{cases} \tag{6.2.6}$$

则得到可能的最小平均失真 $D_{\min}$ 为

$$D_{\min} = \sum_x p(x) \min_y d(x,y) \tag{6.2.7}$$

下面证明上界 $D_{\max} = \min\limits_y \sum\limits_x p(x)d(x,y)$。

因为 $R(D)$ 为平均互信息，所以 $R(D) \geqslant 0$。在较大范围内求极小值一定不大于在所含的小范围内求的极小值，所以 $D_1 \geqslant D_2 \Rightarrow R(D_1) \leqslant R(D_2)$，即 $R(D)$ 是 $D$ 的非增函数。当 $D$ 继续增加，$R(D)$ 仍然为 0，所以 $D_{\max}$ 是使 $R(D)=0$ 的最小平均失真。当 $x,y$ 独立时，$p(xy)=p(x)p(y)$，有

$$D_{\max} = \min_{x,y} p(x)p(y)d(x,y) = \min \sum_y p(y) \sum_x p(x)d(x,y) \tag{6.2.8}$$

由于信源统计特性 $p(x)$，失真度 $d(x,y)$ 均已给定，而且对不同的 $y$，$\sum\limits_x p(x)d(x,y)$ 也可能有不同的值。所以，求解 $\min\limits_y \sum\limits_x p(x)d(x,y)$，并使对应的 $p(y)=1$，其余为 0，这样就可使平均失真达到最小。由此得到平均失真的上限 $D_{\max} = \min\limits_y \sum\limits_x p(x)d(x,y)$。

综上所述，$R(D)$ 的定义域为 $0 \leqslant D_{\min} \leqslant D \leqslant D_{\max}$，上下限分别由命题给出。

**【例 6.2.1】** 设试验信道输入符号集 $\{a_1,a_2,a_3\}$，各符号对应概率分别为 1/3，1/3，1/3，失真矩阵如下。求 $D_{\min}$ 和 $D_{\max}$ 以及相应的试验信道的转移概率矩阵。

$$[d] = \begin{bmatrix} 1 & 2 & 3 \\ 2 & 1 & 3 \\ 3 & 2 & 1 \end{bmatrix}$$

**解：**

$$\begin{aligned} D_{\min} &= \sum_x p(x) \min_y d(x,y) \\ &= p(a_1)\min(1,2,3) + p(a_2)\min(2,1,3) + p(a_3)\min(3,2,1) \\ &= 1 \end{aligned}$$

令对应最小失真度 $d(a_i,b_j)$ 的 $p(b_j|a_i)=1$，其他为 0，可得对应 $D_{\min}$ 的试验信道转移概率矩阵为

$$[p(y \mid x)] = \begin{bmatrix} 1 & 0 & 0 \\ 0 & 1 & 0 \\ 0 & 0 & 1 \end{bmatrix}$$

$$\begin{aligned} D_{\max} &= \min_y \sum_x p(x)\, d(x,y) \\ &= \min\{[p(a_1)\times 1 + p(a_2)\times 2 + p(a_3)\times 3], \\ &\qquad [p(a_1)\times 2 + p(a_2)\times 1 + p(a_3)\times 2], [p(a_1)\times 3 + p(a_2)\times 3 + p(a_3)\times 1]\} \\ &= 5/3 \end{aligned}$$

上式中第二项最小，所以令 $p(b_2)=1$，$p(b_1)=p(b_3)=0$，可得对应 $D_{\max}$ 的试验信道转

移概率矩阵为

$$[p(y \mid x)] = \begin{bmatrix} 0 & 1 & 0 \\ 0 & 1 & 0 \\ 0 & 1 & 0 \end{bmatrix}$$

**2. $R(D)$是关于平均失真度$D$的下凸函数**

设 $D_1$,$D_2$ 为任意两个平均失真,$0 \leqslant a \leqslant 1$,则有

$$R[aD_1 + (1-a)D_2] \leqslant aR(D_1) + (1-a)R(D_2) \tag{6.2.9}$$

**证明**:当信源分布给定后,信息率失真函数 $R(D)$可以看作试验信道转移概率 $p(y|x)$的函数,即

$$R(D_1) = \min_{p(y|x) \in P_{D_1}} I[p(y \mid x)] = I[p_1(y \mid x)] \tag{6.2.10}$$

$$R(D_2) = \min_{p(y|x) \in P_{D_2}} I[p(y \mid x)] = I[p_2(y \mid x)] \tag{6.2.11}$$

且有

$$\begin{aligned} &\sum_x \sum_y p(x) p_1(x \mid y) d(x,y) \leqslant D_1 \Rightarrow p_1(x \mid y) \in P_{D_1} \\ &\sum_x \sum_y p(x) p_2(x \mid y) d(x,y) \leqslant D_2 \Rightarrow p_2(x \mid y) \in P_{D_2} \end{aligned} \tag{6.2.12}$$

令 $D_0 = aD_1 + (1-a)D_2$,$p_0(y|x) = ap_1(y|x) + (1-a)p_2(y|x)$,显然 $0 \leqslant p_0(y|x) \leqslant 1$,$p_0(y|x)$可视为一新的试验信道,该试验信道的平均失真度 $D$ 为

$$\begin{aligned} D &= \sum_x \sum_y p(x) p(y \mid x) d(x,y) \\ &= \sum_{x,y} p(x)[ap_1(y \mid x) + (1-a)p_2(y \mid x)]\, d(x,y) \\ &= a\sum_{x,y} p(x) p_1(y \mid x) d(x,y) + (1-a)\sum_{x,y} p(x) p_2(y \mid x) d(x,y) \\ &\leqslant aD_1 + (1-a)D_2 = D_0, \quad p_0(y \mid x) \in P_{D_0} \end{aligned} \tag{6.2.13}$$

由第 3 章知,平均互信息为信道转移概率的下凸函数,可得

$$\begin{aligned} R(D_0) &= \min_{p(y|x) \in D_0} I[p(y \mid x)] \leqslant I[p_0(y \mid x)] = I[ap_1(y \mid x) + (1-a)p_2(y \mid x)] \\ &\leqslant aI[p_1(y \mid x)] + (1-a)I[p_2(y \mid x)] \\ &= aR(D_1) + (1-a)R(D_2) \end{aligned} \tag{6.2.14}$$

因此证得 $R(D_0) \leqslant aR(D_1) + (1-a)R(D_2)$,即 $R(D)$是关于平均失真度 $D$ 的下凸函数。

**3. $R(D)$是$(D_{\min}, D_{\max})$区间上的连续和严格单调递减函数**

由信息速率失真函数的下凸性可知,$R(D)$在$(D_{\min}, D_{\max})$上连续。又由 $R(D)$函数的非增性且不为常数知,$R(D)$是$(D_{\min}, D_{\max})$区间上的严格单调递减函数。

根据信息速率失真函数的上述性质,不难得到信息速率失真函数的一般形状如图 6.2.1 所示,$D_{\min}$和 $D_{\max}$的取值取决于失真矩阵。若对任一 $a_i$,都至少存在一个 $b_j$ 使得 $d(a_i, b_j) = 0$,则有 $D_{\min} = 0$;若失真矩阵中存在无穷大值,则 $D_{\max}$可能取到无穷大,此时 $R(D_{\max}) = 0$。如果失真矩阵的每行和每列有且仅有一个元素为 0,则此时 $D_{\min} = 0$,且有 $R(0) = H(X) - H(X|Y) = H(X)$,当信源为连续信源时,$H(X) = \infty$,此时 $R(0) = \infty$。

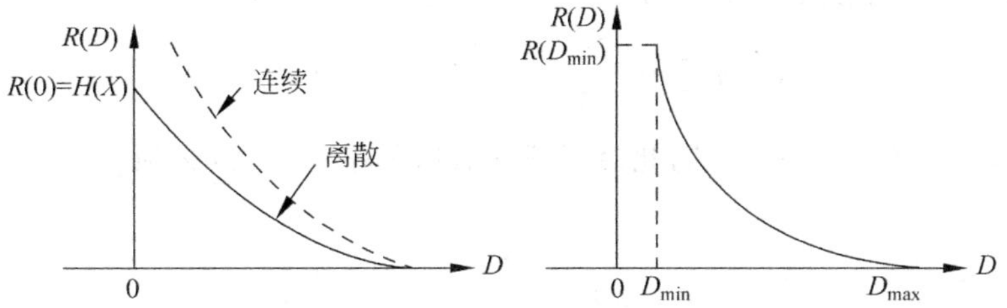


图 6.2.1 信息速率失真函数的一般形状

## 6.3 等概率、对称失真信源的信息速率失真函数

已知信源的概率分布和失真函数，就可求得信源的信息速率失真函数（率失真函数）。原则上它与信道容量一样，是在失真受约束条件下求函数的极小值，即求

$$\min \sum_{i=1}^{n} \sum_{j=1}^{m} p(a_i) p(b_j \mid a_i) \log \frac{p(b_j \mid a_i)}{\sum_{l=1}^{n} p(a_l) p(b_j \mid a_i)} \tag{6.3.1}$$

其约束条件为

$$\begin{aligned} &\sum_{i=1}^{n} \sum_{j=1}^{m} p(a_i) p(b_j \mid a_i) d(a_i, b_j) \leqslant D \\ &\sum_{j=1}^{m} p(b_j \mid a_i) = 1 \quad (i = 1, 2, \cdots, n) \\ &p(b_j \mid a_i) \geqslant 0 \quad (i = 1, 2, \cdots, n;\ j = 1, 2, \cdots, m) \end{aligned} \tag{6.3.2}$$

求解这类极值有很多方法，如变分法、拉格朗日乘子法、凸规划方法等。应用上述方法，原则上可以求出解来，但很难得出显式的解析表达式，通常只能用参量形式来表述。即便如此，计算过程中包含许多变量，使得计算极为困难。类似本书第 3 章，如果信道具有某种对称性，可以大大简化信道容量的计算。同样地，在计算率失真函数时，利用信源和失真矩阵的对称性也可大大简化率失真函数的计算。本节介绍一种信源满足等概率、对称失真等特殊情况的信息速率失真函数计算方法。

对于等概率、对称失真的信源，存在一个与失真矩阵具有同样对称性的转移概率分布达到率失真函数 $R(D)$，该性质现不作证明。下面通过两个具体的例子来介绍利用信源对称性计算信息率失真函数的方法。

**【例 6.3.1】** 有一个二元、等概率、平稳、无记忆信源 $X=\{0,1\}$，接收符号集为 $Y=\{0,1,2\}$且失真矩阵为

$$[d] = \begin{bmatrix} 0 & \infty & 1 \\ \infty & 0 & 1 \end{bmatrix}$$

求率失真函数 $R(D)$。

**解**：首先由 $D_{\min} = \sum_{x} p(x) \min_{y} d(x,y) = 0, D_{\max} = \min_{y} \sum_{x} p(x) d(x,y) = 1$

由于信源等概率分布，失真函数具有对称性，因此，存在着与失真矩阵具有同样对称性

的转移概率分布达到率失真函数 $R(D)$。该转移概率矩阵可写为

$$[p(y/x)] = \begin{bmatrix} \alpha & \beta & \gamma \\ \beta & \alpha & \gamma \end{bmatrix}, \quad \alpha+\beta+\gamma=1$$

由于 $d(0,1)=d(1,0)=\infty$，因此对于任何有限的平均失真，必须 $\beta=0$。于是转移概率矩阵变为

$$[p(y/x)] = \begin{bmatrix} \alpha & 0 & 1-\alpha \\ 0 & \alpha & 1-a \end{bmatrix}$$

对应此转移概率矩阵的平均失真

$$D = \sum_{x,y} p(x)p(y/x)d(x,y) = 1-\alpha$$

因此 $\alpha=1-D$

由此不难求出此时的互信息为

$$\begin{aligned} R(D) = I(X;Y) &= [H(Y) - H(Y/X)] \\ &= H\left(\frac{1-D}{2}, D, \frac{1-D}{2}\right) - H(1-D,D) \\ &= -2\times\frac{1-D}{2}\log\frac{1-D}{2} - D\log D + (1-D)\log(1-D) + D\log D \\ &= (1-D)\log 2 - (1-D)\log(1-D) + (1-D)\log(1-D) \\ &= (1-D) \quad 0\leqslant D\leqslant 1 \end{aligned}$$

相应的率失真函数如图 6.3.1 所示。

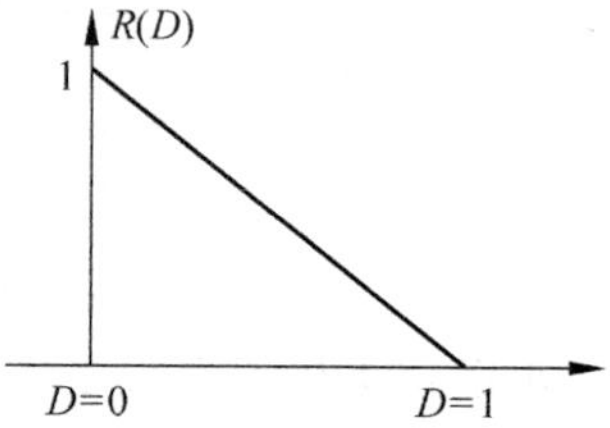

图 6.3.1 二元等概率信源的率失真函数曲线

**【例 6.3.2】** 有一个 $n$ 元、等概率、平稳、无记忆信源 $X=\{0,1,\cdots,n\}$，接收符号集为 $Y=\{0,1,\cdots,n\}$，且规定失真矩阵为

$$[d] = \begin{bmatrix} 0 & 1 & \cdots & 1 \\ 1 & 0 & \cdots & 1 \\ \vdots & \vdots & \ddots & \vdots \\ 1 & 1 & \cdots & 0 \end{bmatrix}$$

求率失真函数 $R(D)$。

**解**：由于信源等概分布，失真函数具有对称性，因此，存在着与失真矩阵具有同样对称性的转移概率分布达到率失真函数 $R(D)$。该转移概率矩阵可写为

$$[p(y\mid x)] = \begin{pmatrix} A & & \frac{1-A}{n-1} \\ & A & \\ & & \ddots & \\ \frac{1-A}{n-1} & & A \end{pmatrix}, \quad 0\leqslant A\leqslant 1$$

对应此转移概率矩阵的平均失真

$$D = \sum_{x,y} p(x)p(y\mid x)d(x,y) = 1-A$$

因此 $A=1-D$。由此不难求出此时的互信息为

$$
\begin{aligned}
R(D) &= I(X;Y) = H(Y) - H(Y/X) \\
&= H\left(\frac{1}{n},\frac{1}{n},\cdots,\frac{1}{n}\right) - H\left(1-D,\frac{D}{n-1},\cdots,\frac{D}{n-1}\right) \\
&= \log n + (1-D)\log(1-D) + (n-1)\frac{D}{n-1}\log\frac{D}{n-1} \\
&= \log n - H(D,1-D) - D\log(n-1)
\end{aligned}
$$

分别取 $n=2,4,8$，得到对应的率失真函数曲线如图 6.3.2 所示。

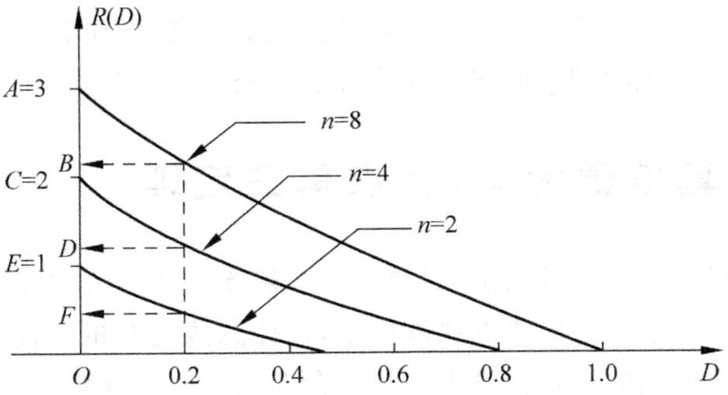


图 6.3.2　$n=2,4,8$ 时的率失真函数曲线

由图 6.3.2 可见，当 $D=0$，即无失真时：

$$n=8,\quad R(0)=H(p)=3(\text{比特/信源符号})$$

$$n=4,\quad R(0)=H(p)=2(\text{比特/信源符号})$$

$$n=2,\quad R(0)=H(p)=1(\text{比特/信源符号})$$

有失真时，例如 $D=0.2$ 时：

$$n=8, \text{压缩比为 } K_8=\frac{OA}{OB}$$

$$n=4, \text{压缩比为 } K_4=\frac{OC}{OD}$$

$$n=2, \text{压缩比为 } K_2=\frac{OE}{OF}$$

显然，$K_2>K_4>K_8$，即进制数 $n$ 越小，压缩比越大。

## 6.4　保真度准则下的信源编码定理

本节阐述保真度准则下的信源编码定理，即香农第三定理。虽然该定理局限于离散无记忆信源，但所得结论可以推广到更一般的情况。

**定理 6.4.1**　(保真度准则下的信源编码定理)设 $R(D)$为一离散无记忆信源的信息率失真函数，并且有有限的失真测度 $D$。对于任意 $D\geqslant 0$，$\varepsilon>0$，以及任意长的码长 $k$，一定存在一种信源编码 $C$，其码字个数为 $M\geqslant 2^{k[R(D)+\varepsilon]}$，使编码后码的平均失真度小于 $D$。

由定理 6.1 可知：对于任何失真度 $D$，只要码长 $k$ 足够长，总可以找到一种编码，使编码后每个信源符号的信息传输率满足

$$R=\frac{\log M}{k}\geqslant R(D)+\varepsilon$$

而码的平均失真度不大于给定的允许失真度。

实际的信源编码的最终目标是尽量接近最佳编码，使编码信息传输率接近最大值，而同时又保证译码后能无失真或限失真地恢复原信源。编码后信息传输率的提高使每个编码符号能携带尽可能多的信息量，从而提高通信的效率。

香农第三定理仍然只是一个存在性定理，定理中并没有给出最佳编码的具体方法，因此有关理论的实际应用还需进一步研究。如何计算符合实际信源的信息率失真函数 $R(D)$，如何寻找最佳编码方法才能达到信息压缩的极限值 $R(D)$，这是定理在实际应用中存在的两大问题。尽管如此，香农第三定理毕竟对最佳限失真信源编码方法的存在给出了肯定的回答，它为今后人们在该领域的不断深入探索提供了坚定的信心。

## 6.5 限失真信源编码（香农第三定理）

由香农第二定理知，无论哪种信道，只要信息传输率 $R$ 小于信道容量 $C$，总能找到一种编码方法，使得在信道上能以任意小的错误概率，以任意接近 $C$ 的传输率来传送信息。

实际信道中，信源输出的信息传输率一般都会超过信道容量 $C$，因此也就不可能实现完全无失真地传输信源的信息。

由香农第三定理知，在允许一定失真度 $D$ 的情况下，信源输出的信息传输率可压缩到 $R(D)$ 值，只要信息传输率 $R$ 大于 $R(D)$，一定能找到一种编码方法，使得译码后的失真小于 $D$。香农第三定理从理论上给出了信息传输率与允许失真之间的关系，奠定了信息率失真理论的基础。信息率失真理论是进行量化、数模转换、频带压缩和数据压缩的理论基础。

由实际生活经验可知，一般人们并不要求完全无失真地恢复消息。对人的心理视觉研究表明，人们在观察图像时主要是寻找某些比较明显的目标特征，而不是定量地分析图像中每个像素的亮度，或者至少不是对每个像素都等同地进行分析。例如，观看一段视频或观察一幅图像，人们可能会关注其主要情节，对视频或图像中的细节并不是那么注意，此时便允许视频或图像有一定程度的失真。

一般情况下，信源编码可分为离散信源编码、连续信源编码和相关信源编码三类。前两类编码方法主要讨论独立信源编码问题，后一类编码方法讨论非独立信源编码问题。离散信源可做到无失真编码，而连续信源则只能做到限失真编码。

## 思考题与习题

6.1 设无记忆信源 $\begin{bmatrix} X \\ p(x) \end{bmatrix}=\begin{bmatrix} -1, & 0, & 1 \\ 1/3, & 1/3, & 1/3 \end{bmatrix}$，接收符号集 $A_Y=\left\{-\frac{1}{2},\frac{1}{2}\right\}$，失真矩阵 $[d]=\begin{bmatrix} 1 & 2 \\ 1 & 1 \\ 2 & 1 \end{bmatrix}$，试求：$D_{\max}$ 和 $D_{\min}$ 及达到 $D_{\max}$，$D_{\min}$ 时的转移概率矩阵。

6.2 已知二元信源 $\begin{bmatrix} X \\ p(x) \end{bmatrix}=\begin{bmatrix} 0, & 1 \\ p, & 1-p \end{bmatrix}$ 以及失真矩阵 $[d_{ij}]=\begin{bmatrix} 0 & 1 \\ 1 & 0 \end{bmatrix}$，试求：

(1) $D_{\min}$；(2) $D_{\max}$；(3) $R(D)$。

6.3　设有平稳高斯信源 $X(t)$，其功率谱为

$$G(f)=\begin{cases}A, & |f|\leqslant F_1\\ 0, & |f|>F_1\end{cases}$$

失真度量取 $d(x,y)=(x-y)^2$，允许的样值失真为 $D$，试求信息率失真函数 $R(D)$。

6.4　设一个四元等概信源 $\begin{bmatrix}X\\ p(x)\end{bmatrix}=\begin{bmatrix}0 & 1 & 2 & 3\\ 0.25 & 0.25 & 0.25 & 0.25\end{bmatrix}$，接收符号集为 $A_Y=\{0,1,2,3\}$，失真矩阵定义为 $[d]=\begin{bmatrix}0 & 1 & 1 & 1\\ 1 & 0 & 1 & 1\\ 1 & 1 & 0 & 1\\ 1 & 1 & 1 & 0\end{bmatrix}$。求 $D_{\max}$、$D_{\min}$ 及信源的 $R(D)$ 函数，并作出信息率失真函数曲线(取 4 到 5 个点)。

6.5　某二元信源 $\begin{bmatrix}X\\ p(x)\end{bmatrix}=\begin{bmatrix}0 & 1\\ 0.5 & 0.5\end{bmatrix}$，其失真矩阵定义为 $[d]=\begin{bmatrix}0 & a\\ a & 0\end{bmatrix}$。求该信源的 $D_{\max}$、$D_{\min}$ 和 $R(D)$ 函数。

6.6　具有符号集 $U\{u_0,u_1\}$ 的二元信源，信源发生概率为：$p(u_0)=p$，$p(u_1)=1-p$，$0<p\leqslant 1/2$。信道如题图 6.1 所示，接收符号集 $V=\{v_0,v_1\}$，转移概率为：$q(v_0|u_0)=1$，$q(v_1|u_1)=1-q$。发出符号与接收符号的失真：$d(u_0,v_0)=d(u_1,v_1)=0$，$d(u_1,v_0)=d(u_0,v_1)=1$。

(1) 计算平均失真 $\overline{D}$。

(2) 率失真函数 $R(D)$ 的最大值是什么？当 $q$ 为什么值时可达到该最大值？此时平均失真 $D$ 是多大？

(3) 率失真函数 $R(D)$ 的最小值是什么？当 $q$ 为什么值时可达到该最小值？此时平均失真 $D$ 是多大？

(4) 画出 $R(D)-D$ 的曲线。

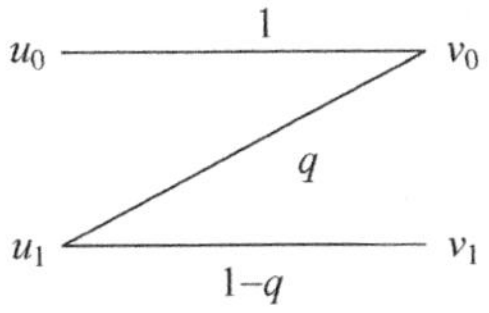


题图 6.1　信道

6.7　利用 $R(D)$ 的性质，画出一般 $R(D)$ 的曲线并说明其物理意义。试问为什么 $R(D)$ 是非负且非增的？

6.8　一个二元信源 $\begin{bmatrix}X\\ p(x)\end{bmatrix}=\begin{bmatrix}0 & 1\\ 0.5 & 0.5\end{bmatrix}$，每秒钟发出 2.66 个信源符号。将此信源的输出符号送入某二元无噪无损信道中进行传输，而信道每秒钟只传递两个二元符号。

(1) 信源能否在此信道中进行无失真的传输？

(2) 若此信源失真度测定为汉明失真，允许信源平均失真多大时，此信源就可以在信道中传输？

# 第7章 现代信道编码技术

CHAPTER 7

信道编码技术是一种低代价实现可靠数字通信的利器，因而吸引了众多学者在这一领域进行探索和研究。从1948年信息论创立以来，信道编码学科取得了辉煌的成就，在学者们数十年的努力之后，终于逼近Shannon信道容量，一举实现Shannon的夙愿。

20世纪80年代以前，通常被称为经典信道编码时代，典型的代表包括本书前面介绍的汉明码、BCH码、RS码、卷积码等。但这些信道编码技术性能相对较差，不能满足高可靠性数字通信系统的需要。值得一提的是，Elias于1954年首先提出乘积码的概念，Forney于1966年提出级联码的思想，Taner于1981年首次建立图模型，对译码算法进行了研究，这些研究成果为现代信道编码技术的诞生和Shannon信道编码定理的实现创造了条件。

信道编码定理在指导实用的编码设计上首次取得重大突破是1993年Berrou设计的Turbo码，人类首次实现了距离Shannon信道容量小于1dB。20世纪90年代中期，MacKay和Spielman等人几乎同时发现：Gallager早在1962年提出的低密度校验(Low-Density Parity-Check，LDPC)码在迭代译码算法下能够渐近地逼近信道容量，甚至在码长较长情况下性能优于当时具有革命性意义的Turbo码，因此，以Turbo码和LDPC码为代表的可逼近信道容量编码技术成为近年来信道编码领域的最大研究热点。

**本章重点内容：**

- Turbo码的概念和基本原理；
- LDPC码的概念和基本原理。

## 7.1 Turbo码

### 7.1.1 Turbo码的提出

Shannon理论证明，随机码是好码，但是它的译码却太复杂。因此，多少年来随机编码理论一直是作为分析与证明编码定理的主要方法，而如何在构造码上发挥作用却并未引起人们的足够重视。直到1993年，Turbo码的发现，才较好地解决了这一问题，为Shannon随机码理论的应用研究奠定了基础。

Turbo码，又称并行级连卷积码(Parallel Concatenated Convolutional Codes，PCCC)，是由C. Berrou等在ICC'93会议上提出。它巧妙地将卷积码和随机交织器结合在一起，实现了随机编码的思想，同时，采用软输出迭代译码来逼近最大似然译码。Berrou的仿真结果表明，如果采用大小为65535的随机交织器，并且进行18次迭代，则在$E_b/N_0 \geqslant 0.7$dB

时，码率为 1/2 的 Turbo 码在 AWGN 信道上的误比特率(BER)$\leqslant 10^{-5}$，实现了逼近 Shannon 限的性能。这一超乎寻常的优异性能，立即引起信息与编码理论界的轰动。

总之，Turbo 码的提出，更新了编码理论研究中的一些概念和方法，标志着可逼近信道容量信道编码技术的诞生。现在人们更倾向于使用基于概率的软判决译码方法，而不是早期基于代数的构造和硬判决译码方法。

## 7.1.2 Turbo 码编码器

Turbo 码编码器的基本结构如图 7.1.1 所示。

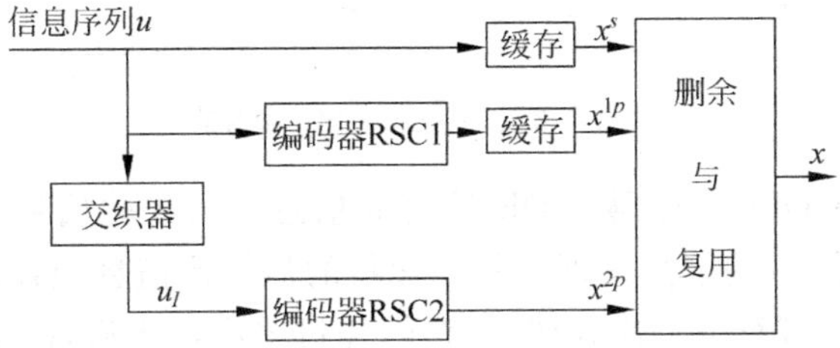


图 7.1.1 Turbo 码编码器的结构

它主要由两个递归系统卷积(Recursive Systemic Codes，RSC)编码器和一个随机交织器组成。长度为 $N$ 的信息序列$\{u_k\}$一方面直接进入第一个分量编码器 RSC1，另一方面经过随机交织变为长度相同但比特位置经重新排列的交织序列$\{u_{I,k}\}$。这样就产生了两个不同的校验序列 $x^{1p}$ 和 $x^{2p}$。为了提高 Turbo 码的码率，除可以选用高码率的分量码外，还可以采用删余(Puncturing)技术从这两个校验序列中删除一些校验位，然后再与未编码序列 $x^s$ 复用在一起进行调制。例如，假定图 7.1.1 中两个分量编码器的码率均是 1/2，为了得到 1/2 码率的 Turbo 码，可以采用这样的删余矩阵：$\boldsymbol{P}=[1\ 0,0\ 1]$，即删去来自 RSC1 的校验序列 $x^{1p}$ 的偶数位置比特与来自 RSC2 的校验序列 $x^{2p}$ 的奇数位置比特。

交织器虽然仅仅是在 RSC2 编码之前将信息序列中的 $N$ 个比特的位置进行随机置换，但它却起着关键的作用，很大程度地影响着 Turbo 码的性能。通过随机交织，使得编码序列在更长范围内具有记忆性，从而由简单的短码得到了近似长码。当交织器充分大时，Turbo 码就具有近似于随机长码的特性。

从图 7.1.1 可以看出，在 Turbo 编码方案中两个分量码采用并行级连方式，并且编码器结构为递归形式而不是传统的非递归编码器，以实现更优的性能。具体原因较为复杂，本书不再介绍。因此，在 Turbo 码中通常采用 RSC 码作为分量码。一个生成多项式为 $(1+D+D^2+D^3+D^4, 1+D^4)$ 的 16 状态 RSC 编码器结构如图 7.1.2 所示。

忽略时延，假定两个分量编码器同时输出，则当采用删余技术时，Turbo 编码器在 $k$ 时刻的输出为 $x_k=(x_k^s, x_k^p)$，其中 $x_k^p$ 由 $x_k^{1p}$ 和 $x_k^{2p}$ 交替组成。

## 7.1.3 Turbo 码译码器

Turbo 码译码器的基本结构如图 7.1.3 所示。它由两个软输入软输出(SISO)译码器 DEC1 和 DEC2 串行级连组成，交织器与编码器中所使用的交织器完全相同。译码器 DEC1 对分量码 RSC1 进行最佳译码，产生关于信息序列 $\boldsymbol{u}$ 中每一比特的似然信息，并将其中的外

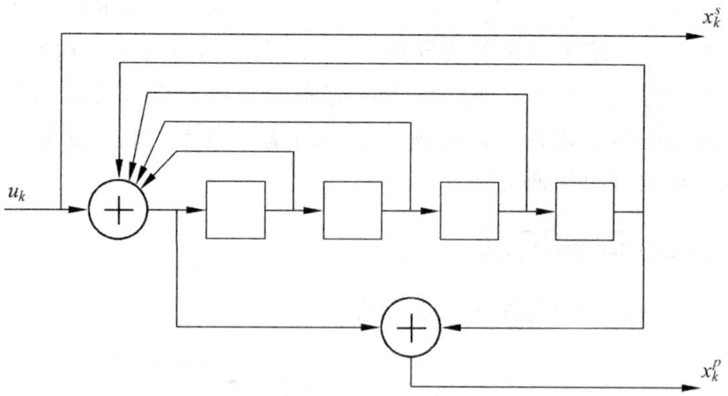


图 7.1.2 16 状态 RSC 编码器

信息经过交织后传送给 DEC2，译码器 DEC2 将此信息作为先验信息，对分量码 RSC2 进行最佳译码，产生关于交织后的信息序列中每一比特的似然比信息，然后将其中的外信息经过解交织后传送给 DEC1，进行下一次译码。这样，经过多次迭代后，DEC1 或 DEC2 的外信息趋于稳定，似然比渐进值逼近于对整个 Turbo 码的最大似然译码，最后对此似然比进行硬判决，即可得到信息序列 $\boldsymbol{u}$ 的最佳估值 $\hat{\boldsymbol{u}}$。

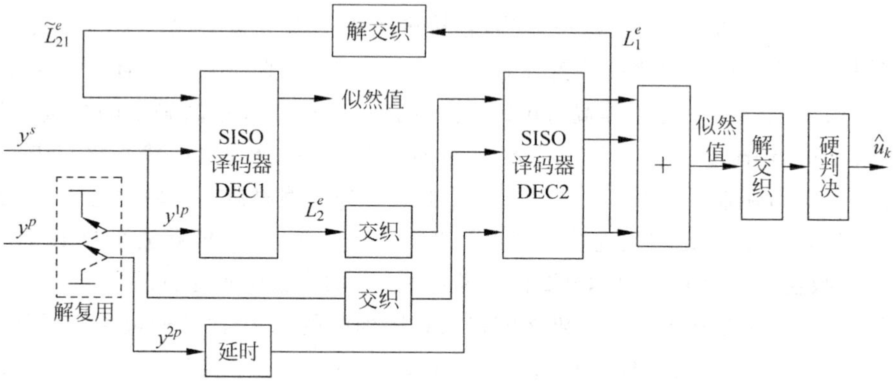


图 7.1.3 Turbo 码译码器的结构

假定 Turbo 码译码器的接收序列为 $\boldsymbol{y}=(\boldsymbol{y}^s,\boldsymbol{y}^p)$，冗余信息 $\boldsymbol{y}^p$ 经解复用后，分别送给 DEC1 和 DEC2。于是，两个软输出译码器的输入序列分别为

$$\text{DEC1}: \boldsymbol{y}_1=(\boldsymbol{y}^s,\boldsymbol{y}^{1p}),$$

$$\text{DEC2}: \boldsymbol{y}_2=(\boldsymbol{y}^s,\boldsymbol{y}^{2p})$$

为了使译码后的比特错误概率最小，根据最大后验概率译码准则，Turbo 译码器的最佳译码策略是，根据接收序列 $\boldsymbol{y}$ 计算后验概率，将译码器输出判决为最大可能的符号，即 $\hat{u}_k=\arg\max\limits_{y_1,y_2} P(u_k|\boldsymbol{y}_1,\boldsymbol{y}_2)$。显然，最大后验概率译码对于长码计算复杂度太高，是不适用的。在 Turbo 码的译码方案中，巧妙地采用了一种次优译码规则，将 $\boldsymbol{y}_1$ 和 $\boldsymbol{y}_2$ 分开考虑，由两个分量码译码器分别计算后验概率 $P(u_k|\boldsymbol{y}_1,\boldsymbol{L}_1^e)$ 和 $P(u_k|\boldsymbol{y}_2,\boldsymbol{L}_2^e)$，然后通过两个译码器 DEC1 和 DEC2 之间的多次迭代，使它们收敛于最大后验概率译码的 $P(u_k|\boldsymbol{y}_1,\boldsymbol{y}_2)$，从而达到逼近 Shannon 限的性能。这里，$\boldsymbol{L}_1^e$ 和 $\boldsymbol{L}_2^e$ 为外信息，其中 $\boldsymbol{L}_1^e$ 由 DEC2 输出，在 DEC1 中用作先验

信息，$\boldsymbol{L}_2^e$ 由 DEC1 输出，在 DEC2 中用作先验信息。

关于 $P(u_k|\boldsymbol{y}_1,\boldsymbol{L}_1^e)$ 和 $P(u_k|\boldsymbol{y}_2,\boldsymbol{L}_2^e)$ 的求解，目前已有多种方法，它们构成了 Turbo 码的不同译码算法，其中 Bahl、Cocke、Jelinek 和 Raviv 等人提出的 BCJR 算法是 Turbo 码领域影响最为深远的译码算法，具体的算法细节可查阅相关文献。

## 7.2 LDPC 码

### 7.2.1 LDPC 码的提出

低密度奇偶校验(Low Density Parity Check，LDPC)码的概念及其迭代译码算法的提出要追溯到 1962 年。Gallager 定义了 $(n,j,k)$ $(j\neq k,j,k<<n)$ 规则 LDPC 码(也称 Gallager 码)，因其校验矩阵中非零元素的比例非常小而得名。Gallager 码校验矩阵每列包含相同数目的“1”，表示每个码元受到相同数目的校验约束；每行也包含相同数目的“1”，表示每个校验约束包含个数相同的码元。Gallager 证明了这类码具有很好的汉明距离特性，使用迭代后验概率译码可以获得随码字长度指数降低的误比特率。但是，限于当时的计算能力，被认为是不实用的好码。此后的几十年时间里，除了 Tanner 等个别人，LDPC 码几乎被遗忘了。

1981 年 Tanner 重新研究了 LDPC 码，证明 Gallager 的译码算法与 LDPC 码对应二部图中的环有关，并且提出一种规范的图码表示，即 Tanner 图。他证明了在无环 Tanner 图上，LDPC 码的和积译码算法等价于最大后验概率算法。但是，无环图导致译码复杂度与 Viterbi 算法一样随着约束长度呈指数增长。而有环 Tanner 图使译码复杂度显著降低，但是无法保证迭代算法的收敛性，只能实现次优译码。

1993 年 Turbo 码的问世与成功使许多学者又重新审视 LDPC 码，对基于图模型的码的构造及迭代译码算法做了大量的研究。Mackay、Spielman 等人分别重新发现了 LDPC 码，并证明其有卓越的纠错性能和线性复杂度的译码算法。稍后，Richardson 等人的研究表明，当码长较大时，利用密度进化设计的非规则 LDPC 码的性能优于同等码长和码率的 Turbo 码。Chung 等人设计的码率 1/2 的非规则 LDPC 码离 BPSK 信号的 Shannon 限只有 0.0045dB。LDPC 码也取代 Turbo 码成为信道编码研究者们最近十几年最热门的课题。

相对于 Turbo 码，LDPC 码已被证实有多个优点：

(1) 不需要复杂的交织器，降低了系统的复杂度和时延。

(2) 具有更好的误帧率性能，满足现代数字通信的需要。

(3) 错误平层大大降低，可满足极高可靠性数字通信系统的苛刻需求。

(4) 快速编码算法线性复杂度较低，编码速率较高。

(5) 译码算法具有天然的并行结构，译码器数据吞吐率高。

鉴于这些优点，近年来，LDPC 码已经被 DVB-S.2、IEEE 802.16e、CMMB 和 LTE-A 等一系列国际、国内标准采用或候选采用。

### 7.2.2 LDPC 码基本概念

**定义 7.2.1**　$q$ 元 $(n,k)$ 低密度奇偶校验码定义为由有限域 $\mathrm{GF}(q)$ 上的大小为 $m\times n$ 的

校验矩阵 $\boldsymbol{H}=[h_{ij}]$ 的零空间所决定的 $(n,k)$ 线性分组码，其中 $\boldsymbol{H}$ 包含很少的非零元素。

低密度奇偶校验码是一类线性分组码，名字中低密度来源于其校验矩阵的稀疏性，即校验矩阵中只有数量极少的非零元素。众所周知，所有线形分组码都可用其校验矩阵 $\boldsymbol{H}_{M\times N}$ 或 Tanner 图表示。其中 $N$ 为码长，$M$ 为校验位长度。Tanner 图由两类节点组成：变量节点(Variable Node)和校验节点(Check Node)，分别对应于校验矩阵 $\boldsymbol{H}_{M\times N}$ 中的 $M$ 行和 $N$ 列。其中，同一类节点之间没有连线，不同类两点之间才可能有连线，该连线意味着该变量比特参加了此校验方程，也对应着校验矩阵某一行中"1"的位置。给出一个(8,4)线性分组码的校验矩阵和其对应的 Tanner 图分别如图 7.2.1 所示。

$$\boldsymbol{H}=\begin{bmatrix} 1 & 0 & 0 & 1 & 0 & 1 & 0 & 1 \\ 1 & 1 & 0 & 0 & 1 & 0 & 1 & 0 \\ 0 & 1 & 1 & 1 & 0 & 0 & 1 & 0 \\ 0 & 0 & 1 & 0 & 1 & 1 & 0 & 1 \end{bmatrix}$$

(a)

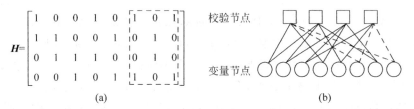

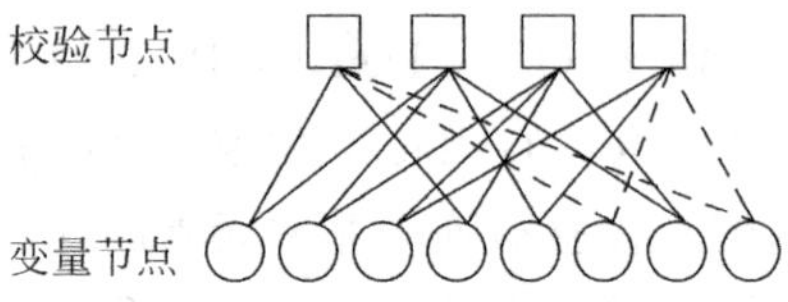


(b)

图 7.2.1 (8,4)线性分组码的校验矩阵及其对应 Tanner 图

通常线性分组码的最大似然译码算法由于其极高的复杂度而不可实现。然而，LDPC 码因其校验矩阵非零元素的稀疏性，采用迭代译码算法后可以近似实现最佳译码。LDPC 码迭代译码器的有效性，很大程度上依赖于译码器对应 Tanner 图的结构特性。接下来给出图论中闭合路径的定义、Tanner 图中环的定义以及最小环长/围长(girth)的定义。

**定义 7.2.2** 定义起始于节点 $u_1$，终止于节点 $v_k$ 的 $k$ 长路径可用有向边序列 $\boldsymbol{e}_1=(u_1,v_1),\cdots,\boldsymbol{e}_k=(u_k,v_k)$ 表示，定义起点跟终点重合的路径，即满足 $u_1=v_k$ 的路径为闭合路径。

**定义 7.2.3** Tanner 图上长为 $2k$ 的环定义为通过边遍历了 $k$ 个变量节点和 $k$ 个校验节点，且没有重复边的闭合路径。

**定义 7.2.4** Tanner 图上最小的环长定义为该 Tanner 图的围长 (girth)，通常用 $g$ 表示。

基于 Tanner 的理论分析，若 LDPC 码的 Tanner 图中存在短环会显著降低迭代译码性能，几乎所有的 LDPC 码构造算法都要避免四环。如图 7.2.1(b)中的 Tanner 图所示，四条虚线构成了一个有向的闭合环路，该环路的长度为 4，并且该图所有存在的环中，最小的环长也为 4，因此，该 Tanner 图中，围长是 4。

根据校验矩阵中元素取自的域，LDPC 码可分为二元 LDPC 码和非二元 LDPC 码(也称为多元 LDPC 码)。多元 LDPC 码可获得比二元 LDPC 码更好的纠错性能，但同时具有更高的复杂度，本书主要介绍二元域上的 LDPC 码。显然，图 7.2.1 对应一个二元 LDPC 码。另外，可以观察到，图 7.2.1(a)中校验矩阵每一行都有 4 个 1 元素，每一列都有 2 个 1 元素，分别称为行重为 4，列重为 2。换句话讲，每个变量节点的度为 2，每个校验节点的度为 4。如果 LDPC 码对应校验矩阵的行重和列重分别是相等的，称为规则/正则 LDPC 码；反之，称为非规则/非正则 LDPC 码。经过优化设计的非规则 LDPC 码具有更好的纠错性能，也招致了稍高的复杂度。

对于非规则 LDPC 码，需要用度分布多项式 $\lambda(x)$ 和 $\rho(x)$ 来描述。

$$\lambda(x) \triangleq \sum_{i=2}^{d_v} \lambda_i x^{i-1} \tag{7.2.1}$$

其中，$\lambda_i$ 表示所有与度为 $i$ 的变量节点相连的边数占图中总边数的比例；$d_v$ 为最大的变量节点度。类似地，在多项式

$$\rho(x) \triangleq \sum_{i=2}^{d_c} \rho_i x^{i-1} \tag{7.2.2}$$

中，$\rho_i$ 表示所有与度为 $i$ 的校验节点相连的边数占图中总边数的比例；$d_c$ 为最大的校验节点度。事实上，规则 LDPC 码也可用退化的度分布多项式来描述。例如，图 7.2.1 中的规则 LDPC 码可以用度分布多项式 $\lambda(x)=x$，$\rho(x)=x^3$ 来描述。

## 7.2.3 规则 LDPC 码

在介绍了 LDPC 码的基本概念后，本节将简要概括 LDPC 码常见的构造方法。Gallager 于 1963 年构造的 LDPC 码是最基本的规则 LDPC 码。Gallager 证明当规则 LDPC 码的列重不小于 3 时，码的最小汉明距离与码长成正比，是渐近好码。20 世纪 90 年代中后期，Davey 等人发现，校验矩阵的列重是决定 LDPC 码性能的主要因素，行重对 LDPC 码性能影响不大。因此，对于列重固定而行重不固定的 LDPC 码也被近似看作是规则 LDPC 码。

规则 LDPC 码的构造相对简单。Gallager 提出的构造方法是一个典型代表。他将校验矩阵分解成 $j$ 个子校验阵 $\boldsymbol{H}_1, \boldsymbol{H}_2, \cdots, \boldsymbol{H}_j$，子矩阵中每列只含有一个非 0 元素；第一个子矩阵的结构如一个单位阵，只是单位阵中的非零元素由 1 行 $k$ 列非 0 元素代替；其他的子矩阵中的列则是第一个子矩阵中的列的随机置换。Gallager 曾给出了一个(20,3,4)规则 LDPC 码的例子，如图 7.2.2 所示。

$$\begin{bmatrix}
1&1&1&1&0&0&0&0&0&0&0&0&0&0&0&0&0&0&0&0\\
0&0&0&0&1&1&1&1&0&0&0&0&0&0&0&0&0&0&0&0\\
0&0&0&0&0&0&0&0&1&1&1&1&0&0&0&0&0&0&0&0\\
0&0&0&0&0&0&0&0&0&0&0&0&1&1&1&1&0&0&0&0\\
0&0&0&0&0&0&0&0&0&0&0&0&0&0&0&0&1&1&1&1\\
\hdashline
1&0&0&0&1&0&0&0&1&0&0&0&1&0&0&0&0&0&0&0\\
0&1&0&0&0&1&0&0&0&1&0&0&0&0&0&0&1&0&0&0\\
0&0&1&0&0&0&1&0&0&0&0&0&0&1&0&0&0&1&0&0\\
0&0&0&1&0&0&0&0&0&0&1&0&0&0&1&0&0&0&1&0\\
0&0&0&0&0&0&0&1&0&0&0&1&0&0&0&1&0&0&0&1\\
\hdashline
1&0&0&0&0&1&0&0&0&0&0&1&0&0&0&0&0&1&0&0\\
0&1&0&0&0&0&1&0&0&0&1&0&0&0&0&1&0&0&0&0\\
0&0&1&0&0&0&0&1&0&0&0&0&1&0&0&0&0&0&1&0\\
0&0&0&1&0&0&0&0&1&0&0&0&0&1&0&0&1&0&0&0\\
0&0&0&0&1&0&0&0&0&1&0&0&0&0&1&0&0&0&0&1
\end{bmatrix}$$

图 7.2.2 (20,3,4)LDPC 码的校验矩阵

显然，Gallager LDPC 码校验矩阵的每个子矩阵的所有行的和均为全“1”向量，因此它不是一个满秩矩阵。另外，Gallager 的这种构造 LDPC 码的方法采用随机置换，给实现带来

了很大麻烦。而且这种随机构造的 LDPC 码的 Tanner 图中常有小环,会严重影响迭代译码算法的性能。

### 7.2.4 非规则 LDPC 码

在 Gallager 构造的 LDPC 码中,检验矩阵的行重量和列重量都是固定的。Luby 等人研究发现,在经过优化设计的非规则扩展图上构造的扩展码具有更灵活的参数和更强的纠错能力。此后,众多学者将这种思想用于 LDPC 码的设计。研究表明,非规则 LDPC 码具有远好于规则 LDPC 码的译码性能,特别是在大码长的情况下表现尤为突出,非规则 LDPC 码构造方法的典型代表是 Xiaoyu Hu 提出的渐进边增长(Progressive Edge Growth,PEG)算法。PEG 算法需要已知所有变量节点和校验节点的数目,然后根据规则 LDPC 码或者非规则 LDPC 码的度分布要求,逐边添加,每一步都尽量不破坏前面已经加好的边所形成的环长,尽量使每一次加边操作所形成的环长最大化。显然,PEG 算法是一种局部最优的 LDPC 码围长最大化设计算法。

给定$(n,k)$LDPC 码的一个大小为 $m\times n$ 的校验矩阵 $\boldsymbol{H}=[h_{i,j}]$,则$(n,k)$LDPC 码可以用 $m$ 个校验节点与 $n$ 个变量节点构成的 Tanner 图描述,其中 $m$ 个校验节点的集合定义为 $C=\{c_1,c_2,\cdots,c_m\}$对应了校验矩阵 $\boldsymbol{H}$ 的 $m$ 行,$n$ 个变量节点构成的集合定义为 $V=\{v_1,v_2,\cdots,v_n\}$,对应了校验矩阵 $\boldsymbol{H}$ 的 $n$ 列,当且仅当 $h_{i,j}\neq 0,l\leqslant i\leqslant m,l\leqslant j\leqslant n$ 时,变量节点 $v_j$ 与校验节点 $c_i$ 有一条边相连。令 $D_v=\{d_{v1},d_{v2},\cdots,d_{vn}\}$表示变量节点度序列,$D_c=\{d_{c1},d_{c2},\cdots,d_{cn}\}$表示校验节点度序列,其中 $1\leqslant i\leqslant m,1\leqslant j\leqslant n$。

如图 7.2.3 所示,假设给定任一变量节点 $v_j$,定义深度 $l$ 内 $v_j$ 的邻接节点为以变量节点 $v_j$ 为根节点深度为 $l$ 的树图所遍历的所有校验节点的集合,记为$\mathcal{N}_{v_j}^l$。其补集定义为 $V\backslash\mathcal{N}_{v_j}^l$,记为$\overline{\mathcal{N}}_{v_j}^l$。则利用 PEG 算法,构造对应 Tanner 图的步骤概括描述如下。

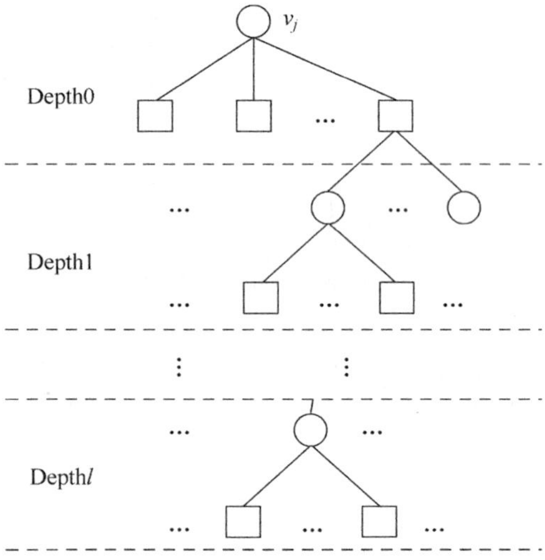


图 7.2.3 变量节点 $v_j$ 的深度 $l$ 内邻接节点展开树图

(1) 初始化:设置第一个变量节点 $v_1$ 为当前变量节点且令 $k=0$。

(2) 按以下步骤连接当前变量节点与 $d_{v_j}$ 个校验节点。

① 连接第一个校验节点：选取当前校验矩阵中行重最小的行放置非零元，令 $k=k+1$。

② 连接其余校验节点：以变量节点 $v_j$ 为根节点扩展树图，直到树图的深度 $l$ 满足 $\overline{\mathcal{N}}_{v_j}^{l} \neq \Phi$ 且 $\overline{\mathcal{N}}_{v_j}^{l+1}=\Phi$，或者 $\overline{\mathcal{N}}_{v_j}^{l} \neq \Phi$ 的元素个数不再增加且小于 $m$。在集合 $\overline{\mathcal{N}}_{v_j}^{l} \neq \Phi$ 中优先选取度数最小的校验节点与变量节点 $v_j$ 相连，令 $k=k+1$。

③ 若 $k=d_{v_j}$，则令 $j=j+1$ 且 $k=0$ 并设置 $v_j$ 为当前变量节点，转入步骤(3)；否则转入步骤②。

(3) 若 $j=n+1$，结束构造；否则转入步骤(2)。

若假设 Tanner 图上前 $j-1$ 个变量节点的所有邻接校验节点都已经连接，由上述 PEG 算法可知，第 $j$ 个变量节点 $v_j$ 与集合 $\overline{\mathcal{N}}_{v_j}^{l} \neq \Phi$ 中度数最小的校验节点相连将使得 $v_j$ 相连边所在的短环长度至少为 $2(l+2)$。

规则 LDPC 码是非规则 LDPC 码的特例。显然，也可使用 PEG 算法构造出较大围长的规则 LDPC 码。

### 7.2.5 准循环 LDPC 码

上面介绍的几种 LDPC 码的构造方法属于随机构造方法，可以构造出性能很好的 LDPC 码。然而，此类方法设计的 LDPC 码的校验矩阵不具有规律性，存在着校验矩阵存储与读取困难、编码复杂度较高等问题，相对难以实现。为工业界的实用化考虑，需要设计不但性能优良而且校验矩阵具有一定结构特性的 LDPC 码。

21 世纪初，以 Tanner 和 Shu Lin 为代表的学者首先提出了几种代数构造准循环(Quasi-Cyclic，QC)LDPC 码的方法，利用有限域等代数工具构造具有准循环特性的 LDPC 码。另一类基于循环移位矩阵设计的 LDPC 码是根据使校验矩阵中环长尽可能大来确定循环移位矩阵的位置和循环次数的。如果将对应于校验位的循环单位矩阵按一定的规律放置，可以实现并行编码，IEEE 802.16e 中 LDPC 码就选用了这种结构。

准循环 LDPC 码是结构化 LDPC 码的重要子类，其奇偶校验矩阵可分成多个大小相等的方阵，每个方阵都是单位阵的循环移位矩阵或全 0 矩阵，非常便于存储器的存储和寻址，从而大大降低了 LDPC 码编、译码器的复杂度，同时，具有重复累积结构的准循环 LDPC 能够实现线性复杂度的快速编码。因此，目前实际中所使用的 LDPC 码大部分都是准循环 LDPC 码。与普通 LDPC 码类似，QC-LDPC 码同样由其奇偶校验矩阵来定义，它的奇偶校验矩阵是由一系列具有循环移位特性的大小相同的稀疏子矩阵所组成的，下面介绍 QC-LDPC 码子矩阵的主要特点：

(1) 每个子矩阵是一个方阵。

(2) 循环子矩阵的任一行都是上一行向右循环移一位得到的，特别的，矩阵的第一行由最后一行循环右移一位得到。

(3) 矩阵的任一列都是由前一列向下循环移一位得到的，特别的，矩阵的第一列由最后一列循环移位得到。

(4) 循环矩阵完全可以由其第一行或第一列决定。

综上所述，准循环 LDPC 码所对应的奇偶校验矩阵 $\boldsymbol{H}$ 由许多个维数相同的循环子矩阵构成，式(7.2.3)就是一个单位阵向右循环移位一次得到的循环子矩阵 $\boldsymbol{I}(1)$

$$\boldsymbol{I}(1)=\begin{bmatrix}0&1&0&0&\cdots&0\\0&0&1&0&\cdots&0\\0&0&0&1&\cdots&0\\\vdots&\vdots&\vdots&\vdots&\ddots&0\\0&0&0&0&\cdots&1\\1&0&0&0&\cdots&0\end{bmatrix}_{L\times L} \tag{7.2.3}$$

此外,可定义一个基矩阵

$$\boldsymbol{H}_b=\begin{bmatrix}a_{1,1}&a_{1,2}&\cdots&a_{1,n}\\a_{2,1}&a_{2,2}&\cdots&a_{2,n}\\\vdots&\vdots&\ddots&\vdots\\a_{m,1}&a_{m,2}&\cdots&a_{m,n}\end{bmatrix}_{m\times n} \tag{7.2.4}$$

在二元域上,基矩阵 $\boldsymbol{H}_b$ 中的元素 $a_{i,j}$ 为 0 或者 1。接下来,将基矩阵 $\boldsymbol{H}_b$ 中的每一个元素 $a_{i,j}$ 扩展成一个大小为 $L\times L$ 的方阵,0 元素用全 0 方阵表示,1 元素用大小为 $L\times L$ 的单位阵及其循环移位方阵表示,具体的移位次数用矩阵 $\boldsymbol{P}$ 表示如下

$$\boldsymbol{P}=\begin{bmatrix}p_{1,1}&p_{1,2}&\cdots&p_{1,n}\\p_{2,1}&p_{2,2}&\cdots&p_{2,n}\\\vdots&\vdots&\ddots&\vdots\\p_{m,1}&p_{m,2}&\cdots&p_{m,n}\end{bmatrix}_{m\times n} \tag{7.2.5}$$

特别的,$p_{i,j}=\infty$表示对应循环移位矩阵为 $L\times L$ 的全零矩阵。结合式(7.2.4)和式(7.2.5),可以得到如下 QC-LDPC 码校验矩阵

$$\boldsymbol{H}_{qc}=\begin{bmatrix}\boldsymbol{A}(p_{1,1})&\boldsymbol{A}(p_{1,2})&\cdots&\boldsymbol{A}(p_{1,n})\\\boldsymbol{A}(p_{2,1})&\boldsymbol{A}(p_{2,2})&\cdots&\boldsymbol{A}(p_{2,n})\\\vdots&\vdots&\ddots&\vdots\\\boldsymbol{A}(p_{m,1})&\boldsymbol{A}(p_{m,2})&\cdots&\boldsymbol{A}(p_{m,n})\end{bmatrix}_{mL\times nL}$$

其中,任意一个 $\boldsymbol{A}_{i,j}$ 表示一个 $L\times L$ 的全零矩阵或者单位阵循环右移 $p_{i,j}$ 次后得到的循环子矩阵 $\boldsymbol{I}(p_{ij})$。

因此,若想构造出一个具有准循环特性的奇偶校验矩阵 $\boldsymbol{H}_{qc}$,首先需要根据需求的 LDPC 码参数确定基矩阵 $\boldsymbol{H}_b$ 和循环移位子矩阵 $\boldsymbol{I}$ 的大小,然后可以根据对应的度分布,采用 PEG 算法生成优化后的基矩阵 $\boldsymbol{H}_b$,使得 $\boldsymbol{H}_b$ 具有尽可能大的环长,排除小环的不利影响。构造出基矩阵之后,需要进一步确定移位次数矩阵中每个移位次数的大小,常见的方法包括环消除算法或避免环算法等,主要目标都是保证扩展构造出的 QC-LDPC 码校验矩阵中没有短环。

下面简要介绍一种基本的方法,循环移位次数矩阵 $\boldsymbol{P}$ 中的数值大小可以按式(7.2.6)确定

$$p_{ij}=\begin{cases}(i\times s)\bmod L, & a_{i,j}=1\\\infty, & a_{i,j}=0\end{cases} \tag{7.2.6}$$

其中,$a_{i,j}$ 是基矩阵 $\boldsymbol{H}_b$ 中的元素; $p_{i,j}$ 是循环移位数矩阵 $\boldsymbol{P}$ 中的对应元素。定义 $s$ 是一个从 1 开始的序号,记录基矩阵 $\boldsymbol{H}_b$ 中每一行中出现元素值为 1 的相对位置。例如,$s=1$ 时,表示

一行中第一个出现 1 的位置，当 $s=2$ 时，表示一行中第二个出现 1 的位置，同理计算下去，就可以由基矩阵 $\boldsymbol{H}_b$ 计算出循环移位次数矩阵 $\boldsymbol{P}$ 中的对应元素值。接下来，用循环移位方阵对基矩阵进行扩展，就可以得到满足需求的 QC-LDPC 码校验矩阵。下面举一个简单例子。

**【例 7.2.1】** 试构造一个码长 $n=42$，信息位 $k=14$(校验位为 $m=28$)，且循环子方阵大小 $L=7$ 的准循环校验矩阵 $\boldsymbol{H}$。

**解**：首先根据检验矩阵的维数和循环子方阵的维数确定基矩阵 $\boldsymbol{H}_b$ 的维数，然后根据 PEG 算法构造出一个维数大小为 4 行 6 列的基矩阵 $\boldsymbol{H}_b$。为了简单，假设变量节点的度数均为 2，则容易构造出一个基矩阵如式(7.2.7)所示

$$\boldsymbol{H}_b=\begin{bmatrix}1&0&1&0&1&0\\0&1&1&0&0&1\\1&0&0&1&0&1\\0&1&0&1&1&0\end{bmatrix}\tag{7.2.7}$$

接下来，按照式(7.2.6)计算移位次数矩阵 $\boldsymbol{P}$，结果如下

$$\boldsymbol{P}=\begin{bmatrix}0&\infty&0&\infty&0&\infty\\\infty&0&1&\infty&\infty&2\\0&\infty&\infty&2&\infty&4\\\infty&0&\infty&3&6&\infty\end{bmatrix}$$

计算出基矩阵 $\boldsymbol{H}_b$ 和循环移位矩阵 $\boldsymbol{P}$ 后，用全零子矩阵代替基矩阵 $\boldsymbol{H}_b$ 中的 0，用单位循环子矩阵代替基矩阵 $\boldsymbol{H}_b$ 中的 1，就得到了目标准循环奇偶校验矩阵 $\boldsymbol{H}$。而奇偶校验矩阵 $\boldsymbol{H}$ 中的单位循环子矩阵可以由下面的方法获得，如果循环移位次数矩阵 $\boldsymbol{P}$ 中的非$\infty$的元素的值为 $i$，则单位矩阵的每一行循环右移 $i$ 次；如果矩阵 $\boldsymbol{P}$ 中的元素为$\infty$，则子矩阵为全零方阵。

总之，用 PEG 算法构造出来的 QC-LDPC 码具有参数选择比较灵活的特性，缺点是构造出性能好的循环移位次数矩阵 $\boldsymbol{P}$ 相对困难和复杂。而采用有限域、有限几何等代数或几何方法构造 QC-LDPC 码校验矩阵则相反，基矩阵 $\boldsymbol{H}_b$ 的构造较为困难且 LDPC 码参数变化余地小，而循环移位次数矩阵 $\boldsymbol{P}$ 的构造却比较简单。具体的构造方法比较复杂，本书不再详述。

### 7.2.6 重复累积 LDPC 码

上述介绍的 LDPC 码还存在着个别不足，例如编码复杂度较高的问题。该问题一定程度上影响了早期 LDPC 码在工业界的应用。于是，人们开始关注，如何能够找出既编码简单，又译码性能良好的信道编码技术，由此诞生了重复累积(Repeat Accumulate，RA)码。

1998 年，Jin 和 Divsalar 等人提出了规则 RA 码，即规则重复累积码。重复累积码编码器构造由重复器、交织器和累加器串行级联，可以看成特殊的串行 Turbo 类码，如图 7.2.4 所示。在码长趋于无穷大时，RA 码在 DMC 信道上采用最大似然译码算法的误码率趋于零。受不规则 LDPC 码启发，Jin 在 2000 年进一步提出了 IRA(Irregular Repeat Accumulate)码，即非规则重复累积码。IRA 码的编码复杂度远低于普通 LDPC 码，但性能和非规则 LDPC 码相当。

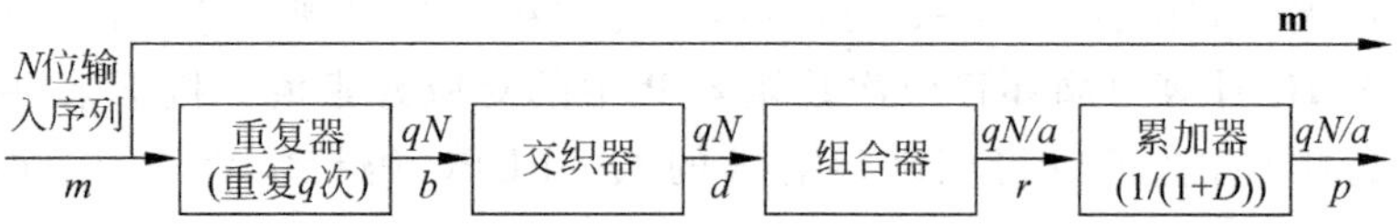


图 7.2.4 RA 码编码器结构

图 7.2.4 为($qN,N$)规则 RA 码编码器的结构，$N$ 位输入序列重复 $q$ 次，得到 $qN$ 位信息，经过交织器随机交织，到累加器进行累加，得到 $qN$ 位输出。累加器可以看成是传递函数为 $1/(1+D)$ 的递归卷积编码器。令输入为$[x_1,x_2,\cdots,x_n]$，输出为$[y_1,y_2,\cdots,y_n]$，则两者存在如下关系：

$N$ 位输入的序列 $\boldsymbol{m}=[m_1,m_2,\cdots,m_N]$经过重复器重复 $q$ 次得到 $Nq$ 位输出

$$\begin{cases} y_1 = x_1 \\ y_2 = x_1 + x_2 \\ \quad \vdots \\ y_n = x_1 + x_2 + x_3 + \cdots + x_n \end{cases}$$

$b=[m_1,\cdots,m_1,\cdots,m_N,\cdots,m_N]$。交织器 $\prod=[\pi_1,\pi_2,\cdots,\pi_{Nq}]$重新排列输入信息 $b=[b_1,b_2,\cdots,b_{Nq}]$的顺序，假设交织器输出 $d=[d_1,d_2,\cdots,d_{Nq}]=[b_{\pi_1},b_{\pi_2},\cdots,b_{\pi_{Nq}}]$，在输入到累加器之前，先将每 $a$ 位比特组合在一起得到 $Nq/a$ 位信息 $r$，即 $r_i=d_{(i-1)a+1}\oplus d_{(i-1)a+2}\oplus\cdots\oplus d_{ia}$，其中$\oplus$表示模 2 加。然后，将 $r=[r_1,r_2,\cdots,r_{Nq/a}]$送入累加器，得到 $Nq/a$ 位信息 $p$，即 $p_i=p_{i-1}\oplus r_i$，其中$\oplus$表示模 2 加。最后，得到 RA 码的输出码字 $c=[m_1,m_2,\cdots,m_N,p_1,p_2,\cdots,p_{Nq/a}]$。

由上，可得到码长为 $n$，码率为 $R$ 的重复累积码，其中

$$n = N + \frac{Nq}{a} = N\left(1+\frac{q}{a}\right)$$

$$R = \frac{N}{n} = \frac{N}{N\left(1+\frac{q}{a}\right)} = \frac{a}{a+q}$$

用 Tanner 图表示的规则 RA 码结构非常简单。对于信息长度为 $N$、重复次数为 $q$ 的规则 $RA$ 码，$N$ 个信息位用 $u_i(i\in[N])$表示，$qN$ 个码位用 $y_i(i\in[qN])$表示，中间位[重复码(外码)的输出和累加器(内码)的输入]用 $x_i(i\in[qN])$表示。$x_i$ 与 $y_i$ 的数学关系由式(7.2.8)确定，即

$$y_i = \begin{cases} x_i, & i=1 \\ x_i + y_{i-1}, & i\neq 1 \end{cases} \tag{7.2.8}$$

显然，每一个 $x_i$ 都是一些 $u_i$ 的复制，其中映射 $\phi: i\to j$ 完全由交织器 $\pi$ 决定($\pi\in S_{qN}$)。若用校验节点 $c_i$ 表示式(7.2.8)的数学关系，用信息位 $u_j$ 和码位 $y_i$ 表示变量节点，可用边的连接来表示每个校验节点 $c_i$ 与每个变量节点 $u_j$ 和 $y_i$ 的关系。令 $C=\{c_i,i\in[qN]\}$，$U=\{u_i,i\in[N]\}$，$Y=\{y_i,i\in[qN]\}$，则可以用 Tanner 图表示规则 RA 码。图 7.2.5 为输入信息位长度为 2、重复次数为 3 的规则 RA 码 Tanner 图，交织顺序为 $\pi=\{1,2,5,3,4,6\}$。

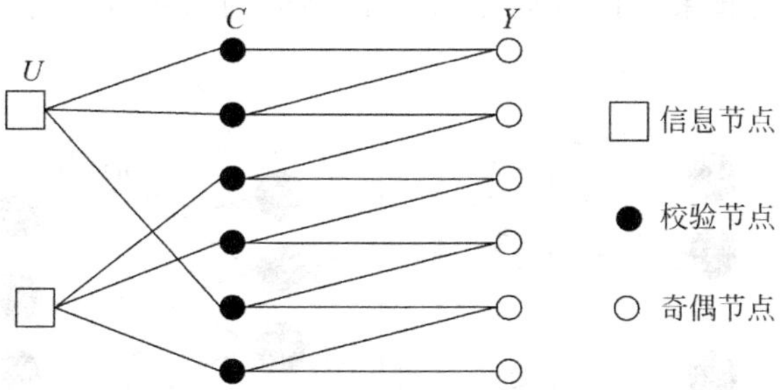


图 7.2.5 规则 RA 码 Tanner 图表示

规则 RA 码的校验矩阵一般由式(7.2.9)所示的 $Nq\times(Nq+N)$阶矩阵表示，即

$$
\boldsymbol{H}=\left[\begin{array}{c|cccccccc}
 & 1 & 0 & 0 & 0 & \cdots & 0 & 0 & 0\\
 & 1 & 1 & 0 & 0 & \cdots & 0 & 0 & 0\\
 & 0 & 1 & 1 & 0 & \cdots & 0 & 0 & 0\\
 & 0 & 0 & 1 & 1 & \cdots & 0 & 0 & 0\\
\text{每行 1 个 1 的随机置换矩阵} & 0 & 0 & 0 & 1 & \cdots & 0 & 0 & 0\\
 & \vdots & \vdots & \vdots & \vdots & \ddots & \vdots & \vdots & \vdots\\
 & 0 & 0 & 0 & 0 & \cdots & 0 & 0 & 0\\
 & 0 & 0 & 0 & 0 & \cdots & 1 & 0 & 0\\
 & 0 & 0 & 0 & 0 & \cdots & 1 & 1 & 0\\
 & 0 & 0 & 0 & 0 & \cdots & 0 & 1 & 1
\end{array}\right] \tag{7.2.9}
$$

该矩阵由两部分组成，左边部分为随机构造部分，每行“1”的个数为 1，矩阵的大小为 $Nq\times N$；右边部分的“1”分布比较有规律，大体具有双对角线的结构，表示校验节点与奇偶节点连接关系，矩阵大小为 $Nq\times Nq$。在 $\boldsymbol{H}$ 矩阵中，除第一行只有两个“1”外，校验矩阵每行有三个“1”。可以看出，规则 RA 码的校验矩阵是低密度的，因此可以认为规则 RA 码是 LDPC 码的一种特殊形式。

类似于非规则 LDPC 码，非规则重复累计码(IRA 码)指变量节点的度数或者校验节点的度数不相等的 RA 码。IRA 码的性能更好，其编码器框图如图 7.2.6 所示。

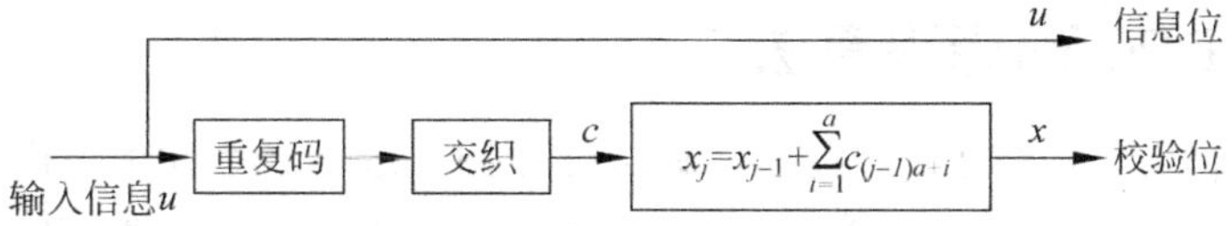


图 7.2.6 IRA 码编码器

图 7.2.7 为 IRA 码的 Tanner 图，具有参数$(f_1,f_2,\cdots,f_j;a)$，其中 $f_1\geqslant 0$，$\sum_i f_i=1$，$a$ 为正整数。IRA 码的 Tanner 图是具有两种节点的二向图：变量节点和检验节点。变量节点分两种：信息节点和奇偶校验节点。左边 $k$ 个变量节点为信息节点，中间为 $r=\left(k\sum_i f_i\right)\Big/a$ 校验节点，右边 $r$ 个变量节点为奇偶校验节点。每个信息节点与若干个校验节点相连，信息节点连接 $i$ 个校验节点的比例为 $f_i$。每个校验节点连接 $a$ 个信息节点，通过随机交织将信

息节点和校验节点连接起来。校验节点通过 $Z$ 字形的简单连接方式连接到奇偶校验节点上。

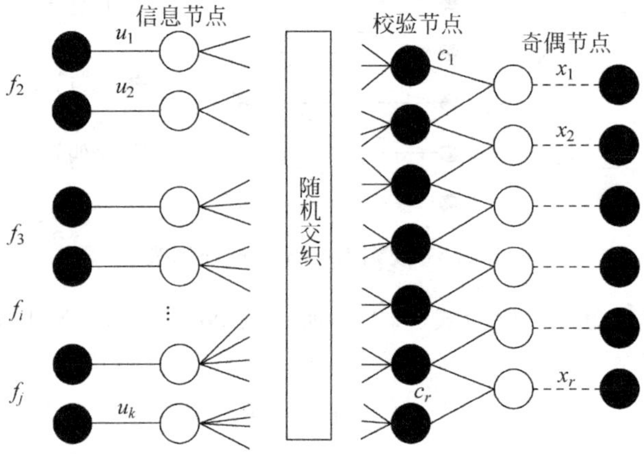


图 7.2.7　IRA 码 Tanner 图表示

如果将 Tanner 图中的随机交织固定，则 Tanner 图表示的是一个具有 $k$ 个信息位，$r$ 个校验位的二进制线性码。每个信息位对应一个信息节点，每个校验位对应一个奇偶校验节点。奇偶校验节点由"连接校验节点和变量节点模的和为零"这一条件唯一决定。

令 $x_0=0$，从信息节点发出 $r\cdot a$ 个值，交织后得到的值记为 $v_1,\cdots,v_{ra}$，则校验输出位由公式(7.2.10)决定。

$$x_j = x_{j-1} + \sum_{i=1}^{a} V_{(j-1)a+i},\quad j=1,2,\cdots,r \tag{7.2.10}$$

式(7.2.10)本质上就是 IRA 码的编码算法，其编码算法复杂度与码长 $n$ 呈线性关系，是一类编码复杂度很低的 LDPC 码。总之，IRA 码同时具有 LDPC 码和 Turbo 码的优点。IRA 码可以像 Turbo 码一样，采用两个成员码的串行级联进行快速编码；也像 LDPC 码一样，采用和积算法进行迭代译码。因此，IRA 码不仅具有 Turbo 码编码复杂度低的优点，也有 LDPC 码译码速度快、并行度高的优点，IRA 码非常适于实际应用，目前已广泛应用于 DVB-S2、CMMB、802.16e 等一系列国际、国内标准。

### 7.2.7 LDPC 码译码算法

LDPC 码的译码算法主要包括以比特翻转(Bit Flipping，BF)算法为代表的硬判决译码算法以及和积算法(Sum-Product Algorithm，SPA)为代表的置信传播(Belief Propagation，BP)类算法。硬判决译码算法非常简单，但性能较差，难以满足现代通信的需要，不再对其进行介绍。下面主要来介绍最主流的软判决译码算法——和积译码算法。

对于 LDPC 码，当码长很长时，最大似然译码算法几乎不可实现。因此，某种意义上说，寻找一种有效的译码算法甚至比构造一个好码更为重要。和积译码算法，通过贝叶斯准则近似获得最大后验概率(Maximum a Posteriori，MAP)译码，是基于无环图的 LDPC 码的最优迭代译码算法。如果 LDPC 码的因子图上有环存在，则和积算法可收敛到一个稳定的结果，获得相对较好的次优译码性能。

如图 7.2.8 所示，令 $\mathcal{M}(n)$ 表示与变量节点 $n$ 相连的校验节点的集合，即校验矩阵 $\boldsymbol{H}$ 中

第 $n$ 列中 1 的位置；$\mathcal{N}(m)$ 表示参与第 $m$ 个校验方程的变量节点的集合，即校验矩阵 $\boldsymbol{H}$ 第 $m$ 行中 1 的位置。$\mathcal{N}(m)\backslash n$ 表示从集合 $\mathcal{N}(m)$ 中去掉元素 $n$ 之后的子集，同理 $\mathcal{M}(n)\backslash m$ 表示从集合 $\mathcal{M}(n)$ 中去掉元素 $m$ 之后的子集。

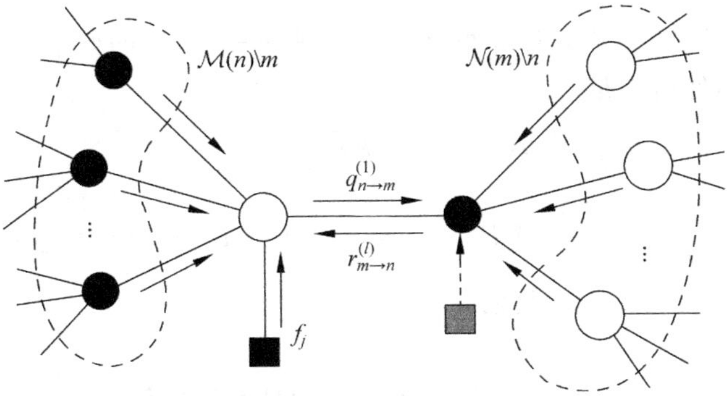


图 7.2.8　和积算法消息传播示意图

$q_{n\to m}(0)$ 和 $q_{n\to m}(1)$ 分别表示从变量节点 $n$ 传往校验节点 $m$，变量节点 $n$ 取值为 0 或 1 的概率，它们的值由变量节点 $n$ 参与的除校验方程 $m$ 之外的其他校验方程决定。类似地，$r_{m\to n}(0)$ 和 $r_{m\to n}(1)$ 分别表示从校验节点 $m$ 传往变量节点 $n$，代表变量节点 $n$ 值取 0 或 1 的信息（表示在变量节点 $n$ 取值为 0 或 1 的条件下校验节点 $m$ 成立的概率），由参与校验方程 $m$ 的除变量节点 $n$ 之外的其他变量节点决定。上标 $l$ 表示 SPA 算法的第 $l$ 次迭代。

假设通信系统的信道模型为 AWGN，噪声服从 $N(0,\sigma^2)$，若采用 BPSK 调制，其中码元为二进制，即 $c_j\in\{0,1\}$，发送符号记为

$$x_j = 1-2c_j$$

信道输出

$$y_j = x_j + n_j$$

则概率测度的和积算法大概流程如下。

(1) 初始化：$l=0$，最大迭代次数为 $l_{\max}$。对于 LDPC 码的一致校验矩阵 $\boldsymbol{H}$ 中的每一个非零元 $h_{mn}=1, 0\leqslant m\leqslant M, 0\leqslant n\leqslant N$ 初始化

$$q_{n\to m}^{(0)}(0) = P(x_n=+1/y_n) = 1/(1+\mathrm{e}^{-2y_n/\sigma^2})$$

$$q_{n\to m}^{(0)}(1) = P(x_n=-1/y_n) = 1/(1+\mathrm{e}^{2y_n/\sigma^2})$$

(2) 消息传递和迭代更新。

① 校验节点更新。

$$r_{m\to n}^{(l)}(b) = \sum_{c_{n'}:n'\in\mathcal{N}(m)\backslash n} P(s_m=0\mid c_n=b,\{c_{n'},n'\in\mathcal{N}_c(m)\backslash n\})\prod_{n'\in\mathcal{N}(m)\backslash n} q_{n'\to m}^{(l)}(c_{n'}) \tag{7.2.11}$$

表示当 $c_n=b\in\{0,1\}$，变量节点 $n'\in\mathcal{N}(m)\backslash n$ 的概率 $q_{n'm}^{(l)}(c_{n'})$ 相互统计独立，第 $m$ 个校验方程满足相加和为零时的概率。式(7.2.11)中的条件概率取值 1 或 0，由 $\{c_i, i\in N_c(m)\}$ 是否参与第 $m$ 个校验方程决定。

② 变量节点更新。

$$q_{n\to m}^{(l+1)}(b)=P(c_n=b\mid y_n,\{s_{m'},m'\in\mathcal{N}_v(n)\backslash m\})=\alpha_{n\to m}^{(l+1)}P(c_n=b)\prod_{m'\in\mathcal{N}_v(n)\backslash m}r_{m'\to n}^{(l)}(b)\tag{7.2.12}$$

表示由校验节点 $m'\in\mathcal{N}_v(n)\backslash m$ 计算得到码字 $c_n$ 取 $b\in\{0,1\}$ 的概率。取 $\alpha_{n\to m}^{(l+1)}=1$ 归一化 $q_{n\to m}^{(l+1)}(0)$ 和 $q_{n\to m}^{(l+1)}(1)$ 使得满足

$$q_{n\to m}^{(l+1)}(0)+q_{n\to m}^{(l+1)}(1)=1$$

③ 判决。

$$\hat{x}_n^{(l)}=\begin{cases}1, & \text{当 } P^{(l)}(c_n=1\mid y)>P^{(l)}(c_n=0\mid y)\\ 0, & \text{其他}\end{cases}$$

(3) 译码。

令判决码字 $\tilde{x}=[\tilde{x}_1,\tilde{x}_2,\cdots,\tilde{x}_N]$，如果伴随式 $\tilde{x}H^{\mathrm{T}}=0$，则停止迭代，将 $\tilde{x}$ 作为译码输出，否则跳至步骤①继续执行。如果迭代次数到达 $l_{\max}$ 仍未成功，则终止迭代，宣告译码失败。

另外，如果将对数似然比(Log-Likelihood Ratio，LLR)作为信息来传递，可以将乘法运算转化为加法运算并省去归一化的计算，可获得更低的计算复杂度。对数似然比(LLR)可定义为

$$L(c_n)\equiv\ln\frac{Pr(c_n=0\mid y_n)}{Pr(c_n=1\mid y_n)}=\ln\frac{Pr(x_n=+1\mid y_n)}{Pr(x_n=-1\mid y_n)}\propto\ln\frac{Pr(y_n\mid x_n=+1)}{Pr(y_n\mid x_n=-1)}$$

$$Z_{n\to m}(x_n)\equiv\log(q_{n\to m}(0)/q_{n\to m}(1))$$

$$L_{m\to n}(x_n)\equiv\log(r_{m\to n}(0)/r_{m\to n}(1))$$

$$Z_n(x_n)\equiv\ln\frac{P^{(l)}(c_i=0\mid y)}{P^{(l)}(c_i=1\mid y)}$$

设 $\lambda=\ln(P_0/P_1)$，可以得到进一步简化的 tanh 准则为

$$\tanh\left(\frac{\lambda}{2}\right)=\frac{\mathrm{e}^{\lambda}-1}{\mathrm{e}^{\lambda}+1}=P(0)-P(1)=1-2P(1)$$

则 LDPC 码的和积算法在 LLR 度量下的译码过程概括如下。

(1) 初始化：$l=0$，最大迭代次数为 $l_{\max}$。对于 LDPC 码的一致校验矩阵 $\boldsymbol{H}$ 中的每一个非零元 $h_{mn}=1,0\leqslant m\leqslant M,0\leqslant n\leqslant N$ 初始化

$$Z_{n\to m}(x_n)=L(x_n\mid y_n)=\log(P(x_n=0\mid y_n)/P(x_n=1\mid y_n))=2y_i/\sigma^2$$

(2) 迭代消息传递和更新。

① 校验节点更新。对每个校验节点 $m$ 及 $n\in\mathcal{N}(m)$，计算

$$L_{m\to n}(x_n)=\left(\prod_{n'\in\mathcal{N}(m)\backslash n}\mathrm{sign}(Z_{n'\to m}(x_{n'}))\right)\times2\tanh^{-1}\left(\prod_{n'\in\mathcal{N}(m)\backslash n}\tanh\left(\frac{|Z_{n'\to m}(x_{n'})|}{2}\right)\right)$$

② 变量节点更新。对每个变量节点 $n$ 及 $m\in\mathcal{M}(n)$，计算

$$Z_{n\to m}(x_n)=L(x_n\mid y_n)+\sum_{m'\in\mathcal{M}(n)\backslash m}L_{m'\to n}(x_n)$$

$$Z_n(x_n)=L(x_n\mid y_n)+\sum_{m\in\mathcal{M}(n)\backslash m}L_{m\to n}(x_n)$$

③ 判决。如果 $Z_n(x_n)\geqslant0$，令 $\hat{x}_n=0$，否则 $\hat{x}_n=1$。

(3) 译码。

令判决码字$\tilde{x}=[\tilde{x}_1,\tilde{x}_2,\cdots,\tilde{x}_N]$,若伴随式$\tilde{x}\boldsymbol{H}^{\mathrm{T}}=0$,则停止迭代,将$\hat{x}$作为译码结果,否则跳至步骤①继续执行。如果迭代次数到达$l_{\max}$仍未成功,则终止迭代,宣告译码失败。

## 思考题与习题

7.1　请画出 Turbo 码编码器和译码器核心部分的框图。

7.2　在 Turbo 码编码器中,交织器起到哪些作用?

7.3　Turbo 码技术主要将哪几种经典信道编码技术相结合,产生了意想不到的结果?请简要说明为什么会产生这样的结果?

7.4　简述 LDPC 码名称的由来及其与汉明码的异同之处。

7.5　什么是硬判决译码算法?什么是软判决译码算法?现代信道编码技术为什么主要采用软判决译码技术?

7.6　已知一个校验矩阵

$$\boldsymbol{H}=\begin{bmatrix}1&0&1&0&1&0&1&0\\1&0&0&1&0&1&0&1\\0&1&1&0&0&1&1&0\\0&1&0&1&1&0&0&1\end{bmatrix}$$

若用其定义一个 LDPC 码,试求:

(1) 该码的码长、码率等参数是多少?

(2) 该码的度分布函数如何表示?

(3) 若令$\boldsymbol{c}=(c_1c_2c_3c_4c_5c_6c_7c_8)$表示 LDPC 码的一个码子,各个码元比特之间的校验关系如何表示?

(4) 该校验矩阵对应的 Tanner 图是什么?

(5) LDPC 码的 girth 如何定义?该 LDPC 码的 girth 是多少?

7.7　请简述准循环 LDPC 码和重复累积码的概念,相对于一般 LDPC 码的优势有哪些?

# 第 8 章 MATLAB 在信息论与编码分析中的应用

CHAPTER 8

MATLAB 是 MATrix LABoratory(矩阵实验室)的缩写,是由美国 MathWorks 公司开发的集数值计算、符号计算和图形可视化三大基本功能于一体的,功能强大、操作简单的工程计算软件,是国际公认的优秀数学应用软件之一。MATLAB 产品组涵盖支持概念设计、算法开发、建模仿真,到实时实现的集成环境,其缺点是实时仿真速度较慢。

20 世纪 80 年代初期,Cleve Moler 与 John Little 等利用 C 语言开发了新一代的 MATLAB 语言,此时的 MATLAB 语言已同时具备了数值计算功能和简单的图形处理功能。1984 年,Cleve Moler 和 John Little 成立了 MathWorks 公司,正式把 MATLAB 推向市场,同时持续不断地进行 MATLAB 的研发:1993 年 MathWorks 公司推出了基于个人计算机的 MATLAB 4.0 版本,1997 年推出了 MATLAB 5.X 版本(Release 11),2000 年推出了 MATLAB 6 版本(Release 12),2007 年 8 月推出了 MATLAB 7.5 版本(R2007b),2010 年 5 月 Release 2010a 发布……

时至今日,经过 MathWorks 公司的不断完善,MATLAB 已经发展成为适合多学科、多工作平台的功能强大的大型软件。在世界各高校,MATLAB 已经成为线性代数、数值分析、自动控制理论、数理统计、数字信号处理、时间序列分析、动态系统仿真等多门课程的基本教学工具,成为攻读各层次学位的学生应该和必须掌握的基本技能。在设计研究单位和工业部门,MATLAB 被广泛用于科学研究和解决各种具体问题。MATLAB 在大学生数学建模竞赛中的应用,为参赛者在有限的时间内准确、有效地解决问题提供了有力的保证。可以说,无论是从事工程方面哪个学科工作的人,都能在 MATLAB 里找到合适的功能。

**本章重点内容:**

- MATLAB 的基本使用方法;
- 应用 MATLAB 分析离散信源和离散信道;
- 信源和信道编码技术的 MATLAB 分析和仿真。

## 8.1 MATLAB 基础

概括地说整个 MATLAB 系统由两部分组成:MATLAB 内核及辅助工具箱,两者的调用构成了 MATLAB 的强大功能。MATLAB 语言以数组为基本数据单位,包括控制流语句、函数、数据结构、输入输出及面向对象等特点的高级语言,它具有以下主要优点。

(1) 运算符和库函数极其丰富,语言简洁,编程效率高。MATLAB 除了提供和 C 语言一样的运算符号外，还提供广泛的矩阵和向量运算符。利用其运算符号和库函数可使其程序相当简短，两三行语句就可实现几十行甚至几百行 C 或 Fortran 的程序功能。

(2) 既具有结构化的控制语句(如 for 循环、while 循环、break 语句、if 语句和 switch 语句)，又有面向对象的编程特性。

(3) 图形功能强大。MATLAB 既包括对二维和三维数据可视化、图像处理、动画制作等高层次的绘图命令，也包括可以修改图形及编制完整图形界面的、低层次的绘图命令。

(4) 具有功能强大的工具箱。其工具箱分为功能性工具箱和学科性工具箱两类。功能性工具箱主要用来扩充其符号计算功能、图示建模仿真功能、文字处理功能以及与硬件实时交互的功能；学科性工具箱是专业性比较强的工具箱，如优化工具箱、统计工具箱、控制工具箱、小波工具箱、图像处理工具箱、通信工具箱等。

(5) 易于扩充。除内部函数外，所有 MATLAB 的核心文件和工具箱文件都是可读可修改的源文件，用户可修改源文件和加入自己的文件，这些文件可以像库函数一样被调用。

### 8.1.1 MATLAB 语言特点

一种语言之所以能迅速地普及，显示出旺盛的生命力，是由于它有着不同于其他语言的特点，正如同 Fortran 和 C 等高级语言使人们摆脱了需要直接对计算机硬件资源进行操作一样，被称为第四代计算机语言的 MATLAB，利用其丰富的函数资源，使编程人员从烦琐的程序代码中解放出来。MATLAB 最突出的特点就是简洁，MATLAB 用更直观的、符合人们思维习惯的代码，代替了 C 和 Fortran 语言的冗长代码。MATLAB 给用户带来的是直观、简洁的程序开发环境。以下简单介绍一下 MATLAB 的主要特点。

**1. 功能强大**

(1) 强大的运算功能。MATLAB 的数值运算要素不是单个数据，而是矩阵，每个元素都可看作复数，运算包括加、减、乘、除、函数运算等；通过 MATLAB 的符号工具箱，可以解决在数学、应用科学和工程计算领域中常常遇到的符号计算问题。

(2) 功能丰富的工具箱。大量针对各专业应用的工具箱使 MATLAB 可适用于不同领域。

(3) 强大的文字处理功能。MATLAB 的 Notebook 为用户提供了强大的文字处理功能，允许用户从 Word 访问 MATLAB 的数值计算和可视化结果。

**2. 人机界面友好，编程效率高**

(1) 语言规则与笔算的算式相似，命令表达方式与标准的数学表达式非常相近。

(2) 解释方式工作，输入算式无须编译立即得出结果，若有错误也立即做出反应，便于编程者立即改正。

**3. 强大而智能化的作图功能**

(1) 工程计算的结果可视化，使数据的关系更加清晰明了。

(2) 有多种坐标系。

(3) 能绘制三维坐标中的曲线和曲面。

**4. 可扩展性强**

MATLAB 包括基本部分和工具箱两大部分，具有良好的可扩展性，工具箱可以任意增减。

**5. Simulink 动态仿真功能**

MATLAB 的 Simulink 提供了动态仿真的功能，用户通过绘制框图来模拟一个线性或非线性、连续或离散的系统，通过 Simulink 能够仿真并分析该系统。

### 8.1.2 MATLAB 运行环境简介

本章以 MATLAB 6.5 版为例进行介绍。

运行界面称为 MATLAB 操作界面(MATLAB Desktop)，MATLAB 6.5 版默认的操作界面如图 8.1.1 所示。

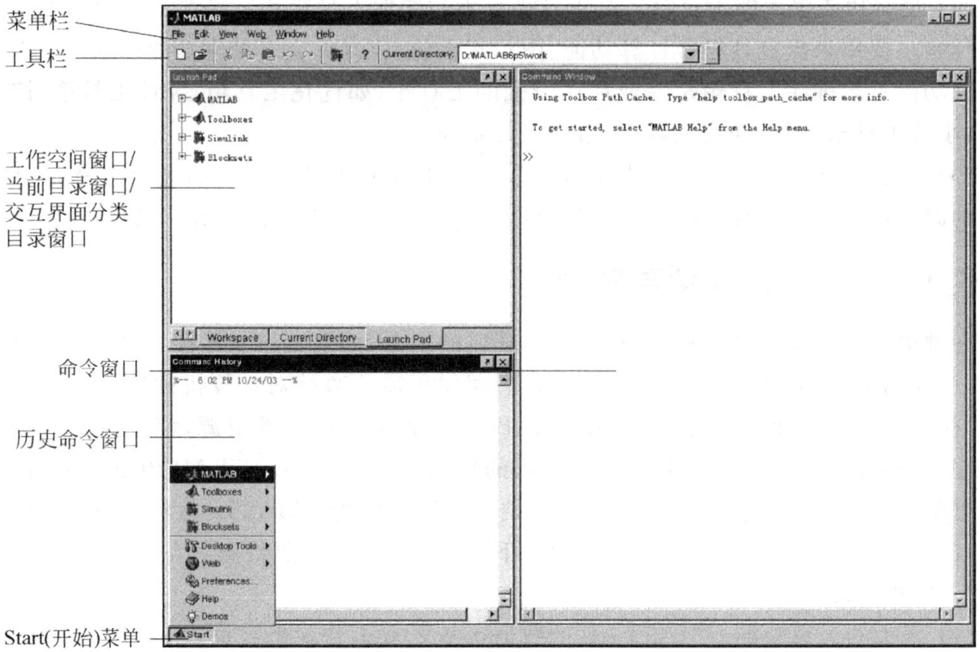


图 8.1.1 MATLAB 6.5 版的默认操作界面

MATLAB 的操作界面是一个高度集成的工作界面，它的通用操作界面包括 9 个常用的窗口，另外，MATLAB 6.5 版还有 Start(开始)菜单。

**1. 菜单栏**

MATLAB 操作界面菜单栏提供了 File、Edit、View、Web、Window 和 Help 菜单。

1) File 菜单

MATLAB 的 File 菜单如图 8.1.2 所示。

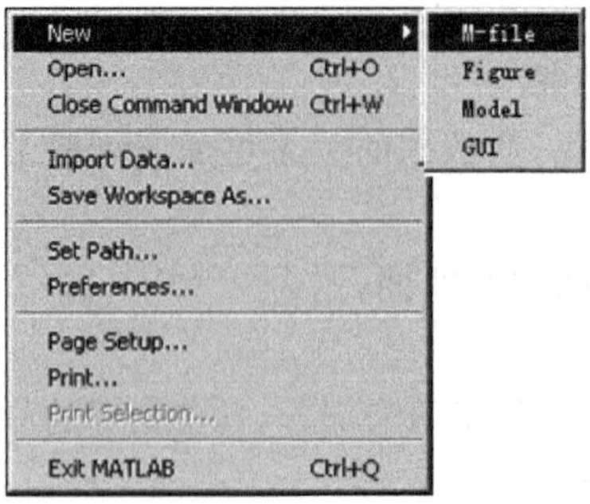


图 8.1.2 File 菜单

其各项的功能如表 8.1.1 所示。

**表 8.1.1 File 菜单功能表**

| 下拉菜单 | | 功能 |
|---|---|---|
| New | M-file | 新建一个 M 文件,打开 M 文件编辑/调试器 |
| | Figure | 新建一个图形窗口 |
| | Model | 新建一个仿真模型 |
| | GUI | 新建一个图形用户设计界面(GUI) |
| Open | | 打开已有文件 |
| Close Command Window | | 关闭历史命令窗口 |
| Import Data | | 导入其他文件的数据 |
| Save Workspace as | | 使用二进制的 MAT 文件保存工作空间的内容 |
| Page Setup | | 页面设置 |
| Set Path | | 设置搜索路径等 |
| Preferences | | 设置 MATLAB 工作环境外观和操作的相关属性等参数 |
| Print | | 打印 |
| Print Selection | | 打印所选择区域 |
| Exit MATLAB | | 退出 MATLAB |

2) Edit 菜单

Edit 菜单如图 8.1.3 所示,Edit 菜单的各命令与 Windows 的 Edit 菜单相似。

Paste Special 命令有点特殊,可以用来打开数据输入向导对话框 Import Wizard,将剪贴板的数据输入 MATLAB 工作空间中。

3) View 菜单

View 菜单如图 8.1.4 所示,其功能表如表 8.1.2 所示。

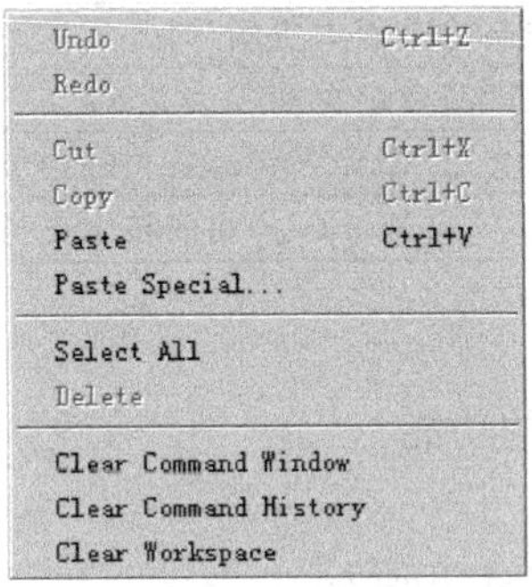


图 8.1.3 Edit 菜单

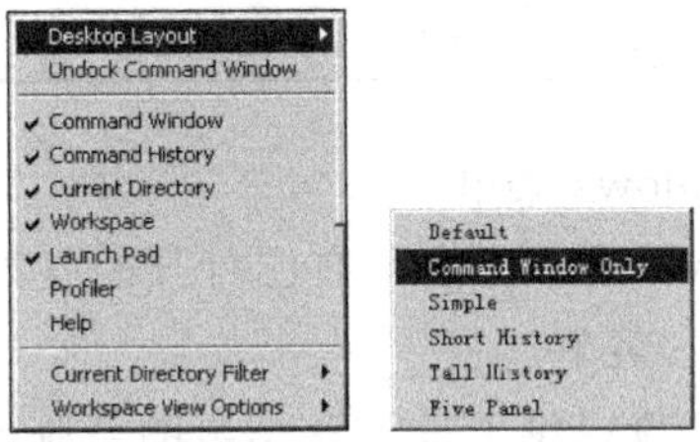


图 8.1.4 View 菜单

**表 8.1.2 View 菜单功能表**

| 下拉菜单 | 功能 |
|---|---|
| Desktop Layout | 界面布局(可选择各种布局方式) |
| Undock Command Window | 与命令窗口分离 |
| Command Window | 打开命令窗口 |
| Command History | 打开历史命令窗口 |

续表

| 下拉菜单 | 功　　能 |
|---|---|
| Current Directory | 打开当前目录窗口 |
| Workspace | 打开工作空间窗口 |
| Launch Pad | 打开交互界面分类目录窗口 |
| Profiler | 打开程序性能剖析窗口 |
| Help | 打开帮助窗口 |

4）Web 菜单

Web 菜单及其功能表见图 8.1.5 和表 8.1.3。

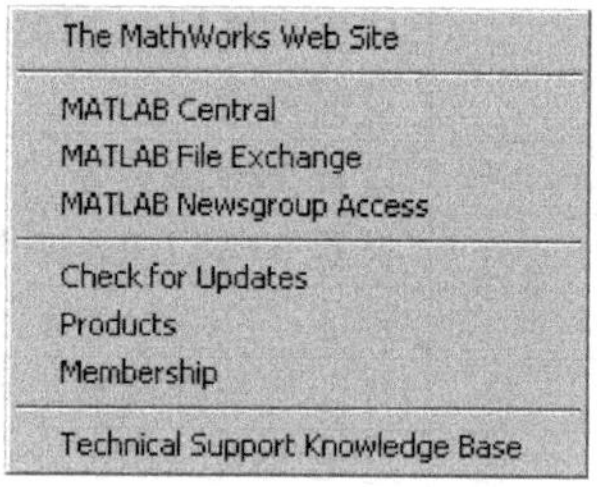


图 8.1.5　Web 菜单

**表 8.1.3　Web 菜单功能表**

| 下拉菜单 | 功　　能 |
|---|---|
| The MathWorks Web Site | 连接到 MathWorks 公司的主页 |
| MATLAB Central | 连接到 MATLAB Central |
| MATLAB File Exchange | 连接到 MATLAB File Exchange |
| MATLAB Newsgroup Access | 连接到 MATLAB Newsgroup Access |
| Check for Updates | 通过网站检查版本更新 |
| Products | 连接到产品介绍页面 |
| Membership | 连接到介绍 MathWorks 公司的会员制度 |
| Technical Support Knowledge Base | 连接到 MathWorks 公司的技术支持网页 |

5）Windows 菜单

Windows 菜单提供了在已打开的各窗口之间切换的功能。

6）Help 菜单

Help 菜单提供了进入各类帮助系统的方法，如图 8.1.6 所示。

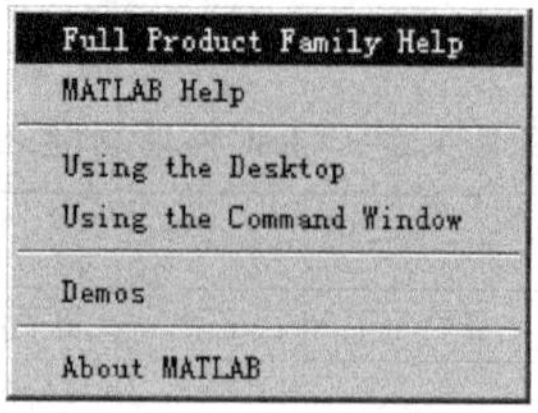


图 8.1.6　Help 菜单

7) Start(开始)菜单

“开始”菜单上半部分是交互界面窗口的列表；下半部分是常用的命令，包括 Desktop Tools、Web、Preferences、Help 和 Demos。

**2. 工具栏**

MATLAB 工具栏如图 8.1.7 所示。

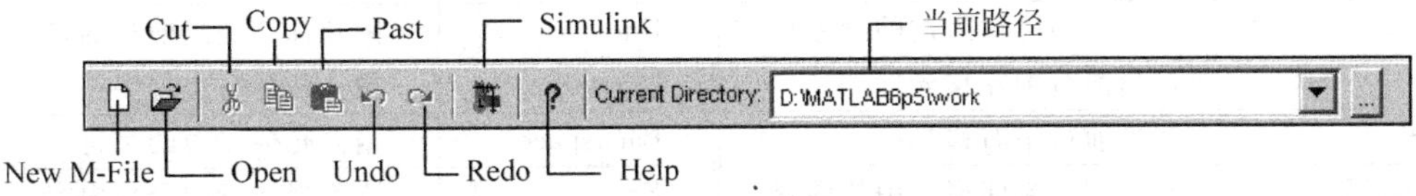


图 8.1.7 工具栏

**3. 通用操作界面窗口**

1) 命令窗口(Command Window)

在命令窗口中可输入各种 MATLAB 的命令、函数和表达式，并显示除图形外的所有运算结果。

如果选择“View→Undock Command Window”命令可单独显示命令窗口。

从单独的命令窗口返回 MATLAB 界面，可在命令窗口选择“View→Dock Command Window”命令。

(1) 命令行的显示方式。其显示方式如下：

- 命令窗口中的每个命令行前会出现提示符“>>”。
- 命令窗口内显示的字符和数值采用不同的颜色，在默认情况下，输入的命令、表达式以及计算结果等采用黑色字体；字符串采用暗红色；“if”、“for”等关键词采用蓝色。

单独的命令窗口如图 8.1.8 所示。

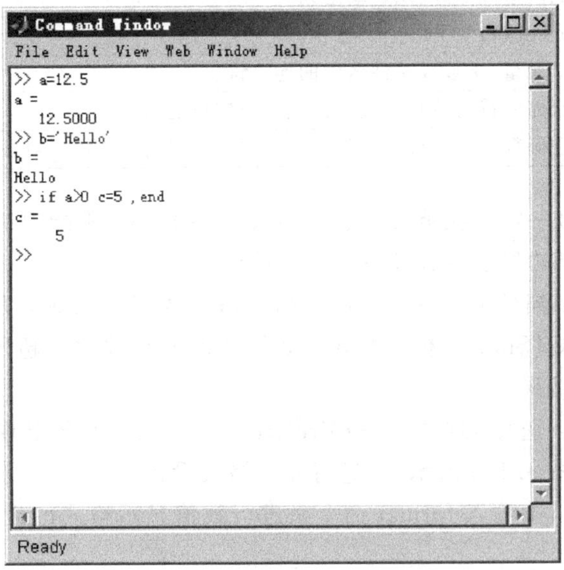


图 8.1.8 单独的命令窗口

(2) 命令窗口中命令行的编辑。MATLAB命令窗口不仅可以对输入的命令进行编辑和运行,而且可以对已输入的命令进行回调、编辑和重运行。常用操作键如表8.1.4所示。

**表8.1.4 命令窗口中行编辑的常用操作键**

| 键　　名 | 作　　用 | 键　　名 | 作　　用 |
|---|---|---|---|
| ↑ | 向前调回已输入过的命令行 | Home | 使光标移到当前行的开头 |
| ↓ | 向后调回已输入过的命令行 | End | 使光标移到当前行的末尾 |
| ← | 在当前行中左移光标 | Delete | 删去光标右边的字符 |
| → | 在当前行中右移光标 | Backspace | 删去光标左边的字符 |
| PageUp | 向前翻阅当前窗口中的内容 | Esc | 清除当前行的全部内容 |
| Page Down | 向后翻阅当前窗口中的内容 | CTRL+C | 中断MATLAB命令的运行 |

(3) 命令窗口中的标点符号。在命令窗口中使用的标点符号及其功能如表8.1.5所示。

**表8.1.5 MATLAB常用标点符号的功能**

| 名称 | 符号 | 功　　能 |
|---|---|---|
| 空格 | | 用于输入变量之间的分隔符以及数组行元素之间的分隔符 |
| 逗号 | , | 用于要显示计算结果的命令之间、输入变量之间、数组行元素之间的分隔符 |
| 点号 | . | 用于数值中的小数点 |
| 分号 | ; | 用于不显示计算结果命令行的结尾及不显示计算结果命令之间的、数组元素行之间的分隔符 |
| 冒号 | : | 用于生成一维数值数组,表示一维数组的全部元素或多维数组的某一维的全部元素 |
| 百分号 | % | 用于注释的前面,在它后面的命令不需要执行 |
| 单引号 | ' ' | 用于括住字符串 |
| 圆括号 | ( ) | 用于引用数组元素、函数输入变量列表、确定算术运算的先后次序 |
| 方括号 | [ ] | 用于构成向量和矩阵、函数输出列表 |
| 花括号 | { } | 用于构成元胞数组 |
| 下划线 | _ | 用于一个变量、函数或文件名中的连字符 |
| 续行号 | … | 用于把后面的行与该行连接以构成一个较长的命令 |
| At号 | @ | 用于放在函数名前形成函数句柄及放在目录名前形成用户对象类目录 |

**注意**:以上的符号一定要在英文状态下输入,MATLAB不能识别中文标点符号。

(4) 数值计算结果的显示格式及设置。具体说明如下:

- 默认显示格式:当数值为整数,以整数显示;当数值为实数,以小数后4位的精度近似显示,即以"短(Short)"格式显示;如果数值的有效数字超出了这一范围,则以科学计数法显示结果。
- 显示格式设置:选择菜单"File→Preferences"命令,则会出现Preferences(参数设置)对话框,如图8.1.9所示,可进行显示格式设置。
- 直接在命令窗口中输入format命令来进行数值显示格式的设置。format格式描述见表8.1.6。

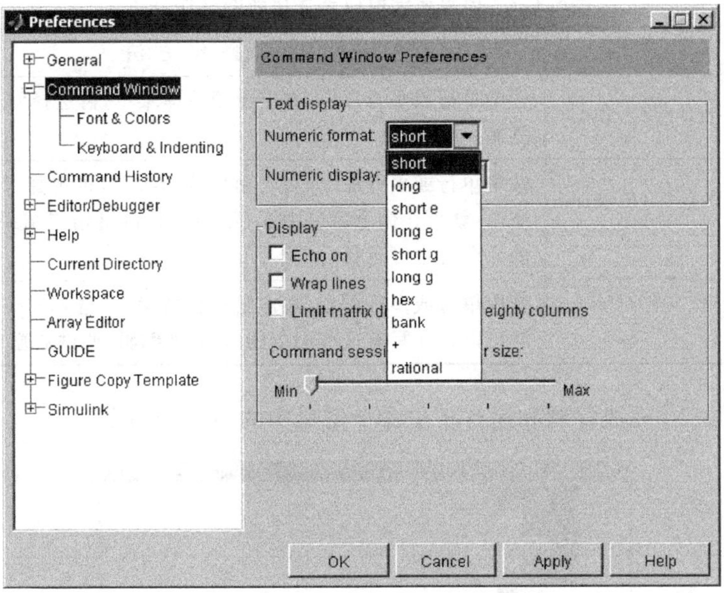


图 8.1.9 Preferences(参数设置)对话框

**表 8.1.6 数据显示的 format 格式**

| 命令格式 | 含义 | 例子 |
|---|---|---|
| format<br>format short(默认) | 通常保证小数点后四位有效；大于 1000 的实数，用 5 位有效数字的科学计数法显示 | 314.159 显示为 314.1590<br>3141.59 显示为 3.1416e+003 |
| format short e | 5 位科学计数法表示 | π 显示为 3.1416e+000 |
| format short g | 从 format short 和 format short e 中自动选择最佳计数方式 | π 显示为 3.1416 |
| format long | 15 位数字表示 | π 显示为 3.14159265358979 |
| format long e | 15 位科学计数法表示 | π 显示为 3.141592653589793e+000 |
| format long g | 从 format long 和 format long e 中自动选择最佳计数方式 | π 显示为 3.1415926358979 |
| format rat | 近似有理数表示 | π 显示为 355/113 |
| format hex | 十六进制表示 | π 显示为 400921fb54442dl8 |
| format + | 正数、负数、零分别用+、-、空格 | π 显示为+ |
| format bank | 表示(金融)元、角、分 | π 显示为 3.14 |
| format compact | 在显示结果之间没有空行的压缩格式 | |
| format loose | 在显示结果之间有空行的稀疏格式 | |

(5) 命令窗口中常用的控制命令。常用的控制命令有：

- clc：用于清空命令窗口中的显示内容。
- more：在命令窗口中控制其后每页的显示内容行数。

2) 历史命令窗口(Command History)

历史命令窗口主要功能的操作方法见表 8.1.7。

表 8.1.7 历史命令窗口主要功能的操作方法

| 应用功能 | 操作方法 |
|---|---|
| 单行或多行命令的复制(Copy) | 选中单行或多行命令,右击出现快捷菜单,再选择 Copy 命令,就可以复制 |
| 单行或多行命令的运行(Evaluate Selection) | 选中单行或多行命令,右击出现快捷菜单,再选择 Evaluate Selection 命令,就可在命令窗口中运行命令,并得出相应结果,或者双击选择的命令行也可运行 |
| 把多行命令写成 M 文件(Create M-File) | 选中单行或多行命令,右击出现快捷菜单,选择 Create M-File 命令,就可以打开写有这些命令的 M 文件编辑/调试器窗口 |

例如,图 8.1.10 完成复制和运行历史命令窗口中的前 6 行命令。

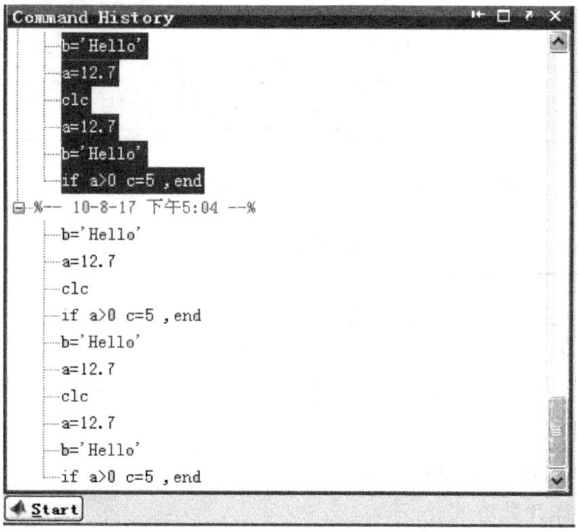


图 8.1.10 历史命令窗口

3) 当前目录窗口(Current Directory Browser)

(1) 当前目录的设置。如果是通过单击 Windows 桌面上的 MATLAB 图标启动,则启动后的默认当前目录是“matlab/work”;如果 MATLAB 的启动是由单击“matlab/bin/win32”目录下的 matlab.exe 文件,则默认当前目录是“matlab/bin/win32”。

把用户目录设置成当前目录的方法有两种:

① 在当前目录设置区设置。在图 8.1.11 中或 MATLAB 界面工具栏的右边都有当前目录设置区,可以在“设置栏”中直接填写待设置的目录名。

② 通过命令设置。例如:

cd　　　　%显示当前目录

cd 目录　　%指定当前目录

cd ..　　　%指定上一级目录为当前目录

(2) 当前目录窗口中文件详细列表区的使用。文件详细列表区的主要应用功能如表 8.1.8 所示。

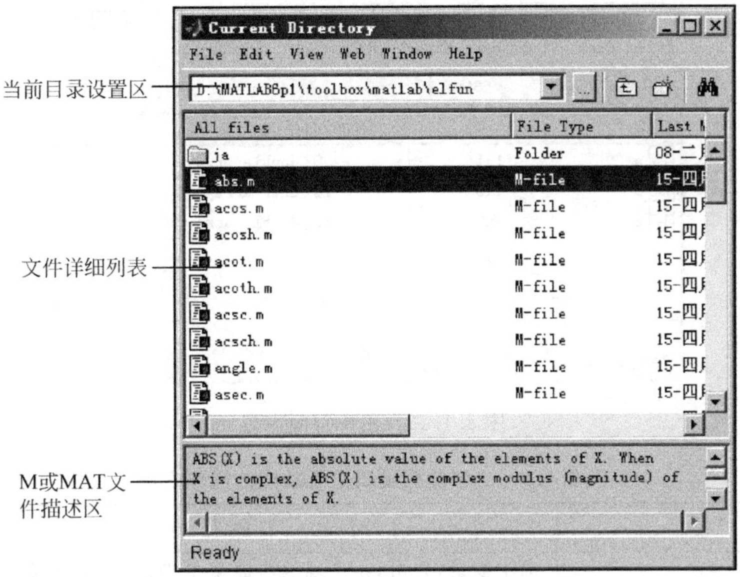


图 8.1.11 当前目录窗口

**表 8.1.8 文件详细列表区的主要应用功能**

| 功　能 | 操 作 方 法 |
|---|---|
| 运行 M 文件(Run) | 选择待运行文件,右击出现快捷菜单,选择 Run 命令运行 M 文件 |
| 打开 M 文件(Open) | 选择待运行 M 文件,右击出现快捷菜单,选择 Open 命令,则 M 文件出现在 M 文件编辑/调试器窗口中,或者双击该 M 文件也可打开文件 |
| 把 MAT 文件全部数据输入内存(Open) | 选择待装入的 MAT 数据文件,右击出现快捷菜单,选择 Open 命令,此文件的数据就全部装入工作空间,或者双击该 MAT 文件也可实现 |
| 把 MAT 文件部分数据输入内存(Import Data) | 选择待装载 MAT 数据文件,右击出现快捷菜单,选择 Import Data 命令,出现数据输入向导(Import Wizard)对话框,选择待装入的数据变量名,然后单击 Finish 按钮 |

(3) M 或 MAT 文件描述区。显示 M 或 MAT 文件描述区:选择 File→Preferences 命令,在 Preferences 对话框中单击左侧的 Current Directory 选项,在右边 Browser Display Options 中选择 Show M-file Comments and MAT-file Comments 复选框,然后单击 OK 按钮即可。

4) 工作空间窗口(Workspace Browser)

工作空间窗口用于显示所有 MATLAB 工作空间中的变量名、数据结构、类型、大小和字节数。可以对变量进行观察、编辑、提取和保存。

图 8.1.12 为工作空间窗口的单独窗口显示。

(1) 当前工作空间窗口中变量的操作。工作空间窗口主要功能的操作方法如表 8.1.9 所示。

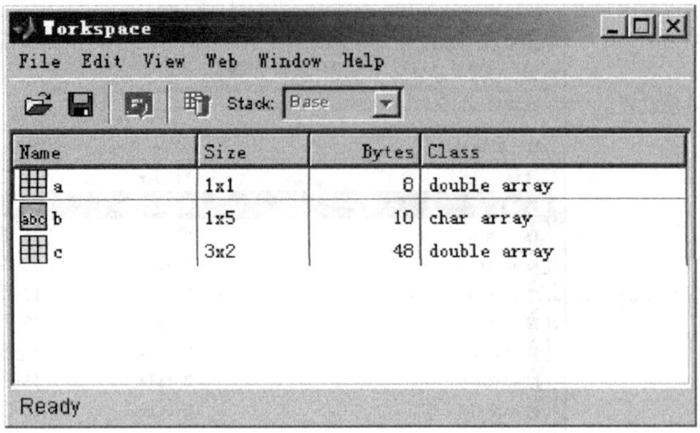

图 8.1.12　工作空间窗口

**表 8.1.9　工作空间窗口主要功能的操作方法**

| 功　　能 | 操 作 方 法 |
|---|---|
| 变量的字符显示 | 选中变量，右击，在出现的快捷菜单中选择 Open 命令，则数值类、字符类变量显示在 Array Editor 数组编辑器窗口中，或者双击该变量也可显示 |
| 变量的图形显示 | 选中变量，右击出现快捷菜单，选择 Graph 的下拉菜单，则系统就以该绘图命令使变量可视化显示 |
| 全部内存变量保存为 MAT 文件 | 右击出现快捷菜单，选择 Save Workspace As 命令，则可把当前内存中全部变量保存为数据文件 |
| 部分内存变量保存为 MAT 文件 | 选中若干变量，右击出现快捷菜单，选择 Save Selection As 命令，则可把所选变量保存为数据文件 |
| 删除部分内存变量 | 选中一个或多个变量，右击出现快捷菜单，选择 Delete 命令，出现 Confirm Delete 对话框，单击 Yes 按钮，或者选择工作空间窗口的菜单"Edit→Delete"命令 |
| 删除全部内存变量 | 右击出现快捷菜单，选择 Clear Workspace 命令 |

(2) 通过命令管理变量。主要命令如下：

① save：把工作空间中的数据存放到 MAT 数据文件。

```
save FileName 变量 1 变量 2 … 参数          % 将变量保存到文件中
```

**说明**：FileName 为 MAT 文件名；变量 1、变量 2 可以省略，省略时则保存工作空间的所有变量；参数为保存的方式，有-ASCII、-append 等方式。

例如：

```
>> save FileName1                    % 把全部内存变量保存为 FileName1.mat 文件
>> save FileName2 a b                % 把变量 a,b 保存为 FileName2.mat 文件
>> save FileName3 a b  - append      % 把变量 a,b 添加到 FileName3.mat 文件中
```

② load：从数据文件中取出变量到工作空间。

```
load FileName 变量 1 变量 2 …
```

**说明**：变量 1、变量 2 可以省略，省略时则装载所有变量。

例如：

```
>> load Filename1                   % 把 FileName1.mat 文件中的全部变量装入内存
>> load FileName2 a b               % 把 FileName2.mat 文件中的 a,b 变量装入内存
```

③ who：查阅 MATLAB 内存变量变量名。

```
>> who
Your variables are:
a  b  c
```

④ whos：查阅 MATLAB 内存变量变量名、大小、类型和字节数。

```
>> whos
  Name         Size             Bytes  Class
  a            1x1                  8  double array
  b            1x5                 10  char array
  c            3x2                 48  double array
Grand total is 12 elements using 66 bytes
```

⑤ clear：删除工作空间中的变量。

```
>> clear a
>> who
Your variables are:
b  c
```

⑥ exist('X')：查询工作空间中是否存在某个变量。

```
i = exist('X')          % 查询工作空间中是否有'X'变量
```

**说明：**

i=1　表示存在一个变量名为'X'的变量；

i=2　表示存在一个名为'X.m'的文件；

i=3　表示存在一个名为'X.mex'的文件；

i=4　表示存在一个名为'X.mdl'文件；

i=5　表示存在一个名为'X'的内部函数；

i=0　表示不存在以上变量和文件。

5）数组编辑器窗口(Array Editor)

打开选择数组编辑器窗口：可选择 Open 命令或者双击该变量。

图 8.1.13 为变量 c=[1 2;3 4;5 6]在 Array Editor 数组编辑器窗口中的显示。

**说明：**

- 在 Numeric format 栏中可改变变量的显示类型。
- 在 Size、by 栏中可改变数组的大小。
- 可逐格修改数组中的元素值。

6）交互界面分类目录窗口(Launch Pad)

交互界面分类目录窗口如图 8.1.14 所示。说明如下：

- 双击 Import Wizard、Profiler 和 GUIDE 选项，就出现相应的界面窗口。

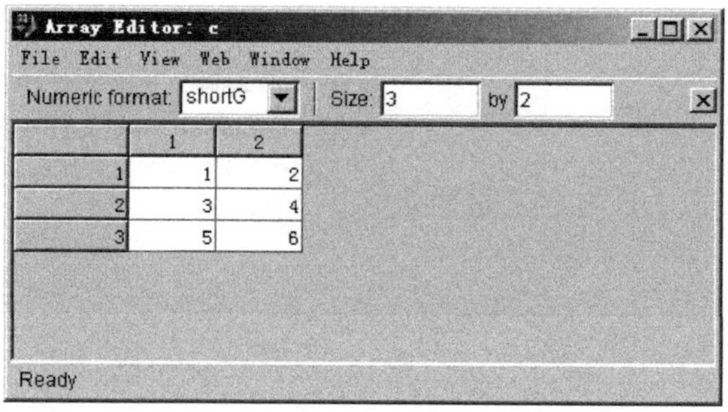


图 8.1.13　Array Editor 数组编辑器窗口

- 双击 Help 选项，就打开帮助窗口。
- 双击 Demos 选项，就出现帮助窗口的 Demos 选项卡。
- 双击 Product Page(Web)选项，就会连接支持网站的相应产品页面。

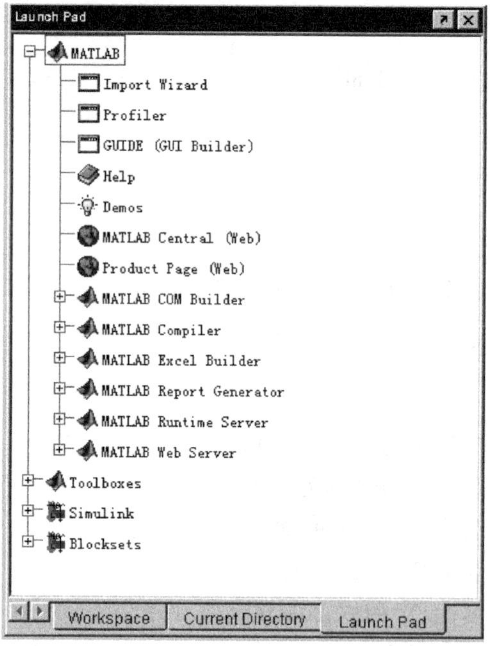


图 8.1.14　交互界面分类目录窗口

7) M 文件编辑/调试器窗口(Editor/Debugger)

启动 M 文件编辑/调试器窗口的方法如下：

(1) 单击 MATLAB 界面上的图标，或者选择 File→New→M-file 命令，可打开空白的 M 文件编辑器。

(2) 单击 MATLAB 界面上的图标，或者选择 File→Open 命令，在打开的 Open 对话框中填写所选文件名，单击“打开”按钮，就可打开相应的 M 文件编辑器。

(3) 用鼠标双击当前目录窗口中的 M 文件(扩展名为.m)，可直接打开相应文件的 M 文件编辑器。

图 8.1.15 显示打开了一个 Ex0101.m 文件的 M 文件编辑/调试器窗口。

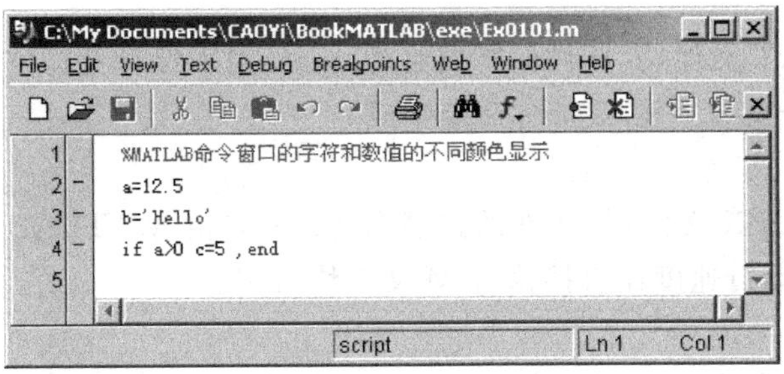


图 8.1.15 M 文件编辑/调试器窗口

8）帮助窗口(Help Navigator/Browser)

单击工具栏的 ? 图标，或选择 View→Help 命令，或选择 Help→MATLAB Help 命令都能打开帮助窗口。

9）程序性能剖析窗口(Profiler)

选择 View→Profiler 命令，或在命令窗口输入 profile viewer 命令都可以独立出现程序性能剖析窗口，如图 8.1.16 所示。

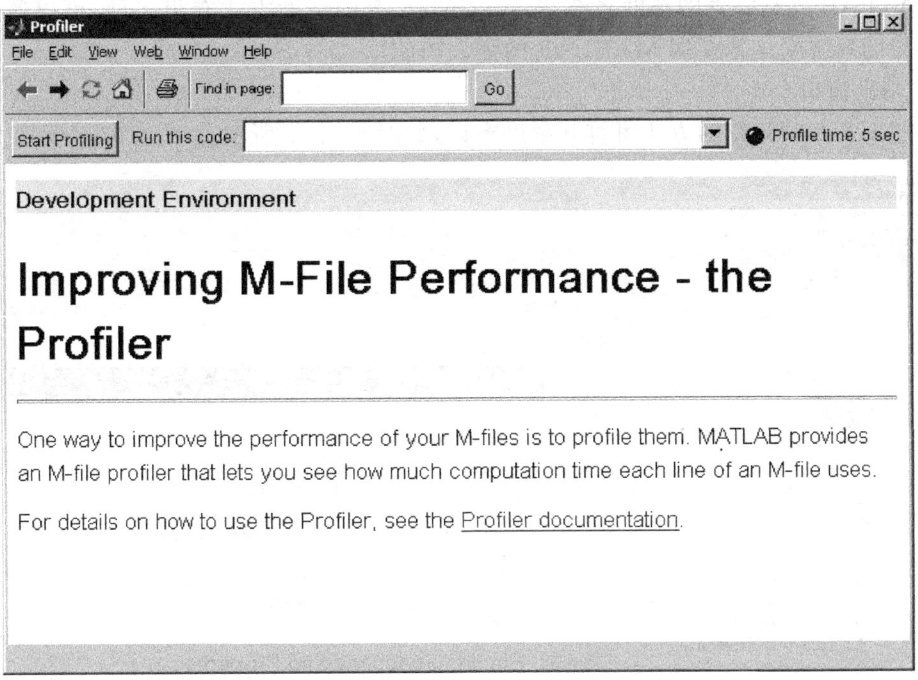


图 8.1.16 程序性能剖析窗口

可选择 View→Dock profiler 命令将该窗口放到 MATLAB 的操作界面中。

**4. MATLAB 的用户文件类型**

1）程序文件

程序文件即 M 文件，其文件的扩展名为.m，包括主程序和函数文件，M 文件通过 M 文件编辑/调试器生成。MATLAB 的各工具箱中的函数大部分是 M 文件。

2）数据文件

数据文件即 MAT 文件，其文件的扩展名为.mat，用来保存工作空间的数据变量，数据文件可以通过在命令窗口中输入 save 命令生成。

3）可执行文件

可执行文件即 MEX 文件，其文件的扩展名为.mex，由 MATLAB 的编译器对 M 文件进行编译后产生，其运行速度比直接执行 M 文件快得多。

4）图形文件

图形文件的扩展名为.fig，可以在 File 菜单中创建和打开，也可由 MATLAB 的绘图命令和图形用户界面窗口产生。

5）模型文件

模型文件扩展名为.mdl，是由 Simulink 工具箱建模生成的。另外，还有仿真文件.s 文件。

### 8.1.3 MATLAB 基础

**1. MATLAB 的帮助系统**

MATLAB 具有完善的帮助系统，MATLAB 6.5 的帮助方式有很多种，可以通过快捷方便的帮助系统来迅速掌握 MATLAB 的强大功能。

1）帮助窗口

通过 8.1.2 节介绍的方法可打开帮助窗口，如图 8.1.17 所示。

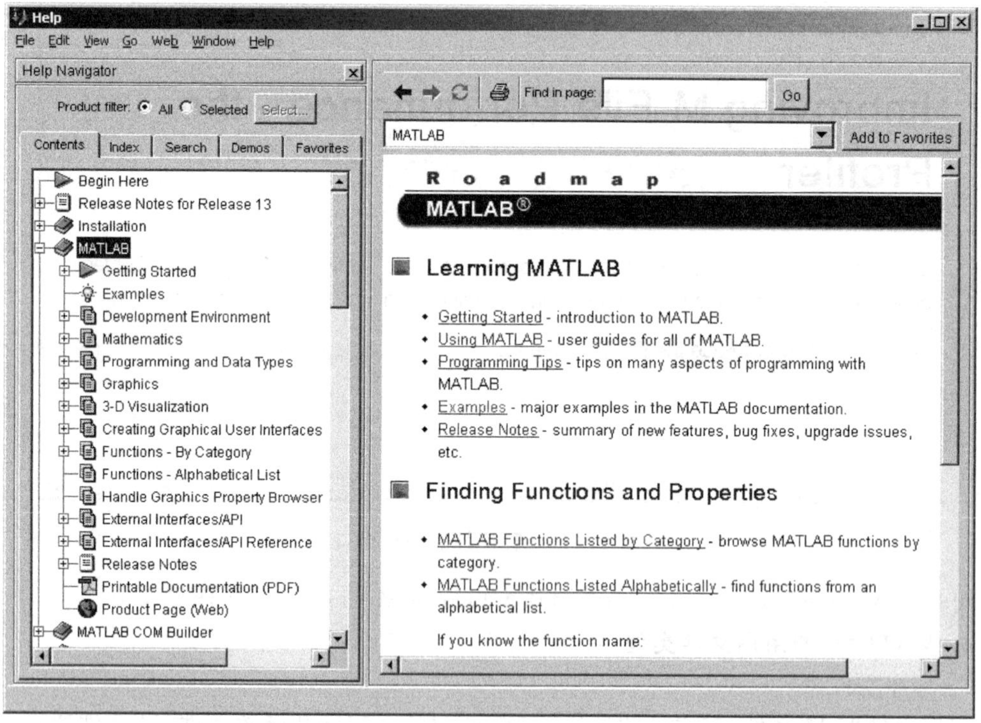


图 8.1.17 帮助窗口

图 8.1.17 所示的帮助窗口界面由左侧的 Help Navigator(帮助导航器)和右侧的 Help Browser(帮助浏览器)两部分组成。帮助导航器包括如下 5 个选项卡。

(1) Contents 选项卡。其各选项的功能如下。

- Begin Here：主要简介 MATLAB 的特点、内容和方法。
- Release Notes For Release R13：专门介绍版本升级的变化。
- Installation：介绍各种环境下的安装方法。
- MATLAB 下的各选项最常使用。主要如下。
  - Getting Started：对 MATLAB 的环境、图形和编程进行简单介绍。
  - Examples：较全面进行举例。
  - Development Environment：介绍了 MATLAB 的工作环境，有较综合的计算实例。
  - Mathematics：详细介绍 MATLAB 的数学运算。
  - Programming and Data Types：介绍 M 文件编程和数据类型。
  - Graphics：介绍绘图功能和图形用户界面设计。
  - Printable Documentation：给出可打印的 PDF 文件列表等。

(2) Index 选项卡。Index 选项卡是 MATLAB 提供的术语索引表，可以查找命令、函数和专用术语等。

(3) Search 选项卡。Search 选项卡是通过关键词来查找全文中与之匹配的章节条目。

(4) Demos 选项卡。Demos 选项卡用来运行 MATLAB 提供的 Demo。

(5) Favorites 选项卡。Favorites 选项卡罗列用户自己以前所做的读书标记(或称书签)，以供今后查阅方便。

2) 通过命令实现帮助

(1) help：列出所有主要的帮助主题，每个帮助主题与 MATLAB 搜索路径的一个目录名相对应。例如：

```
help topic                 % 给出指定主题的帮助，主题可以是函数、目录或局部路径
```

(2) lookfor：在所有的帮助条目中搜索关键字，常用来查找具有某种功能而不知道准确名字的命令。例如：

```
lookfor topic              % 把在搜索中发现与关键字相匹配的所有 M 文件的第一行注释都显示出来
lookfor topic -all         % 在所有 M 文件中搜索关键字
```

(3) helpwin：打开并显示帮助窗口。例如：

```
helpwin topic              % 打开帮助窗口显示指定的主题信息
```

3) PDF 帮助

MATLAB 6.5 把帮助窗口中的部分内容制作成了 PDF 文件，PDF 文件被分类存放在“..\matlab\help\pdf-doc”文件夹中，阅读该文件需要 Adobe Acrobat Reader 软件的支持。

4) 其他帮助

(1) Demos 演示。Demos 演示界面操作非常方便，为用户提供了图文并茂的演示实例。演示程序是一个很好的学习过程，可以作为对 MATLAB 功能的浏览。

(2) 通过 Web 查找帮助信息。MathWorks 公司提供了技术支持网站，通过该网站用户可以找到相关的 MATLAB 书籍介绍、MATLAB 使用建议、常见问题解答和其他 MATLAB 用户提供的应用程序等。

**2. MATLAB 的数值计算功能**

本节将简要介绍 MATLAB 的数据类型、矩阵的建立及运算。

1) MATLAB 的数据类型

MATLAB 的数据类型主要包括数字、字符串、矩阵、单元型数据及结构型数据等，限于篇幅将重点介绍其中几个常用类型。

(1) 变量与常量。变量是任何程序设计语言的基本要素之一，MATLAB 语言当然也不例外。与常规的程序设计语言不同的 MATLAB 并不要求事先对所使用的变量进行声明，也不需要指定变量类型，MATLAB 语言会自动依据所赋予变量的值或对变量所进行的操作来识别变量的类型。在赋值过程中如果赋值变量已存在时，MATLAB 语言将使用新值代替旧值，并以新值类型代替旧值类型。

在 MATLAB 语言中变量的命名应遵循如下规则：

① 变量名区分大小写。

② 变量名长度不超 31 位，第 31 个字符之后的字符将被 MATLAB 语言所忽略。

③ 变量名以字母开头，可以是字母、数字、下划线组成，但不能使用标点。

与其他的程序设计语言相同，在 MATLAB 语言中也存在变量作用域的问题。在未加特殊说明的情况下，MATLAB 语言将所识别的一切变量视为局部变量，即仅在其使用的 M 文件内有效。若要将变量定义为全局变量，则应当对变量进行说明，即在该变量前加关键字 global。一般来说全局变量均用大写的英文字符表示。

MATLAB 语言本身也具有一些预定义的变量，这些特殊的变量称为常量。表 8.1.10 给出了 MATLAB 语言中经常使用的一些常量值。

**表 8.1.10 MATLAB 语言中经常使用的一些常量值**

| 常　量 | 表示数值 |
|---|---|
| pi | 圆周率 |
| eps | 浮点运算的相对精度 |
| inf | 正无穷大 |
| NaN | 表示不定值 |
| realmax | 最大的浮点数 |
| i,j | 虚数单位 |

(2) 字符串。字符和字符串运算是各种高级语言必不可少的部分，MATLAB 中的字符串是其进行符号运算表达式的基本构成单元。

在 MATLAB 中，字符串和字符数组基本上是等价的，所有的字符串都用单引号进行输入或赋值(当然也可以用函数 char 来生成)。字符串的每个字符(包括空格)都是字符数组的一个元素。例如：

```
>> s = 'matrix  laboratory';
  s =
```

```
    matrix  laboratory
>> size(s)              % size查看数组的维数
  ans =
     1   17
```

另外,由于 MATLAB 对字符串的操作与 C 语言几乎完全相同,这里不再赘述。

(3) 矩阵。矩阵是 MATLAB 数据存储的基本单元,而矩阵的运算是 MATLAB 语言的核心,在 MATLAB 语言系统中几乎一切运算均是以对矩阵的操作为基础的。下面重点介绍矩阵的生成、矩阵的基本数学运算和矩阵的数组运算。

2) 矩阵的建立及运算

(1) 矩阵的生成。矩阵的生成方法有:直接输入法、外部文件读入法、特殊矩阵的生成。

① 直接输入法。从键盘上直接输入矩阵是最方便、最常用的创建数值矩阵的方法,尤其适合较小的简单矩阵。在用此方法创建矩阵时,应当注意以下几点:

- 输入矩阵时要以“[]”为其标识符号,矩阵的所有元素必须都在括号内。
- 矩阵同行元素之间由空格或逗号分隔,行与行之间用分号或回车键分隔。
- 矩阵大小不需要预先定义。
- 矩阵元素可以是运算表达式。
- 若“[]”中无元素表示空矩阵。

另外,在 MATLAB 语言中冒号的作用是最为丰富的。首先,可以用冒号来定义行向量。例如:

```
>> a = 1:0.5:4
a =
   Columns  1 through 7
     1      1.5      2      2.5      3      3.5      4
```

其次,通过使用冒号,可以截取指定矩阵中的部分。

例如:

```
>> A = [1  2  3; 4  5  6; 7  8  9]

A =
       1    2    3
       4    5    6
       7    8    9
>> B = A (1:2, : )
B =
     1     2     3
     4     5     6
```

通过上例可以看到 B 是由矩阵 A 的 1～2 行和相应的所有列的元素构成的一个新的矩阵。在这里,冒号代替了矩阵 A 的所有列。

② 外部文件读入法。MATLAB 语言也允许用户调用在 MATLAB 环境之外定义的矩阵。可以利用任意的文本编辑器编辑所要使用的矩阵,矩阵元素之间以特定分断符分开,并按行列布置。另外也可以利用 load 函数,其调用方法为 Load＋文件名[参数]。

Load 函数将会从文件名所指定的文件中读取数据，并将输入的数据赋给以文件名命名的变量，如果不给定文件名，则将自动认为 matlab. mat 文件为操作对象，如果该文件在 MATLAB 搜索路径中不存在时，系统将会报错。

例如：事先在记事本中建立文件：
（并以 data1. txt 保存）

```
1  1  1
1  2  3
1  3  6
```

在 MATLAB 命令窗口中输入：

```
>> load  data1.txt
>> data1
data1 =
        1    1    1
        1    2    3
        1    3    6
```

③ 特殊矩阵的生成。对于一些比较特殊的矩阵(单位阵、矩阵中含 1 或 0 较多)，由于其具有特殊的结构，MATLAB 提供了一些函数用于生成这些矩阵。常用的有以下几个：

| | |
|---|---|
| zeros(m) | 生成 m 阶全 0 矩阵 |
| eye(m) | 生成 m 阶单位矩阵 |
| ones(m) | 生成 m 阶全 1 矩阵 |
| rand(m) | 生成 m 阶均匀分布的随机矩阵 |
| randn(m) | 生成 m 阶正态分布的随机矩阵 |

(2) 矩阵的基本数学运算。矩阵的基本数学运算包括矩阵的四则运算、与常数的运算、基本函数运算(逆运算、行列式运算、秩运算、特征值运算等)，这里进行简单介绍。

① 四则运算。矩阵的加、减、乘运算符分别为"+，-，*"，用法与数字运算几乎相同，但计算时要满足其数学要求(如同型矩阵才可以加、减)。

在 MATLAB 中矩阵的除法有两种形式：左除"\"和右除"/"。在传统的 MATLAB 算法中，右除是先计算矩阵的逆再相乘，而左除则不需要计算逆矩阵直接进行除运算。通常右除要快一点，但左除可避免被除矩阵的奇异性所带来的麻烦。在 MATLAB 6 中两者的区别不太大。

② 与常数的运算。常数与矩阵的运算即是同该矩阵的每一元素进行运算。但需注意进行数除时，常数通常只能做除数。

③ 基本函数运算。矩阵的函数运算是矩阵运算中最实用的部分，常用的主要有以下几个：

| | |
|---|---|
| det(a) | 求矩阵 a 的行列式 |
| eig(a) | 求矩阵 a 的特征值 |
| inv(a)或 a ^(-1) | 求矩阵 a 的逆矩阵 |
| rank(a) | 求矩阵 a 的秩 |
| trace(a) | 求矩阵 a 的迹(对角线元素之和) |

例如：

```
>> a = [2  1  -3  -1; 3  1  0  7; -1  2  4  -2; 1  0  -1  5];
>> a1 = det(a);
>> a2 = det(inv(a));
```

```
>> a1 * a2
ans =
    1
```

(3) 矩阵的数组运算。在进行工程计算时常常遇到矩阵对应元素之间的运算。这种运算不同于前面讲的数学运算，为了有所区别，称为数组运算。

① 基本数学运算。数组的加、减与矩阵的加、减运算完全相同。而乘除法运算有相当大的区别，数组的乘除法是指两同维数组对应元素之间的乘除法，它们的运算符为“. *”和“. /”或“. \”。前面讲过常数与矩阵的除法运算中常数只能做除数。在数组运算中有了“对应关系”的规定，数组与常数之间的除法运算没有任何限制。

另外，矩阵的数组运算中还有幂运算(运算符为. ^)、指数运算(exp)、对数运算(log)和开方运算(sqrt)等。有了“对应元素”的规定，数组的运算实质上就是针对数组内部的每个元素进行的。

例如：

```
>> a = [2  1  -3  -1; 3  1  0  7; -1  2  4  -2; 1  0  -1  5];
>> a^3
   ans =
        32   -28   -101    34
        99   -12   -151   239
        -1    49     93     8
        51   -17    -98   139
>> a .^3
   ans =
         8   1   -27    -1
        27   1     0   343
        -1   8    64    -8
         1   0    -1   125
```

由上例可见矩阵的幂运算与数组的幂运算有很大的区别。

② 逻辑运算。逻辑运算是 MATLAB 中数组运算所特有的一种运算形式，也是几乎所有的高级语言普遍适用的一种运算。它们的具体符号、功能及用法见表 8.1.11。

**表 8.1.11 逻辑运算符号及功能**

| 符号运算符 | 功 能 | 函 数 名 |
|---|---|---|
| == | 等于 | eq |
| ~= | 不等于 | ne |
| < | 小于 | lt |
| > | 大于 | gt |
| <= | 小于等于 | le |
| >= | 大于等于 | ge |
| & | 逻辑与 | and |
| \| | 逻辑或 | or |
| ~ | 逻辑非 | not |

**说明：**

- 在关系比较中，若比较的双方为同维数组，则比较的结果也是同维数组。它的元素值由 0 和 1 组成。当比较双方对应位置上的元素值满足比较关系时，它的对应值为 1，否则为 0。
- 当比较的双方中一方为常数，另一方为一数组，则比较的结果与数组同维。
- 在算术运算、比较运算和逻辑与、或、非运算中，它们的优先级关系先后为：比较运算、算术运算、逻辑与或非运算。

例如：

```
>> a = [1  2  3; 4  5  6; 7  8  9];
>> x = 5;
>> y = ones(3) * 5;
>> xa = x <= a
   xa =
      0    0    0
      0    1    1
      1    1    1
>> b = [0  1  0; 1  0  1; 0  0  1];
>> ab = a&b
   ab =
      0    1    0
      1    0    1
      0    0    1
```

**3. MATLAB 的图形功能**

MATLAB 有很强的图形功能，可以方便地实现数据的视觉化。强大的计算功能与图形功能相结合为 MATLAB 在科学技术和教学方面的应用提供了更加广阔的天地。下面主要介绍二维图形的画法，对三维图形只作简单叙述。

1）二维图形的绘制

二维图形的绘制是 MATLAB 语言图形处理的基础，MATLAB 最常用的画二维图形的命令是 plot，例如：

```
>> x = linspace(0,2 * pi,30);        % 生成一组线性等距的数值
>> y = sin(x);
>> plot(x,y)
```

生成的图形见图 8.1.18，它是$[0,2\pi]$上 30 个点连成的光滑的正弦曲线。

在同一个画面上可以画许多条曲线，只需多给出几个数组，例如：

```
>> x = 0:pi/15:2 * pi;
>> y1 = sin(x);
>> y2 = cos(x);
>> plot(x,y1,x,y2)
```

则可以画出图 8.1.19。多重线的另一种画法是利用 hold 命令，在已经画好的图形上，若设置 hold on，MATLAB 将把新的 plot 命令产生的图形画在原来的图形上。而命令 hold off 将结束这个过程。例如：

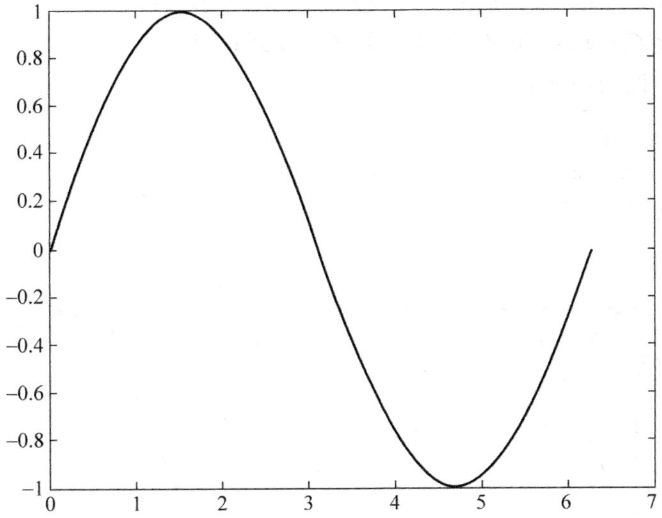


图 8.1.18 二维图形的绘制 1

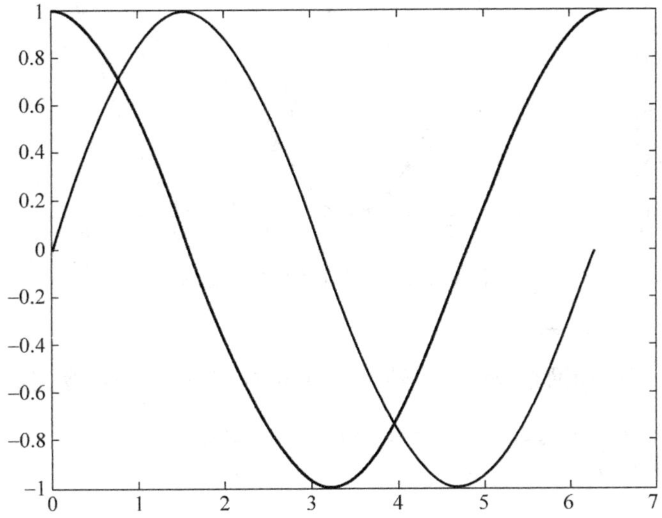


图 8.1.19 二维图形的绘制 2

```
>> x = linspace(0,2 * pi,30);  y = sin(x);  plot(x,y)
```

先画好图 8.1.18，然后用下述命令增加 cos(x)的图形，也可得到图 8.1.19。

```
>> hold on
>> z = cos(x);  plot(x,z)
>> hold off
```

2) 线型和颜色

MATLAB 对曲线的线型和颜色有许多选择，标注的方法是在每一对数组后加一个字符串参数，说明如下：

线型 线方式：—实线 ：点线 —. 虚点线 — —波折线。

线型 点方式：. 圆点 ＋加号 * 星号 x x形 o小圆。
颜色：y 黄；r 红；g 绿；b 蓝；w 白；k 黑；m 紫；c 青。
以下面的例子说明用法：

```
>> x = 0:pi/15:2 * pi;
>> y1 = sin(x);  y2 = cos(x);
>> plot(x,y1,'b: + ',x,y2,'g: * ')
```

可得图 8.1.20。

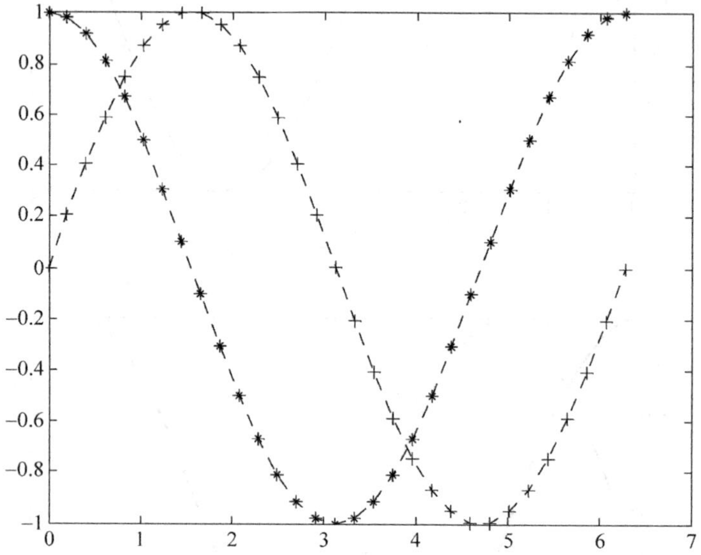


图 8.1.20 二维图形的绘制 3

3）网格和标记

在一个图形上可以加网格、标题、x 轴标记、y 轴标记，用下列命令完成这些工作。

```
>> x = linspace(0,2 * pi,30);  y = sin(x);  z = cos(x);
>> plot(x,y,x,z)
>> grid
>> xlabel('Independent Variable X')
>> ylabel('Dependent Variables Y and Z')
>> title('Sine and Cosine Curves')
```

则生成图 8.1.21。
也可以在图形的任何位置加上一个字符串，如用：

```
>> text(2.5,0.7,'sinx')
```

表示在坐标 x=2.5，y=0.7 处加上字符串 sinx。更方便的是用鼠标来确定字符串的位置，方法是输入命令：

```
>> gtext('sinx')
```

在图形窗口十字线的交点是字符串的位置，单击鼠标就可以将字符串放在那里。
此外，MATLAB 也可对图形加上各种注解与处理：

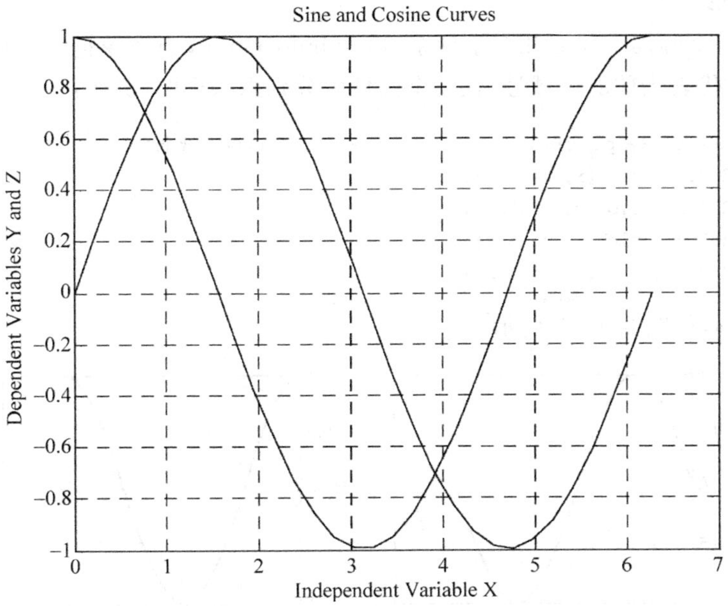


图 8.1.21　二维图形的绘制 4

```
>> xlabel('Input Value');                    % x 轴注解
>> ylabel('Function Value');                 % y 轴注解
>> title('Two Trigonometric Functions');     % 图形标题
>> legend('y = sin(x)','y = cos(x)');        % 图形注解
>> grid on;                                  % 显示格线
```

加注解后，效果如图 8.1.22 所示。

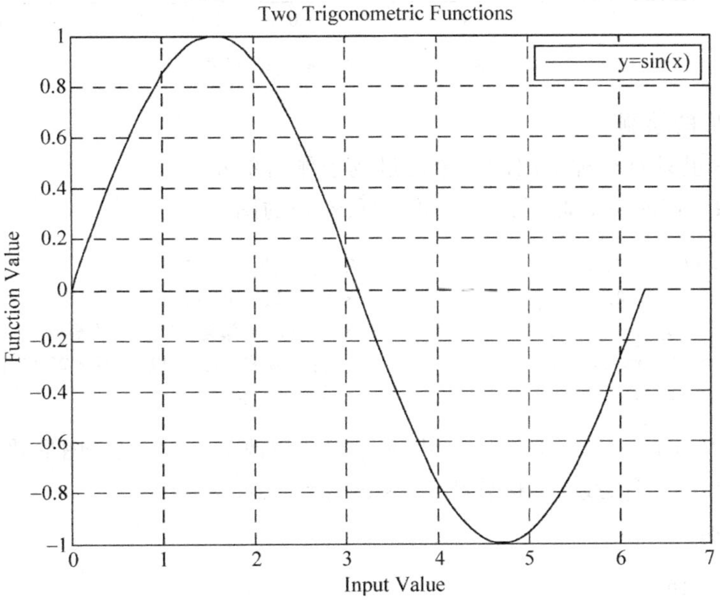


图 8.1.22　二维图形的绘制 5

4）多幅图形

可以在同一个画面上建立几个坐标系，用 subplot(m，n，p)命令把一个画面分成 m×n 个图形区域，p 代表当前的区域号，在每个区域中分别画一个图，例如：

```
>> x = linspace(0, 2 * pi, 100);                % 100 个点的 x 坐标
>> subplot(2,2,1); plot(x, sin(x));
>> subplot(2,2,2); plot(x, cos(x));
>> subplot(2,2,3); plot(x, sinh(x));
>> subplot(2,2,4); plot(x, cosh(x));
```

共得到 4 幅图形，如图 8.1.23 所示。

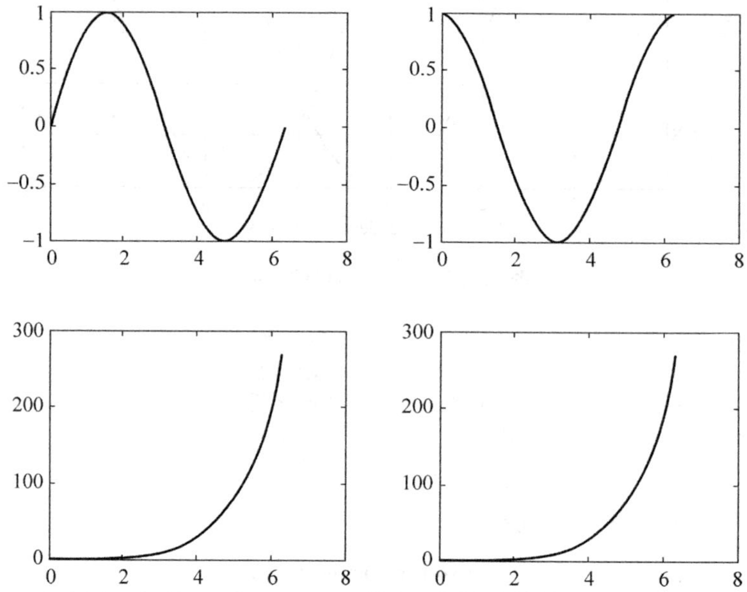

图 8.1.23　二维图形的绘制 6

5）三维图形的绘制

限于篇幅这里只对几种常用的命令通过例子作简单介绍。

**【例 8.1.1】** 带网格的曲面：作曲面 z=f(x，y)的图形。

```
>> x = linspace( - 2, 2, 25);                   % 在 x 轴上取 25 点
>> y = linspace( - 2, 2, 25);                   % 在 y 轴上取 25 点
>> [xx, yy] = meshgrid(x, y);                   % xx 和 yy 都是 21 × 21 的矩阵
>> zz = xx. * exp( - xx.^2 - yy.^2);            % 计算函数值, zz 也是 21 × 21 的矩阵
>> mesh(xx, yy, zz);                            % 画出立体网状图
```

画出的图形如图 8.1.24 所示。mesh 命令也可以改为 surf，只是图形效果有所不同。

**【例 8.1.2】** 空间曲线：作螺旋线 x=sint，y=cost，z=t。

用以下程序实现：

```
>> t = 0:pi/50:10 * pi;
>> plot3(sin(t),cos(t),t)                       % 空间曲线作图函数，用法类似于 plot
```

画出的图形如图 8.1.25 所示。

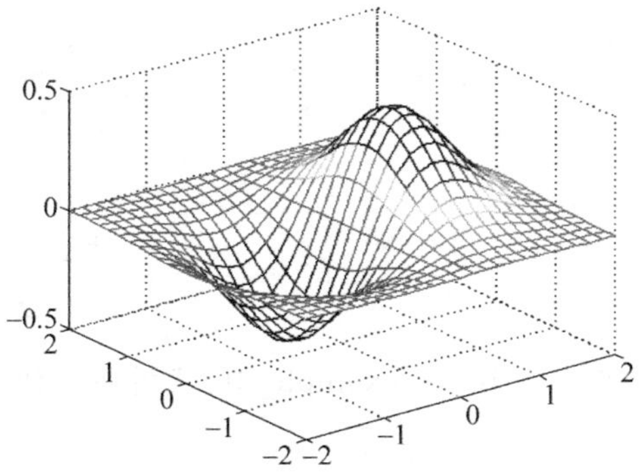

图 8.1.24 三维图形的绘制 1

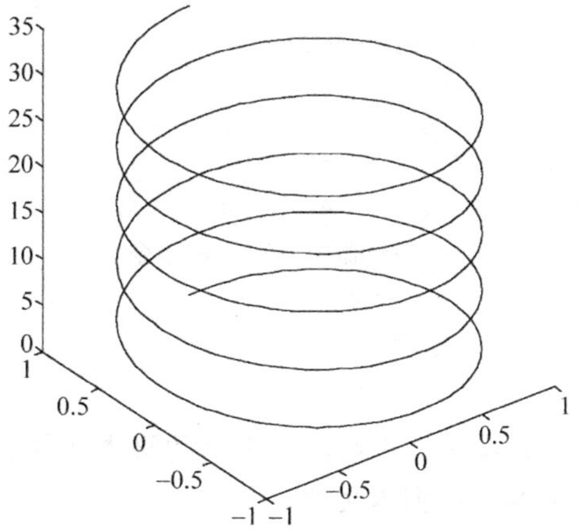

图 8.1.25 三维图形的绘制 2

**【例 8.1.3】** 等高线：用 contour 或 contour3 画曲面的等高线，如对图 8.1.24 的曲面，在上面的程序后接 contour(X,Y,Z,10)即可得到 10 条等高线。

6) 图形的输出

在数学建模中，往往需要将产生的图形输出到 Word 文档中。通常可采用下述方法：首先，在 MATLAB 图形窗口中选择 File 菜单中的 Export 命令，将打开"图形输出"对话框，在该对话框中可以把图形以 emf、bmp、jpg、pgm 等格式保存。然后，再打开相应的 Word 文档，并在该文档中选择"插入(Insert)"菜单中的"图片(Picture)"命令插入相应的图片即可。

**4. MATLAB 的 M 文件**

所谓 M 文件就是由 MATLAB 语言编写的可在 MATLAB 语言环境下运行程序源代码文件。由于商用的 MATLAB 软件是用 C 语言编写而成，因此，M 文件的语法与 C 语言十分相似。M 文件可以分为脚本文件(Script)和函数文件(Function)两种。M 文件不仅可以在 MATLAB 的程序编辑器中编写，也可以在其他的文本编辑器中编写，并以 m 为扩展名加以存储。

1) 脚本文件

脚本文件类似于 DOS 下的批处理文件，不需要在其中输入参数，也不需要给出输出变量来接受处理结果，脚本文件仅是若干命令或函数的集合，用于执行特定的功能。脚本文件的操作对象为 MATLAB 工作空间内的变量，并且在脚本文件执行结束后，脚本文件中对变量的一切操作均会被保留。在 MATLAB 语言中也可以在脚本文件内部定义变量，并且该变量将会自动地被加入当前的 MATLAB 工作空间中，并可以为其他的脚本文件或函数引用，直到 MATLAB 被关闭或采用一定的命令将其删除。

例如：

```
% 命令窗口中定义矩阵 a,b
    a = pascal(3)
    a =
        1     1     1
        1     2     3
```

```
    1    3    6
 b = magic(3)
 b =
    8    1    6
    3    5    7
    4    9    2
%  在编辑器中编写下述命令
   a = a + b
   b = a - b
   a = a - b
```

在编辑器中编辑完上例的脚本文件后，保存至文件 scripts—example 中，然后在工作窗口中调用该脚本文件，

```
  scripts—example
>> a
  a =
      8    1    6
      3    5    7
      4    9    2
>> b
    b =
      1    1    1
      1    2    3
      1    3    6
```

其中矩阵 a、b 均是在工作空间中已定义完毕的，脚本文件运行时直接使用该变量，并对其进行操作，然后在命令窗口中调用该脚本文件，可以看到变量 a、b 已经进行了相互交换。

2）函数文件

MATLAB 语言中，相对于脚本文件而言，函数文件是较为复杂的。函数需要给定输入参数，并能够对输入变量进行若干操作，实现特定的功能，最后给出一定的输出结果或图形等，其操作对象为函数的输入变量和函数内的局部变量等。

MATLAB 语言的函数文件包含如下 5 个部分。

（1）函数题头：指函数的定义行，是函数语句的第一行，在该行中将定义函数名、输入变量列表及输出变量列表等。

（2）HI 行：指函数帮助文本的第一行，为该函数文件的帮助主题，当使用 lookfor 命令时，可以查看到该行信息。

（3）帮助信息：这部分提供了函数的完整的帮助信息，包括 HI 之后至第一个可执行行或空行为止的所有注释语句，通过 MATLAB 语言的帮助系统查看函数的帮助信息时，将显示该部分。

（4）函数体：指函数代码段，也是函数的主体部分。

（5）注释部分：指对函数体中各语句的解释和说明文本，注释语句是以%引导的。例如：

```
function[output,output2] = function—example(input1,input2)    %    函数题头
```

```
% This is function to exchange two matrices                    %    HI 行
% input1,input2 are input variables                            %    帮助信息
% output1,output2 are output variables                         %    帮助信息
output1 = input2;                                              %    函数体
output2 = input1;                                              %    函数体
% The end of this example function
    [a,b] = function—example(a,b)
    a =
        8     1     6
        3     5     7
        4     9     2
    b =
        1     1     1
        1     2     3
        1     3     6
```

可以看到通过使用函数可以和上面脚本文件中的示例一样,矩阵 a、b 进行了相互交换。在该函数题头中,"function"为 MATLAB 语言中函数的标示符,而 function—example 为函数名,input1、input2 为输入变量,而 output1、output2 为输出变量,实际调用过程中,可以用有意义的变量替代使用。函数题头的定义是有一定的格式要求的,输出变量是由中括号标识的,而输入变量是由小括号标识的,各变量间用逗号间隔,应该注意到,函数的输入变量引用的只是该变量的值而非其他值,所以函数内部对输入变量的操作不会带回到工作空间中。

函数题头下的第一行注释语句为 HI 行,可以通过 lookfor 命令查看,函数的帮助信息可以通过 help 命令查看。

函数体是函数的主体部分,也是实现编程目的的核心所在,包括所有可执行的一切 MATLAB 语言代码。

在函数体中"%"后的部分为注释语句,注释语句主要是对程序代码进行说明解释,使程序易于理解,也有利于程序的维护。MATLAB 语言中将一行内百分号后所有文本均视为注释部分,在程序的执行过程中不被解释,并且百分号出现的位置也没有明确的规定,可以是一行的首位,这样,整行文本均为注释语句,也可以是在行中的某个位置,这样其后所有文本将被视为注释语句,这也展示了 MATLAB 语言在编程中的灵活性。

尽管前面介绍了函数文件的 5 个组成部分,但是并不是所有的函数文件都需要这 5 个部分的全部;实际上,这 5 部分中只有函数题头是一个函数文件所必需的,而其他的 4 个部分均可省略。当然,如果没有函数体则为一空函数,不能产生任何作用。

在 MATLAB 语言中,存储 M 文件时文件名应当与文件内主函数名相一致,这是因为在调用 M 文件时,系统查询的相应的文件而不是函数名,如果两者不一致,则或者打不开目的文件,或者打开的是其他文件。鉴于这种查询文件的方式与以往程序设计语言不同,在其他的语言系统中,函数的调用都是指对函数名本身的,所以,建议在存储 M 文件时,应将文件名与主函数名统一起来,以便于理解和使用。

3）函数变量及变量作用域

在 MATLAB 语言的函数中,变量主要有输入变量、输出变量及函数内所使用的变量。

输入变量相当于函数入口数据，是一个函数操作的主要对象。从某种程度上讲，函数的作用就是对输入变量进行加工以实现一定的功能。如前节所述，函数的输入变量为形式参数，即只传递变量的值而不传递变量的地址，函数对输入变量的一切操作和修改如果不依靠输出变量传出，将不会影响工作空间中该变量的值。

MATLAB 语言提供了函数 nargin 和函数 varargin 来控制输入变量的个数，以实现不定个数参数输入的操作。

函数对于函数变量而言，还应当指出的是其作用域的问题。在 MATLAB 语言中，函数内定义的变量均被视为局部变量，即不加载到工作空间中，如果希望使用全局变量，则应当使用命令 global 定义，而且在任何使用该全局变量的函数中都应加以定义。在命令窗口中也不例外。例如：

```
% 这里一个全局变量的示例
  function  [num1,num2,num3] = text(varargin)
  global  firstlevel  secondlevel                           %定义全局变量
  num1 = 0;
  num2 = 0;
  num3 = 0;
  list = zeros(nargin);
  for i = 1: nargin
  list(i) = sum(varargin{i}(: ));
  list(i) = list(i) /length (varargin{i});
    if  list (i)> firstlevel
      num1 = num1 + 1
    elseif  list(i)> secondlevel
      num2 = num2 + 1;
    else
      num3 = num3 + 1;
    end
  end
% 在命令窗口中也应定义相应的全局变量
 >> global  firstlevel  secondlevel
 >> firstlevel = 85;
 >> secondlevel = 75; (程序运行结果略)
```

从该例中可以看到，定义全局变量时，与定义输入变量和输出变量不同，变量之间必须用空格分隔，而不能用逗号分隔，否则系统将不能识别逗号后的全局变量。

4）子函数与局部函数

在 MATLAB 语言中，与其他的程序设计语言类似，也可以定义子函数，以扩充函数的功能。在函数文件中题头中所定义的函数为主函数，而在函数体内定义的其他函数均被视为子函数。子函数只能被主函数或同一主函数下其他的子函数所调用。

在 MATLAB 语言中将放置在目录 private 下的函数称为局部函数，这些函数只能被 private 目录的父目录中的函数调用，而不能被其他的目录的函数调用。

局部函数与子函数所不同的是局部函数可以被其父目录下的所有函数所调用，而子函数则只能为其所在的 M 文件的主函数所调用，所以局部函数可应用范围大于子函数；在函数编辑的结构上，局部函数与一般的函数文件的编辑相同，而子函数则只能在主函数文件中编辑。

当在 MATLAB 的 M 文件中调用函数时，首先将检测该函数是否为此文件的子函数；如果不是，再检测是否为可用的局部函数；当结果仍然为否定时，再检测该函数是否为 MATLAB 搜索路径上的其他 M 文件。

5）流程控制语句

如其他的程序设计语言一样，MATLAB 语言也给出了丰富的流程控制语句，以实现具体的程序设计。在命令窗口中的操作虽然可以实现人机交互，但是所能实现的功能却相对简单，虽然也可以在命令窗口中使用流程控制语句，但是由于命令窗口中交互式的执行方式，使得这样的操作极为不方便，而在 M 文件中，通过对流程控制语句的组合使用，可以实现多种复杂功能。

MATLAB 语言的流程控制语句主要有 for、while、if-else-end 及 switch-case 等 4 种语句。

## 8.2 MATLAB 在信息理论分析中的应用

### 8.2.1 离散信源的 MATLAB 分析

利用 MATLAB 进行离散信源的分析，可进一步加深对离散信源的理解，同时加快对离散信源的分析计算。

由第 2 章已知，对于一般实际输出为单个符号的离散信源都可用一维随机变量 $X$ 来描述信源的输出，信源的数学模型抽象为

$$\begin{bmatrix} X \\ p(x) \end{bmatrix} = \begin{bmatrix} a_1 & a_2 & a_3 & \cdots & a_q \\ p(a_1) & p(a_2) & p(a_3) & \cdots & p(a_q) \end{bmatrix}$$

其中，$\sum_{i=1}^{q} p(a_i) = 1$，则每个符号携带的自信息为 $I(a_i) = -\log_2 p(a_i)(\text{bit})$，信源 $X$ 的信息熵为 $H(X) = E\left(\log \frac{1}{p(a_i)}\right) = -\sum_{i=1}^{q} p(a_i)\log p(a_i)$。

利用 MATLAB 可以方便地进行上述分析计算：

```
I(ai) =- log2(P(ai))              % 计算单个符号 ai 的自信息 I(ai)
Hx =- Px * log2(Px')              % 计算信源 X 的信息熵 H(X)
```

### 8.2.2 离散信道的 MATLAB 分析

利用 MATLAB 对离散信道进行分析，可进一步加深对离散信道的理解，同时加快对离散信源的分析计算，本节以对称离散信道为例进行说明。

由第 3 章已知，对于对称离散信道，若其转移概率用如下的信道转移矩阵来表示

$$\boldsymbol{P} = \begin{bmatrix} p(b_1/a_1) & \cdots & p(b_s/a_1) \\ \vdots & & \vdots \\ p(b_1/a_r) & \cdots & p(b_s/a_r) \end{bmatrix}$$

其中，信道矩阵 $\boldsymbol{P}$ 中每一行都是第一行的重新排列，每一列也都是第一列的重新排列的规

律，则其信道容量为

$$\begin{aligned} C &= \max_{P(x)} I(X;Y) \\ &= \max_{P(x)}[H(Y) - H(p_1, p_2, \cdots, p_s)] \\ &= \log s - H(p_1, p_2, \cdots, p_s) \quad (\text{比特/符号}) \end{aligned}$$

计算对称离散信道容量的 MATLAB 语句：

```
for i = 1:s , a = a + p(1,i) * log2(p(1,i)); end          % 计算信道矩阵每一行的熵函数
C = log2(s) + a                                            % 计算对称离散信道的信道容量
```

## 8.2.3 应用 MATLAB 进行信息理论分析的实例

**【例 8.2.1】** 设黑白气象传真图的消息只有黑色和白色两种，即信源 $X=\{黑,白\}$，设概率为 $P(黑)=0.3$，白色的出现概率 $P(白)=0.7$。

(1) 假设图上黑白消息出现前后没有关联，求熵 $H_1(X)$。

(2) 假设消息前后有关联，其依赖关系为 $P(白/白)=0.9$，$P(黑/白)=0.1$，$P(白/黑)=0.2$，$P(黑/黑)=0.8$，求此平稳信源的熵 $H_2(X)$。

对该题用 MATLAB 进行编程。

**解**：本题的 MATLAB 程序如下：

```
clear all;                                       % 清除所有变量
Px = [0.7 0.3];P = 0;                            % Px = p(x)
Hx = - Px * log2(Px')                            % 计算 H(X)
Pyx = [0.9 0.2;0.1 0.8];px = [0.7 0.3;0.7 0.3];  % Pyx 为条件概率 p(y/x)
Pxy = Pyx. * px                                  % 计算联合概率 p(xy)
for i = 1:2
    hxx(i,1) = - Pxy(i,:) * log2(Pxy(i,:)');
    P = P + hxx(i,1);                            % 计算 H(X^2)
end
h2x = P/2                                        % 计算 H2(X)
```

程序运行结果：

```
Hx  =  0.8813
Pxy  =
    0.6300     0.0600
    0.0700     0.2400
h2x  =  0.7131
```

**【例 8.2.2】** 求图 8.2.1 所示信道的信道容量及其最佳的输入概率分布。

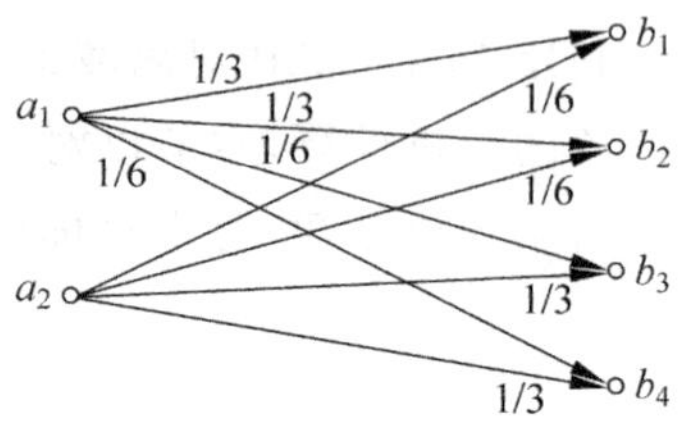

图 8.2.1 信道

**解**：本题的 MATLAB 程序如下：

```
clear all;       % 清除所有变量
a = 0;
p = [1/3 1/3 1/6 1/6;1/6 1/6 1/3 1/3];    % 信道矩阵 P
for i = 1:4,a = a + p(1,i) * log2(p(1,i));end
    C = log2(4) + a    % 计算对称离散信道的信道容量 C
```

```
for i = 1:2,p1(i) = 1/2;end
p1                                    % 最佳输入概率分布
```

程序运行结果：

```
C = 0.0817
p1 =      0.5000     0.5000
```

# 8.3 MATLAB 在编码技术分析中的应用

## 8.3.1 信源编码技术的 MATLAB 分析

信源编码的目的是要减少冗余，提高编码效率，即针对信源输出符号序列的统计特性，寻找合适的方法把信源输出符号序列变换为最短的码字序列。其基本途径有两个：一是编码后使序列中的各个符号之间尽可能地互相独立，即解除相关性；二是使编码后各个符号出现的概率尽可能相等，即均匀化分布。

由第 5 章知道霍夫曼(Huffman 码)编码是消除编码冗余最常用的技术。当对信源符号进行编码时，霍夫曼编码能给出最短的码字。根据无失真编码定理，霍夫曼编码方式对固定的 n 值是最优的。

霍夫曼编码的主要步骤如下：

(1) 按信源符号概率的大小，从大到小排列。

(2) 将概率最小的两组分别编为 1 和 0，等概率时可任意编为 1 或 0。

(3) 将已赋编码的两组概率相加，作为一组新的概率。

(4) 重复步骤(1)～步骤(3)，每次减少一组，直到最后剩下两组为止。

(5) 对应信源，按反序得编码结果。

利用 MATLAB 编程可以快速得出任意信源的 Huffman 码，下面给出二元 Huffman 编码的参考程序。

进行 Huffman 编码的 MATLAB 程序主要由 2 个 if 语句、5 个 for 语句组成。按照其功能可以分为五个部分。

```
clear all;
p = [ ];                                        % 给出具体信源的概率分布 p
% ---------------- PART 1 --------------------------
if (length(find(p<0))~ = 0)
   error('Not a prob,negative component');
end
if (abs(sum(p) - 1)> 10e - 10)
   error('Not a prob.vector,component do not add to 1')
end
% --------------------------------------------------
% 这部分主要是判断信源概率分布是否合法,
% 即非负,相加和为 1
% --------------------------------------------------
% ------------------------------ PART 2 ----------------------------------
n = length(p);                                  % n 为信源长度即信源元素个素
```

```
q = p;
m = zeros(n-1,n);                                %构造 n-1 行、n 列的 m 矩阵
for i = 1:n-1
   [q,l] = sort(q);                              %对信源概概率从小到大排列(从左往右)
   m(i,:) = [l(1:n-i+1),zeros(1,i-1)];           %m 矩阵的每行记录每次排序后的概率次序
   q = [q(1) + q(2),q(3:n),1];                   %将概率最小的两项合并,循环排序
end
% ------------------------------------------------------------------------------
%这部分通过 m 矩阵记录了信源 P 及每次重新排序后的缩减信源的概率分布情况
%即完成了 Huffman 编码步骤中的步骤(1)~步骤(4)
% ------------------------------------------------------------------------------
% ----------------------------- PART 3 ---------------------------------------
for i = 1:n-1
   c(i,:) = blanks(n*n);                         %c 矩阵的第 i 行为 n×n 列的空矩阵
end
% ------------------------------------------------------------------------------
%c 为 n-1 行、n×n 列的空矩阵.每个信源的编码长度不会超过
%信源符号个数。c 矩阵记录了按反序得到编码的过程
% ------------------------------------------------------------------------------
% ------------------------------- PART 4 -------------------------------------
c(n-1,n) = '0';
c(n-1,2*n) = '1';
for i = 2:n-1
   c(n-i,1:n-1) = c(n-i+1,n*(find(m(n-i+1,:) == 1)) -(n-2):n*(find(m(n-i+1,:) == 1)))
   c(n-i,n) = '0'
   c(n-i,n+1:2*n-1) = c(n-i,1:n-1)
   c(n-i,2*n) = '1'
   for j = 1:i-1
c(n-i,(j+1)*n+1:(j+2)*n) = c(n-i+1,n*(find(m(n-i+1,:) == j+1)-1)+1:n*find
(m(n-i+1,:) == j+1))
   end
end
% ------------------------------------------------------------------------------
%这部分是具体的编码过程,也是程序的核心,即主要步骤中的步骤(5)
% --------------------------- PART 5 -----------------------------------------
 for i = 1:n
     h(i,1:n) = c(1,n*(find(m(1,:) == i)-1)+1:find(m(1,:) == i)*n);
     ll(i) = length(find(abs(h(i,:))~ = 32));
   end                                           %得到各个信源对应的编码及码长
   xx = sum(p.*ll)                               %得到并输出平均码长
   h                                             %输出信源对应的编码
   ll                                            %输出信源对应的编码符号码长
   hx = -p*log2(p')                              %输出信源的熵
   At = hx/xx                                    %输出编码效率
% ------------------------------------------------------------------------------
```

## 8.3.2 信道编码技术的 MATLAB 仿真

**1. Simulink 仿真环境简介**

MATLAB Simulink 是一个面向框图的动态仿真系统,用于对动态系统进行仿真和分

析，预先模拟实际系统的特性和响应，根据设计和使用要求，对系统进行修改和优化。

Simulink 提供了图形化用户界面，只需单击鼠标就可以轻易地完成模型的创建、调试和仿真工作，用户不须专门掌握一种程序设计语言。

Simulink 可将系统分为从高级到低级的几个层次，每层又可以细分为几个部分，每层系统构建完成后，将各层连接起来就可构成一个完整的系统。

模型创建完成后，可以启动系统的仿真功能分析系统的动态特性，其内置的分析工具包括各种仿真算法、系统线性化、寻求平衡点等。仿真结果可以以图形方式在示波器窗口显示，也可将输出结果以变量形式保存起来，并输入 MATLAB 中以完成进一步的分析。

Simulink 仿真的三大步骤：模型创建与定义（Model Creating and Definition）、模型的分析（Model Analyzing）、模型的修正（Model Modifying）。重复执行上述三大步骤可以实现系统的最优化。

1）Simulink 的运行

运行 Simulink 及创建模型的步骤如下：

（1）运行 Simulink：在 MATLAB 命令窗口下单击 Simulink 图标 ，或在命令窗口输入 Simulink 命令，打开 Simulink Library Browser（浏览器）窗口，展开 Simulink 树状列表形式的模块库（包含 Simulink 模块库中的各种模块及其他 Toolbox 和 Blockset 中的模块），如图 8.3.1 所示。

（2）选择建模模块：展开树状列表，单击所需类别的模块项，所选模块类的具体模块库就在右侧的列表框中显示出来，提供建模使用。也可以在输入栏中输入模块名并单击 Find 按钮进行查询。

（3）打开模型创建窗口（Open the Window of Mode Creating）。

（4）在工具栏中选择“建立新模型”的图标，弹出名为 Untitled 的空白模型窗口，选择 Open 命令可以打开存于硬盘中已建的模型，完成模型的运行或修改。

2）常用的 Simulink 基本模块（Basic Module）

在打开的 Simulink Library Browser 窗口中，如图 8.3.1 所示左侧的模块库和工具箱（Block and Toolboxes）栏中列出了各领域开发的仿真环节库。主要的仿真环节库有：

- 控制系统工具箱（Control System Toolbox）；
- 通信模块工具箱（Communications Blockset）；
- 数字信号处理模块工具箱（DSP Blockset）；
- 非线性控制模块工具箱（NCD Blockset）；
- 定点处理模块工具箱（Fixed-Point Blockset）；
- 状态流（StateFlow）；
- 系统辨识模块工具箱（System ID Blocks）；
- 神经网络模块工具箱（Neural Network Blockset）；
- 模糊逻辑工具箱（Fuzzy Logic Toolbox）。

在 Simulink Library 浏览器窗口左侧的 Simulink 项上右击，选择菜单 Open the ‘Simulink’ Library 命令，可打开 Simulink 模块库窗口。常用的模块主要有：

- 信号源模块：Source；

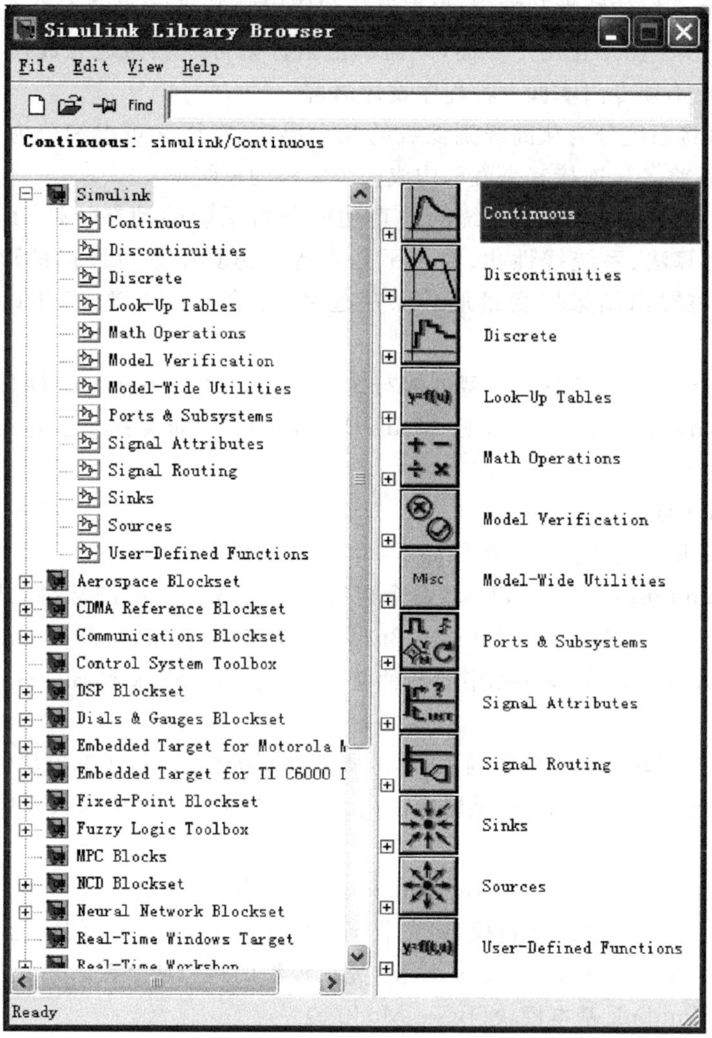


图 8.3.1　Simulink Library Browser 窗口

- 输出模块：Sinks；
- 连续系统模块：Continuous；
- 离散系统模块：Discrete；
- 数学运算模块：Math Operations；
- 函数和表模块：Function & Tables；
- 非线性系统模块：Nonlinear；
- 信号与系统模块：Signal & Systems；
- 常用模块：Commonly Used Blocks；
- 非连续模块：Discontinuous；
- 逻辑运算和二进制数位模块：Logical and Bit Operation；
- 端口及子系统：Ports & subsystems；
- 通信模块：Communications Blockset。

3) Simulink 的文件操作和模型窗口

(1) Simulink 的文件操作。下面主要介绍新建仿真模型文件和打开仿真模型文件。

① 新建仿真模型文件。新建仿真模型文件有几种操作方法：

- 在 MATLAB 的命令窗口选择“File→New→Model”命令。
- 在图 8.3.1 的 Simulink Library Browser(模块库浏览器)窗口选择菜单“File→New→Model”命令，或者单击工具栏的图标。
- 在图 8.3.2 的 Simulink 模型窗口选择菜单“File→New→Model”命令，或者单击工具栏的图标。

② 打开仿真模型文件。打开仿真模型文件有几种操作方法：

- 在 MATLAB 的命令窗口输入不加扩展名的文件名，该文件必须在当前搜索路径中，例如输入 Ex0701。
- 在 MATLAB 的命令窗口选择“File→Open”命令或者单击工具栏的图标打开文件。
- 在图 8.3.1 的 Simulink 模块库浏览器窗口选择“File→Open”命令或者单击工具栏的图标打开“.mdl”文件。
- 在图 8.3.2 的 Simulink 模型窗口中选择“File→Open”命令或者单击工具栏的图标打开文件。

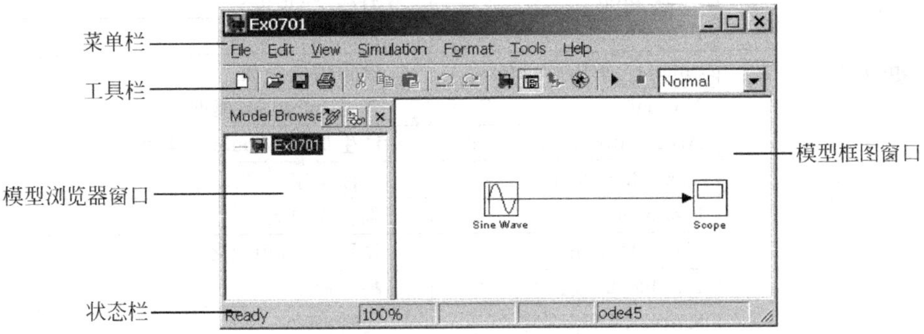


图 8.3.2 Simulink 模型窗口(双窗口)

(2) Simulink 的模型窗口。Simulink 模型窗口由菜单栏、工具栏、模型浏览器窗口、模型框图窗口及状态栏组成。

Simulink 模型窗口工具栏如图 8.3.3 所示。

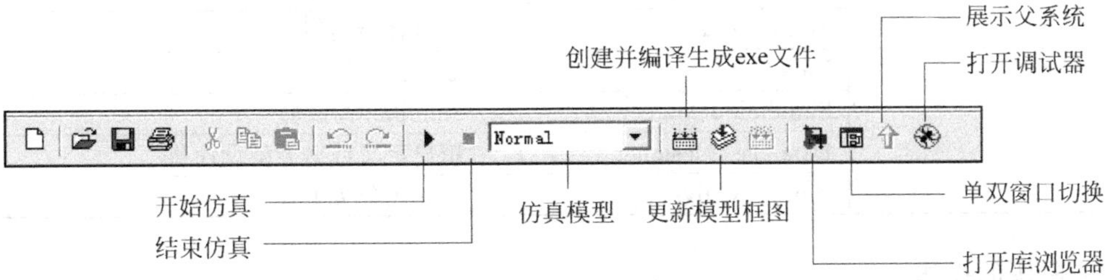


图 8.3.3 工具栏

Simulink 模型窗口的常用菜单如表 8.3.1 所示。

**表 8.3.1　模型窗口常用菜单**

| 菜　单　名 | 菜　单　项 | 功　　能 |
|---|---|---|
| File | New→Model | 新建模型 |
| | Model properties | 模型属性 |
| | Preferences | Simulink 界面的默认设置选项 |
| | Print | 打印模型 |
| | Close | 关闭当前 Simulink 窗口 |
| | Exit MATLAB | 退出 MATLAB 系统 |
| Edit | Create subsystem | 创建子系统 |
| | Mask subsystem | 封装子系统 |
| | Look under mask | 查看封装子系统的内部结构 |
| | Update diagram | 更新模型框图的外观 |
| View | Go to parent | 显示当前系统的父系统 |
| | Model browser options | 模型浏览器设置 |
| | Block data tips options | 鼠标位于模块上方时显示模块内部数据 |
| | Library browser | 显示库浏览器 |
| | Fit system to view | 自动选择最合适的显示比例 |
| | Normal | 以正常比例(100%)显示模型 |
| Simulation | Start/Stop | 启动/停止仿真 |
| | Pause/Continue | 暂停/继续仿真 |
| | Simulation Parameters | 设置仿真参数 |
| | Normal | 普通 Simulink 模型 |
| | Accelerator | 产生加速 Simulink 模型 |
| Format | Text alignment | 标注文字对齐工具 |
| | Flip name | 翻转模块名 |
| | Show/Hide name | 显示/隐藏模块名 |
| | Flip block | 翻转模块 |
| | Rotate Block | 旋转模块 |
| | Library link display | 显示库链接 |
| | Show/Hide drop shadow | 显示/隐藏阴影效果 |
| | Sample time colors | 设置不同的采样时间序列的颜色 |
| | Wide nonscalar lines | 粗线表示多信号构成的向量信号线 |
| | Signal dimensions | 注明向量信号线的信号数 |
| | Port data types | 标明端口数据的类型 |
| | Storage class | 显示存储类型 |
| Tools | Data explorer | 数据浏览器 |
| | Simulink debugger | Simulink 调试器 |
| | Data class designer | 用户定义数据类型设计器 |
| | Linear Analysis | 线性化分析工具 |

4）模块的操作

(1) 对象的选定。主要有如下 3 种选定对象方式。

■ 选定单个对象：选定单个对象只要在对象上单击鼠标，被选定的对象的四角处会出现小黑块编辑框。

- 选定多个对象：如果选定多个对象，可以按下 Shift 键，然后再单击所需选定的模块，或者用鼠标拉出矩形虚线框，将所有待选模块框在其中，则矩形框中所有的对象均被选中，如图 8.3.4 所示。

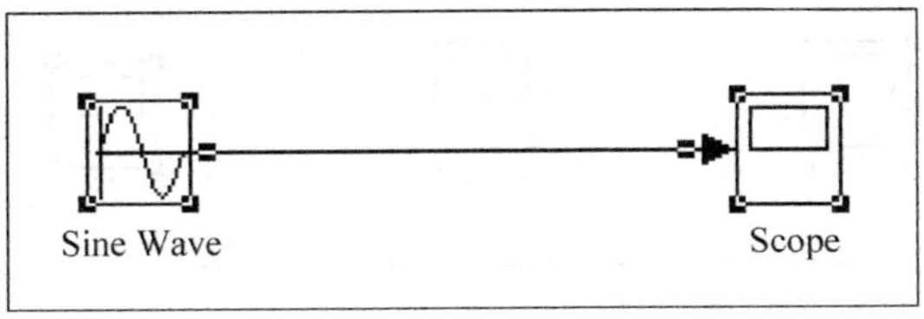


图 8.3.4 选定多个对象

- 选定所有对象：如果要选定所有对象，可以选择“Edit→Select all”命令。

(2) 模块的复制。有以下几种模块复制方法。

不同模型窗口(包括模型库窗口)之间的模块复制可用下述方法：

- 选定模块，用鼠标将其拖到另一模型窗口。
- 选定模块，使用菜单的 Copy 和 Paste 命令。
- 选定模块，使用工具栏的 Copy 和 Paste 按钮。

在同一模型窗口内复制模块(如图 8.3.5 所示)可用下述方法：

- 选定模块，按下鼠标右键，拖动模块到合适的地方，释放鼠标。
- 选定模块，按下 Ctrl 键，再用鼠标拖动对象到合适的地方，释放鼠标。
- 使用菜单栏和工具栏中的 Copy 和 Paste 命令。

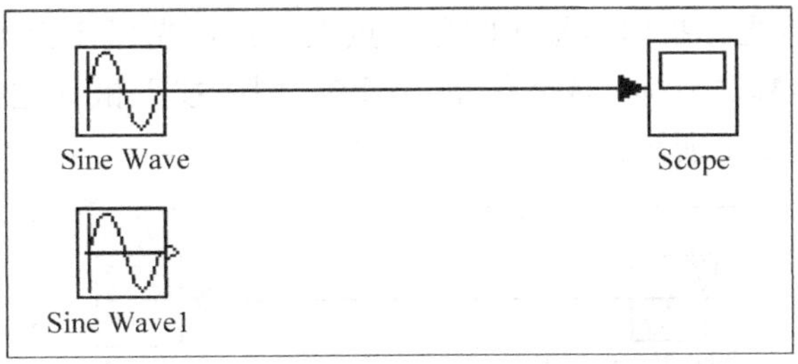


图 8.3.5 在同一模型窗口复制对象

(3) 模块的移动。移动模块的方法如下：

- 在同一模型窗口移动模块：选定需要移动的模块，用鼠标将模块拖到合适的地方。
- 在不同模型窗之间移动模块：在不同模型窗口之间移动模块，在用鼠标移动的同时按下 Shift 键，当模块移动时，与之相连的连线也随之移动。

(4) 模块的删除。要删除模块，应选定待删除模块，按 Delete 键；或者选择 Edit→Clear 命令(或 Cut 命令)；或者用工具栏的 Cut 按钮。

(5) 改变模块大小。选定需要改变大小的模块，出现小黑块编辑框后，用鼠标拖动编辑框，可以实现放大或缩小。

(6) 模块的翻转。其方法如下：

- 模块翻转 180°：选定模块，选择 Format→Flip Block 命令可以将模块旋转 180°，如

图 8.3.6 中间为翻转 180°示波器模块。

■ 模块翻转 90°：选定模块，选择 Format→Rotate Block 命令可以将模块旋转 90°，如图 8.3.6 右边示波器所示。如果一次翻转不能达到要求，可以多次翻转来实现。

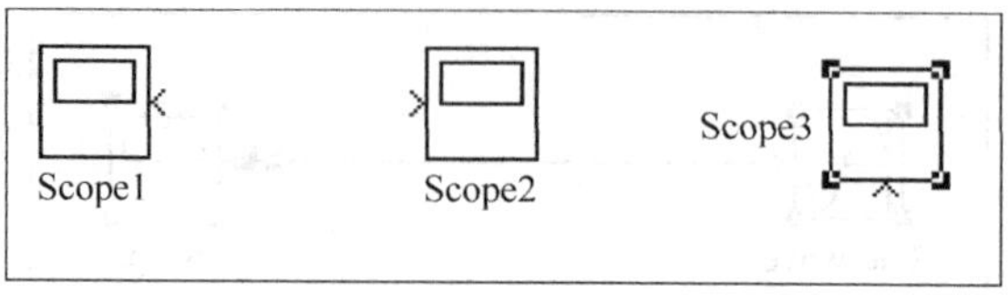


图 8.3.6 翻转模块

(7) 模块名的编辑。其方法如下：

■ 修改模块名：单击模块下面或旁边的模块名，出现虚线编辑框就可对模块名进行修改。

■ 模块名字体设置：选定模块，选择 Format→Font 命令，打开字体对话框设置字体。

■ 模块名的显示和隐藏：选定模块，选择 Format→Hide/Show name 命令，可以隐藏或显示模块名。

■ 模块名的翻转：选定模块，选择 Format→Flip name 命令，可以翻转模块名。

5) 信号线的操作

(1) 模块间连线。先将光标指向一个模块的输出端，待光标变为十字符后，按下鼠标左键并拖动，直到另一模块的输入端。

(2) 信号线的分支和折曲。其方法如下：

■ 分支的产生：将光标指向信号线的分支点上，右击，光标变为十字符，拖动鼠标直到分支线的终点，释放鼠标；或者按下 Ctrl 键，同时按下鼠标左键拖动鼠标到分支线的终点，如图 8.3.7 所示。

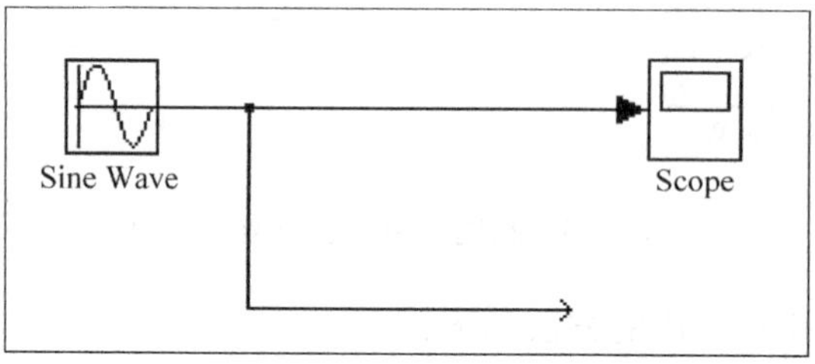


图 8.3.7 信号线的分支

■ 信号线的折线：选中已存在的信号线，将光标指向折点处，按下 Shift 键，同时按下鼠标左键，当光标变成小圆圈时，用鼠标拖动小圆圈将折点拉至合适处，释放鼠标，如图 8.3.8 所示。

(3) 信号线文本注释(label)。其方法如下：

■ 添加文本注释：双击需要添加文本注释的信号线，则出现一个空的文本框，在其中输入文本。

■ 修改文本注释：单击需要修改的文本注释，出现虚线编辑框即可修改文本。

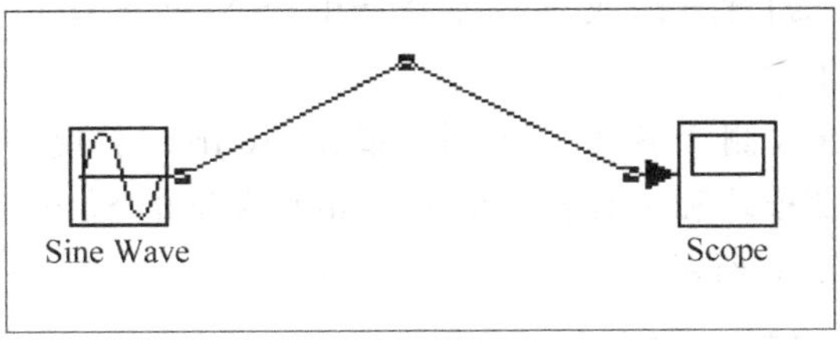


图 8.3.8 信号线的折线

- 移动文本注释：单击标识，出现编辑框后，就可以移动编辑框。
- 复制文本注释：单击需要复制的文本注释，按下 Ctrl 键同时移动文本注释，或者用菜单和工具栏的复制操作。

(4) 在信号线中插入模块。如果模块只有一个输入端口和一个输出端口，则该模块可以直接被插入一条信号线中。

6) 给模型添加文本注释

(1) 添加模型的文本注释。在需要当作注释区的中心位置，双击鼠标左键，就会出现编辑框，在编辑框中就可以输入文字注释。

(2) 注释的移动。在注释文字处单击鼠标左键，当出现文本编辑框后，用鼠标就可以拖动该文本编辑框。

7) 示波器(Scope)模块

示波器模块是用来接收输入信号并实时显示信号波形曲线的，示波器窗口的工具栏可以调整显示的波形，显示正弦信号的示波器如图 8.3.9 所示。

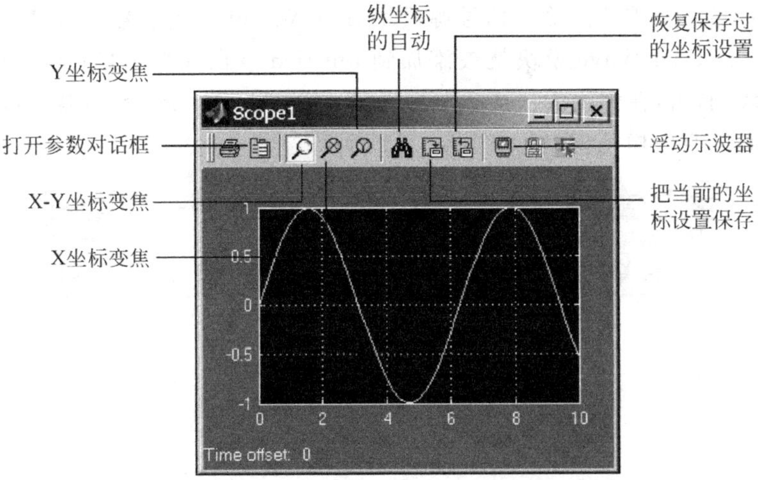


图 8.3.9 示波器

8) 系统仿真实例

【例 8.3.1】 创建一个简单的 Simulink 仿真模型——正弦信号的仿真模型。

具体步骤如下：

(1) 在 MATLAB 的命令窗口运行 Simulink 命令，或单击工具栏中的 图标，可以打开 Simulink Library Browser(Simulink 模块库浏览器)窗口，如图 8.3.1 所示。

(2) 单击工具栏上的 图标或选择菜单 File→New→Model 命令，新建一个名为 untitled 的空白模型窗口。

(3) 在图 8.3.1 的右侧子模块窗口中，单击 Source 子模块库前的"+"(或双击 Source)，或者直接在左侧模块和工具箱栏单击 Simulink 下的 Source 子模块库，便可看到各种输入源模块，如图 8.3.10 所示。

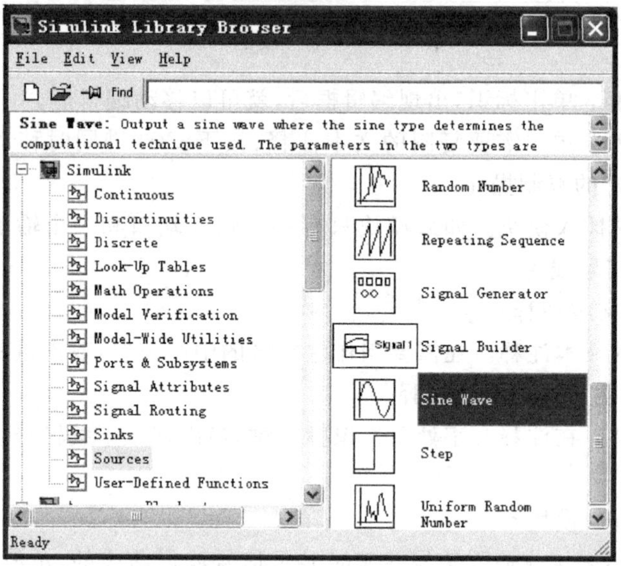


图 8.3.10 Source 子模块库

(4) 用鼠标单击所需要的输入信号源模块 Sine Wave(正弦信号)，将其拖放到 untitled 空白模型窗口，则 Sine Wave 模块就被添加到 untitled 空白模型窗口；也可以用鼠标选中 Sine Wave 模块，右击，在弹出的快捷菜单中选择 add to 'untitled'命令，就可以将 Sine Wave 块添加到 untitled 空白模型窗口，如图 8.3.11 所示。

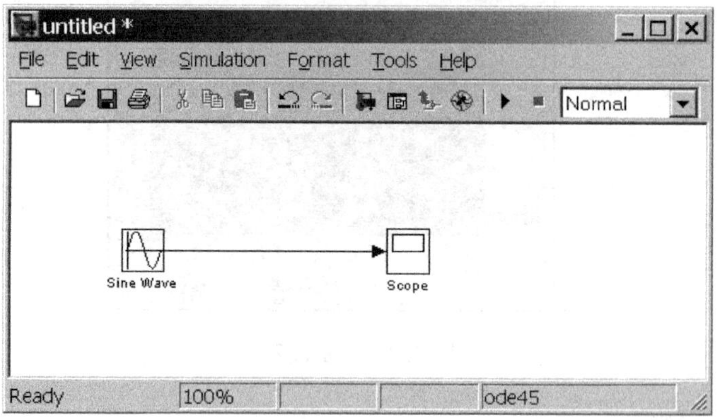


图 8.3.11 Simulink 模型窗口

(5) 用同样的方法打开接收模块库 Sinks，选择其中的 Scope 模块(示波器)拖放到 untitled 空白模型窗口中。

(6) 在 untitled 空白模型窗口中，用鼠标指向 Sine Wave 右侧的输出端，当光标变为十字符时，按住鼠标拖向 Scope 模块的输入端，松开鼠标，就完成了两个模块间的信号线连接，一个简单模型已经建成，如图 8.3.11 所示。

(7) 开始仿真，单击 untitled 空白模型窗口中“开始仿真”图标▶，或者选择菜单“Simulation→Start”命令，则仿真开始。双击 Scope 模块出现示波器显示屏，可以看到黄色的正弦波形，如图 8.3.12 所示。

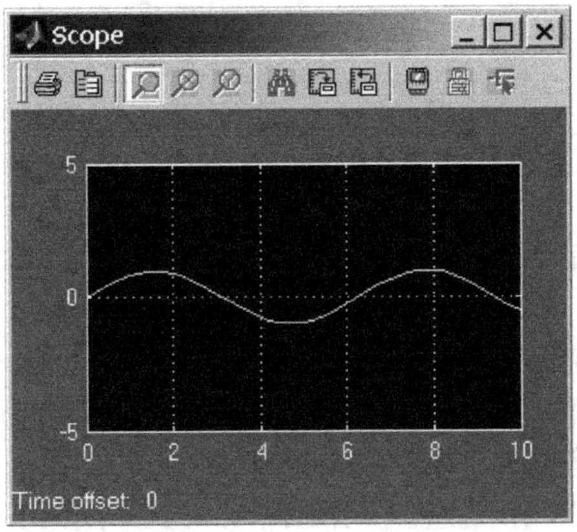


图 8.3.12 示波器窗口

(8) 保存模型：单击工具栏的图标，将该模型保存为 Ex0701.mdl 文件。

**【例 8.3.2】** 建立二阶系统的仿真模型。

方法一：

输入信号源使用阶跃信号，系统使用开环传递函数$\frac{1}{s^2+0.6s}$，接收模块使用示波器来构成模型。

(1) 在 Sources 模块库选择 Step 模块，在 Continuous 模块库选择 Transfer Fcn 模块，在 Math Operations 模块库选择 Sum 模块，在 Sinks 模块库选择 Scope。

(2) 连接各模块，从信号线引出分支点，构成闭环系统。

(3) 设置模块参数，打开 Sum 模块参数设置对话框，如图 8.3.13 所示。将 Icon shape 设置为 rectangular，将 List of signs 设置为“|＋－”，其中“|”表示上面的入口为空。

在 Transfer Fcn 模块的参数设置对话框中，将分母多项式 Denominator 设置为[1 0.6 0]。

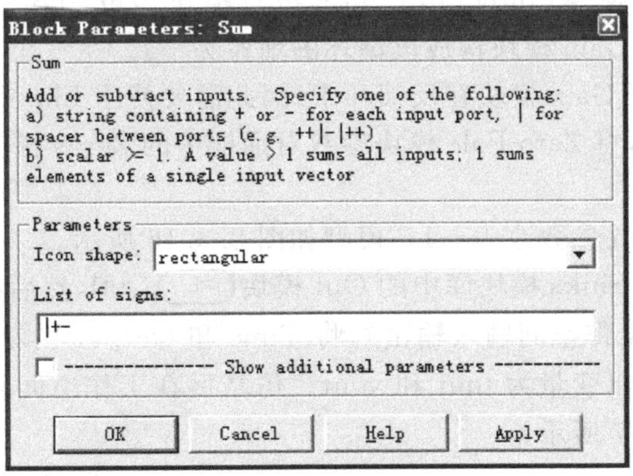


图 8.3.13 Sum 参数设置

在 Step 模块的参数设置对话框中,将 Step time 修改为 0。

(4) 添加信号线文本注释。双击信号线,出现编辑框后,就输入文本。则模型如图 8.3.14 所示。

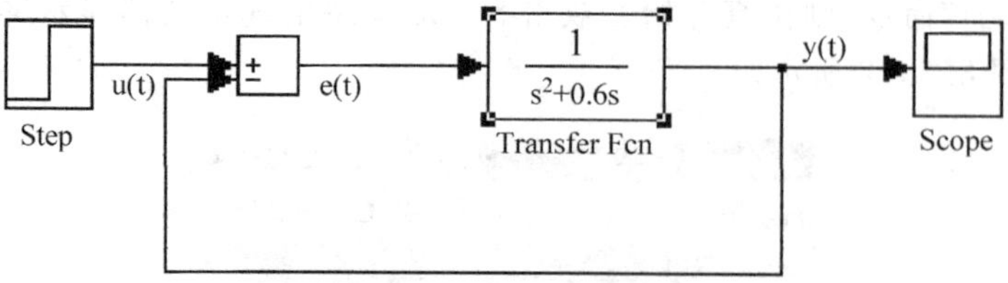


图 8.3.14　二阶系统模型

(5) 仿真并分析。单击工具栏的 Start simulation 按钮,开始仿真,在示波器上就显示出阶跃响应。

在 Simulink 模型窗口,选择"Simulation→Simulation parameters"命令,在 Solver 页将 Stop time 设置为 15,然后单击 Start simulation 按钮,示波器显示的就到 15 秒结束。

打开示波器的 Y 坐标设置对话框,将 Y 坐标的"Y-min"改为 0,"Y-max"改为 2,"Title"设置为"二阶系统时域响应",则示波器显示如图 8.3.15 所示。

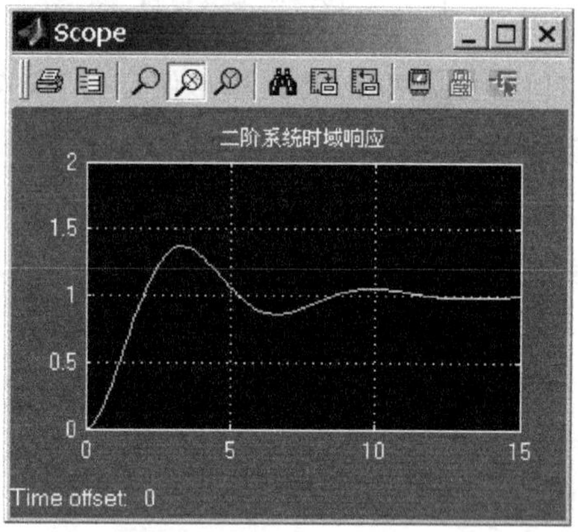


图 8.3.15　示波器显示

方法二:

(1) 系统使用积分模块(Integrator)和零极点模块(Zero-Pole)串联,反馈使用 Math Operations 模块库中的 Gain 模块构成反馈环的增益为−1。

(2) 连接模块,由于 Gain 模块在反馈环中,因此需要使用 Flip Block 翻转该模块。

(3) 设置模块参数,将 Zero-Pole 模块参数对话框中的 Zeros 栏改为[],将 Poles 栏改为[−0.6]。

将 Gain 模块的 Gain 参数改为−1。模型如图 8.3.16 所示。

如果将示波器换成 Sinks 模块库中的 Out 模块(1) Out1,然后在仿真参数设置对话框的 Workspace I/O 页(工作空间输入输出),将 Time 和 Output 栏勾选,并分别设置保存在工作空间的时间量和输出变量为 tout 和 yout。仿真后在工作空间就可以使用这两个变量来绘制曲线,如图 8.3.17 所示。

```
>> plot(tout,yout)
```

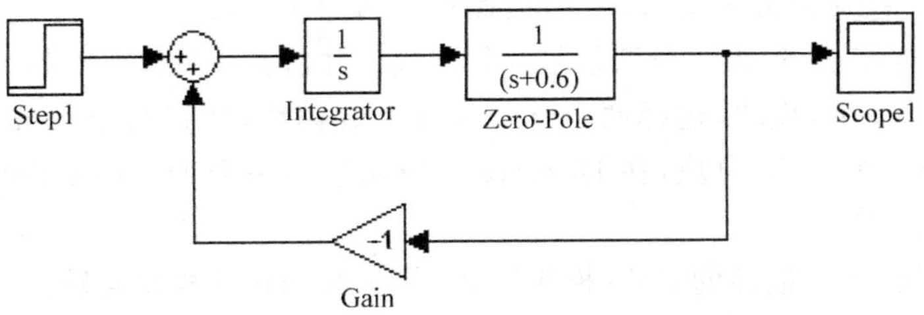


图 8.3.16 二阶系统模型

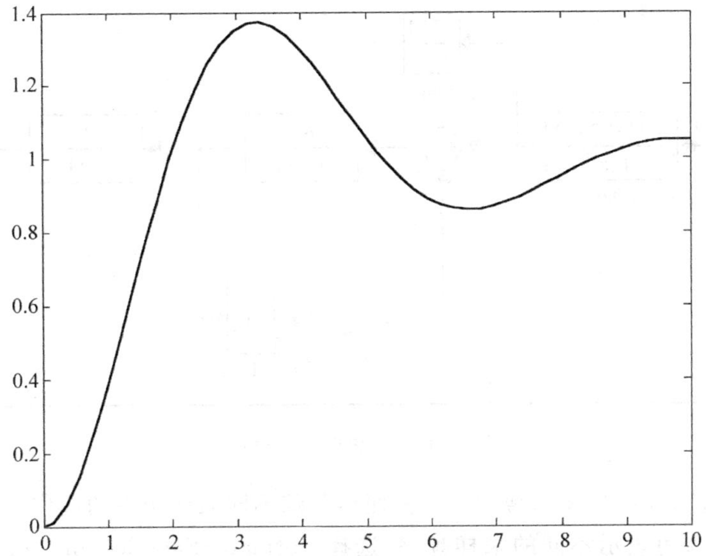

(a)

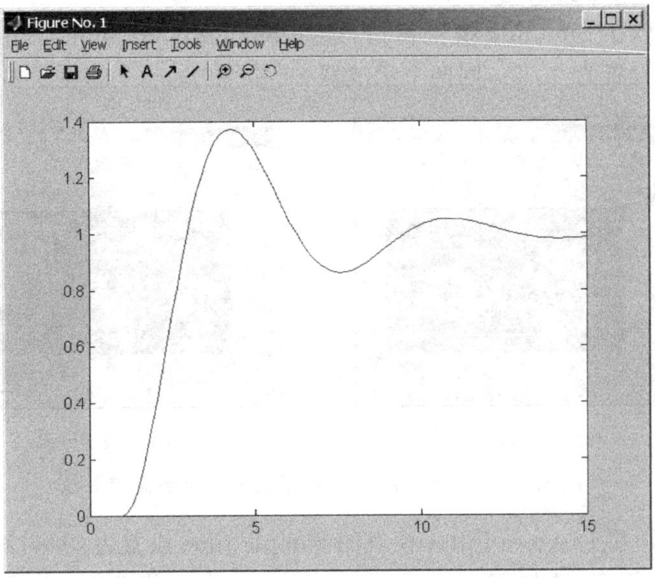


(b)

图 8.3.17 plot 绘制的时域响应波形

【例 8.3.3】 控制部分为离散环节，被控对象为两个连续环节，其中一个有反馈环，反馈环引入了零阶保持器，输入为阶跃信号。创建模型并仿真。具体步骤如下：

(1) 选择一个 Step 模块，选择两个 Transfer Fcn 模块，选择两个 Sum 模块，选择两个 Scope 模块，选择一个 Gain 模块，在 Discrete 模块库选择一个 Discrete Filter 和一个 Zero-Order Hold 模块。

(2) 连接模块，将反馈环的 Gain 模块和 Zero-Order Hold 模块翻转。

(3) 设置参数，Discrete Filter 和 Zero-Order Hold 模块的 Sample time 都设置为 0.1s。

(4) 添加文本注释，系统框图如图 8.3.18 所示。

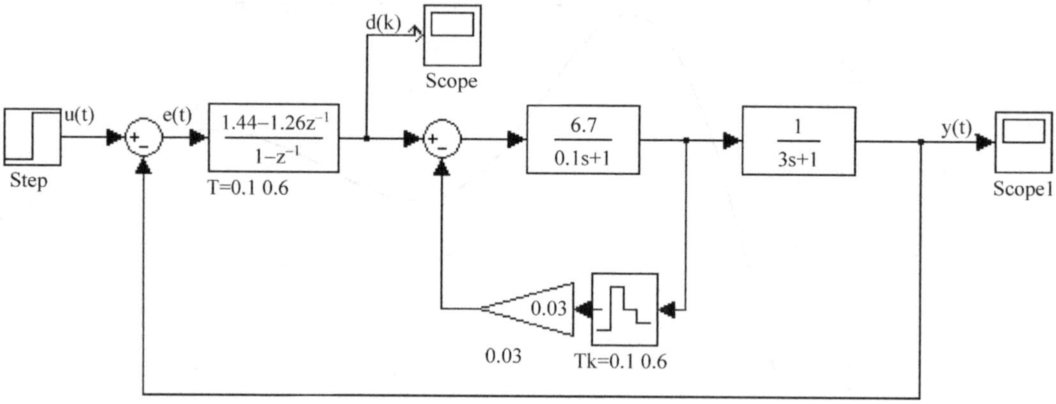


图 8.3.18 离散系统框图

(5) 设置颜色，Simulink 为帮助用户方便地跟踪不同采样频率的运作范围和信号流向，可以采用不同的颜色表示不同的采样频率，选择 Format→Sample time color 命令，就可以看到不同采样频率的模块颜色不同。

(6) 开始仿真，在 Simulink 模型窗口，选择 Simulation→Simulation parameters 命令，将 Max step size 设置为 0.05s，则两个示波器 Scope 和 Scope1 的显示如图 8.3.19 所示。

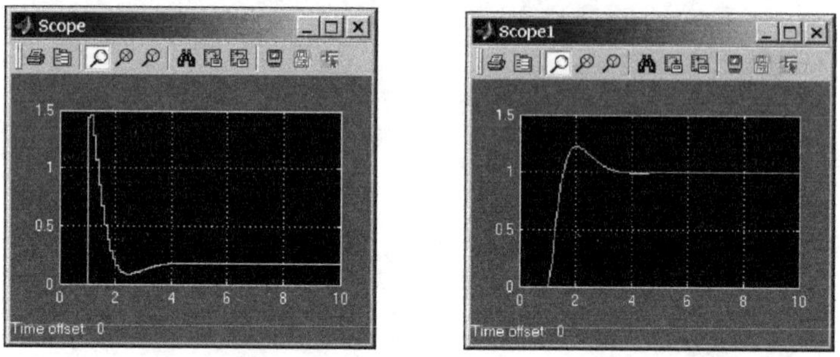


(a) d(k)示波器显示　　(b) y(t)示波器显示

图 8.3.19 T=Tk=0.1 时系统的输出响应较平稳

(7) 修改参数，将 Discrete Filter 模块的 Sample time 设置为 0.6s，Zero-Order Hold 模块的 Sample time 不变，选择 Edit→Update diagram 命令修改颜色，就可以看到 Discrete Filter 模块的颜色变化了。然后开始仿真，则示波器显示如图 8.3.20 所示。

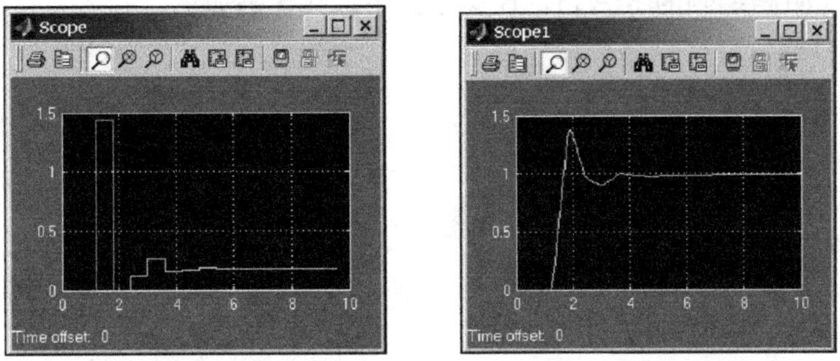


(a) d(k)示波器显示　　(b) y(t)示波器显示

图 8.3.20 T=0.6 而 Tk=0.1 时系统出现振荡

(8) 修改参数,将 Discrete Filter 和 Zero-Order Hold 模块的 Sample time 都设置为 0.6s,更新框图颜色,开始仿真,则示波器显示如图 8.3.21 所示。

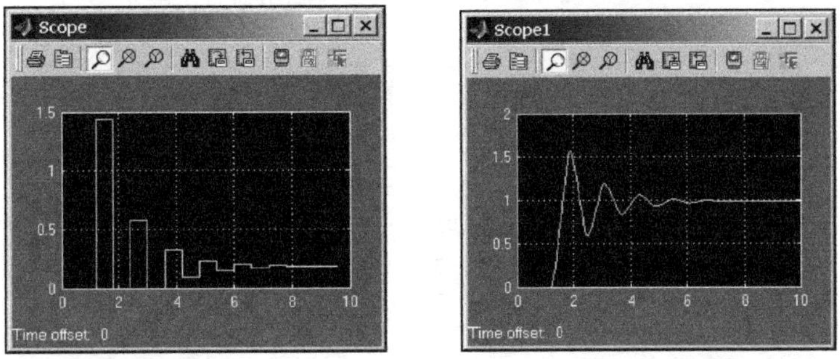


(a) d(k)示波器显示　　(b) y(t)示波器显示

图 8.3.21 当 T=Tk=0.6 时系统出现强烈的振荡

**2. 信道编码技术的 MATLAB 编程及仿真**

**信道编码**对信源编码输出的符号进行变换,使其尽量少受噪声干扰的影响,减少传输差错,提高通信**可靠性**。为了提高信息传输的准确性,使其具有较好的抵抗信道中噪声干扰的能力,在通信系统中需要采用专门的检、纠错误方法,即差错控制。

构造信道码的基本思路是根据一定的规律在待发送的信息码元中人为地加入一定的多余码元(称为**监督码**),以引入最小的多余度为代价来换取最好的抗干扰性能。

纠错编码的基本作法是:在发送端被传输的信息序列上附加一些监督码元,这些多余的码元与信息之间以某种确定的规则建立校验关系。接收端按照既定的规则检验信息码元与监督码元之间的关系,一旦传输过程中发生差错,则信息码元与监督码元之间的校验关系受到破坏,从而可以发现错误,乃至纠正错误。

下面介绍几种经典信道编码技术的 MATLAB 编程及仿真。

1) 汉明码

汉明码是最小码距为 3,能纠正一位错误的特殊的线性分组码。汉明码有许多很好的性质,它可以用一种简捷有效的方法进行译码。由于它的编码、译码较简单,且容易实现,因此被广泛采用,尤其是在计算机系统中被广泛应用。

(1) (7,4)汉明码编码的 MATLAB 参考程序。其代码如下：

```
clear all
clc
 % echo on
[h,g,n,k] = hammgen(3);                           % 产生 H 和 G 矩阵
for i = 1:2 ^k
    for j = k: - 1:1
        if rem(i - 1,2 ^( - j + k + 1))>= 2 ^( - j + k)
            u(i,j) = 1;
        else
            u(i,j) = 0;
        end
    end
end
c = rem(u * g,2)                                  % 生成(7,4)汉明码本
d = min(sum((c(2:2 ^k,:))'))                      % 计算最小码距
h                                                 % 输出监督矩阵
g                                                 % 输出生成矩阵
```

运行结果：

```
c =
     0     0     0     0     0     0     0
     1     0     1     0     0     0     1
     1     1     1     0     0     1     0
     0     1     0     0     0     1     1
     0     1     1     0     1     0     0
     1     1     0     0     1     0     1
     1     0     0     0     1     1     0
     0     0     1     0     1     1     1
     1     1     0     1     0     0     0
     0     1     1     1     0     0     1
     0     0     1     1     0     1     0
     1     0     0     1     0     1     1
     1     0     1     1     1     0     0
     0     0     0     1     1     0     1
     0     1     0     1     1     1     0
     1     1     1     1     1     1     1

d =   3

h =
     1     0     0     1     0     1     1
     0     1     0     1     1     1     0
     0     0     1     0     1     1     1

g =
     1     1     0     1     0     0     0
     0     1     1     0     1     0     0
     1     1     1     0     0     1     0
     1     0     1     0     0     0     1
```

(7,4)汉明码解码 MATLAB 程序如下：

```
%若输入汉明码为"0 1 1 0 1 0 1"
S = rem(h*[0 1 1 0 1 0 1]',2) %S为伴随式,用于判断传送的码字是否有错
```

(2) (7,4)汉明码编解码的 Simulink 仿真

利用 Simulink 对(7,4)汉明码进行编解码仿真的 Simulink 参考连接图如图 8.3.22 所示。

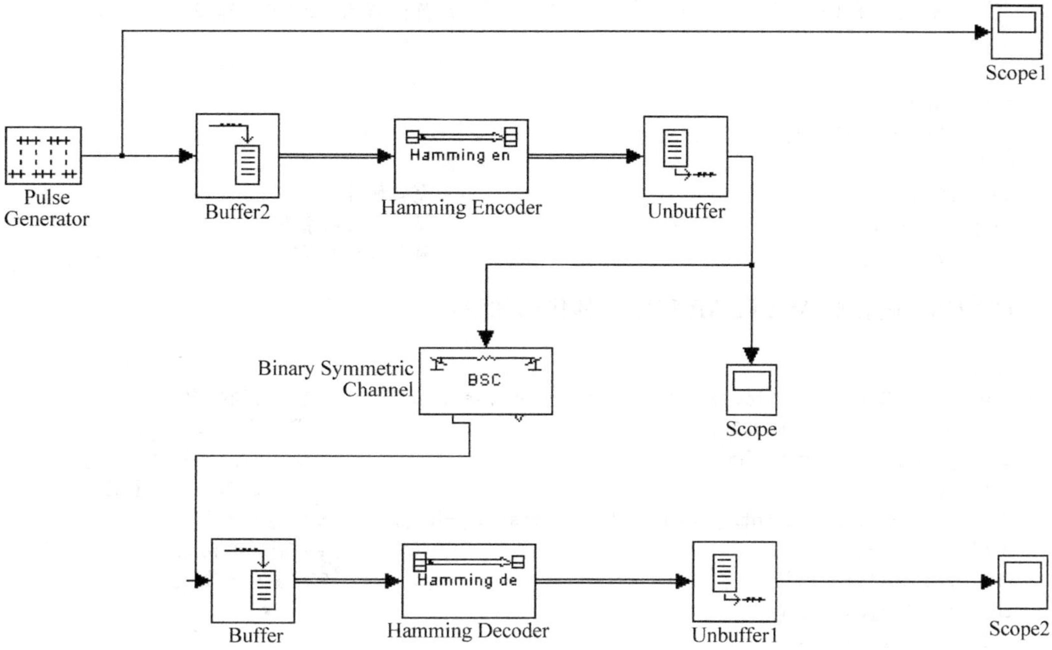


图 8.3.22 (7,4)汉明码编解码的 Simulink 参考连接图

其中,脉冲发生器用于产生输入序列;缓冲器完成数据的串并转换;汉明编码器、汉明解码器用于进行汉明码的编码和译码;BSC 模拟信号的传输;示波器用于显示输入序列、编码序列及解码序列的波形。

2) 循环码

循环码是一种特殊的线性分组码,属于线性分组码的一个重要子类,也是目前研究最为透彻的一类码,大多数有实用价值的纠错码都是循环码,特别是循环冗余校验(CRC)码,是通信领域中最常用的一种检错码。CRC 码的特征是信息位和校验位的长度可以根据需要灵活选定,在通信过程中将得到的 CRC 码附在数据帧的后面,接收设备也执行类似的校验算法,以保证数据传输的正确性和完整性。这里给出 CRC 校验码编码及校验的 MATLAB 参考程序。

(1) CRC 码编码 MATLAB 程序。其代码如下:

```
clc;
m = [1 0 1 0]                                  %信息位
G = [1 0 1 1]                                  %生成多项式
r = length(G);                                 %求生成多项式的长度
C = [m,zeros(1,r-1)];                          %信息位左移 r-1 位
length_total = length(C);                      %码字总长度
R = [zeros(1,r)];                              %r 位寄存器的初始化
CRC = [zeros(1,r-1)];                          %r-1 位校验位的初始化
```

```
for a = 1:length_total
  for i = 1:r - 1
      R(i) = R(i + 1);                    % r 位寄存器循环左移
  end
  R(r) = C(a);                            % 信息序列后一位移入寄存器
  if R(1) == 1
      R = xor(R,G);                       % 首位若为 1,则进行异或
  end
end
for i = 2:r
    CRC(i - 1) = R(i);
end
C = [m,CRC];                              % 完整码字
disp('CRC = ')                            % 显示 CRC 校验位
disp(C)                                   % 显示完整码字
```

(2) CRC 码校验 MATLAB 程序。其代码如下：

```
clc;
CODE_RECEIVE = input('please input the code received:');      % 输入接收到的码字
length_total = length(CODE_RECEIVE);                          % 求码字的长度
G = input('please input the G(x):');                          % 输入生成多项式
r = length(G);                                                % 求生成多项式的长度
H = [CODE_RECEIVE(1:length_total - r + 1),zeros(1,r - 1)];    % 信息位左移 r - 1 位
R = [zeros(1,r)];                                             % r 寄存器初始化
CRC = [zeros(1,r - 1)];                                       % 校验位初始化
for a = 1:length_total
  for i = 1:r - 1
      R(i) = R(i + 1);                                        % r 位寄存器循环左移
  end
  R(r) = H(a);                                                % 信息序列后一位移入寄存器
  if R(1) == 1
      R = xor(R,G);                                           % 首位若为 1,则进行异或
  end
end
CRC = [R(2:r)];                                               % 生成校验位
CRC_R = CODE_RECEIVE(length_total - r + 2:length_total);      % 生成接收到校验位
if CRC == CRC_R
    disp('CORRECT');                                          % 若相同,正确
else
    disp('WRONG');                                            % 若不等,出错
end
```

3) 卷积码

卷积码是一种有记忆的信道编码技术，即非分组码。相对于分组码，可以在信息位较短的情况下获得更好的纠错性能。下面给出卷积码编译码的部分 MATLAB 参考程序。

(1) 卷积码编码 MATLAB 子程序。其代码如下：

```
function code = encode_conv213(msg)
code = zeros(1,length(msg) * 2)
current = [0 0 0];
for i = 1:length(msg)
[out,next] = state_machine(msg(i),current);
```

```
current = next;
code(2 * i - 1) = out(1);
code(2 * i) = out(2);
End
```

(2) 卷积码译码 MATLAB 子程序。其代码如下：

```
function msg = decode_conv213(word)
chip = 10; % 初始状态选 10 个信息
for i = 1:2 ^chip
    M(i,:) = de2bi(i - 1,chip);                          % 把所有可能性按二进制输出
    W(i,:) = encode_conv213(M(i,:));                     % 得到相应的二进制编译后的码字
    D(i) = hamming_distance(W(i,:),word(1:chip * 2));  % 与出错码字对比得到汉明距离
end
    [val,index] = sort(D);
                       % val 中存汉明距离从小到大排列的数据,index 中存对应 val 数据所在位置
    ret_msg = zeros(1,length(word)/2);                   % 开辟译出码字的存放空间
for i = 1:6    % 在 1024 种选择中选择 6 种最小距离,并输出在 ret_msg 中,最小汉明距存于 ret_dis
    ret_msg(i,1:chip) = M(index(i),:);
    ret_dis(i) = D(index(i));
end
    iter = (length(word) - chip * 2)/2;                  % 剩余要译出的码字个数
for i = 1:iter
    for j = 1:6
    msg_temp1 = [ret_msg(j,1:chip + i - 1) 0];           % 下一状态输出 0
    msg_temp2 = [ret_msg(j,1:chip + i - 1) 1];           % 下一状态输出 1
    word_temp1 = encode_conv213(msg_temp1);              % 下一状态为 0 时的编码
    word_temp2 = encode_conv213(msg_temp2);              % 下一状态为 1 时的编码
    dis_temp1 = hamming_distance(word_temp1,word(1:chip * 2 + 2 * i));
    dis_temp2 = hamming_distance(word_temp2,word(1:chip * 2 + 2 * i));   % 计算汉明距离
if (dis_temp1 < dis_temp2)
    ret_msg(j,1:chip + i) = msg_temp1;
    ret_dis(j) = dis_temp1;
else
    ret_msg(j,1:chip + i) = msg_temp2;
    ret_dis(j) = dis_temp2;                  % 选择较小汉明距离的状态储存并输出在 ret_msg 中
end
    end
end
[val,index] = sort(ret_dis);                 % 把最终选择的 6 种最小汉明距离按从小到大排列
msg = ret_msg(index(1),:);                   % 选出维特比译码最小的距离所译出的信息
```

对卷积码进行编译码仿真的 Simulink 参考连接图如图 8.3.23 所示。

## 8.3.3 应用 MATLAB 进行编码技术分析的实例

**【例 8.3.4】** 信源符号 X 有七种字母,其概率分别为 0.32,0.22,0.18,0.16,0.08,0.04。

(1) 求符号熵 H(X)。

(2) 用霍夫曼编码法编成二进制变长码,计算其编码效率。

**解**：MATLAB 程序如下：

```
clear all;
p = [ 0.32,0.22,0.18,0.16,0.08,0.04];       % 给出信源的概率分布
```

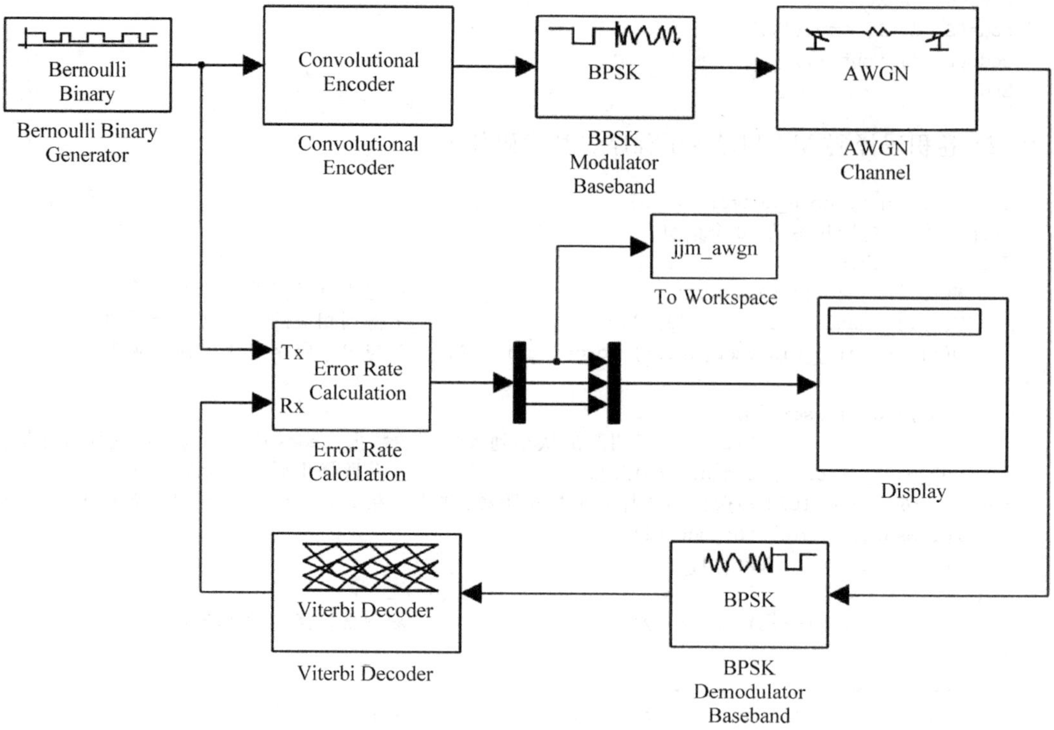


图 8.3.23 卷积码编译码的 Simulink 参考连接图

```
% ----------------8.3.1 节程序 PART 1----------------------------
% ----------------8.3.1 节程序 PART 2----------------------------
% ----------------8.3.1 节程序 PART 3----------------------------
% ----------------8.3.1 节程序 PART 4----------------------------
% ----------------8.3.1 节程序 PART 5----------------------------
```

运行结果：

```
xx =   2.4000
h =
    11
    01
    00
   101
  1001
  1000
ll =   2     2     2     3     4     4
hx =     2.3522
At =     0.9801
```

**【例 8.3.5】** 画出输入序列为 1000、1100、1110、0111 时(通过调节脉冲发生器的参数获得)仿真系统的汉明编码输出波形图(通过 Scope，Scope1，Scope2 观察获得)。

**解**：从 MATLAB 启动到进入 Simulink 仿真模型窗口进行仿真设计的实验操作步骤为：

(1) 启动 MATLAB，运行 Simulink，选择“File→New→Model”命令创建模型文件。

(2) 在 MATLAB 命令窗口输入 Simulink，打开 Simulink Library Browser 窗口，按

图 8.3.22 连接(7,4)汉明码编解码的 Simulink 连接图,其中各模块可在模块库中选择常用的标准模块。具体位置如下:

- 模块脉冲发生器的位置:Simulink→Sources。
- 模块 BSC 的位置:Communications Blockset→Channels。
- 模块缓冲器的位置:DSP Blockset→Signal Management。
- 模块汉明编解码器的位置:Communications Blockset→Error Detection and Correction。
- 模块示波器的位置:Simulink→Sinks。

本例脉冲发生器参数(输入序列为 1110)的设定如图 8.3.24 所示。

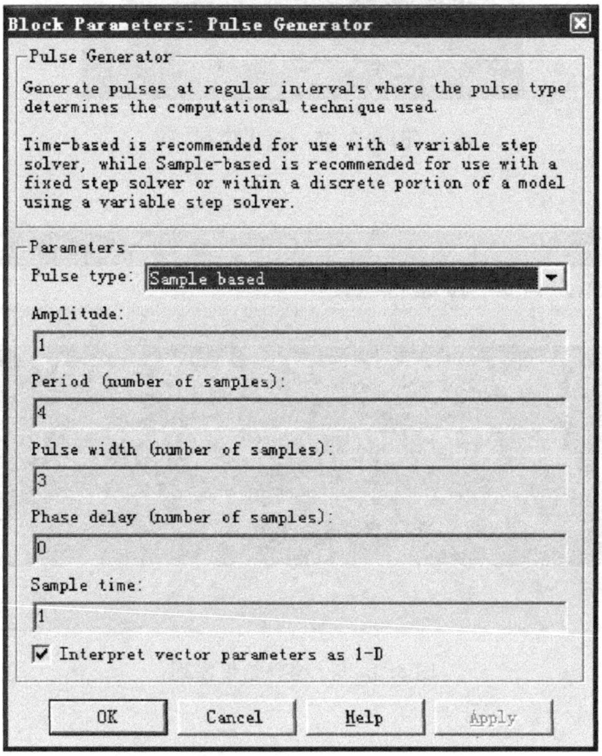


图 8.3.24 输入序列为 1110 时脉冲发生器参数的设定

BSC 参数的设定为:可修改错误概率。

缓冲器参数的设定为:可修改并行输出的位数(默认为 64 位)。

汉明编码器参数的设定为:可修改编码器输出的位数(默认为 7 位)。

示波器参数的设定为:可修改 Y 幅度,X 轴显示长度

Simulink 运行结果:

输入为 1000 序列时的汉明编码输出为:1101000 1101000。

输入为 1100 序列时的汉明编码输出为:1011100 1011100。

输入为 1110 序列时的汉明编码输出为:0101110 0101110。

输入为 0111 序列时的汉明编码输出为:0010111 0010111。

图 8.3.25～图 8.3.27 为输入为 0111 序列时的 Simulink 仿真结果波形。

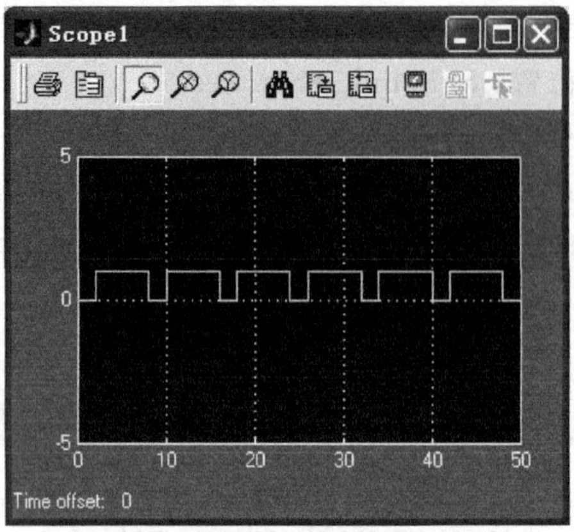


图 8.3.25　输入序列

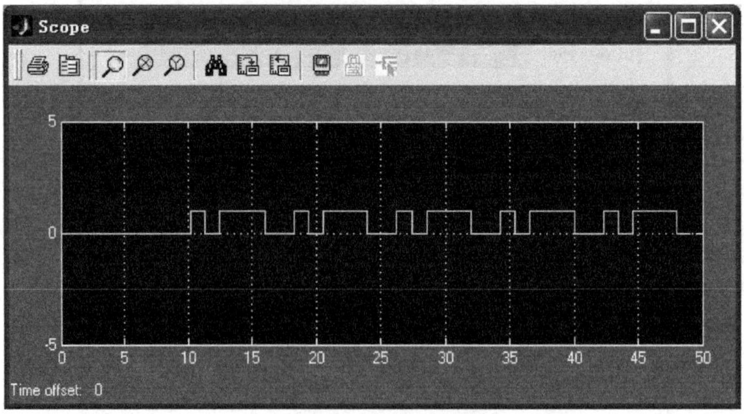


图 8.3.26　编码结果序列

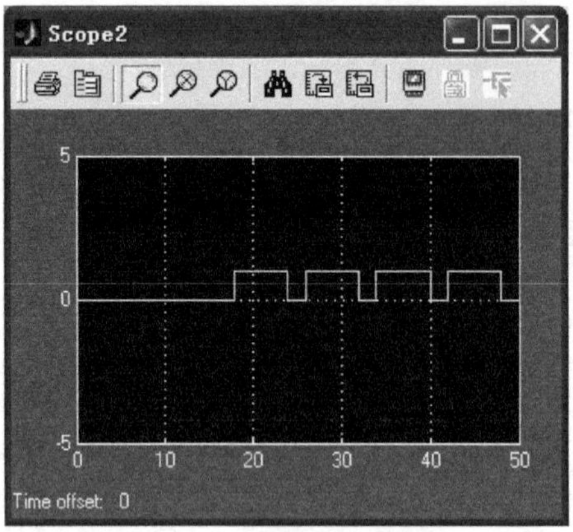


图 8.3.27　解码结果序列

## 思考题与习题

8.1 设离散无记忆信源 $\begin{bmatrix} X \\ p(x) \end{bmatrix} = \begin{bmatrix} a_1=0 & a_2=1 & a_3=2 & a_4=3 \\ 3/8 & 1/4 & 1/4 & 1/8 \end{bmatrix}$，其发出的消息为(202 120 130 213 001 203 210 110 321 010 021 032 011 223 210)，编制 MATLAB 程序求解：

(1) 该消息的自信息；

(2) 该信源的信息熵。

8.2 应用 MATLAB 求题图 8.1 所示信道的信道容量及其最佳的输入概率分布。

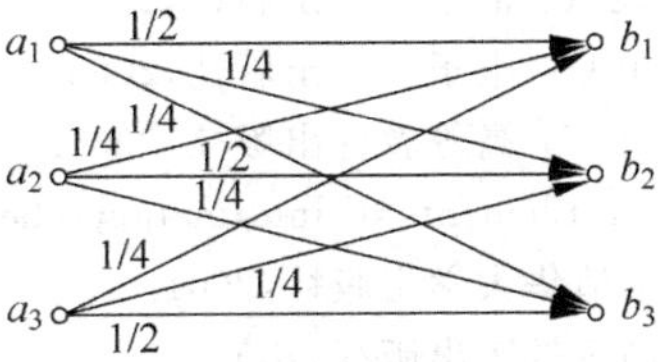


题图 8.1 信道

8.3 已知某一信源包含 8 个消息符号，其出现的概率为 $P(x)=\{0.1, 0.18, 0.4, 0.05, 0.06, 0.1, 0.07, 0.04\}$，编制 MATLAB 程序求解：

(1) 该信源在每秒钟内发出 1 个符号，求该信源的熵及信息传输速率。

(2) 对这 8 个符号作二元霍夫曼编码，输出相应码字，并求出编码效率。

8.4 画出(15,11)汉明编解码的 Simulink 连接图，并设置适当的模块参数。当输入序列为 10000011111 时画出仿真系统的汉明编码输出波形图和解码输出波形图。

# 参考文献


[1] 傅祖芸.信息论——基础理论与应用.北京：电子工业出版社，2001.
[2] 陈运.信息论与编码.北京：电子工业出版社，2002.
[3] 张仁霖.信息论基础及其在地学中的应用.西安：西安地图出版社，1993.
[4] 吴伯修，归绍升，祝宗泰等.信息论与编码.北京：电子工业出版社，1987.
[5] 黄新亚，米央.信息编码技术及其应用大全.北京：电子工业出版社，1994.
[6] 万旺根，余小清.信息与编码理论基础.上海：上海大学出版社，2000.
[7] 唐朝京，雷菁.信息论与编码基础.长沙：国防科技大学出版社，2003.
[8] 曹雪虹，张宗橙.信息论与编码.北京：清华大学出版社，2004.
[9] 傅祖芸，赵建中.信息论与编码.北京：电子工业出版社，2006.
[10] 王育民等.信息论与编码理论.北京：高等教育出版社，2005.
[11] Cover Thomas M，Thomas Joy A. Elements of Information Theory. New York：Wiley，1991.
[12] 朱雪龙.应用信息论基础.北京：清华大学出版社，2001.
[13] 仇佩亮.信息论与编码.北京：高等教育出版社，2003.
[14] 姜丹.信息论与编码.合肥：中国科学技术大学出版社，2001.
[15] 张宗橙.纠错编码原理和应用.北京：电子工业出版社，2003.
[16] 田丽华.编码理论.西安：西安电子科技大学出版社，2003.
[17] Robert J McEliece. The Theory of Information and Coding(second edition). Cambridge：Cambridge University Press，2002.
[18] Steven Roman. Coding and Information Theory. New York：Springer-Verlag，1992.
[19] 章毓晋.图像工程(上册)：图像分析与处理.北京：清华大学出版社，1999.
[20] 沈世镒，陈鲁生.信息论与编码理论.北京：科学出版社，2002.
[21] 余成波.信息论与编码.重庆：重庆大学出版社，2002.
[22] 戴善荣.信息论与编码基础.北京：机械工业出版社，2005.
[23] 陈杰，徐华平，周荫清.信息理论基础习题集.北京：清华大学出版社，2005.
[24] Ranjan Bose.信息论、编码与密码学.武传坤，李徽译.北京：机械工业出版社，2010.
[25] 邓家先，康耀红.信息论与编码.西安：西安电子科技大学出版社，2007.
[26] 张莲，周登义，余成波.信息论与编码.北京：中国铁道出版社，2008.
[27] 白宝明.Turbo码理论及其应用的研究.西安电子科技大学，1999.
[28] 贺玉成.基于图模型的低密度校验码理论及应用研究.西安电子科技大学，2002.
[29] 周林.LDPC码高效编码调制技术研究.西安：西安电子科技大学，2011.
[30] 王新梅，肖国镇.纠错码：原理与方法(修订版).西安：西安电子科技大学出版社，2001.
[31] 唐向宏，岳恒立，郑雪峰.MATLAB及在电子信息类课程中的应用.北京：电子工业出版社，2006.